JN431222

# 선박의장

정광효 · 김병수 · 김태욱 · 우한영
이충성 · 장학수 · 최민종 · 하병진 지음

GS인터비전

# 머리말

우리나라 조선산업은 1970년대 정부의 전폭적인 지원과 무모할 만큼 도전적인 기업의 노력으로 발전을 거듭하였습니다. 2000년대 초반에 중국 등의 국가들의 고도성장에 필요한 선박건조 시장을 지배하면서 세계 1위 조선산업국으로 우뚝 섰습니다. 조선산업은 자본과 노동이 집약된 산업으로 전후방 산업 활성화, 수십만 일자리, 국가 방위력과 직접적인 영향력이 있는 대표적인 국가 기간산업으로 대한민국의 경제 발전을 주도해왔습니다.

일반적으로 선박은 선체와 의장으로 구분될 수 있는데, 선박은 화물을 싣고 안전하게 운항할 수 있도록 하는 선체와 화물 선적 및 하역, 배관, 거주공간, 조타장비, 기관설비, 전기전자 제어 장비 등의 의장으로 구분될 수 있습니다. 우리나라의 선형·선체구조설계 및 건조는 세계 최고의 기술과 대학 교육프로그램을 이미 보유하고 있습니다. 수많은 선박 종류와 그에 해당하는 기능을 구현해야 하는 선박 기자재를 포함하는 선박의장 분야는 조선해양공학 뿐 아니라 기계, 재료, 화공, 전자·전기, 산업, 건축공학 등의 다학제간의 융합이 필요한 기술 분야입니다.

조선 산업 초반기에는 학교나 기업에서 활용할 수 있는 의장 관련 교재나 서적이 미비하였고, 산업의 성장기에 이르러 다수의 교재들이 출판되어 인재육성과 업무지침서로써 훌륭한 역할을 하였습니다. 이후, 국제 규제강화와 해운 산업의 요구에 부응하기 위해 빠른 속도로 발전해 온 선박의장 기술과 신개념·신기술 등을 소개한 교육 서적의 필요성이 꾸준히 제기되었습니다.

조선산업 현장의 오랜 경험과 기술로 부산대학교 조선해양공학과 선박의장 수업을 강의하신 대선조선 이수근 대표님, 산학교수님들의 4년간의 강의 내용을 바탕으로 하여 최신 기술을 포함한 선박의장 교재와 수업자료를 편찬하게 된 것을 매우 기쁘게 생각하며 대학교와 관련 기업 등 여러 분야에서 유용하게 활용되기를 기대합니다.

본 교재는 선박의장 분야별로 요구되는 규정·규칙을 명시하였고, 구명·방화 분야는 여객선 인명 관련 최신 설비와 최신 방화 장치를 기술하였습니다. 배관 분야는 관련 공학적 이론을 소개하였으며, 공기조화 분야는 기본 이론과 함께 용량 산출법을 포함하였습니다. 환경규제 대응기술로써 배출가스를 저감하는 청정화장치와 친환경추진시스템, 평형수 처리기술을 소개하고, 액화천연가스운반선(LNGC)의 화물처리장치에 대한 설명이 추가되었습니다. 기관 분야는 자체로써 개론서라 할 정도로 충실한 내용을 담고 있습니다. 첨단기술의 집약체인 함정과 기능에 대한 소개도 부가하였습니다.

대한민국 조선산업 발전을 이끌어온 조선산업 1세대의 현장 중심 고급전문기술을 집약하고 후속 세대에 전수하는 것은 조선산업 전문가들의 소명이기도 합니다. 세계 최고 조선소의 현장의 선박의장 기술을 소개한 본 교재는 대학의 선박의장 교육에 반영하여 대한민국 조선산업 기술의 세대 간 단절을 방지하고 더욱 발전할 수 있는 근원이 되기를 기원합니다.

본 저서에 대한 감수를 흔쾌히 동의하시고 값진 조언을 주신 현대중공업 기술본부장 김형관 전무, 대우조선해양 기술본부장 권오익 전무, 삼성중공업 기술본부장 정진택 전무께 깊은 감사를 드립니다. 본 저서가 훌륭한 서적으로 탄생될 수 있도록 편집, 디자인, 아이디어 제공 등 심혈을 기울여 주신 GS인터비전 송기수 대표께도 큰 감사를 표하는 바입니다.

대한민국 조선산업이 세계 선박시장을 주도하게 한 모든 전문가와 기술자들에게 감사와 경의를 표합니다. 그리고 국내 조선산업 전문가들이 산학교수로서 대학교의 조선산업 전문인력양성과 산학연계 교육에 기여할 수 있도록 "조선해양산업 퇴직인력 활용 전문인력 양성사업"을 지원한 산업통상자원부와 한국산업기술진흥원, 주관기관인 한국조선해양플랜트협회에 감사드리고, 본 교재 개발이 원활히 추진될 수 있도록 많은 도움을 주신 부산대 산학교수 문태범 교수님, 김용수 교수님, 김영남 교수님, 사업단 강보배 팀장께도 감사를 드립니다.

2019년 12월


교재개발 위원장

부산대학교 조선해양공학과 정광효 교수

교재개발위원

김병수(부산대학교 산학교수, 전 삼성중공업)

김태욱(부산대학교 산학교수, 전 현대중공업)

우한영(부산대학교 산학교수, 전 현대중공업)

이충성(부산대학교 산학교수, 전 삼성중공업)

장학수(부산대학교 산학교수, 전 삼성중공업)

최민종(부산대학교 산학교수, 전 삼성중공업)

하병진(부산대학교 산학교수, 전 현대중공업)

# 차 례

# 1장

# 선박 의장시스템 일반

# 1.1 개요

선박은 해상에서 승객과 화물을 정해진 항구까지 안전하게 운송하는 교통 수단으로서의 상선, 전투행위를 수행하는 함정 및 각종 특수선이 있다.

선박 의장시스템(Ship outfitting system)이란,

- 선박의 고유한 특성(부양성, 이동성, 적재성)
- 안전 운항과 정박
- 선박의 다양한 용도(승객과 화물의 운송, 전투, 특수목적)
- 선원의 편리한 생활

등을 위해 선박에 설치되는 제반 장비(Equipment), 설비(Facility), 의장품(Outfitting), 시스템(System) 등을 말한다.

## 1.1.1 선박의 용도에 따른 의장시스템

선박은 건화물선, 컨테이너선, 탱커(유조선), 자동차 운반선, 가스운반선, 시추선(Drill ship), 여객선, 군함, 어선, 기타 특수선으로 구분하며 선박의 용도에 따른 적합한 의장시스템을 설치해야 한다. 다음은 선종별 대표적인 의장시스템을 예시한 것이다.

- 건화물선 : 화물 선적 및 하역 크레인(Crane)
- 컨테이너선 : 컨테이너 적재 시스템
- 탱커 : 유류 CHS[1) ]〔펌핑시스템(Pumping System) 포함〕
- 가스 운반선 : 가스 CHS 〔펌핑시스템(Pumping System) 포함〕
- 자동차 운반선 : 자동차 Ro-Ro[2) ]시스템
- 여객선 : 인테리어, 안전 및 위락시설

1) CHS : Cargo Handling System
2) Ro-Ro : Roll-on Roll-off

- 시추선 (Drill ship) : 시추시스템(drilling system)
- 군함(Naval Ship) : 전투시스템(Combat system)
- 어선 : 어로 시스템(Fishing equipment system)
- 준설선 : 준설 시스템(Dredger system)

※ 각 선종별 상세한 설명은 1.3절 참조할 것.

## 1.1.2 의장시스템 설계프로세스

조선소 의장 설계자는 선박에 설치되는 각종 의장시스템을 설계하고 도면을 작성한다. 시스템을 이루는 각종 기계장치 및 소요자재 등에 대한 사양, 수량 등을 결정하고 이를 바탕으로 구매요청서를 작성하여 구매부서에 송부하고 선박에 설치된 의장시스템의 성능을 검증하는 테스트 방법을 정한다.

### (1) 선박 계약서 및 사양서 검토

이를 위해 가장 먼저 조선소와 선박 발주처간의 계약서에 첨부되는 사양서에서 정한 의장시스템에 대한 용량과 성능, 시공방법, 시운전 절차 등 기술적인 필수 항목들을 검토한다.

### (2) 유사 선박 설계도면 검토 및 도면작성

기존에 보유하고 있는 유사 선박의 설계도면을 활용해 그대로 사용이 가능한지, 설계를 변경할 부분이 있는지 점검하여 도면 작성 및 출도 계획을 수립하고 그에 따라 도면을 작성한다. 특히 선행 설계가 이루어져야 하는 주문 의장시스템은 별도 관리를 하여 선박 수주 후 일정에 맞추어 일찍 도면 작성을 해야 한다.

### (3) 의장시스템 사양 결정

설계 변경이 필요한 의장시스템이 있을 경우에는 관련 규정과 조선소가 보유한 설계 기준에 따라 설계하거나 해당 의장시스템 제작 전문업체에 의뢰를 해서 사양을 정하게 하고 필요한 도면도 받아 최종 설계 도면을 확정한다.

의장시스템은 해운회사 및 선급이 요구하는 각종 선급의 품질 검사 규정에 합격한 제품을 사용해야 한다. 고장이 잦아 수리가 많이 발생하면 선박 운항에 차질을 주기 때문에 해운회사가 사용하기 꺼려한다. 각종 의장시스템을 선정할 때에는 품질 및 성능을 충분히 검증해야 하고 글로벌 에프터 서비스 네트워크(Global after service network)가 잘 가동하고 있는지 파악해야 한다.

의장 설계자는 해운회사 및 선급의 요구를 만족시키는 국산 의장시스템의 개발 및 적용 확대를 깊게 고민해야 한다. 국산화를 많이 적용할수록 납품기간 단축, 운반비용을 포함한 구매비용 절감 효과를 볼 수 있다.

### (4) 선주 선급 도면 승인 및 자재사양 승인 업무 진행

계약서에 의거하여 선주와 선급에 승인을 받아야 하는 중요한 의장 시스템을 확인하고 도면 작성 완료 및 자재사양 결정 이후에 필요한 절차를 진행한다.

### (5) 생산부서에 도면 출도 및 구매부서에 자재 구매요청서 발행

의장시스템이 선박에 설치되는 일정 2주~1개월 전에 도면을 출도하여 생산부서에 도면 오류 점검, 다른 의장시스템간의 간섭이 발생하는지 검토할 시간을 주어야 한다.

선박의 건조공정에 따라 의장시스템들이 설치되는 일정이 정해지는데 JIT(Just In Time, 적기)공급을 적용하여 자재 적치 공간과 비용을 줄이도록 납품 일정을 정해 구매에 요청한다.

### (6) 의장시스템 설계프로세스의 플로우 차트(Flow chart)는 다음 그림과 같다.

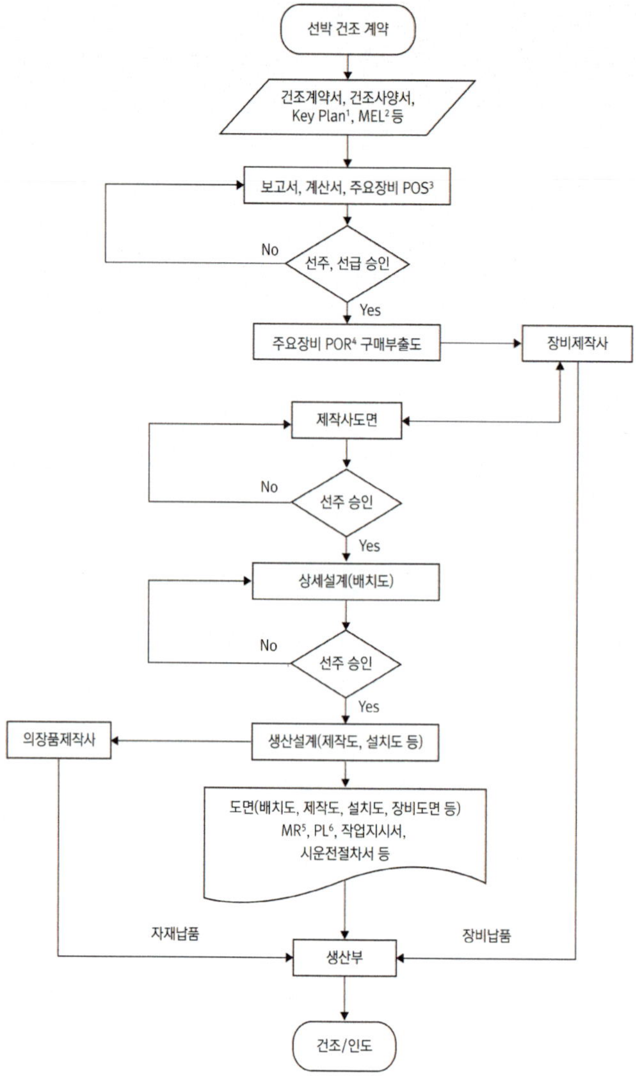


Note) 1. Key Plan : G/A(일반배치도), Lines(선도), M/S(중앙횡단면도), M/A(기관실배치도) 등
2. MEL : Major Equipment List(주요장비목록)
3. POS : Purchase Order Specification(자재구매사양서)
4. POR : Purchase Order Requisition(자재구매요구서)
5. MR : Material Requisition(자재요청목록)
6. PL : Pallet List(설치재불출목록)

그림 1-1 의장시스템 설계 플로우 차트

# 1.2 선박 의장 시스템 분류

조선소에서는 의장시스템의 효과적인 설계를 위해 각종 시스템이 설치되는 장소와 특성에 따라 선체의장, 선실의장, 기관의장, 전기의장으로 구분한다. 각 의장의 개략적인 소개는 다음을 참조하되 상세한 사항은 해당 장의 내용을 참조하기 바란다.

## 1.2.1 선체의장(Hull Outfitting)

선체의장은 선박의 전체 구역에 배치되는 시스템으로 다음과 같은 종류가 있다.

### (1) 계선·계류장치(Anchoring·Mooring System)

앵커(Anchor, 닻)를 내려 해상의 일정한 위치에 선박을 정박시키는 것을 계선(Anchoring)이라 하고, 안벽이나 해상의 부이(Buoy)에 밧줄로 묶어 선박을 정박시키는 것을 계류(Mooring)라 하는데 이에 필요한 모든 설비와 장치를 계선·계류장치라고 한다. 주요 장비는 다음과 같다.

- 윈드라스(Windlass) : 선박의 앵커를 올리거나 내리는 윈치
- 무어링 윈치(Mooring winch) : 무어링 로프(Mooring rope)를 풀거나 감아 들이고, 로프를 저장하는 장치
- 캡스턴(Capstan) : 무어링 로프를 감아 들이는 수직형 윈치

### (2) 하역 및 로로(Ro-Ro)장치

선박에서 화물 및 물품을 싣고 내리기 위하여 설치된 장치를 하역장치라고 하며 신속한 선적 및 하역은 선박의 중요한 경쟁력 요소이다.

화물 크레인(Cargo crane)이 주로 사용되며 화물의 종류에 따라 다양한 형태의 특수 하역장치가 사용된다.

자동차운반선, 로로선, 로팩스페리 등에는 자동차를 선박에 적재 및 하역하기 위한 로로장치를 설치한다.

### (3) 화물창 해치커버(Cargo Hold Hach Cover)

화물을 선적 및 하역하기 위해 화물창 갑판에 열려있는 오프닝(Opening)을 해치(Hatch)라고 하며 선박 운항 중에 해수가 화물창에 들어오지 못하도록 화물창 오프닝을 막는 덮개를 해치커버라고 한다. 주로 벌크선과 컨테이너선에 설치되며 모양과 개폐·작동 방식에 따라 다양한 형태가 있다.

### (4) 조향장치

조향장치는 조타장치와 조종장치로 나누어진다. 조타장치는 선박을 선회시키고 침로를 유지하며 안전 항해에 필수적인 장치로서 타(Rudder), 조타기(Steering gear)로 구성되며 용량과 규격은 선급 규정 등을 따라야 한다. 항만 등 협수로에서 선박의 조종성능을 향상시키기 위해 스러스터(Thruster)와 같은 조종장치를 설치하기도 한다.

항해 중 본선의 위치와 항로를 찾기 위해 계기를 사용하는데 이를 항해장치(Nautical instrument)라고 한다.

### (5) 통행장치

통행장치로는 출입구 폐쇄장치와 사다리 등 이동설비가 있다. 출입구 폐쇄장치는 선박에서 승무원이 출입하거나 물건을 이동하기 위하여 마련된 출입구(Opening)를 닫아두기 위한 설비로서 도어(Door), 출입 해치커버(Access hatch cover), 맨홀커버(Manhole cover) 등이 있다. 출입구 폐쇄장치는 설치 위치에 따라 바람, 해수, 기름이 샐 틈이 없도록 선급에서 정한 적합한 밀폐등급을 가져야 한다. 설치 위치에 따라 수밀(Watertight), 풍우밀(Weathertight), 기밀(Gastight)의 적합한 폐쇄등급을 가져야 한다.

사다리(Ladder)는 상하구역 간 이동을 위한 설비로서 경사사다리(Inclined ladder) 및 수직사다리(Vertical ladder)가 있다. 승하선 설비로서 현측사다리(Accommodation ladder), 보도다리(Gangway bridge), 도선사 사다리(Pilot ladder) 등이 있다.

선실구역 내에서 상하 갑판 간 이동을 위한 계단(Stairway)은 선실의장으로 분류된다.

## (6) 구명장치

선박의 해난사고 발생 시 인명의 안전과 구조를 위해 선박안전법과 SOLAS[3] 등의 국제 법규에 따라 설비되어야 한다. 구명정(Life boat), 구조정(Rescue boat), 보트대빗(Boat davit), 구명뗏목(Life raft), 구명부환(Life buoy), 구명동의(Life jacket), 방수복(Immersion suit) 등이 있다.

## (7) 방화장치

화재 발생 시 화재로부터 인명, 화물, 선박을 보호하기 위해 관련 법규나 규정에 따라 적합한 종류, 크기, 수량의 방화장치를 갖추어야 한다. 방화구조, 화재감지시스템, 소화시스템 등이 포함된다.

## (8) 선장배관

선장배관은 선체의장의 중요한 부분이며 선박의 효율적인 건조를 위해서 중요하게 관리해야 하는 항목의 하나이다. 주요 시스템은 다음과 같다.

### 1) 카고 시스템(Cargo Handling System)

카고 시스템은 원유운반선 등과 같은 액체화물선에서 액체화물을 선적하고 하역하기 위한 시스템이다.

### 2) 발라스트 시스템(Ballast System)

선박의 복원성 유지와 최적 운항흘수를 맞추기 위해 발라스트 탱크(평형수 탱크)에 필요에 따라 해수를 주입하거나 배출하는 시스템이다.

### 3) 연료유 공급 시스템(Fuel Oil Bunkering System)

선박의 연료를 공급받아 연료유 저장탱크에 저장하고 연료유를 주기관 또는 발전기 엔진으로 이송하는 배관장치 중 선장구역 내에 배치되는 배관장치를 말한다.

---

3) SOLAS : 원명은 국제해상인명안전협약(International Convention for Safety of Life at Sea)으로 해상에서 인명과 선박의 안전 확보를 위한 목적으로 국제해사기구(IMO)에서 채택 발효한 협약.

#### 4) 탱크 통기 및 불활성 가스시스템(Tank Vent & Inert Gas System)

원유, 석유화학제품 등의 액체화물은 폭발위험성이 있는 가스를 발생하므로 폭발을 예방하기 위해 불활성가스를 만들어 카고 탱크에 주입하여 폭발을 예방하는 것이 불활성 가스시스템(IGS)이다. IGS가 적용되는 카고 탱크는 개방식 통기장치가 적용되지 않으며 화물의 적재, 하역, 온도 변화에 따라 카고 탱크의 압력이 변하므로 카고 탱크에 적정 압력을 유지해 주는 통기시스템이 설치된다.

#### 5) 카고 탱크 클리닝시스템(Cargo Tank Cleaning System)

원유운반선에서 원유를 하역 후 카고 탱크 내에 잔존하는 침전물과 불순물을 제거하고 탱크를 세정하는 시스템이다.

#### 6) 히팅 코일 시스템(Heating Coil System)

선박의 화물 원유나 중유 연료유의 펌핑과 이송을 원활하게 하기 위해 적정 점도를 유지하도록 가열하는 시스템이다.

#### 7) 소화 배관 시스템(Fire Extinguishing Piping System)

해수나 폼(Foam)을 분사하여 화재를 진압하는 시스템으로 갑판소화시스템과 갑판 포말시스템이 있다.

#### 8) 오수 및 배수 시스템(Bilge & Scupper System)

선박에서 발생하는 각종 오수, 즉 드레인(Drain), 스웨트(Sweat), 누수 등으로 인한 물질과 선내로 유입된 해수를 선외로 배출하기 위한 시스템이다.

#### 9) 밸브 원격 제어 시스템(Valve remote control system)

선박에 설치된 각종 배관 시스템의 밸브를 중앙집중식으로 원격 조종할 수 있는 자동화 장치이다.

#### 10) 위생 시스템(Sanitary System)

거주구 내에서 승무원들의 일상생활에 필요한 청수, 온수, 음용수의 급수 및 배수 등과 관련된 시스템으로 위생과 안전 시설기준을 충족해야 한다.

#### 11) 액화천연가스 카고 핸들링 시스템(LNG Cargo Handling System)

액화천연가스운반선(LNG Carrier)에서 액화천연가스를 선적하고 하역하는 시스템으로 초저온 상태에 적합한 재료와 구조로 만들어져야 한다.

### (9) 기타 갑판의장

마스트(Mast)[4], 대빗(Davit)[5], 핸드레일, 창고설비, 캔버스 커버 등이 있다.

## 1.2.2 선실의장(Accommodation Outfitting)

선실의장은 승객과 승무원들이 선상에서 안전하고 안락한 생활을 영위할 수 있도록 하는데 필요한 설비를 말하며, 거주구 의장과 공기조화 시스템으로 구분된다. 거주설비와 공간의 배치는 선박 관련 법규에 부합해야 하며 한정된 공간이라는 점을 고려하여 최대한 효율적인 거주구 의장이 되도록 해야 한다.

### (1) 거주구 의장

#### 1) 거주구역(Living Space)

선원들의 개인적 사생활 공간인 선실(Cabin)은 선원의 등급(Grade)에 따라 방의 위치, 크기, 설비 등이 달라진다.

#### 2) 공용구역(Public Space)

식당(Mess room), 휴게실(Recreation room), 사무실(Office), 운동실(Fitness room), 의무실(Hospital), 회의실(Conference room), 수영장, 사우나 등이 있다.

#### 3) 제어구역(Control Space)

조타실(Wheel house), 화물하역제어실(Cargo control room), 발라스트제어실(Ballast control room), 소화제어실(Fire control station) 등이 있다.

---

4) 마스트 : 레이다, 안테나, 항해등, 깃발 등이 설치되는 구조물
5) 대빗 : 물품을 상하로 이동하는데 사용되는 장치

#### 4) 주방구역(Catering Space)

주방(Galley)과 팬트리(Pantry)로 구분된다.

#### 5) 식료품 저장구역(Provision Space)

식료품냉장고(Cold chamber), 건조식품저장고(Dry provision store)가 있다. 식료품 냉장고는 육류, 어류, 야채 등을 저장하는 챔버(Chamber)로 구성되며 식료품 냉동장치(Provision refrigerating plant)를 사용하여 챔버의 냉장·냉동 상태를 유지한다.

#### 6) 위생구역(Sanitary Space)

화장실(Toilet), 세탁실(Laundry), 사우나 등과 같이 하수(Sewage)가 발생하는 구역을 지칭한다.

#### 7) 기타구역

선실구역에 배치된 기기·장비실, 통로구역, 창고, 부품실 등이 있다.

### (3) 공기조화 시스템(HVAC System)

HVAC system이란 Heating, Ventilation, Air Conditioning system의 약칭으로 거주구에 공급되는 공기를 해당 구역의 요구조건에 적합하고 인체에 쾌적한 상태(온도, 습도, 기류분포, 청결도)로 유지시켜 주는 장치이다. 거주구역의 냉난방부하를 계산하여 공기조화 장치의 용량과 덕트시스템(Duct system)을 결정하고 배치한다.

### (4) 기타 장치

통행장치, 채광장치, 갑판피복장치, 선실배관장치, 선실전기장치 등이 있다.

## 1.2.3 기관실 의장(Machinery Room Outfitting)

선박의 항해와 운항에 필요한 추진기관 및 보조기기와 장비류들을 기관실 구역 내에 배치하고 모든 기기와 장비들이 원활히 작동될 수 있도록 계통을 구성하는 것이 기관실 의장이다. 기관실은 선박의 종류에 따라 약간씩 차이가 있으나 일반 상선은 대부분 선박의 뒷부분에 위치하며 선적량의 손실을 줄이기 위해 가능한 기관실 구역 전체 공간을 최소화 하는 것이 바람직하다.

### (1) 주요 장비 소개

#### 1) 주기관(Main Engine)

선박의 추진동력을 생성하는 장비로서 분당 회전수에 따라 고속, 중속, 저속엔진으로 나눈다.

#### 2) 추진기 및 축계(Propeller & Shaft System)

주기관에서 생성된 동력을 추진에 필요한 추력으로 변환 및 전달하는 장치이다.

#### 3) 발전기(Generator) & 발전기 엔진(Generator engine)

선박에 소요되는 전기를 생산하는 장비이다.

#### 4) 보조 보일러(Auxiliary Boiler)

연료유(HFO) 가열, 선내 난방, 온수, 취사 등에 사용되는 증기를 생성하는 장비이다.

#### 5) 이코노마이저(Economizer)

주기관 또는 발전기 엔진의 배기가스의 폐열을 이용해서 증기를 발생시키는 장비이다.

#### 6) 공기압축기(Air Compressor) & 공기저장용기(Air reservoir)

주기관 및 발전기 엔진의 시동용 공기와 각종 제어 및 서비스용 공기를 발생 및 저장하는 장비이다.

### 7) 제어공기 제습기(Control Air Dryer)

압축 공기 속에 포함된 유·수분을 제거하여 최적의 제어공기를 만들기 위한 장비이다.

### 8) 유청정기(Oil Purifier)

윤활유 및 연료유에 포함된 불순물(수분, 고형분)을 제거하는 장비이다.

### 9) 조수기(Fresh Water Generator)

해수를 청수로 만들어 보일러에 급수하거나 생활용수 및 위생수를 공급하는 장비이다.

### 10) 살균기(Sterilizer)

조수기로 생산된 청수를 음용수로 사용하기 위해 바이러스나 박테리아 등의 미생물을 살균하기 위한 장비이다.

### 11) 무기물투여기(Mineralizer, 경수화장치)

조수기로 생산된 청수를 음용수로 사용하기 위해 연수 청수를 경수화하는 장비이다.

### 12) 온수기(Calorifier)

선내에 필요한 온수를 공급하기 위해 청수를 가열하는 장비이다.

### 13) 유수분리기(Oily Water Separator)

기관실에서 발생되는 유수를 기름과 물로 분리시켜 물은 바다로 배출하고 기름은 폐유 탱크로 모이게 하는 장비이다.

### 14) 점도조절장치(Viscosity Controller)

연소율을 향상시키기 위해 주기 및 보기에 공급하는 연료유의 점도를 적절하게 유지시키기 위한 장비이다.

### 15) 소각기(Incinerator)

선내에서 발생하는 폐유나 폐고형물(쓰레기)을 소각하는 장비이다.

### 16) 오수 처리기(Sewage Treatment Plant)

거주지에서 발생되는 오수와 주방에서 발생하는 설거지물 등을 소독 처리하여 선외로 배출하기 위한 장비이다.

### 17) 펌프(Pump)

각종 유체를 이송시키는 장비이다.

### 18) 필터(Filter)

연료유 및 윤활유에 포함된 불순물을 걸러 주는 장비이다.

### 19) 열교환기(Heat Exchanger)

가열기(Heater)는 연료유, 윤활유 및 청수를 그 장비의 사용목적에 맞게 적절히 가열시키기 위한 장비이며 냉각기(Cooler)는 주기 및 보기를 가동하고 나온 뜨거운 윤활유와 청수를 냉각시키는 장비이다.

### 20) 기관실 공기 공급 & 배출 팬(Engine Room Air Supply & Exhaust Fan)

기관실에 필요한 공기를 불어 넣어주고 배출시키는 장비이다.

### 21) 기관실크레인(Engine Room Crane)

기관실 천정에 설치하여 메인 엔진 및 각종 장비의 정비나 중량물을 운반할 때 사용하는 장비이다.

### 22) 공작실장비(Workshop Machinery)

기관실 및 갑판에 설치된 장비의 수리 및 보수를 위한 각종 공작기계(Welding machine, Lathe, Drilling machine, Grinder)가 있다.

### 23) 불활성 가스 발생기(Inert gas generator)

화물창에 실려 있는 기름 상부 공간에 불활성 가스를 주입시켜 화재를 예방하고 폭발을 방지하기 위한 장비이다.

### (2) 기관실 배관 시스템

기관실 내부와 외부에 설치되는 장비, 기기, 탱크를 배관장치로 연결 하고 서비스 용도별로 시스템을 구성하여 상호 유기적인 작동이 가능하도록 설계되어야 한다. 주요 시스템은 다음과 같다.

#### 1) 연료유 시스템(Fuel Oil System)

주기관, 발전용기관, 보일러 등의 연료를 소모하는 장비에 연료를 공급하기 위한 시스템이다.

#### 2) 윤활유 시스템(Lubricating Oil System)

윤활 및 냉각을 필요로 하는 기기에 윤활유를 공급하기 위한 시스템이다.

#### 3) 냉각수 시스템(Cooling Water System)

각종 장비의 냉각을 위한 시스템으로 장비를 냉각 시킨 후 뜨거워진 청수를 해수로 냉각한다.

#### 4) 압축공기 시스템(Compressed Air System)

주보기 내연기관의 시동용 공기, 각종 제어 및 서비스용 공기를 공급하는 시스템이다.

### (3) 기관실 배치

기관실은 주기관 및 보기장비, 탱크 및 기관제어실 등의 독립구역, 철의장설비 등을 주어진 공간 내에 체계적으로 배치하여 각 시스템의 효율을 증대하고 편리한 운전과 정비를 할 수 있도록 설계해야 한다.

## 1.2.4 전기의장(Electric Outfitting)

전기의장은 전기 및 전자분야를 포괄하는 의장으로서 선박의 전력관리와 자동화 비중이 높아지고 첨단 IT기술을 접목한 지능화 스마트 선박이 등장하면서 전기의장의 비중과 중요성이 커지고 있다. 주요 시스템들은 다음과 같다.

### (1) 전력시스템

전력시스템은 전력공급장치와 배전장치를 말하며, 발전기, 배전반(Switchboard), 변압기, 선외급전반[6], 기동기(Starter), 제어반(Control panel), 분전반(Distribution board), 전력관리 시스템(Power management system), 무정전 전원 공급장치(Uninterruptible power system) 등으로 구성된다.

### (2) 제어·자동화시스템, 경보·감시시스템

최근 선박은 기관실이나 화물취급장치 뿐만 아니라 제반 시스템을 컴퓨터와 IT기술을 기반으로 원격 제어 감시하고 집중화 및 자동화함으로써 선박 운영에 있어서 신뢰도, 성력화, 보안성을 향상시키고 있다.

### (3) 항해·통신시스템

선박의 안전한 항해와 선내외 통신을 위한 시스템으로서 선급과 국가기관에서 요구하는 장비를 갖추어야 하며, 최근에는 기술의 발달로 성능이 고도화 되어 안전성과 효율성이 향상되고 있다.

### (4) 조명 시스템

선박의 전 구역에 걸쳐 구역별 특성에 적합한 조도의 조명장치를 갖춰야 하며 선박의 종류와 선형에 맞게 선급과 국가기관에서 요구하는 항해등, 신호등, 각종 조명을 설치해야 한다.

6) 선외급전반 : Shore Power Connection Box

## 1.3 선박의 종류

선박은 사용목적, 운항지역, 운항방식, 선체의 형상, 추진방식 등에 따라 다양한 방식으로 분류할 수 있다. 운용방식에 따라 정기선, 부정기선 또는 용선 등으로 나누기도 하고, 선체의 특성에 따라 배수량형, 활주형, 공기부양형, 쌍동형, 삼동형 등으로 분류하기도 한다. 추진방식에 따라서도 선박을 분류할 수 있다.

사용목적에 따라 상선, 함정, 특수용도선으로 크게 생각할 수 있겠다. 최근에는 해양에서 석유 관련 사업이 활성화 되면서 선박 형태의 해양플랜트가 부각되었다.

선박은 그 종류에 따라 기능과 특성에 부합되도록 의장시스템을 갖추어야 한다.

### 1.3.1 상선

상선은 크게 나누어 화물이나 승객을 수송하는 화물선과 여객선으로 분류할 수 있다. 수송하고자 하는 화물의 종류에 따라 건화물선, 액체화물 운반선, 액화가스운반선, 자동차운반선 등으로 구분한다. 화물선은 화물 운반을 목적으로 하므로 화물창을 극대화하고 화물을 싣고 내리는 적하역 설비를 갖추어야 한다.

#### (1) 화물선(Cargo Ship)

##### 1) 건화물선(Dry Cargo Ship)

**① 산적화물선(Bulk Carrier)**

철광석, 광물, 석탄, 곡물, 목재 등 화물을 포장하지 않은 산적 형태로 운반하는 선박이다. 핸디사이즈(Handysize, 20 K~50 K DWT), 파나막스(Panamax, 55 K~75 K DWT), 뉴파나막스(New Panamax, 120 K DWT), 케이프사이즈(Capesize, 120 K~160 K DWT)로 구분한다.

해양오염의 위험이 상대적으로 적으므로 단일선체(Single hull) 구조이며 화물 적재성과 강도 확보를 위해 화물창 격벽은 파형구조(Corrugated structure)를 적용한다.

그림 1-2 산적화물선

② **컨테이너선(Container Carrier)**

화물을 규격화된 컨테이너에 넣어 선박으로 운반하는 방식으로 육상 수송과의 연계가 쉬워지고 화물 적하역이 빨라졌으며 선박의 수송효율이 획기적으로 향상되었다. 컨테이너선은 하역시간이 짧으므로 운항시간 역시 짧아야 하며 비교적 빠른 속도인 24~25노트(knots)로 운항한다.

그림 1-3 컨테이너선

③ **냉동화물선(Reefer Ship)**

화물을 냉동상태로 운반하는 선박이다.

### 2) 액체화물선(Tanker, Liquid Cargo Carrier)

해양오염의 위험을 감안하여 이중선체(Double hull) 및 이중저(Double bottom) 구조를 적용하며, 화물창 격벽은 원유운반선의 경우 보강재가 부착된 평판 구조이며 정제유 운반선의 경우 파형격벽으로 화물창 세정을 쉽게 한다.

#### ① 원유운반선(Crude Oil Carrier)

천연상태의 가공하지 않은 원유를 운반하는 선박이다. 파나막스(Panamax, 55 K~75 K DWT), 아프라막스(Aframax, 95 K~115 K DWT), 수에즈막스(Suezmax, 135 K~180 K DWT), VLCC(Very Large Crude oil Carrier, 240 K~350 K DWT), ULCC(Ultra Large Crude oil Carrier, 350 K DWT 이상)로 구분한다.

그림 1-4 원유운반선

#### ② 석유제품운반선(Product Carrier)

정유 과정을 거쳐 얻어진 나프타, 항공유, 휘발유, 석유, 경유 등의 정제유를 운반하는 선박으로 최대 150 K DWT 정도이다. 여러 종류의 정제유를 동시에 운송할 수 있도록 화물창을 배치하고 배관 계통을 설치한다.

그림 1-5 석유제품운반선

③ **화학제품운반선(Chemical Tanker)**

부식성, 인화성, 유독성을 지닌 액체화공품을 전용으로 운반하는 선박으로서 여러 종류의 화공품을 종류와 등급에 따라 각각 달리 적재하도록 화물창과 배관 계통을 배치한다.

그림 1-6 화학제품운반선

④ **셔틀탱커(Shuttle Tanker)**

해상유전과 육상의 석유기지 사이를 단순 왕복하며 원유를 운반하는 왕복 운송 전담 유조선이다.

그림 1-7 셔틀탱커

### 3) 가스운반선(Gas Carrier)

#### ① 액화천연가스운반선(LNG(Liquefied Natural Gas) Carrier)

천연가스를 영하 163°C로 냉각 액화하여 부피를 1/600로 줄여서 운반하는 선박으로 초저온상태의 화물을 운반하기 때문에 화물 저장 및 취급 장치(Cargo containment system & Cargo handling system)에 고도의 기술이 필요한 선박이다. 화물 저장방식에 따라 모스(Moss)형이라 불리는 구형(Spherical type)과 박막형(Membrane type)으로 대별된다.

(a) 멤브레인형

(b) 모스형

그림 1-8 LNG선

② **액화석유가스운반선(LPG(Liquefied Petroleum Gas) Carrier)**

프로판이나 부탄을 -42.3°C 이하로 액화시켜 운반하는 선박이다.

그림 1-9 LPG선

③ **압축천연가스운반선(CNG(Compressed Natural Gas) Carrier)**

천연가스를 상온 또는 저온에서 200기압 정도로 압축하여 운반하는 선박으로 아직 상용화되지는 않았다.

### 4) 자동차운반선(Ro-Ro Ship)

자동차운반선은 적재·하역 작업의 효율을 높이기 위하여 자동차를 직접 운전하여 선박에 싣고 내리므로 이에 필요한 램프(Ramp)와 리프터(Lifter)를 설치하며, 여러 층의 차량 갑판(Car deck)을 배치한다.

그림 1-10 자동차운반선

① **승용차 전용운반선(PCC, Pure Car Carrier)**

승용차만을 전용으로 운반하는 선박이다.

② **승용차·트럭 겸용운반선(PCTC, Pure Car·Truck Carrier)**

승용차 및 트럭을 함께 운반할 수 있는 겸용운반선이다.

③ Conro Ship(Container & Ro-Ro Ship)

컨테이너 및 자동차를 전용으로 운반하는 선박이다.

## (2) 여객선(Passenger Ship)

13인 이상의 여객을 수송하는 선박으로서, 유람항해를 목적으로 하는 크루즈선과 승객의 교통편의 제공을 목적으로 하는 페리로 나눌 수 있다.

### 1) 크루즈선(Cruise Ship)

초호화유람선 또는 호화여객선으로 불리며, 정해진 항로를 일정기간에 운항하면서 승객들에게 휴양, 유람, 관광 등을 제공할 수 있도록 건조된 선박을 말한다. 선박, 호텔, 휴양지(Resort)의 복합적 기능을 가지며, 연안유람선과 대양유람선으로 구분할 수 있다.

그림 1-11 크루즈선

### 2) 페리(Ferry, Car Ferry)

승객, 자동차, 화물의 운송을 주목적으로 정해진 항로와 정해진 스케줄에 따라 운항하며 수역 양쪽 육지 교통을 연결해주는 선박이다. 크루즈페리(Cruise ferry), 로팩스(Ro-Pax), 팩스카페리(Pax car ferry) 등이 있다.

그림 1-12 페리

## 1.3.2 해양플랜트(Offshore Plant)

석유나 가스 등 해양에서의 에너지자원 생산이 증가하며 고부가가치 제품이 된 해양플랜트는 조선소의 주력제품으로서의 비중이 점차 커지고 있다. 해양플랜트는 자력항행능력이 있는 경우와 자항능력이 없는 경우로 구분할 수 있고, 설치 방식에 따라 부유식 해양플랜트, 고정식 또는 유연식 해양구조물로도 분류할 수도 있다.

### (1) 부유식 해양플랜트

부유식 해양플랜트로는 반잠수식(Semi-submersible type)과 선박형(Ship type)이 있다. 반잠수식은 수선면적(Water plane area)을 줄일 수 있어 파도의 영향을 최소화 할 수 있다. 선박형은 이동성이 뛰어나고 중량 변화에 따른 흘수 변화가 무시할 만하다는 장점이 있는 반면 해양파의 영향을 받으므로 거친 해상 환경에서 지속적인 작업을 수행하기에는 적합하지 않다는 단점이 있다. 부유식은 바람, 파도, 해류, 조류 등에 의해 수평방향으로 위치 이동을 하게 되므로 구조물을 원하는 곳에 있도록 하는 위치제어시스템이 필요하다. 통상 위성을 이용한 동적위치제어시스템(DPS, Dynamic Positioning System)을 사용한다.

### 1) 드릴십(Drill ship)

심해 유전 채굴을 위한 선박형태의 해상시추작업선으로 이동성, 적재성이 좋다. 그림 1-13에 보인 바와 같이 배의 중앙부에 높은 데릭(Derrick, 시추탑)이 설치되며, 데릭 아래 선체의 뚫린 공간, 즉 문풀(Moon pool)을 통해 시추장비를 해저로 내려 보낼 수 있다.

그림 1-13 드릴십

### 2) 반잠수식 드릴링리그(Semi-Submersible Drilling Rig)

심해 유전 채굴을 위한 해상시추작업구조물로, 대개 2개의 하부 잠수선체와 상부의 플랫폼을 기둥(Column)으로 연결한 형태이다. 플랫폼에 설치된 시추설비는 드릴십과 차이가 없다. 작업 시는 하부 선체에 물을 넣어 수면 아래로 가라 앉혀 그림 1-14(b)와 같이 수선면적을 작아지게 하여 같은 크기의 선박에 비해 파랑하중의 영향을 줄일 수 있다. 또한, 물을 채운 하부 선체는 플랫폼의 복원성을 높이게 되므로 거친 바다에서도 작업할 수 있는 장점이 있다. 이동 시에는 그림 1-14(a)와 같이 하부 선체의 물을 빼서 부상시킨 후 예인하거나 자항한다.

(a) 이동 시 (b) 작업 시

그림 1-14 반잠수식 드릴링 리그, 이동 시(a)와 작업 시(b)

### 3) FPSO(Floating Production Storage & Off-loading vessel)

부유식 원유 생산저장하역 설비를 뜻하며, 해저유정에서 원유를 채굴하여 물과 가스 등 불순물을 선상의 플랜트에서 분리 처리한 뒤 생산된 원유를 저장하고 이를 직접 셔틀탱커 등의 수송선에 하역하는 설비를 갖춘 선박을 말한다. 위치 제어를 위해 동적위치제어시스템과 터렛계류(Turret mooring)방식을 사용하며, 자체 항해 능력을 갖춘 것도 있고 예인선에 의해 이동되는 것도 있다.

(a) 선박형 (b) 원통형

그림 1-15 FPSO

### 4) FLNG(Floating LNG)·LNG FPSO

FPSO와 유사한 개념으로 해상의 가스 생산지에서 포집한 천연가스의 불순물을 제거하는 생산설비와 액화설비 및 저장설비를 갖추고 있으며, 액화 천연가스를 LNG선으로 직접 하역할 수 있다.

그림 1-16 FLNG

### 5) FSRU(Floating Storage & Regasification Unit)

육상의 LNG터미널을 해상에 설치한 것으로서 LNG선으로부터 LNG를 공급받아 액화상태로 저장하고 있다가 필요 시 이를 재기화해서 육상의 수요처에 공급할 수 있다. LNG터미널은 육상에 많은 설치 공간이 필요하고 기피시설이기 때문에 해상에 부유식으로 설치하는 것이 유리할 수도 있다.

그림 1-17 FSRU

그 외 FSO(Floating Storage and Off-loading vessel), FSU(Floating and Storage Unit), FPU(Floating Production Unit) 등 다양한 형태의 해양플랜트가 필요에 따라 연구개발되고 있다.

### (2) 고정식 해양구조물

고정식은 해저 지반을 기초로 견고하게 구조물을 지지하는 방식인데, 수심 300~500 m의 대륙붕이나 연안 지역의 해역에서 사용된다. 그림 1-18은 대표적인 고정식 해양구조물인 잭업리그(Jack-up rig)로서, 철제 구조물을 해저에 고정시키고 해상의 상부에 시추 플랫폼(Platform)을 탑재한 시추설비이다.

그림 1-18 잭업리그

### (3) 유연식 해양구조물

유연식은 해저에 파일을 박아 기초로 삼지만 유연각(Flex-leg) 즉 관절부가 구부러질 수 있도록 제작되어 수평방향의 운동을 어느 정도 허용하는 방식이므로 해상 상태가 좋지 않은 해역에서는 장점이 있는 방식으로 TLP(Tension Leg Platform), CPT(Compliant Piled Tower), Spar Platform 등 여러 형태가 있다.

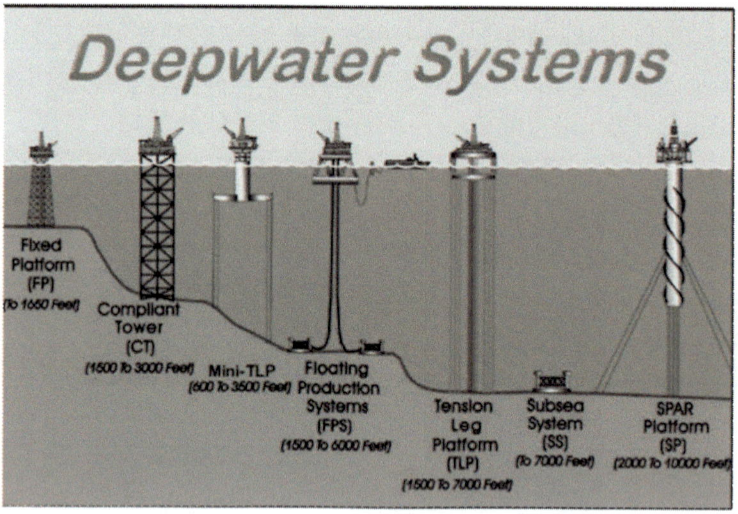


그림 1-19 해양구조물의 종류

## 1.3.3 함정(Naval Ship)

함정은 군에 소속되어 무장, 탐지장비, 병력을 탑재하고 전투 또는 전투지원임무 수행을 주목적으로 하는 선박으로 정의된다. 함정은 군함으로도 표기되며 영어로는 Naval Ship 또는 Warship으로 표기한다. 크게 나누어 수상함, 수중함, 해양경비함, 지원정으로 구분할 수 있다.

### (1) 수상함(Surface Combatant)

수상함은 전력투사, 대함전, 대잠전, 대공전, 대지전 등의 전투임무 수행을 주목적으로 하는 함정으로 작전임무에 따라서 전투함, 상륙전함, 기뢰전함으로 구분된다.

### 1) 전투함(Combat Ship)

전투함은 크기, 성능 및 작전임무 등에 따라 다음과 같이 분류된다.

#### ① 항공모함(Aircraft Carrier)

미국 등 해군 군사강국의 경우 항모 기동부대를 이끄는 항공모함이 원양해군의 해상전력 핵심함정으로 등장하였다.

그림 1-20 항공모함

#### ② 구축함(Destroyer)

해전양상의 변화·발전에 따라 전함, 순양함이 퇴조하면서 함포, 대공유도탄, 대함유도탄, 어뢰, 폭뢰, 대잠헬기 등으로 무장하고 대함, 대잠, 방공임무를 수행하는 구축함은 수상 전투세력의 주력 함정으로 운용되고 있다.

그림 1-21 세종대왕급 구축함

③ **호위함(Frigate)**

최근에는 구축함에 버금가는 무장을 하는 추세이며, 단순 호위 임무 외에 전방 전개, 정찰, 함포지원, 공중·수상·수중위협보호, 특수작전지원, 해상차단, 배타적 경제수역 주권보호, 해양법 집행 등 다목적 임무를 수행하는 함정으로 진화되었다.

그림 1-22 인천급 호위함

④ **초계함(Corvette)**

저강도의 국지분쟁에서 최적의 수단으로 평가받고 있으며, 각국의 연해 해전(Littoral Warfare)환경에 부합하는 성능을 가진 다양한 종류의 함정이 개발·건조되고 있다.

그림 1-23 스웨덴 비스비급 초계함

⑤ 고속정(High Speed Craft)

유도탄정, 어뢰정, 순찰정 등 다양한 유형이 있으며, 배수량 300~500톤의 크기를 가지며 30노트 이상 속도로 기동하여 적 함정에 대한 기습공격, 항만방어 등 임무를 수행하는 함정이다.

그림 1-24 윤영하급 고속정

## 2) 상륙전함(Amphibious Warfare Ship)

상륙작전을 위한 지휘통제, 병력 수송, 군수보급·지원 등의 임무를 수행하는 함정으로서 LST, LSD, LPD, LPH, LHA, LHD 등의 다양한 형태의 상륙함과 LCT, LCAC 등의 상륙정이 있다. 상륙전함은 분쟁지역에서 평화유지(PKO)활동, 재해구난 지원 등 다양한 임무도 수행 가능하다.

① LST(Landing Ship Tank)

해변에 접안하여 탱크와 병력을 상륙시키는 상륙함으로서 과거에 상륙전의 주역이었으나 10노트 정도의 느린 속력으로 다른 함정과 협동작전 수행 능력이 떨어진다.

그림 1-25 LST형 상륙함

② LSD(Landing Ship Dock)

LST 상륙함을 보완하기 위해 LCT(양륙형 주정)나 LCAC(공기부양형 고속상륙정)을 수상으로 발진시킬 수 있는 플로팅 도크(Floating dock)를 자체 보유한 도크형 상륙함이다.

그림 1-26 LSD형 상륙함

③ LPD(Amphibious Transport Dock)

LSD와 유사하나 도크 탑재능력은 축소하고 병력과 차량 탑재능력을 늘리고 초수평선(Over the Horizon)에서 강습 상륙작전을 수행할 수 있는 헬기를 운용할 수 있는 함정이다.

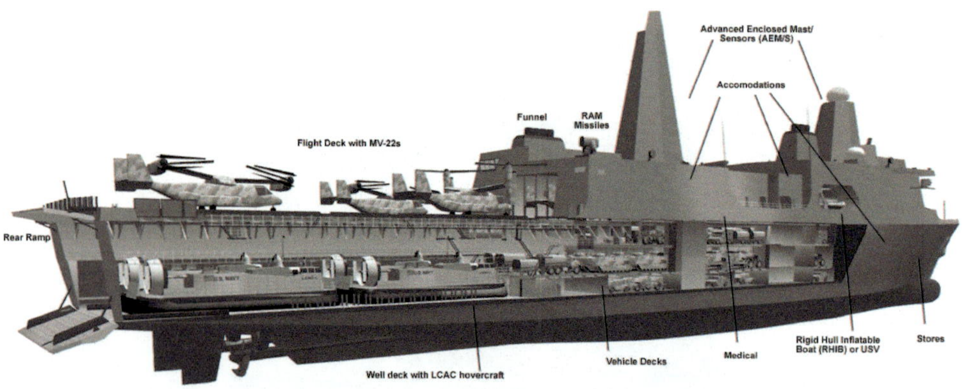


그림 1-27 산안토니오급 LPD형 상륙함

④ LPH, LHA, LHD(Amphibious Assault Ship)

초수평선(Over the horizon) 강습 상륙작전을 수행할 수 있는 헬기와 LCAC 운용 능력을 강화한 상륙함으로서, 대규모의 신속한 전력 투사가 가능한 원정강습단(Expeditionary Strike Group)의 지휘함 임무를 수행한다.

그림 1-28 와스프급 LHD형 상륙함

⑤ LCAC(Landing Craft Air Cushion)

병력, 차량, 탱크를 싣고 수륙양용 기동이 가능한 공기부양선형의 상륙돌격정으로서 초수평선 상륙작전 수행이 주 임무이다.

그림 1-29 LCAC급 상륙돌격정

### 3) 기뢰전함(Mine Warfare Ship)

연안해전에서 기뢰전 수행을 목적으로 하는 함정으로서 기뢰를 부설하고 기뢰전을 지휘·통제할 수 있는 기뢰부설함, 기뢰를 탐색하는 기뢰탐색함, 식별된 기뢰를 제거하는 소해함 등으로 구분된다.

기뢰부설함은 다종의 기뢰를 혼합 저장하고 필요한 기뢰를 선별하여 해상의 지정된 위치에 투하·부설할 수 있는 저장·부설장치가 설비된다.

소해함은 비자성의 선체 재질을 사용하는데, 과거에는 주로 목재를 사용했으나 현재는 대부분 강화유리섬유 복합재를 사용한다.

(a) 기뢰부설함

(b) 소해함

그림 1-30 기뢰전함

#### 4) 지원함(Auxiliary Ship)

대양함대가 장기간 원양작전을 수행하기 위해서는 유류, 식품, 탄약, 수리 부속을 작전·기동 중에 보급할 수 있는 군수지원함이 필요하다. 또한 복합적 환경에서 함대의 작전 임무 수행을 위해서 잠수함구조함, 수상함구조함, 해양조사함, 병원선 등 다양한 유형의 지원함 세력이 요구된다.

그림 1-31 군수지원함

(a) 잠수함 구조함

(b) 수상함 구조함

그림 1-32 구조함

그림 1-33 병원선

## (2) 수중함(Underwater Combatant)

### 1) 잠수함(Submarine)

오늘날의 잠수함은 은밀성과 고도화된 작전운용성능을 바탕으로 해양통제를 비롯하여 해양전의 다양한 전술 및 전략 임무를 수행하고 있다. 원자력 추진잠수함(Nuclear submarine)과 디젤전기추진 잠수함(Diesel-electric submarine)으로 크게 구분할 수 있다.

그림 1-34 오하이오급 원자력추진 잠수함(좌), 장보고급 디젤전기추진 잠수함(우)

### 2) 잠수정(Small Submarine)

200톤급 미만의 소형 잠수함으로 특공부대 침투작전 등 주로 비정규전에 운용되는 함정이다.

그림 1-35 돌고래급 잠수정

## (3) 해양경비함(Coast Guard)

연안 해역을 정찰, 감시, 경비하는 임무를 수행하는 함정으로서 경비함, 경비정, 구난함 등이 있다.

그림 1-36 3000톤급 해양경비함

## (4) 기타 지원정

항만수송정, 청수정, 예인정, 준설정, 고속지원정 등이 있다.

## 1.3.4 특수선 · 특수목적선

### (1) 어선

어선, 어업지도선, 어업조사선, 어업시험선, 어업실습선 등이 있다.

그림 1-37 원양어선

### (2) 해양지원선(Offshore Service Vessel)

해상유정(시설)을 지원(물자 공급, 정비·유지)하기 위한 다목적 특수작업선이나 유정 지원선을 말한다.

그림 1-38 유정지원선

### (3) 과학탐사선

해양관측선, 해양조사선, 해저지질조사선, 극지조사선, 기상관측선, 심해탐사선 등이 있다.

(a) 해양조사선

(b) 기상관측선

그림 1-39 과학탐사선

### (4) 작업선

해상에서의 여러가지 특수 작업을 수행할 수 있는 다양한 형태의 작업선이 개발 · 건조되고 있다. 케이블포설선, 파이프포설선, 해상크레인선, 준설선, 해양플랫폼 제거선박, 풍력발전기 설치선 등이 있다.

(a) 케이블포설선

(b) 파이프포설선

(c) 해상크레인선

(d) 준설선

(e) 해양플랫폼제거선박

(f) 풍력발전기설치선

그림 1-40 작업선

# 연습문제

1. 상선 선박의 종류를 열거하고 각 선박의 특성과 용도에 맞는 의장시스템을 기술하시오.

2. 선박 의장시스템을 4가지로 분류하고 각 의장에 해당하는 장비, 장치, 시스템을 기술하시오.

3. 해양플랜트의 종류와 간략한 설명을 기술하시오.

4. 함정의 종류를 열거하시오.

5. 특수목적선의 종류를 열거하시오.

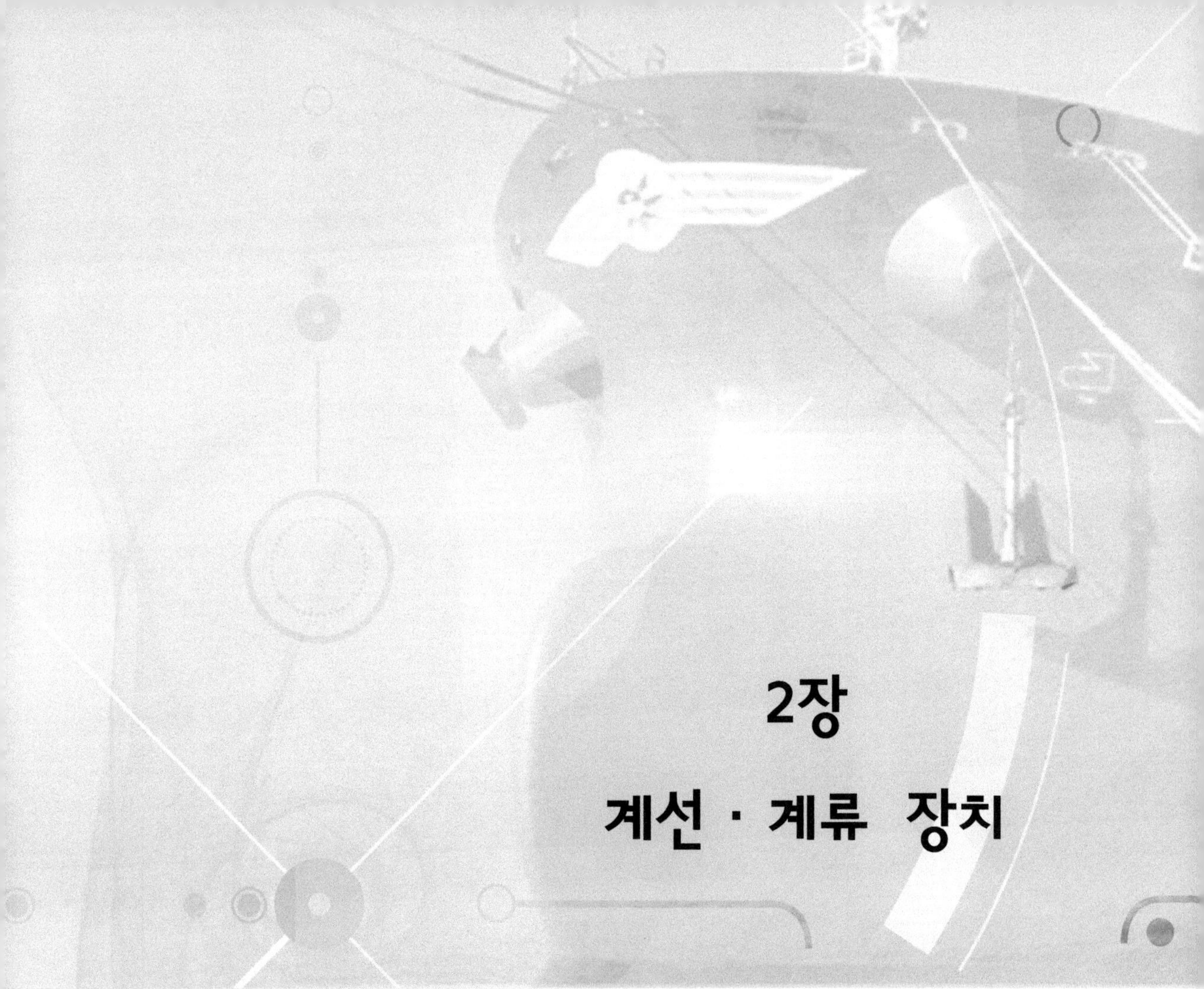

# 2장
# 계선 · 계류 장치

# 2.1 계선장치(Anchoring System)

## 2.1.1 개요

계선장치는 선박이 항행을 하지 않고 필요에 따라 항만 또는 외항의 일정한 위치에서 정박하기 위해 체인(Chain)에 연결된 앵커(Anchor, 닻)를 바다나 강의 바닥에 내려 끌리거나 박히게 함으로써 선박을 일정한 위치에 유지시키고, 정박이 끝나면 앵커와 체인을 선박 위로 다시 끌어 올리는 장치를 말한다.

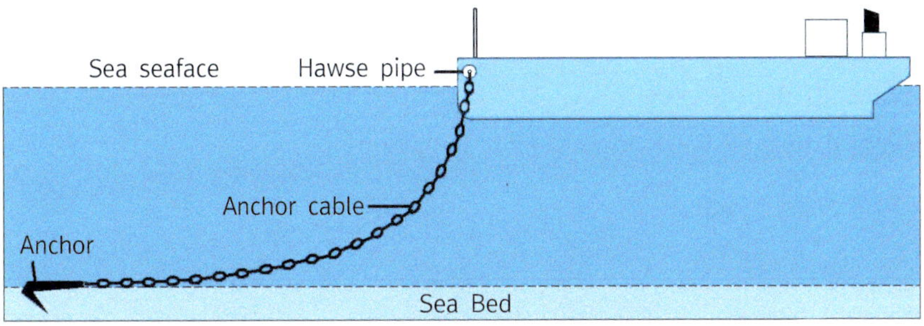


그림 2-1 앵커링 개념도

선박에서 앵커링이 이루어지는 경우는 다음과 같다.

- 항만 또는 외항의 일정 위치에서 대기할 때(입항 수속, 검역, 화물의 선적 및 하역 등)
- 좁은 수역에서 선박을 작은 반경으로 회전시킬 필요가 있을 때
- 다른 선박 혹은 물체와의 접촉 및 충돌을 피하기 위해 선박의 속력을 급격히 감속시킬 필요가 있을 때
- 좌초된 선박이 표류하지 않도록 고정시킬 때

## 2.1.2 구성요소(Anchoring Equipment & Fittings)

계선장치의 구성요소는 다음과 같다.

- 윈드라스(Windlass, 양묘기)
- 앵커(Anchor)
- 앵커체인(Anchor chain)
- 체인컴프레서(Chain compressor)
- 앵커스토퍼(Anchor stopper)
- 체인로커(Chain locker)
- 케이블클렌치(Cable clench)
- 벨마우스(Bellmouth)
- 볼스터(Bolster)
- 호저파이프(Hawse pipe)
- 호저파이프커버(Hawse pipe cover)
- 체인파이프(Chain pipe)
- 체인파이프커버(Chain pipe cover)

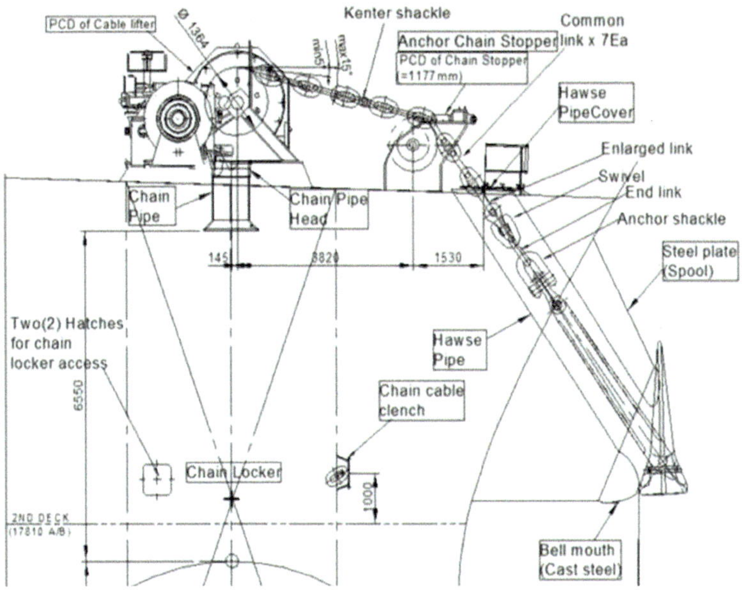


그림 2-2 앵커핸들링 구성도

## 2.1.3 주요 적용 규칙 및 규정(Rule & Regulation)

① 각 선급협회(Classification Society) 규칙

② 한국선급협회(KR) 규칙

- 4편 8장 의장수 및 앵커링 의장품
- 5편 8장 윈드라스

## 2.1.4 계선장치 구성요소별 상세

### (1) 윈드라스(Windlass)

#### 1) 일반사항

선박의 필요에 따라 앵커체인을 풀어 앵커를 내리거나 체인을 감아 앵커를 올리거나 체인을 정지시키는 기계장치이다. 구동방식은 전기모터구동방식(Electric motor driven type), 전기유압구동방식(Electro-hydraulic driven type), 증기구동방식(Steam driven type), 공기모터구동방식(Air motor driven type) 등이 있다. 구성품은 구동모터, 기어박스(Gear box), 케이블리프터·집시휠(Cable lifter·Gypsy wheel), 수동브레이크(Manual brake), 클러치(Clutch) 등이 있다.

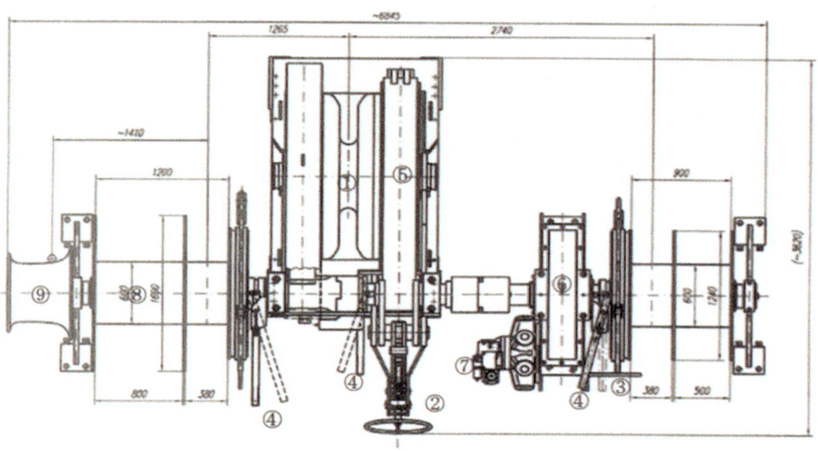

① Gypsy wheel
② Manual brake for cable lifter
③ Manual brake for mooring drum
④ Clutch(claw type)
⑤ Gear box(open type with protector) for cable lifter
⑥ Gear box(enclosed type) for mooring drum
⑦ Hydraulic motor
⑧ Mooring drum
⑨ Warping head

그림 2-3 윈드라스 구성도

## 2) 방식별 특성

일반 상선에는 주로 전기모터구동방식 또는 전기유압구동방식이 사용되며 특성은 다음과 같다.

### ① 전기모터구동방식

- 전기모터를 기어박스를 통해 케이블리프터에 직접 연결하여 구동하는 방식
- 폭발 위험이 있는 구역(Dangerous zone)에 설치 시 방폭형 모터 사용으로 비용 증가
- 작동유(System oil)가 없으므로 누유에 의한 오염이 없고 저온 환경에서 사용 시 유리
- 컨테이너선이나 일반화물선에 주로 사용

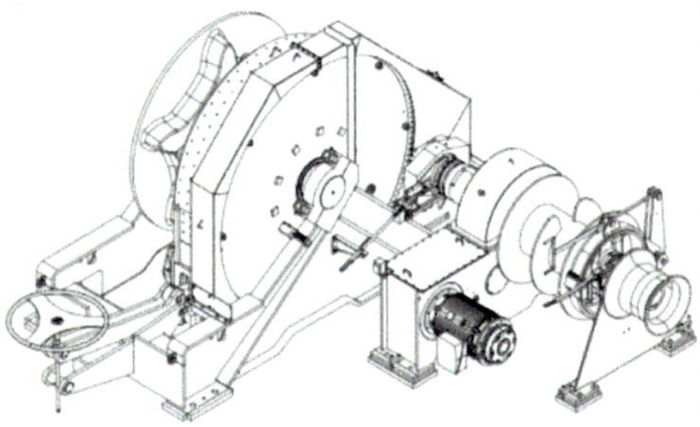

그림 2-4 전기모터구동방식 윈드라스 형상

### ② 전기유압구동방식

- 전기모터로 유압펌프를 돌려 발생된 유압을 유압모터에 전달하여 케이블 리프터를 구동하는 방식
- 무단계변속(Stepless speed control)이 가능
- 전기모터가 포함된 펌프유닛을 비위험구역(Non-dangerous zone)에 설치하므로 위험구역에 윈드라스 설치 용이
- 유압펌프, 배관 등 유압계통이 필요함
- 원유운반선, 정유운반선, 가스운반선에 주로 사용

그림 2-5 전기유압구동방식 윈드라스 형상

### 3) 선급규정에 따른 윈드라스 성능

- 사용하중(N) : 47.5 $d^2$ (제3종 체인의 경우, d는 체인의 지름, 30분 연속 운전)
- 공칭속도(평균인양속도) : 최소 9 m/min
- 과부하하중 : 사용하중의 1.5배 이상(최저 2분간 연속 운전)
- 유지하중(제동능력) : 체인 절단하중의 45%(체인컴프레서가 있을 경우)

## (2) 앵커(Anchor)

### 1) 일반사항

앵커가 해저에 닿은 상태에서 체인에 인장력이 걸리면 앵커가 해저면에 견고히 박혀서 조류나 바람 등의 외력에 의해 선박이 떠내려가는 것(Drift)을 저지할 수 있는 파지력(Holding power)이 발생하여 선박이 일정위치를 벗어나지 않도록 한다.

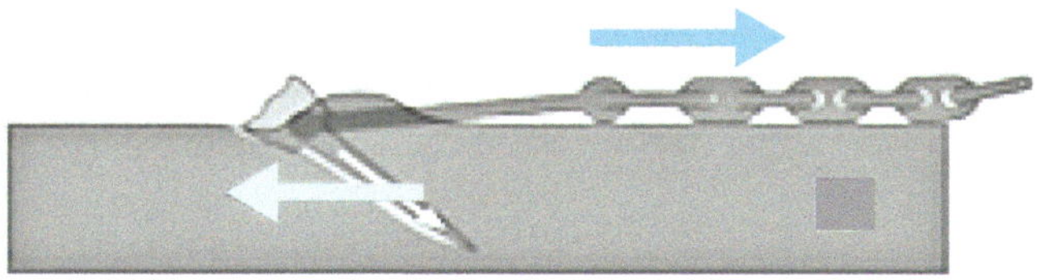

그림 2-6 앵커의 파지 상태

앵커의 각 부분의 명칭은 그림 2-7과 같다.

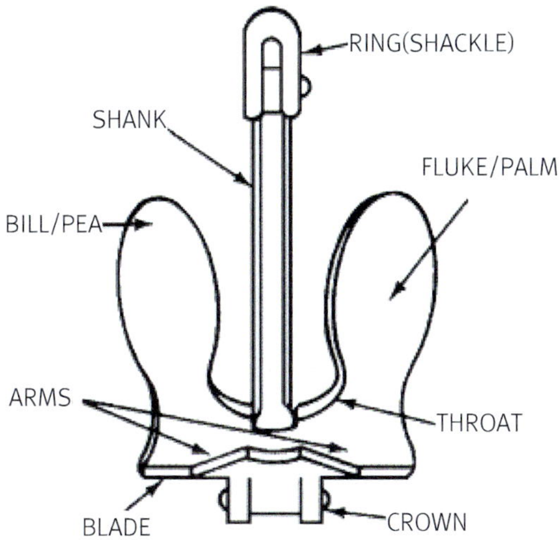


그림 2-7 앵커의 각 부분 명칭

## 2) 앵커의 종류

앵커의 종류로는 일반앵커와 고파지력(HHP) 앵커가 있다. 일반앵커에는 스톡앵커(Stock anchor)와 스톡리스앵커(Stockless anchor)가 있는데 일반 상선에는 스톡리스 앵커를 쓰고 있다.

### ① JIS 스톡리스앵커(Hall Anchor)

가장 일반적으로 사용되는 앵커이며 격납방식이 벨마우스형, 볼스터형으로 제한된다.

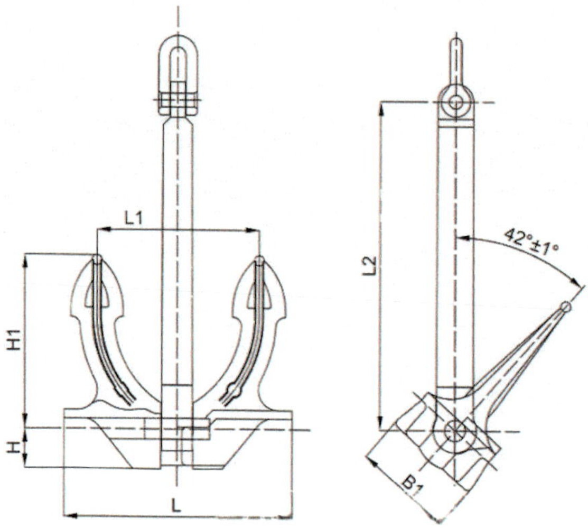


그림 2-8 JIS 스톡리스앵커

② **고파지력(HHP,High Holding Power) 스톡리스앵커**

대표적인 고파지력앵커인 AC-14앵커는 군함용으로 개발되었으나 상선에도 사용되며 파지력이 커 일반앵커의 75%의 중량으로 동일한 파지력을 낼 수 있어 앵커의 무게를 줄일 수 있다. Self balanced type이므로 벨마우스형, 볼스터형, 포켓형 등 다양한 격납방식이 가능하다.

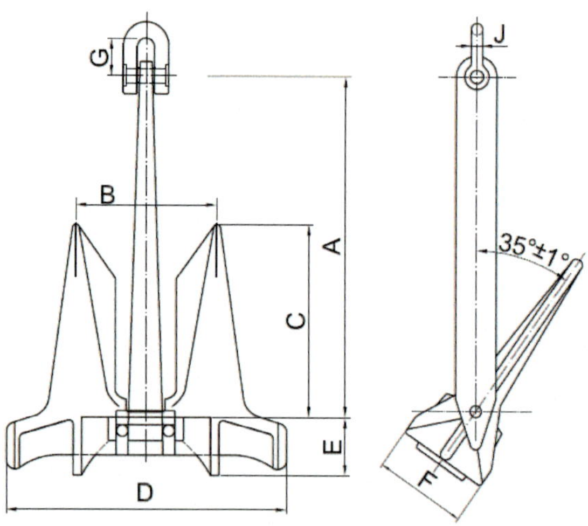


그림 2-9 고파지력 스톡리스앵커

③ **스펙앵커(Spek Anchor)**

포켓형 격납방식에 적합한 앵커로서 격납 시 평평한 머리 부위가 포켓 바깥면을 형성하므로 보기에 깔끔하고 격납 상태에서 파도 등의 외력으로 인한 덜거덕거림이 적으나, 파지력이 작은 단점이 있다.

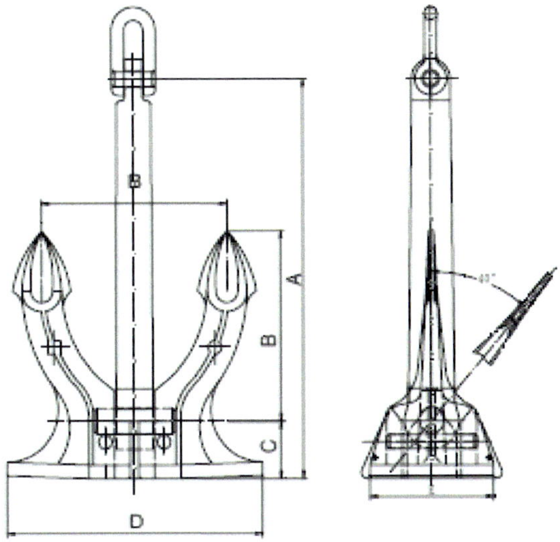


그림 2-10 스펙앵커

## (3) 앵커체인(Anchor Chain)

앵커체인은 앵커와 선체를 연결하여 앵커의 파지력을 선체에 전달하는 역할을 한다. 앵커체인의 한 끝에는 앵커가 연결되어 있고 다른 끝은 체인로커에 설치된 케이블클렌치의 연결핀으로 선체에 연결되어 있다. 그 연결부는 위급상황에서 쉽게 끊어지도록(Weak link) 고안되어 있다.

앵커링 시 해저에 닿은 부분(Holding part)의 앵커체인은 앵커와 함께 파지력을 발생하고, 바닥에서 수면 사이의 현수곡선(Catenary curve) 부분은 선박이 받는 외력을 감쇄하는 역할을 한다.

앵커체인의 호칭지름은 코먼링크(Common link)의 지름 d로 표시한다. 앵커체인의 길이는 27.5 m(15패덤)를 기준으로 1련(Shot, Shackle length)라고 부르며 각 련은 분리 가능한 켄터섀클(Kenter shackle)로 연결한다.

앵커체인은 인장강도에 따라 제1종, 제2종, 제3종으로 구분하며 일반 상선에서는 인장강도가 가장 높은 제3종을 주로 사용한다. 제3종 체인을 사용하면 동일한 인장력에서 호칭지름을 감소시켜 중량을 줄일 수 있다.

- 제1종 : 소형선 어선에 많이 사용
- 제2종 : 인장강도 50 kg/mm$^2$
- 제3종 : 인장강도 70 kg/mm$^2$

앵커와 체인을 연결할 때 체인이 꼬이는 것을 막기 위하여 스위블(Swivel)이라 불리는 회전고리를 사이에 넣어 그림 2-11과 같이 연결한다.

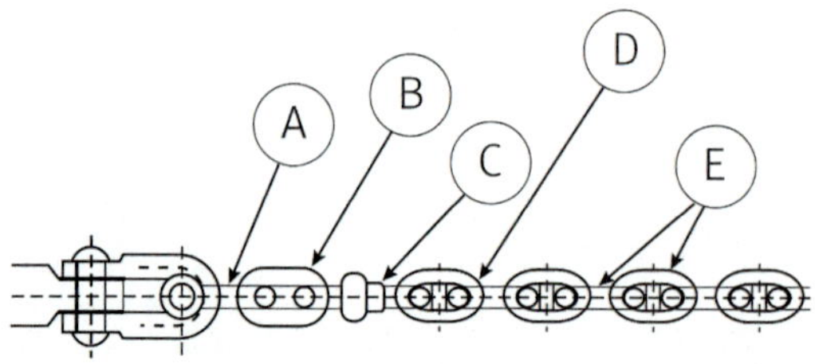


| NO | NAME | MARK |
|---|---|---|
| A | ANCHOR SHACKLE |  |
| B | END LINK |  |
| C | SWIVEL | 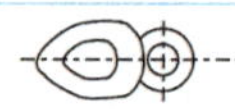 |
| D | ENLARGED LINK | 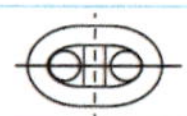 |
| E | COMMON LINK | 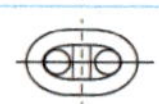 |
| F | KENTER SHACKLE |  |

그림 2-11 앵커와 체인의 링크 연결도

### (4) 체인컴프레서(Chain Compressor, Chain Stopper)

체인컴프레서는 윈드라스와 호저파이프 사이에 설치한다.

앵커링 시 스토핑바(Stopping bar)로 체인을 잡아주어 체인에 걸리는 장력이 윈드라스에 직접 전달되지 않도록 한다.

앵커를 올리고 내릴 때 체인의 이탈을 방지하는 가이드 역할을 하며, 체인 절단하중의 80%의 하중에 견딜 수 있어야 한다.

그림 2-12 체인컴프레서 형상

## (5) 앵커스토퍼(Anchor Stopper)

체인컴프레서의 보조 역할을 한다. 앵커체인 및 체인컴프레서의 정비를 위해 앵커와 앵커체인을 일시적으로 잡아 주기 위한 장치이다. 항해 시 항상 체결한다.

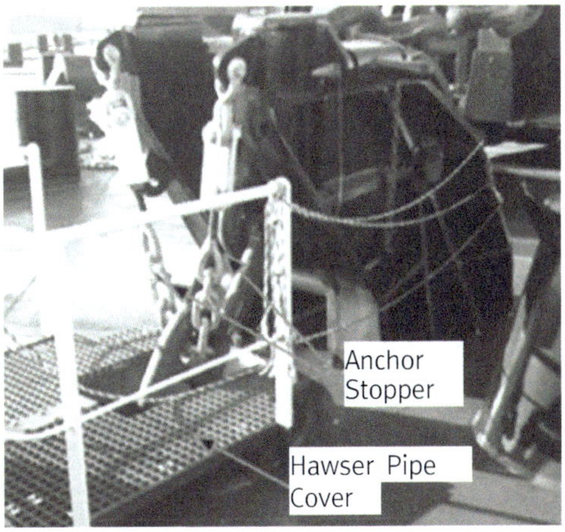


그림 2-13 앵커스토퍼 형상

### (6) 체인로커(Chain Locker)

체인로커는 앵커체인을 쌓아두는 공간으로 선체구조나 주변 배치상황에 따라 직사각형(Rectangular type) 혹은 원통형(Cylindrical type) 구조로 한다.

양현의 체인로커는 분리되어 배치되어야 한다. 선수 형상, 선수 무어링 갑판 배치, 하부 선수창고(Bosun store)의 배치를 종합적으로 고려하여 앵커링 배치(윈드라스, 체인로커 등의 배치)를 결정한다.

원활한 체인 적재를 위해 가능한 단면이 작고 깊이는 크게 하는 것이 좋다. 체인로커의 크기는 체인 적재 부피에 체인 상부 공간(S)을 더한다.

체인로커의 내부에 접근할 수 있도록 사다리나 발판을 설치하고 출입용 해치(Access hatch)의 위치는 적재된 체인보다 위에 로커 바깥 통행 갑판에서 1 m 높이에 설치한다.

체인로커의 용적 계산은 그림 2-14를 참조하라.

$$\therefore \text{부피(Volume, } V) = 0.92 \times 10^{-5} \times L \times d^2$$

- $L$ : 앵커 체인의 길이 좌현/우현 중 더 긴 것으로 선정(m)
- $d$ : 체인 직경(mm)
- $H = 1.1 \times V/A$
- $A$ : 단면적
- $N$ : $8d$
- $S$ : $25d - 30d$
- $D$ : $26d - 32d$

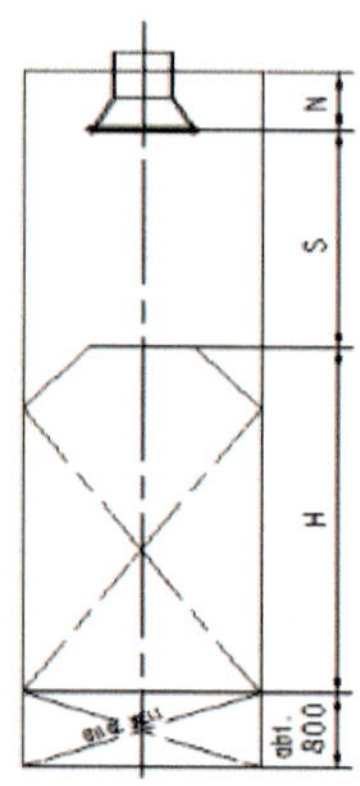


직사각형 체인 로커의 경우

$$D = \sqrt{4 \times (a \times b)/\pi}$$

- $a$ : 체인 로커 가로 길이
- $b$ : 체인 로커 세로 길이

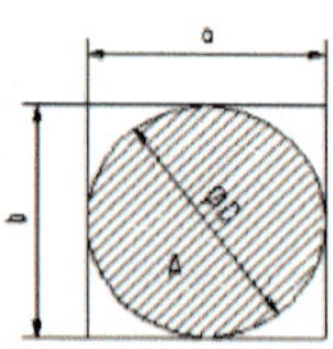


그림 2-14 체인로커의 부피 계산

## (7) 케이블클렌치(Cable Clench)

체인로커 구조에 취부된 고정장치로서 앵커체인의 안쪽 끝단을 체인로커에 고정하는 장치이다.

비상 시 체인로커 바깥쪽에서 접근할 수 있는 위치에서 케이블클렌치에 연결된 체인을 분리하여 해상으로 투하시킬 수 있는 기능이 있어야 한다.

선급협회 규정은 앵커체인 파단강도의 15~30%의 하중에 견딜 것을 요구하는데 이는 사고로 체인이 풀려 나가더라도 그 충격에 의한 선체 손상을 방지하기 위한 것이다.

케이블클렌치는 앵커체인이 모두 쌓인 높이보다 위에 설치하여야 하고 체인로커 바깥에서 분리작업이 용이하도록 갑판에서 1 m 높이에 위치하도록 배치한다.

그림 2-15 케이블클렌치 형상

## (8) 벨마우스(Bellmouth)

앵커링 시 앵커체인과 앵커의 생크(Shank)가 부드럽게 호저파이프 안으로 들어가도록 하며 앵커의 회전과 격납을 용이하게 하기 위해 선체 외판 쪽 호저파이프 끝단에 설치하는 주물로 된 구조물이다.

앵커체인이 선측으로 쉽게 배출될 수 있고 앵커가 선체와 충분한 간격을 확보할 수 있도록 적절한 크기와 형상을 가져야 한다.

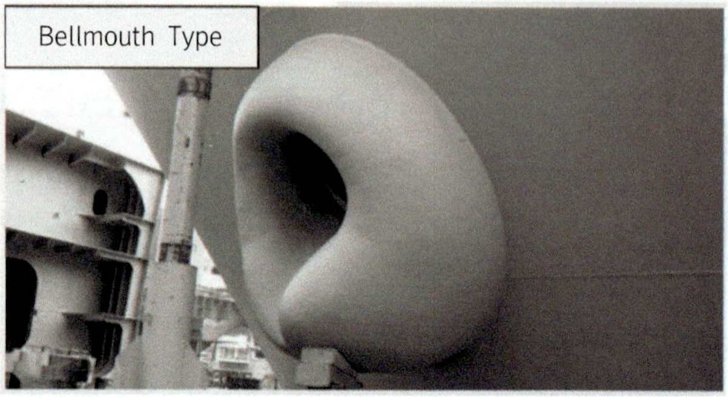


그림 2-16 벨마우스 형상

### (9) 볼스터(Bolster), 스풀(Spool)

앵커를 투하하거나 올릴 때 선체외판과 접촉하지 않고 일정한 간격을 확보하기 위해 호저파이프의 선체외판 쪽 끝단부에 설치하는 구조물이다.

볼스터·스풀 위에 벨마우스를 설치한다.

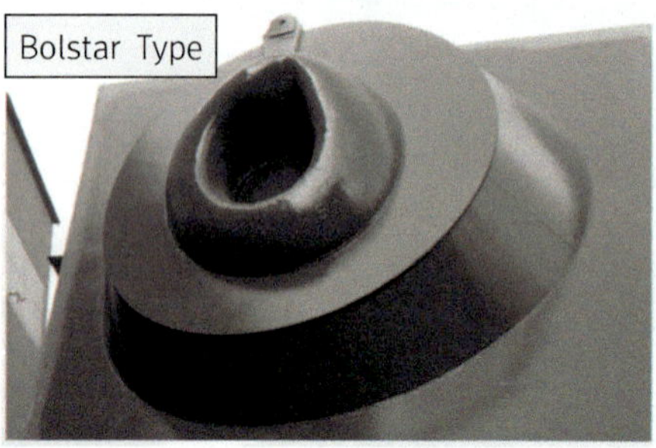


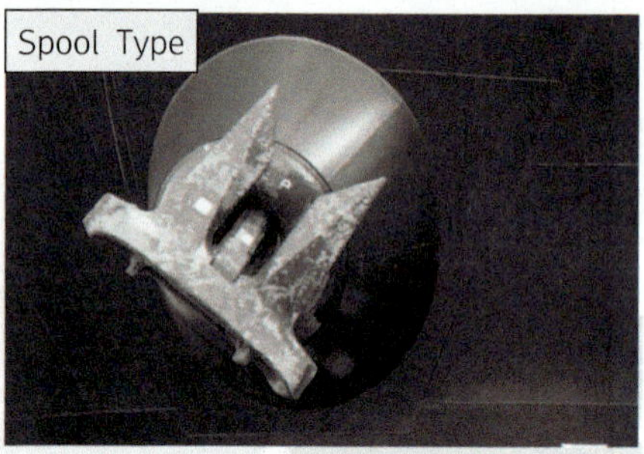


그림 2-17 볼스터(좌), 스풀(우) 형상

### (10) 호저파이프(Hawse Pipe)

앵커를 내리거나 올릴 때 앵커체인을 가이드하는 역할을 한다. 앵커와 앵커체인이 효과적으로 배출되고 격납될 수 있도록 적절한 크기, 위치, 기울기를 갖도록 배치하여야 한다.

선수창고 구역을 관통해서 선수루 갑판에서 선체 밖으로 연결되며, 앵커링 후 체인을 감아 들일 때 체인에 부착되어 올라오는 뻘 등 오물을 씻어내는 장치(Water zet washing nozzle)를 설치한다.

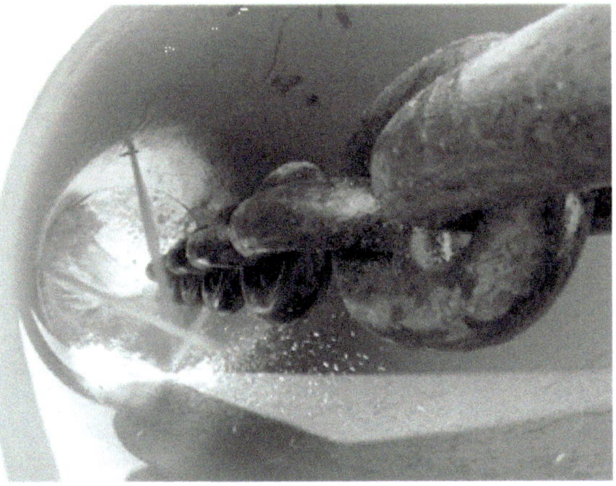

그림 2-18 호저파이프와 체인 세척장치

### (11) 호저파이프커버(Hawse Pipe Cover)

대형선의 경우 호저파이프를 통해 사람이나 물품의 추락, 외부인의 침입, 해수의 유입을 방지하기 위해 호저파이프 상부에 설치한다.

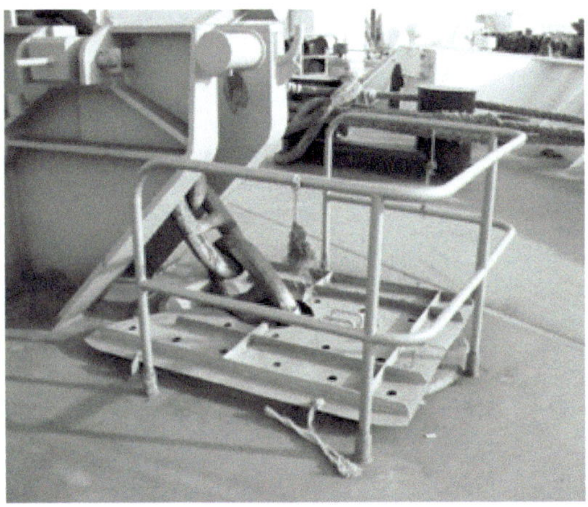

그림 2-19 호저파이프커버 형상

### (12) 체인파이프(Chain Pipe)

체인로커의 상부 중앙에 설치되며 체인파이프를 통해 체인이 출입한다.

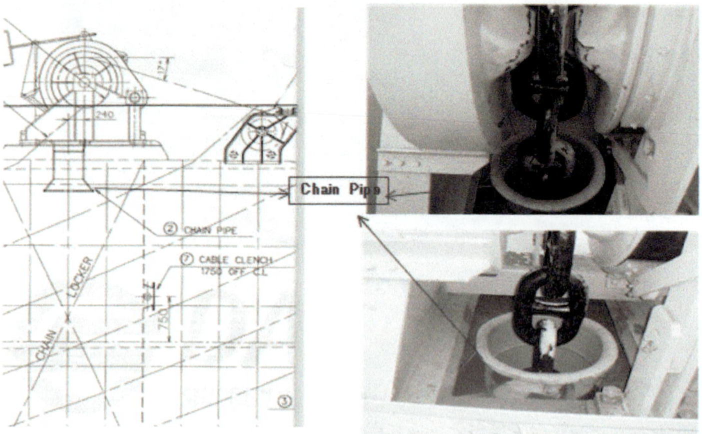


그림 2-20 체인파이프 형상

### (13) 체인파이프헤드(Chain Pipe Head), 체인파이프커버(Chain Pipe Cover)

체인의 출입이 원활하도록 체인파이프 위에 체인파이프헤드를 부착하기도 한다.

항해 시 체인로커로 해수가 유입되는 것을 방지하기 위해 체인파이프 상부에 체인파이프커버를 설치한다.

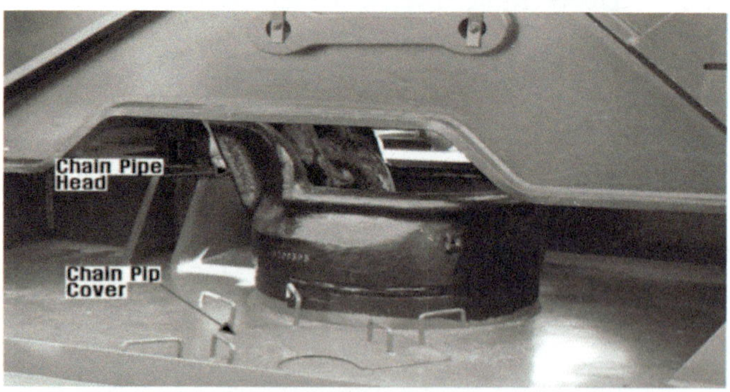


그림 2-21 체인파이프헤드, 체인파이프커버 형상

## 2.1.5 앵커 및 앵커체인의 파지력(Holding Power)

파지력(P)이란 앵커의 플루크(Fluke)가 해저면 속으로 파고 들어가서 생기는 힘과 해저면에 닿아 있는 앵커체인과 해저면의 마찰력에 의한 힘을 말하며 다음과 같이 계산한다. 파지력은 앵커링 시 선박이 받는 풍압 조류 등 외력에 상응하는 크기여야 한다.

$$P = Ka \times Wa + Kc \times L \times Wc$$

Ka : 앵커의 파지력 계수

Kc : 앵커체인의 파지력 계수

Wa : 앵커의 해수 중 중량(0.869 × 공기 중 중량)

Wc : 앵커체인의 단위 길이당 해수 중 중량(0.869 × 공기 중 중량)

L : 해저에 깔린 앵커체인의 길이

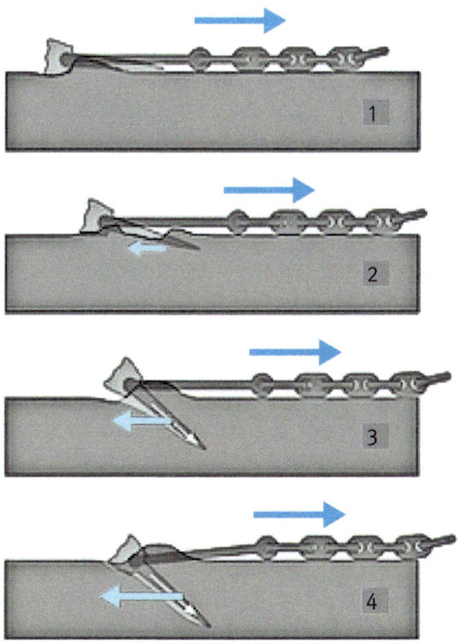


그림 2-22 앵커 및 앵커체인의 해저면 파지 상태

표 2-1 앵커 및 앵커체인의 파지력 계수

| 종류 | 진흙 | 굳은 흙 | 모래 흙 | 모래 | 돌 모래 | 바위 |
|---|---|---|---|---|---|---|
| Ka | 10 | 9 | 8 | 7 | 6 | 5 |
| Kc | 3 | 2 | 2 | 2 | 1.5 | 1.5 |

## 2.1.6 앵커 격납 방식의 종류

### (1) 벨마우스형(Bellmouth Type)

앵커의 원활한 회전을 유도하고 앵커 격납 시 견고한 고정을 위해서 호저파이프 끝단 선체 외판에 주물로 된 벨마우스를 설치하는 방식으로 가장 보편적인 방식이다.

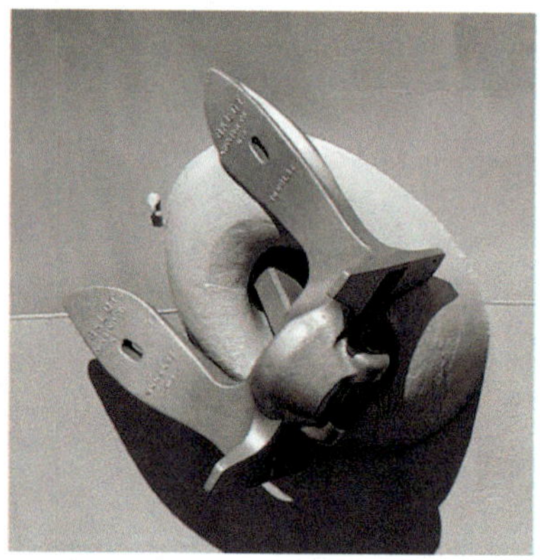

그림 2-23 벨마우스형 격납 형상

### (2) 볼스터형(Bolster Type), 스풀형(Spool type)

벨마우스만으로 앵커링 시 선체와 앵커의 이격이 충분하지 않을 경우 선체 외판에 볼스터 또는 스풀이라는 구조물을 설치하는 경우도 있다. 비대한 선수 형상을 가진 선박이나 큰 구상선수(Bulbous bow)를 가진 선박의 경우 선체로부터 앵커를 이격시키기 위해 많이 적용하는 방식이다.

그림 2-24 볼스터형(좌), 스풀형(우) 격납 형상

### (3) 포켓형(Pocket Type)

호저파이프 끝에 벨마우스를 설치하지 않고 선체 안쪽으로 포켓 형태를 만들어서 격납시키는 방식이다. 격납 시 앵커가 돌출되지 않고 선체 안쪽으로 들어가므로 격납 형태가 깔끔한 장점이 있다.

윈드라스에서 체인이 나가는 라인과 포켓이 위치한 레벨의 선박 외측 라인을 가능한 직각으로 해야 포켓 형성이 쉽고 앵커 진입이 용이하다.

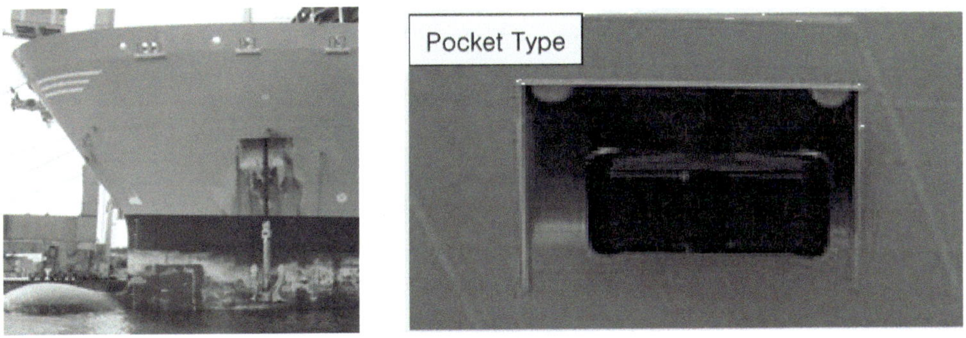


그림 2-25 포켓형 격납 형상

### (4) 리세스형(Recess Type)

포켓형과 유사하며 격납된 앵커가 선체 외판 밖으로 돌출되지 않는 이점이 있다.

그림 2-26 리세스형 격납 형상

### (5) 트랙웨이형(Trackway Type, Sliding Type)

갑판리세스형(Deck recess type)라고도 하며 호저파이프 설치가 곤란하거나 불가한 선형의 경우에 적용한다. 윈드라스에서 체인이 나가는 라인과 선박외측 라인을 가능한 직각으로 배치해야 선체 외측을 리세스시키는 작업이 쉽고 앵커 진입도 용이하다.

그림 2-27 트렉웨이형 격납 형상

## 2.1.7 앵커 핸들링 배치도면 작성

선박의 앵커링 장비와 의장품을 최적으로 배치하고 앵커와 앵커체인의 원활한 핸들링을 위해 올바른 도면 작성이 필요하다.

① 선도(Lines)를 바탕으로 앵커 핸들링 도면을 작성한다.
② 일반배치도의 윈드라스, 체인로커의 위치를 확인한다.
③ 윈드라스의 케이블리프터, 체인컴프레서, 호저파이프, 벨마우스가 적절한 위치에 배치되고 정렬되도록 한다.
④ 각 앵커링 의장품의 사이즈와 사양을 결정한다.
⑤ 앵커의 격납이 원활하도록 벨마우스의 배치, 형상, 사이즈를 결정한다.
⑥ 앵커링 시 선체외판과 앵커 사이의 간격이 충분하도록 배치한다.
⑦ 모형시험(Mock-up test)을 통해 앵커링 배치의 적절성을 검증하고 벨마우스의 형상을 확정한다.

### (1) 호저파이프의 배치 기준

#### 1) 호저파이프의 평면각·평면접선각

호저파이프의 평면각($\theta_1$)은 일반적으로 약 15°~25° 정도를 기준으로 하고, 선형을 고려하여 호저파이프와 외판 접선과의 교각 $\theta_2$를 가능한 55° 이내의 범위에서 앵커와 선체외판과의 간격을 고려하여 호저파이프 배치를 결정한다. 호저파이프의 길이를 최소화하고 벨마우스와 볼스터의 크기를 최소화하기 위해 벨마우스와 구상선수 (Bulbous bow) 최외측 라인 간 평면상간격이 충분히 확보되도록 위치를 잡는다.

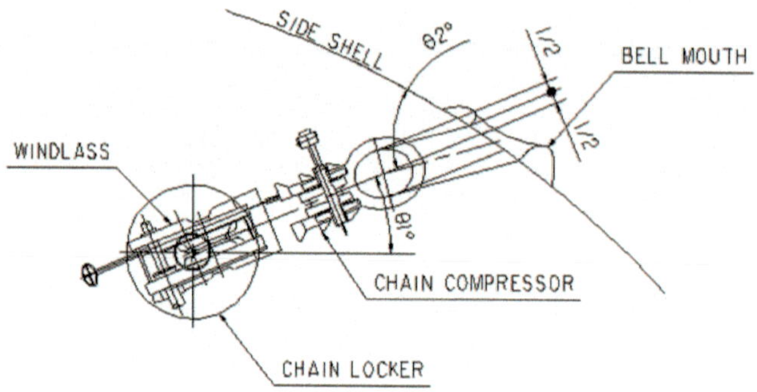


그림 2-28 호저파이프 배치 평면도

- 평면각($\theta_1$)이 커지면 평면접선각($\theta_2$)이 커져 앵커의 회전이 잘 되지 않을 수 있다.
- $\theta_1$이 작아지면 구상선수 선체외판과의 간격이 줄어들어 볼스터를 설치해야 할 경우도 있으며 좌우현 볼스터가 너무 인접하면 모양이 좋지 않다.
- 원활한 앵커 회전을 위해서 $\theta_2$는 주로 25°~45°로 하고 벨마우스 형상으로 조절한다.

### 2) 호저파이프 경사각·수직접선각

호저파이프 경사각($\theta_3$)은 일반적으로 30°~40°가 적당하며, 선체외판과의 간격을 고려하여 결정한다. 수직접선각($\theta_4$)은 일반적으로 60°~75°가 적당하며 그 범위를 벗어나는 경우에는 경사각을 우선적으로 고려한다.

- 경사각이 커질 경우, 앵커와 체인이 벨마우스 위를 지나갈 때 마찰이 심하게 발생할 수 있으며 앵커 생크 끝단이 호저파이프의 윗면에 접촉되어 심하게 긁거나 호저파이프 안에 끼어 잘 빠지지 않을 수도 있다.
- 경사각이 작아질 경우, 체인컴프레서가 받는 힘이 커지며 앵커링 상태에서 체인에 과도한 굽힘응력이 발생하여 체인의 변형이 우려되므로 주의가 필요하다. 또한 호저파이프가 길어지는 현상이 발생하고 선체외판과의 간격이 적어진다.
- 수직접선각이 크거나 작을 경우 앵커의 회전운동이 나빠질 수 있다.

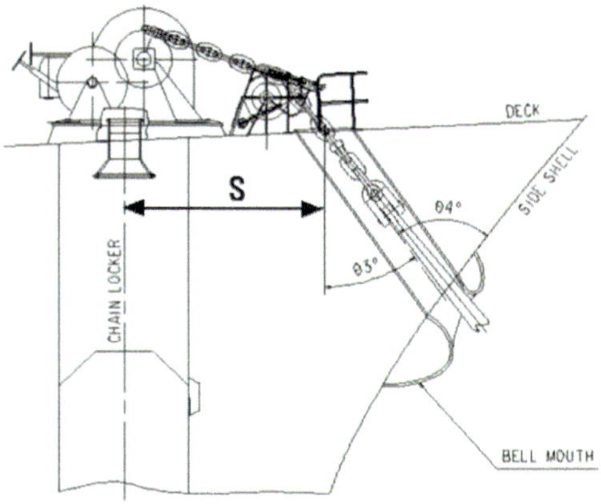


그림 2-29 호저파이프 배치 측면도

### 3) 체인파이프 중심과 호저파이프 중심과의 직선거리

체인파이프 중심과 호저파이프 중심과의 직선거리 S(그림 2-29 참조)는 윈드라스와 체인컴프레서의 최적 배치를 위한 거리로서 일반적으로 45~50 d(d=앵커체인 규격직경)가 적절하다.

- 기준 이상일 경우에는 앵커의 자유낙하 시 앵커체인이 케이블리프터와 체인컴프레서 사이에서 상하 진동이 심해져 점핑현상이 일어날 우려가 있으며 필요 시 가이드(Guide) 등을 설치해야 한다.
- 기준 이하일 경우에는 앵커체인의 정비작업(켄터새클 분리 등)이 어렵다.

### 4) 호저파이프의 내경(D)

앵커의 원활한 통행을 유도하기 위하여 10 d로 하는 것이 적절하다.

### 5) 호저파이프의 두께(t)

앵커와 앵커체인의 호저파이프 통행 시 적절한 강도 및 마모 등을 고려하여 그림 2-30과 같이 결정한다.

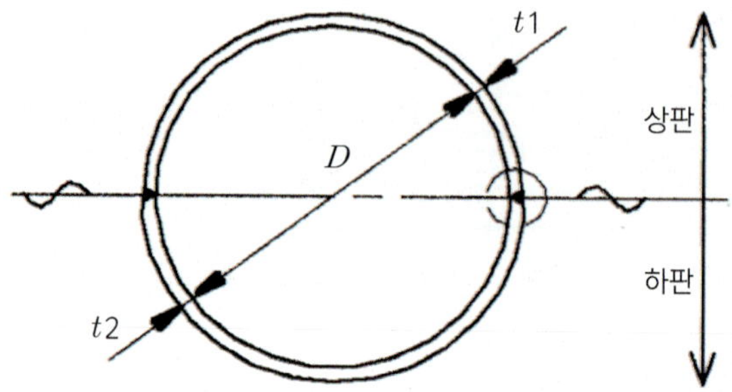


$t1$ : 최소 0.3 $d$ $t2$ : 최소 0.4 $d$

$d$ : 체인 규격 직경 $D$ : 호저 파이프 직경

그림 2-30 호저파이프 두께

#### 6) 호저파이프 길이

앵커 격납 시 앵커 스위블(Anchor swivel)이 갑판 윗면에 1/2 정도 나오도록 결정하는 것이 바람직하다. 호저파이프 길이는 가능한 짧게 설계하는 것이 좋다.

### (2) 체인컴프레서의 배치 기준

- 앵커체인의 케이블리프터 진입각도(수직각)는 윈드라스 업체가 권고하는 각도 범위에 들어야 한다.
- 앵커체인이 호저파이프 중심으로 진입하도록 체인컴프레서의 위치 및 높이를 결정해야 한다.
- 코먼링크 중 수직으로 놓인 링크가 체인컴프레서의 스토핑바(Stopping bar)에 틈새 없이 정확히 접촉된 상태로 스토핑 되도록 해야 한다.
- 켄터새클은 체인컴프레서와 케이블리프터 사이에 수평으로 놓이도록 해야 한다.

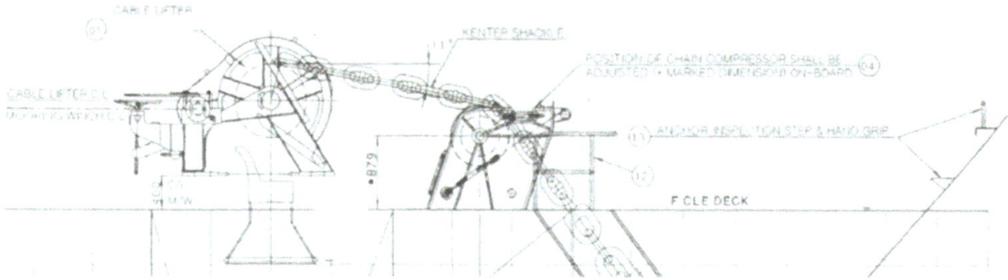


그림 2-31 체인컴프레서 배치도

### (3) 벨마우스의 배치 기준

앵커 격납 시 다음 그림과 같이 벨마우스의 A 지점에서 앵커생크가 닿아 더 이상 앵커가 움직이지 않는 상태에서 H1과 H2를 결정한다. 이때 A점에서 앵커생크와 벨마우스 간 간격이 0~1.2 d 범위 안에 들 수 있도록 하여 앵커가 끼는 현상을 방지한다. 앵커 빌(Anchor bill)이 가능한 선체 외판과 떨어지게 하여 앵커 격납 시나 황천 항해 시 앵커 빌이 선체를 긁지 않도록 하는 것이 좋다.

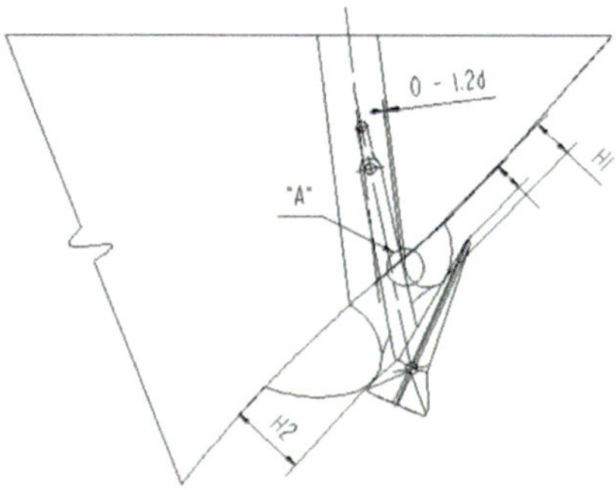


그림 2-32 벨마우스 배치 및 단면도(벨마우스 및 앵커)

앵커체인이 벨마우스에 접촉되는 부분은 앵커 자유낙하 시 체인에 의한 해머링(Hammering) 현상을 방지하기 위하여 최소 앵커체인 3링크가 벨마우스에 안착될 수 있도록 곡률반경을 정한다.

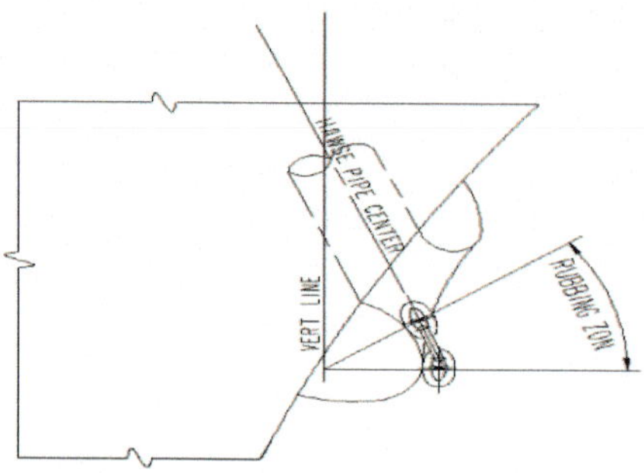


그림 2-33 벨마우스 배치 및 단면도(벨마우스 및 앵커체인)

앵커링 시 앵커와 선체외판의 간격이 부족하거나 호저파이프의 길이가 짧을 경우 강판(Steel plate)으로 만든 볼스터(Bolster)나 스풀(Spool)을 선체와 벨마우스 사이에 둘 수도 있다. 볼스터와 스풀의 깊이는 제작성을 고려하여 1,000 mm 이상이 되도록 설계한다.

벨마우스의 하부 선수방향 40°에서 선미방향 60° 범위는 체인과의 마찰이 생기는 구역(Rubbing area)이므로 마모(Wearing), 충격(Impact), 굽힘(Bending) 등을 고려하여 주물의 반지름과 두께를 가장 크게 한다.

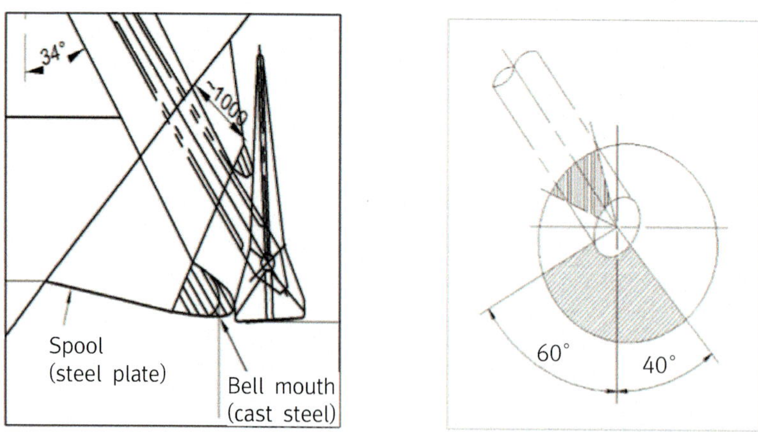


그림 2-34 벨마우스의 배치 및 단면도(벨마우스 두께)

### (4) 체인파이프의 위치 및 사양 결정

- 체인파이프의 위치는 체인로커 중앙에 두어야 하나, 불가피할 경우 체인로커 직경의 1/10 이내에서 위치를 이동할 수 있다.
- 체인파이프의 내경은 업체의 권고 사항에 따르지만 주로 6.5~7 d로 한다.
- $\theta$는 45° 정도가 적절하다.
- 체인파이프 두께는 0.2~0.3 d로 한다.

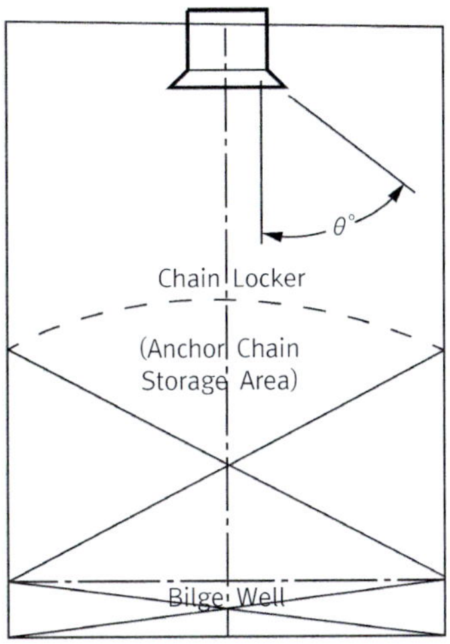


그림 2-35 체인로커 및 체인파이프

### (5) 앵커와 선체 간격 확인(Anchor Clearance Check)

앵커를 올리고 내릴 때 선체의 트림(Trim) 2°와 힐(Heel) 2° 동시 경사에서 앵커는 선체외판과 적절한 거리를 유지해야 한다.

이를 만족하기 위해서 이븐킬 상태(Even keel condition)에서 최소 간격이 6d±50 mm 이상이 되도록 해야 하고, 특별한 어려움이 없으면 1,000 mm 정도를 확보해야 한다.

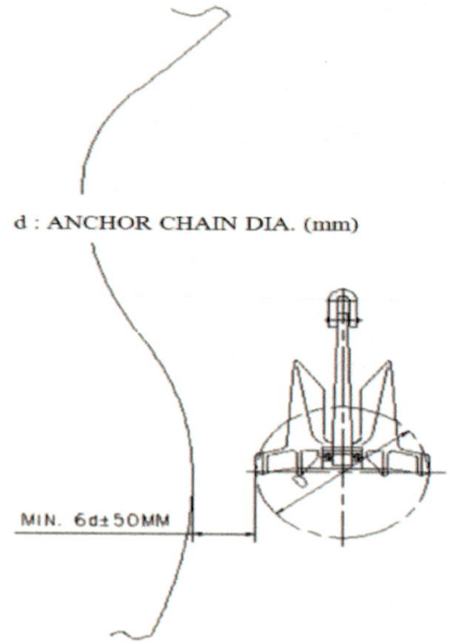


그림 2-36 앵커와 선체외판과의 간격

## (6) 도면 작성 사례

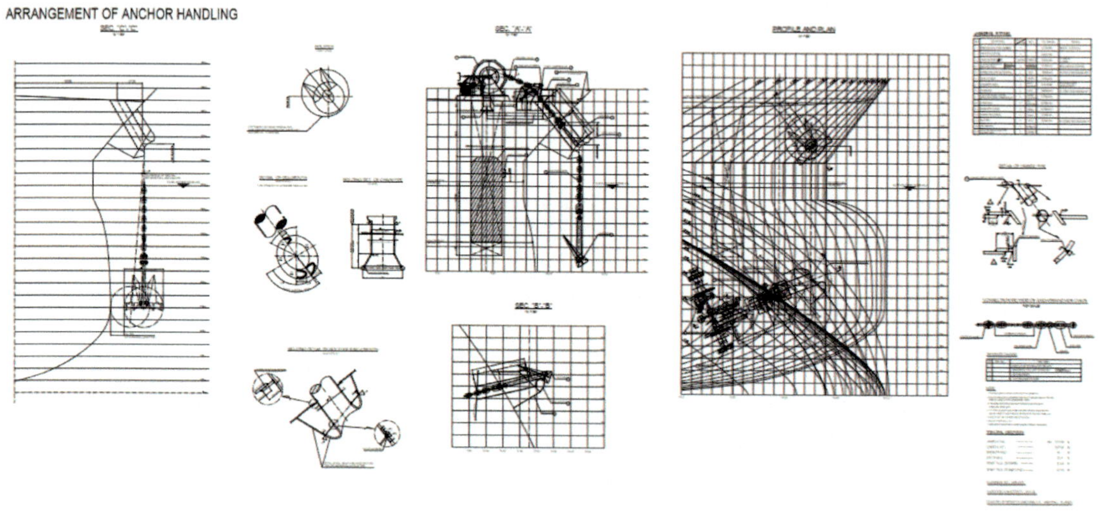


그림 2-37 앵커 핸들링 배치도(Arrangement of Anchor Handling)

## 2.1.8 앵커링 모형시험(Anchoring Mock-up Test)

작성된 앵커 핸들링 배치도를 바탕으로 선수부 선체와 앵커링 의장품의 축소 모형을 제작하여 앵커링 모형시험을 실시하고 그 결과를 피드백하여 도면에 반영한다.

체인컴프레서의 위치, 높이, 기울기 등을 결정한다.

앵커가 벨마우스를 타고 올라갈 때 자연스럽게 회전하면서 호저파이프 안으로 홈인(Home in)되도록 하고, 격납 시 앵커의 플루크(Fluke)와 헤드(Head)가 벨마우스와 3점 혹은 4점 접촉(Touch)하여 견고히 안착되도록 벨마우스의 최종 형상을 결정한다.

미해군 스토리스앵커(US Navy Stockless Anchor)의 경우 그림 2-39와 같이 벨마우스에 5점에서 접촉하도록 한다.

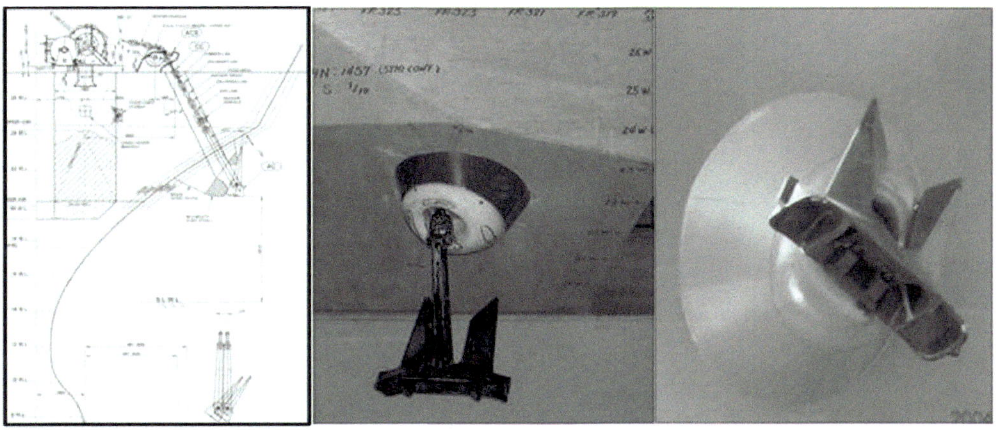

< 도면 > < 모형 > < 설치품 >

그림 2-38 앵커링 도면, 모형, 설치품

그림 2-39 미해군 스톡리스앵커 격납

## 2.2 계류장치(Mooring System)

### 2.2.1 개요

무어링(Mooring)은 화물의 적재·하역이나 승객의 승하선을 위하여 선박을 항만의 부두에 고정하여야 하는데, 선박을 부두 안벽에 로프(Rope, 밧줄)로 안전하게 붙잡아 매어두는 것을 말한다.

선박은 움직이는 해상구조물이므로 항구 내에 정박하거나 그와 유사한 상황에서 바람, 파도, 조류 등의 외력을 견디고 선박을 안전하게 구속하기 위해 계류(繫留, Mooring) 장치가 요구된다. 특히 태풍 등으로 계류장치가 손상되어 선박이 표류했을 때 피해를 생각한다면 계류장치의 안전성 확보는 매우 중요하다고 할 수 있다.

무어링 로프(Mooring rope)는 선박이 안벽에서 횡방향으로 멀어지거나 안벽을 따라 선수미 방향으로 움직이는 배의 운동을 구속한다.

기본 무어링 방식은 헤드라인(Head line), 브레스트라인(Breast line), 스프링라인(Spring line), 스턴라인(Stern line)으로 구성된다.

브레스트라인은 선박이 안벽에서 횡방향으로 떨어지는 것을 잡아 주고, 스프링라인은 선박이 선수미 방향으로 움직이는 것을 잡아준다. 헤드라인과 스턴라인을 통해 추가적으로 움직임을 제어한다.

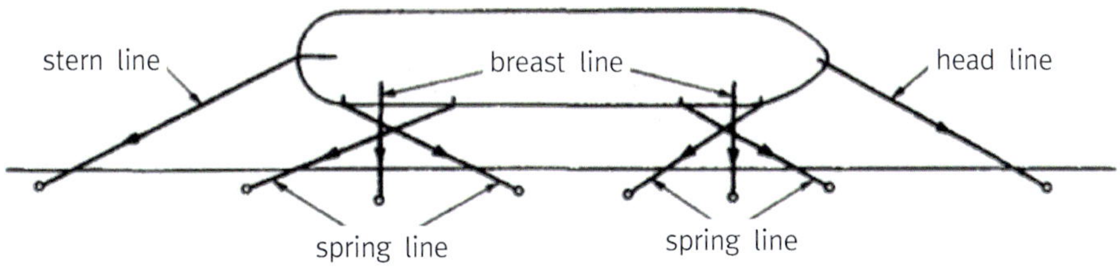


그림 2-40 무어링 로프 배치 방식

## 2.2.2 구성요소(Mooring Equipment & Fittings)

계류장치의 구성요소는 다음과 같다.

- 무어링 윈치(Mooring winch)
- 캡스턴(Capstan)
- 무어링 로프(Mooring rope)
- 페어리드(Fairlead)
- 초크(Chock)
- 롤러(Roller)
- 볼라드(Bollard)
- 비트(Bitt)

## 2.2.3 주요 적용 규칙 및 규정(Rule & Regulation)

- 국제선급연합회(IACS UR A2, CSR)
- MSC[7]/Circ. 1175
- ACP(Panama Canal Authority)
- OCIMF[8](Oil Companies International Marine Forum)
  - MEG4(Mooring Equipment Guidelines 4th edition)
  - Ship to ship transfer
  - SPM(Single Point Mooring)
  - Recommendation for ship fittings for use with tugs(tug/escorting)

## 2.2.4 무어링 시스템

### (1) 무어링 윈치(Mooring Winch)

#### 1) 일반사항

선박의 대형화로 무어링 로프에 큰 장력이 걸리므로 안전하고 효율적으로 무어링 로프를 감아 들이기 위해서 기계적 동력으로 구동되는 드럼이 구비된 무어링 윈치를 사용한다.

무어링 윈치는 구동기(Motor), 드럼, 클러치, 브레이크로 구성되며 구동방식은 윈드라스와 유사하다. 선수에 배치되는 무어링 윈치는 윈드라스와 결합된 형식이 사용되기도 한다.

---

7) MSC(Maritime Safety Commettee) : 국제해사기구(IMO) 산하 5개 위원회 중 하나인 해사안전위원회로서 선박의 구조 및 설비 등 해사안전에 관한 사항을 심의 제정한다.

8) 국제석유회사협의체(OCIMF) : 세계 주요 정유사들의 자발적인 모임으로 원유 및 석유 제품의 선적, 운송 및 하역 시 해양 오염과 안전을 고려하여 카고 매니폴드(Cargo manifold) 및 부속장치, 무어링에 대한 협약 및 권고지침을 제시하고 있다.

무어링 윈치로 배를 접안시킨 후 무어링 로프를 볼라드에 감아두어서 윈치에 하중이 직접 걸리지 않도록 한다.

최근에는 성력화를 위해서 드럼을 브레이크로 잡고 드럼이 직접 인장하중을 받게 하고, 하중 변동에 따라 무어링 로프를 자동으로 감아 들이거나 풀어내는 자동장력조절윈치(Auto-tension winch)를 사용하기도 한다.

계류 중 무어링 로프에 큰 인장력이 걸리면 먼저 감겨있는 로프 사이로 파고 들어가게 되며, 신축성이 있는 합성섬유로프인 경우 인장력으로 로프가 늘어나서 가늘어지므로 이런 현상이 더욱 심해진다. 끼임 현상을 방지하기 위해 드럼을 장력을 받는 부분(장력부, Tension part)과 저장 부분(저장부, Storage part)으로 분리된 방식을 사용하기도한다.

무어링 윈치의 호칭역량(Rated capacity, 하중×감는속도)은 드럼에 로프가 1층(Layer)만 감겼을 때의 값으로 표시된다.

## 2) 무어링 윈치 분류

### ① 자동장력조절윈치(Auto-Tension Winch)와 비자동장력조절윈치(Non Auto-Tension Winch)

자동장력조절윈치는 무어링 로프의 장력을 일정값에 설정하고 조수간만의 차이, 적하역에 따른 흘수의 변화, 조류, 파랑 등의 영향으로 장력의 변화가 생기면 로프의 풀림과 감김을 자동으로 조절하여 로프가 지나치게 느슨해지거나 과도한 장력이 걸려 로프가 파단되는 것을 방지할 목적으로 사용한다.

그림 2-41 자동장력조절윈치 형상

### ② 분리형 드럼 윈치(Split Drum Winch)와 일체형 드럼 윈치(Non Split Drum Winch)

분리형 드럼 윈치는 무어링 드럼이 장력부와 저장부로 나누어져 있으며 실제 무어링 시 장력은 장력부에 걸린다. 일체형 드럼 윈치는 무어링 로프간 끼임이 발생할 수 있으며 분리형 대비 장력 효과가 떨어진다.

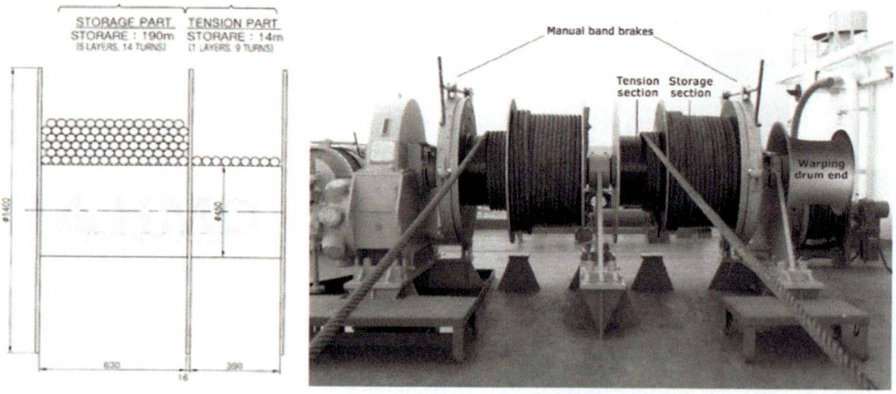


그림 2-42 분리형 드럼 윈치 형상

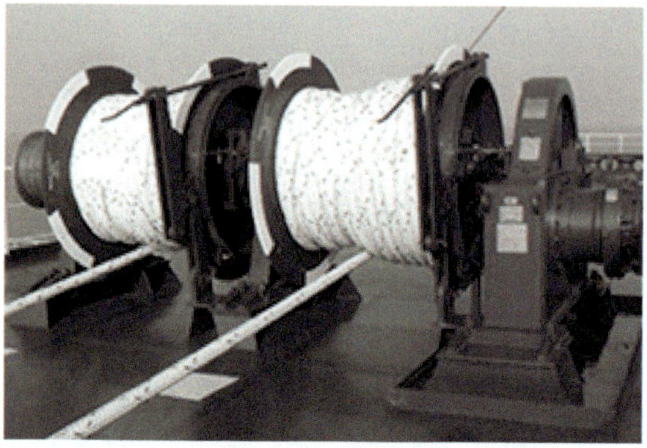

그림 2-43 일체형 드럼 윈치 형상

### 3) 무어링 윈치 사양 결정(OCIMF Recommendation, MEG4 Sec. 6 참조)

- 정격하중(Rated winch pull) : 로프 절단하중의 22~33%
- 브레이크 용량(Brake holding capa.) : 로프 절단하중의 80%(Design), 60%(Setting)
- 최대장력(스톨부하, Max. stall pull) : 로프 절단하중의 50%
- 정격속도(Rated winch speed) : 최소 7.8 m/min(대형선) ~ 12 m/min(소형선)
- 무부하속도(Light line speed) : 최소 45 m/min
- 윈치 드럼 직경(Winch drum dia.) : 로프 직경의 최소 16배
- 분리형 드럼의 장력부 최소 폭 : 10회 감기(스틸로프), 5~6회 감기(섬유로프)

## (2) 캡스턴(Capstan)

무어링 로프를 감아 들이는 워핑 헤드가 수직형으로 설치된 윈치이며, 케이블리프터가 결합된 형식이 사용되기도 한다.

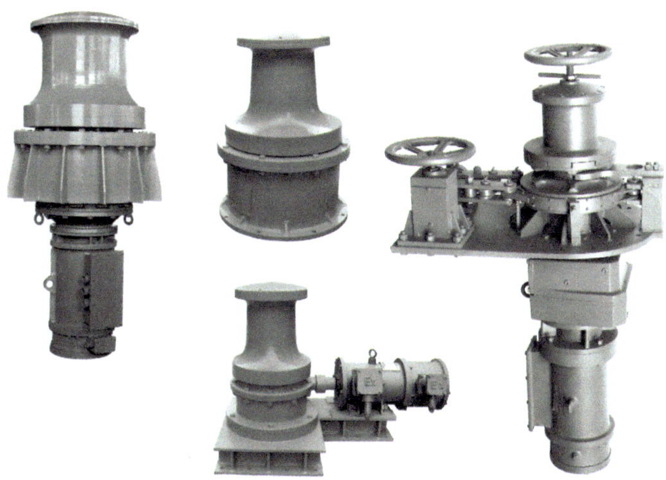

그림 2-44 캡스턴 형상

## (3) 무어링 로프

무어링 로프의 종류에는 스틸로프(Steel wire rope), 합성섬유로프(Fiber rope), 마로프(Hemp rope)가 있다.

선급협회 법규의 의장수에 의해 최소한의 로프 수와 1본당 길이 및 절단하중이 규정되어 있다. 그러나 본선 계류 시 외력을 직접 계산하여 결정하는 경우도 있다.

로프의 종류를 선택함에 있어 특별한 규정은 없다. 일반적으로 스틸로프는 합성섬유로프보다 강성이 강하나 취급이 불편하다. 합성섬유로프는 스틸로프보다 취급이 편하지만 마모에 약하고 늘어나기가 쉽다.

서로 다른 종류의 로프를 동일한 방향에 혼용할 때 외력이 가해지면 신장률이 서로 달라 신축성이 작은 로프에 장력이 편중되어 끊어지기 쉬우므로 혼용은 피해야 한다.

유조선 등과 같이 위험화물을 적재하는 선박에는 마찰에 의한 스파크(Spark) 발생 우려가 있는 스틸로프는 사용하지 않는다.

## (4) 무어링 의장품(Mooring Fittings)

### 1) 페어리드(Fairlead)

불워크나 갑판 위에 설치되어 무어링 로프를 배 바깥으로 유도할 때 로프의 방향 전환 및 마찰손상 방지 용도로 사용한다.

#### ① 초크(Chock)

열린형(Open type)과 닫힌형(Closed type)이 있으며 대형선에서는 주로 닫힌형을 사용한다. 불워크 설치형(Bulwark mounting type, Mooring pipe라고도 함)과 갑판 설치형(Deck mounting type)이 있다.

그림 2-45 불워크 설치형(좌), 갑판 설치형(우) 초크 형상

② **롤러 페어리드(Roller Fairlead)**

초크와 같은 용도로 사용되며, 로프와 접촉하여 마찰이 생기는 부위에 롤러를 사용하므로 초크보다 로프의 손상 방지에 효과적이다. 롤러의 수에 따라 2롤러, 3롤러 페어리드로 나뉜다.

그림 2-46 2롤러 페어리드 형상

③ **파나마 초크(Panama Chock)**

파나마 운하에서는 갑문을 통과할 때 양쪽의 안벽에서 전동차로 예인하므로 특정 규격의 닫힌형 초크 설치가 요구되며, 이를 파나마 초크(Panama chock)라고 부른다. 형상은 JIS 타입 닫힌형 초크와 유사하다.

초크 구멍크기(Throat opening area)와 견딜 수 있는 강도에 따라 Single 및 Double chock로 구분한다. 위치 및 크기는 파나마 운하 규정에 따라 배의 길이와 폭에 의해 결정된다.

④ **유니버설 페어리드(Universal Fairlead)**

초크나 롤러 페어리드와 같은 용도로 사용된다. 상하좌우 전방위로 롤러가 설치되어 있어 로프 손상 방지에 효과적이다. 롤러의 수량과 위치에 따라 A, BL, BR 형식 등으로 구분하며, 이는 유도되는 로프의 방향에 따라 결정해야 한다.

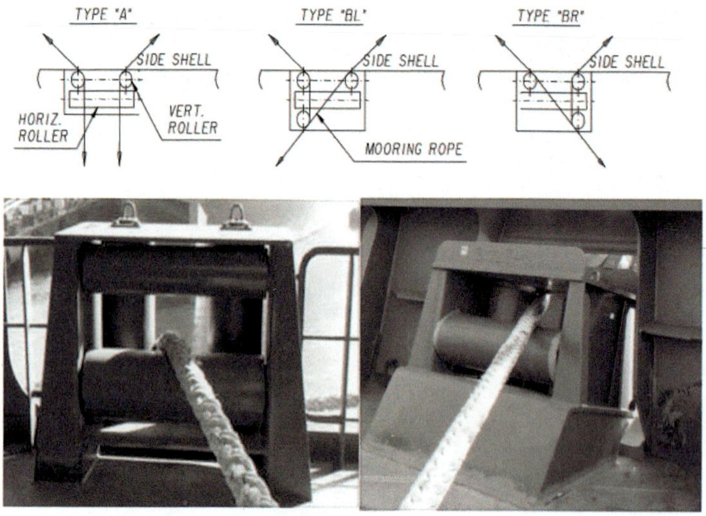


그림 2-47 유니버설 페어리드의 종류와 형상

⑤ **데크 스탠드 롤러(Deck Stand Roller)**

피데스탈 롤러(Pedestal Roller)라고도 하며 선내에서 로프의 방향 전환 용도로 사용한다. 무어링 윈치의 드럼이나 워핑 헤드(Warping head)로부터 나오는 로프의 방향을 바꾸어 초크나 페어리드로 유도한다.

그림 2-48 데크 스탠드 롤러 형상

⑥ 수평 롤러(Horizontal Roller)

무어링 윈치 드럼과 초크 또는 페어리드 사이의 거리가 지나치게 먼 경우에 로프의 처짐을 방지하고 로프의 상하 방향을 전환하여 파이프 혹은 의장품의 날카로운 부분에 의한 로프의 손상을 방지하는 목적으로 사용된다.

그림 2-49 수평 롤러 형상

### 2) 볼라드 & 비트(Bollard & Bitt)

무어링 로프를 선체에 묶어두기 위한 용도로 사용된다. 볼라드는 일반적으로 2개의 원주형 기둥이  있는 형태로 로프를 기둥에 8자 형태로 여러 번 감으면 그 마찰력으로 로프에 걸리는 장력을 지탱하게 된다.

볼라드는 비트보다 큰 운용공간이 필요하지만 비트보다 용량이 크고 로프를 감아두기 쉬워 일반적으로 볼라드를 많이 사용한다.

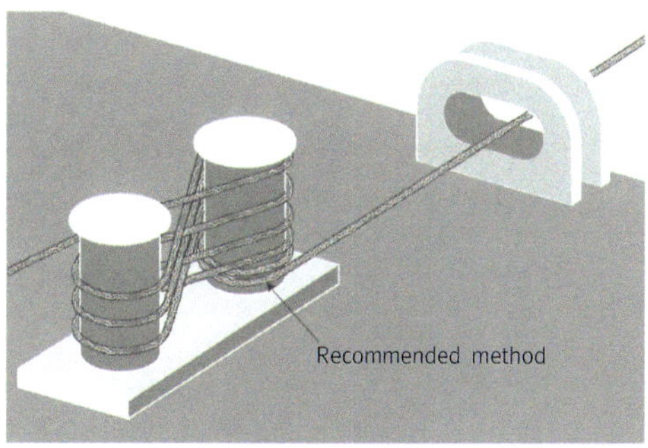


그림 2-50 볼라드 형상(좌)과 무어링 로프 감기 방식(우)

비트는 1개의 수직기둥에 횡방향으로 가로봉이 있는 것(Cross bitt)을 말하며 볼라드보다 작은 하중이 작용하는 경우에 사용한다.

리세스 비트(Recessed shell bitt)는 선체 측면에 오목하게 파진 구조를 만들고 비트를 설치한 것으로 무어링 갑판의 높이가 너무 높은 경우(High freeboard ship) 무어링 로프를 쉽게 걸 수 있는 보조적 역할을 한다.

그림 2-51 비트 형상

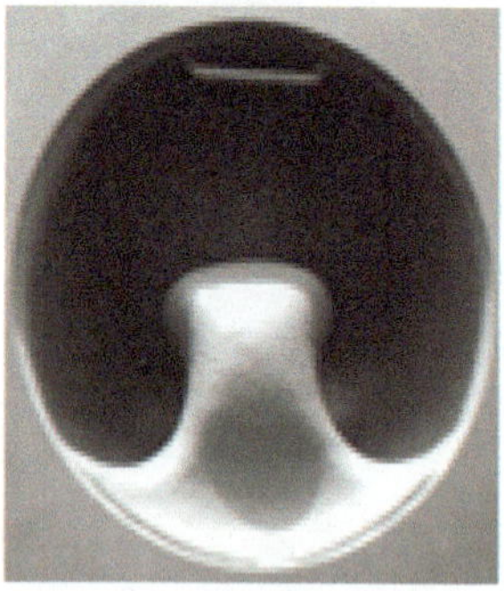

그림 2-52 리세스 비트 형상

그림 2-53 리세스 비트에 무어링 로프를 설치하는 장면

## 2.2.5 계류방식

항만의 부두 특성과 기상 상황에 따라 다음과 같이 다양한 계류방식을 활용할 수 있다.

### (1) 안벽계류

가장 보편적인 계류 방식으로 선박을 안벽에 평행하게 접안시켜 계류하는 방식이다.

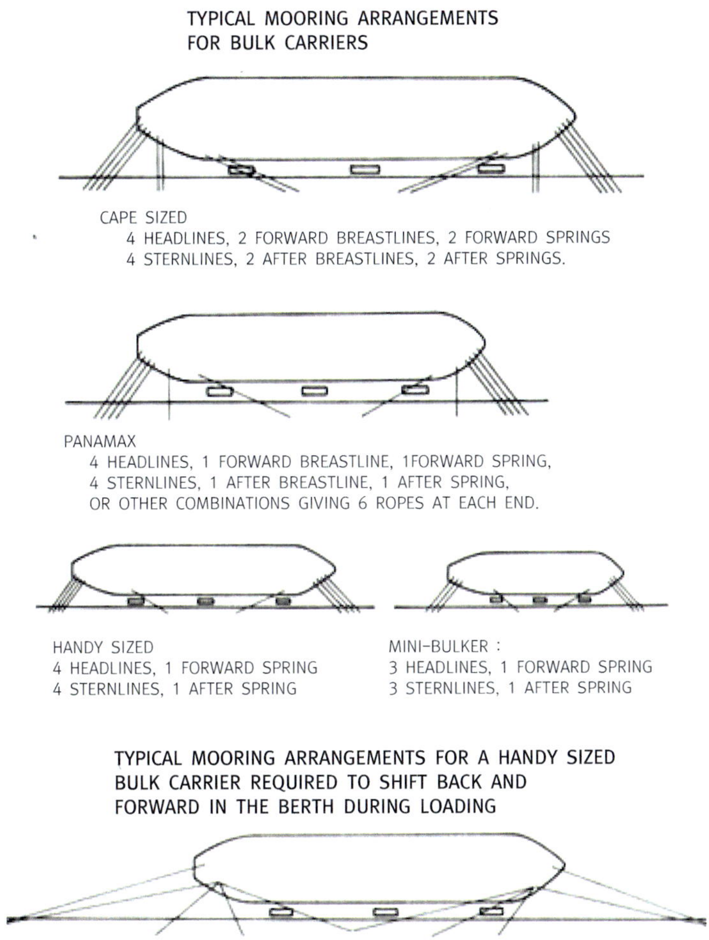


그림 2-54 안벽계류

### (2) 돌핀계류(Dolphin Mooring)

유조선이나 LNG선 등과 같이 적재·하역에 넓은 부두 공간이 필요하지 않을 경우 적용 가능한 방식이다.

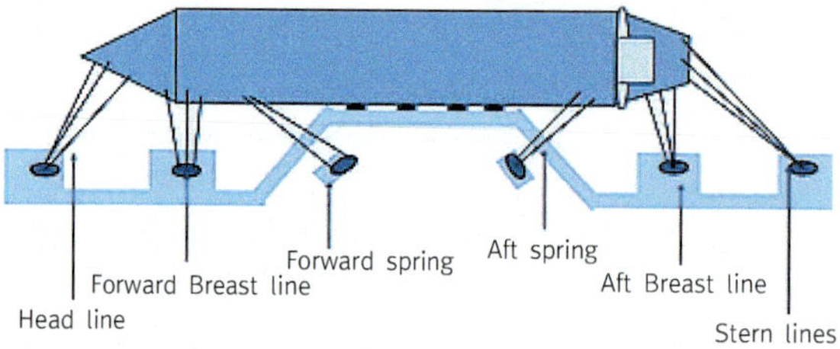

그림 2-55 돌핀계류

### (3) 지중해식 계류(Mediterranean Mooring)

선박을 안벽에 직각으로 접안시켜 계류하는 방식으로 안벽계류에 비해 동일한 공간에 많은 선박을 계류할 수 있다.

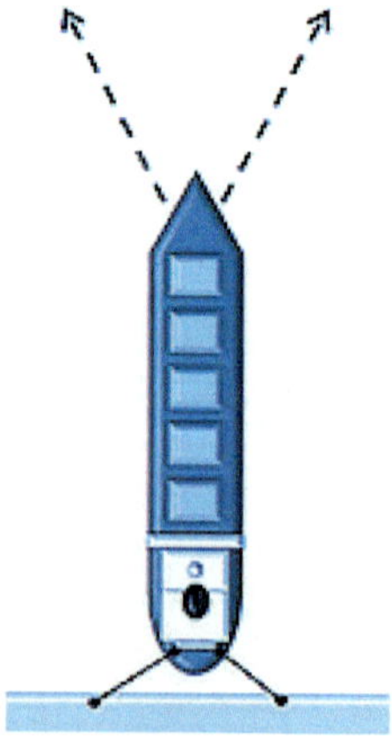

그림 2-56 지중해식 계류

## (4) 다점부이계류(Multi Buoy Mooring)

외항 등 해상에서 오프쇼어 선박 등이 장기 계류 시 많이 적용하는 방식이다.

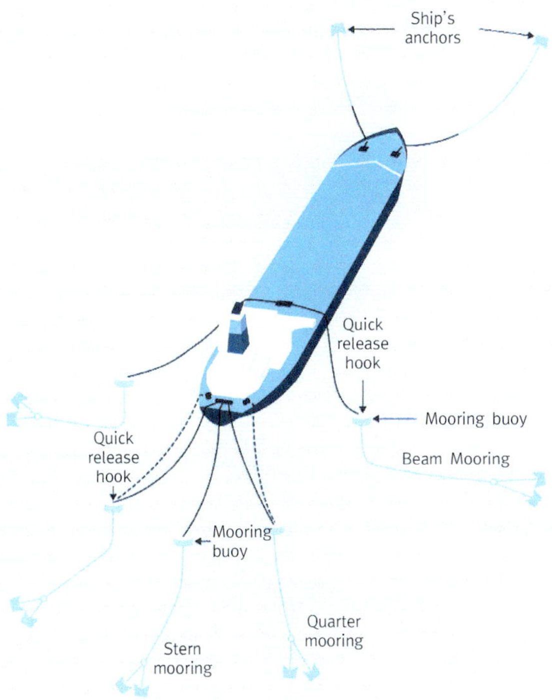


그림 2-57 다점부이계류

### (5) 발틱계류(Baltic Mooring)

바람 등 외력이 안벽 쪽으로 작용하고 안벽에 펜더 등의 완충시설이 충분하지 않을 경우, 안벽 반대쪽 현으로 앵커를 투묘하고 앵커체인과 선미 무어링 로프를 이용하여 선박이 안벽과 적절히 이격되도록 하는 복합 계류방식이다.

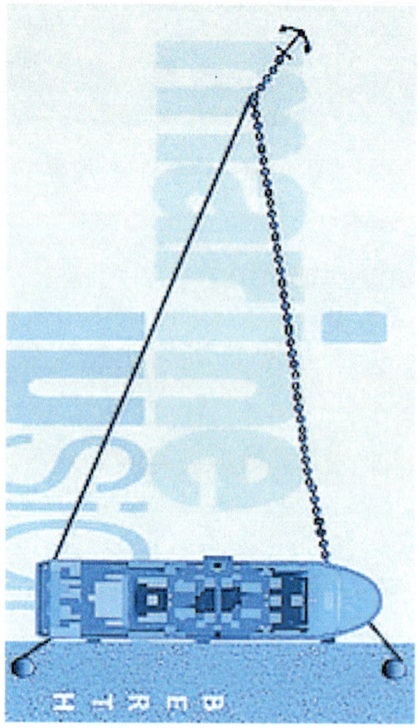

그림 2-58 발틱계류

### (6) 선박 간 해상계류(Ship to Ship Open Sea Mooring)

외항이나 해상에서 앵커링 중인 선박에 다른 선박을 계류하는 방식으로 유류나 LNG 화물을 해상에서 선박 간 환적 시 많이 활용하는 방식이다.

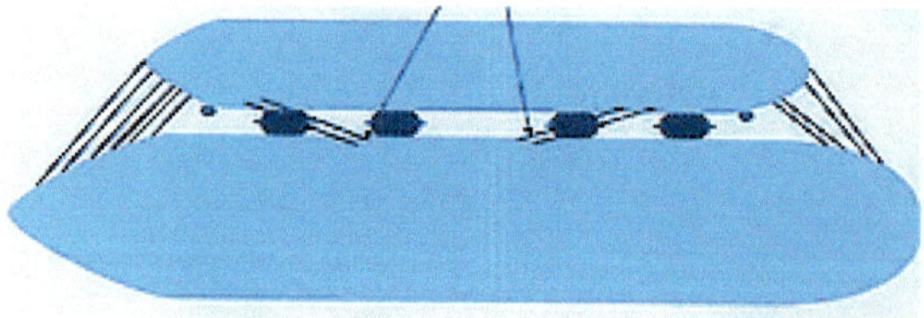

그림 2-59 해상계류

### (7) 일점계류(SPM, Single Point Mooring)

OCIMF가 요구하는 계류방식으로 그림 2-60과 같이 유조선에서 흔히 사용하는 방식이다. 항만에 접안하지 않고 해상 터미널에서 오일 하역설비를 가진 부이에 계선하는 방법을 사용한다.

유조선의 선수에는 체인스토퍼(Chain stopper)와 적합한 크기의 페어리드가 구비되어야 한다. 용량 15톤 이상의 윈치가 있어야 하고 직경 80 mm의 로프 150 m를 감을 수 있어야 한다.

| DWT ≤ 150,000 | 150,000 < DWT |
|---|---|
| 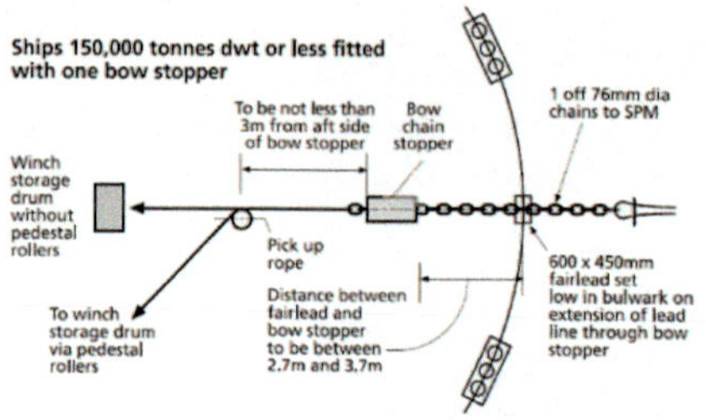 | 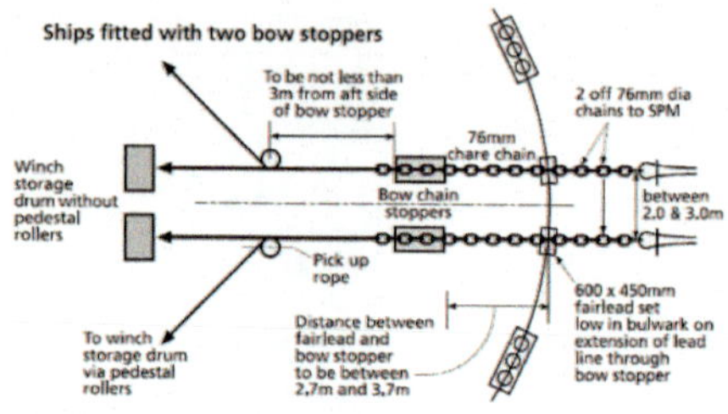 |





그림 2-60 일점계류용 계류장치

## 2.2.6 무어링 설계 기본원칙과 고려사항

### (1) 배치(Arrangement)

- 무어링 라인은 가능한 한 선수미 대칭으로 배치한다.
- 브레스트라인은 배의 횡방향 이동을 구속하는 역할을 하므로 배 길이 방향에 직각으로 유도되어야 한다.
- 스프링라인은 배의 전후 방향 움직임을 구속하는 역할을 하므로 가능한 한 배의 중심선과 평행하게 유도되어야 한다.
- 무어링 라인의 수직각도는 최소화 한다.
- 동일한 곳에 설치되는 무어링 라인들은 선박과 안벽의 고박 지점 간 같은 길이가 되도록 해야 하며, 재질과 규격이 같은 로프를 사용해야 한다.

### (2) 강도

본선의 안전을 위한 강도와 안전율에 대한 기본개념은 무어링 로프(Mooring rope) → 무어링 피팅(Mooring fitting) → 받침대(Foundation) → 선체(Hull) 순으로 하여 최소한 선체 손상은 입지 않도록 한다.

운용자는 선박의 크기 및 종류에 따라 요구되는 규격에 더하여 로프의 손상이나 마모 등을 고려하여 실제 필요로 하는 강도나 규격보다 큰 로프를 사용한다.

### (3) 장비 및 의장품의 선정과 배치

건조사양서 및 관련 법규를 검토하여 무어링 윈치와 로프의 사양 및 수량을 결정한다.

앵커링 배치에 따라 윈드라스(무어링 윈치 결합형) 배치가 결정되면 계약 일반배치도 및 건조사양서의 무어링 피팅의 수량과 사양을 확인하고 볼라드, 페어리드, 초크 등의 배치를 결정한다.

20 K DWT 이상의 탱커선에는 SOLAS 규정에 따라 비상예인장치(Emergency Towing System)를 선수미에 배치한다.

탱커선은 OCIMF 규정에 따른 일점계류장치를 선수에 배치하는데 선수부 비상예인 장치와 겸용할 수 있다. OCIMF 규정에 따라 카고 매니폴드(Cargo Manifold)용 피팅을 배치한다.

### (4) 무어링 포스(Mooring Force) 결정 방법

#### 1) 의장수에 의한 결정

국제해사기구 산하 해사안전위원회 협의체에서 Circular(MSC Circ. 1175)로 의장수 기준의 무어링 설계 기준값을 규정하였고, 이에 국제선급협회연합에서 통일된 규칙(IACS UR A2)을 제정하고 각 선급 규칙에 포함되었다.

#### 2) 계산에 의한 결정

OCIMF에서는 계류장치가 전 방향에서 불어오는 60노트의 풍속과 조류(0°와 180°에서 3노트의 조류 또는 10°와 170°에서 2노트의 조류 또는 선박의 횡방향에서 0.75노트의 조류)를 무어링 포스 결정을 위한 표준환경기준(OCIMF, 2008)으로 제시하고 있다.

탱크선과 같이 OCIMF 규정을 적용하는 선박의 경우 기본적으로 OCIMF의 무어링 포스 계산법을 기준으로 적용한다.

### (5) 파나마 운하 규정(Panama Canal Regulation)

파나마 운하 통과 시 전동차가 선박을 예인하게 되는데 이에 필요한 파나마 초크 및 비트를 규정에 따라 설치해야 한다.

## (6) 비상예인장치(Emergency Towing System)

### 1) 적용규정 : SOLAS IMO Resolution MSC35(63)

### 2) 대상

DWT 20,000 ton 이상 원유운반선(Oil tanker선)

### 3) 구성품

Pick-up gear, Towing pennant, Chafing gear, Fairlead, Strong point, Roller pedestal.

- Strong point는 Bracket type으로 한다
- Fairlead opening size는 600 × 450 mm
- Chafing chain : 76 d × 3 m, Grade3 체인을 설치해 예인 중 마모나 파단을 방지함

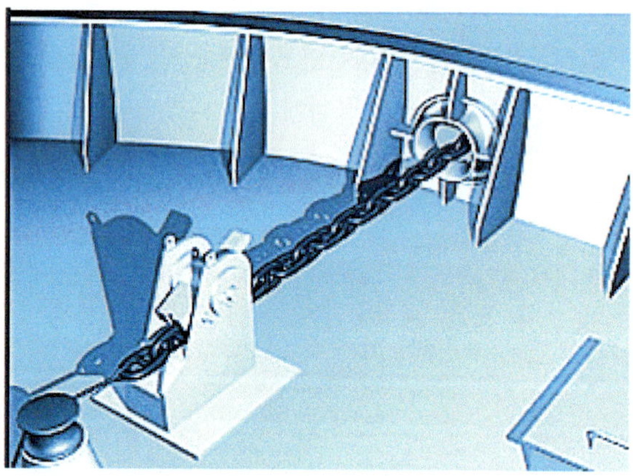

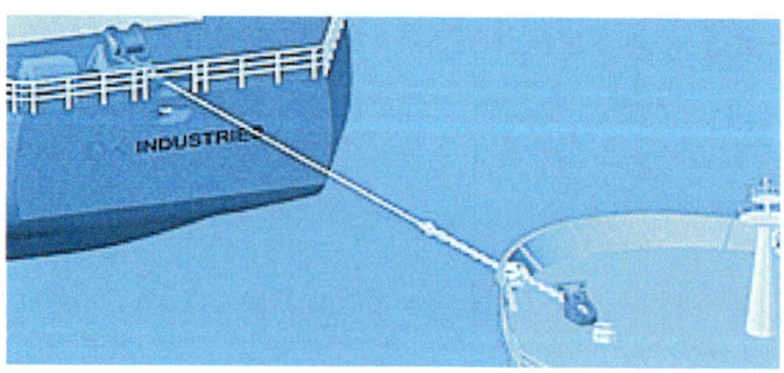

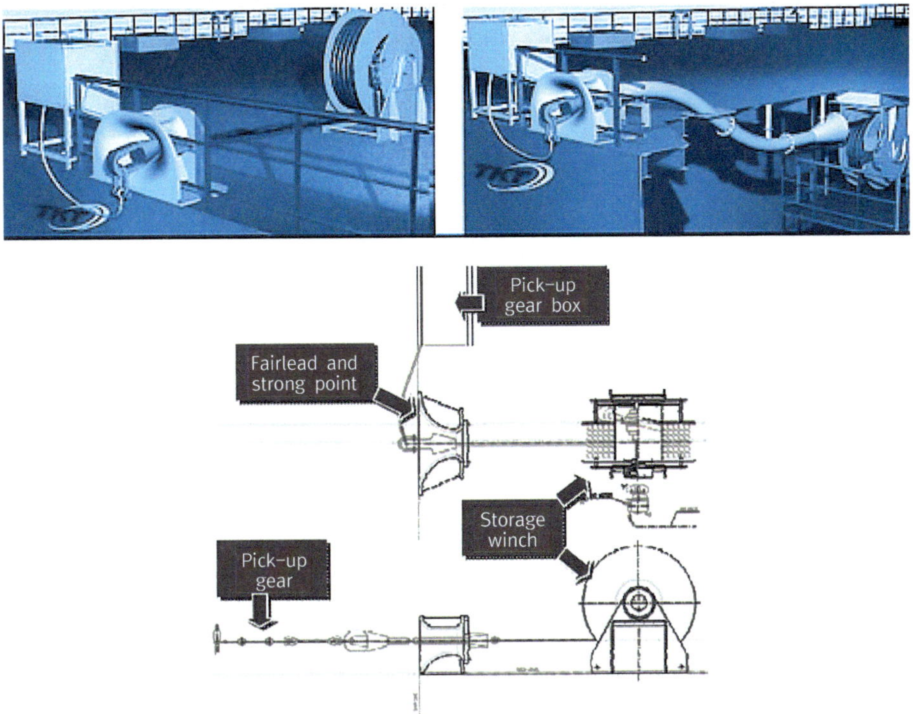


그림 2-61 ETS 구성도

## (7) 원유운반선의 카고 매니폴드용 피팅

비트, 볼라드, 페어리드, 데크링(Deck ring or Lug), 기름받이(Drip tray) 등을 OCIMF 규정에 따라 설치한다.

그림 2-62 카고매니폴드용 피팅 배치 형상

## 2.2.7 무어링 의장품 배치 기준

효율적이고 안전한 무어링 작업을 위해 무어링 의장품을 다음과 같은 기준으로 배치한다.

### (1) 워핑헤드(Warping Head)와 무어링로프

- 무어링 로프는 워핑헤드의 ⅓ 지점에서 감아들인다.
- 워핑헤드에서 무어링 로프가 벌어지는 각도(편각, Fleet angle)는 $\theta_1$이 6°이하, $\theta_2$가 0°가 되도록 초크·페어리드를 배치한다.
- 데크 스탠드 롤러에서 로프의 방향 전환 시 꺾임 각도($\theta_3$)는 90°보다 커야 한다.

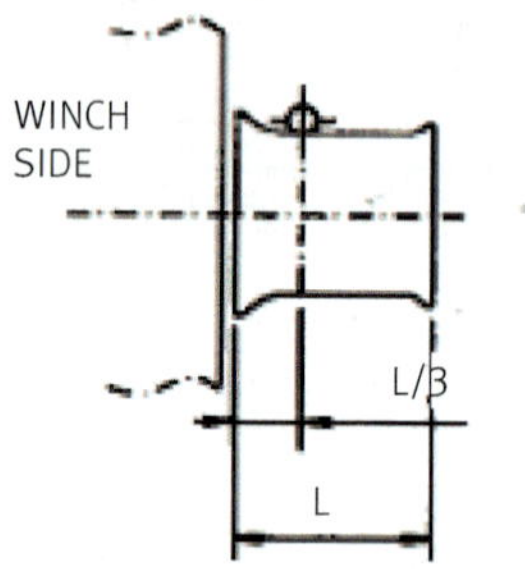


그림 2-63 워핑헤드의 로프 위치

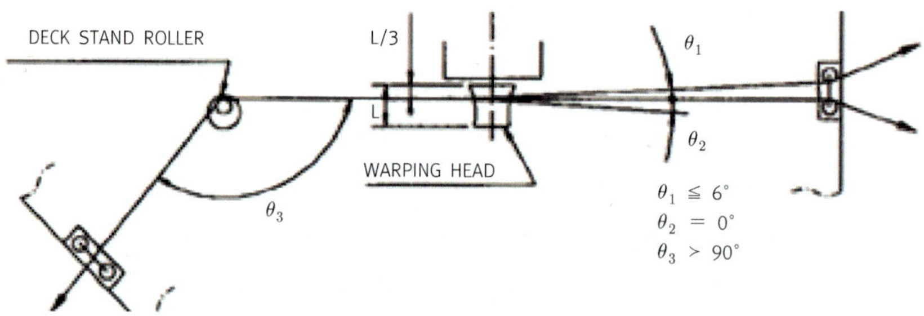


그림 2-64 워핑헤드와 의장품의 배치 기준

### (2) 무어링 드럼과 로프의 편각

무어링 드럼(장력부)에서 로프의 편각이 6° 이하가 되도록 의장품을 배치한다. OCIMF는 좀더 엄격한 편각기준을 요구하고 있다.

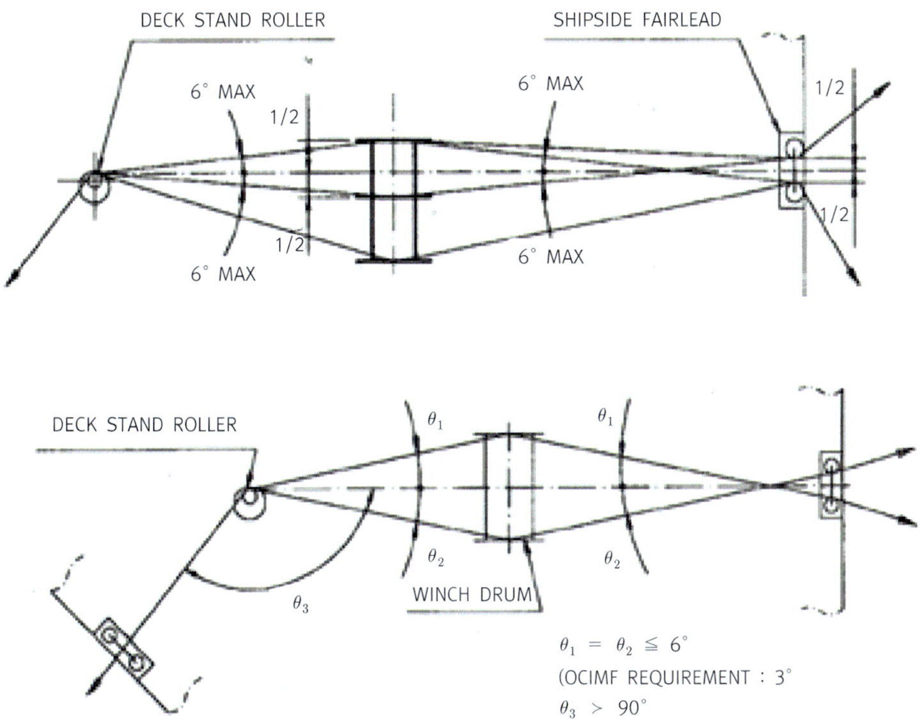


그림 2-65 무어링 드럼에서 로프의 편각

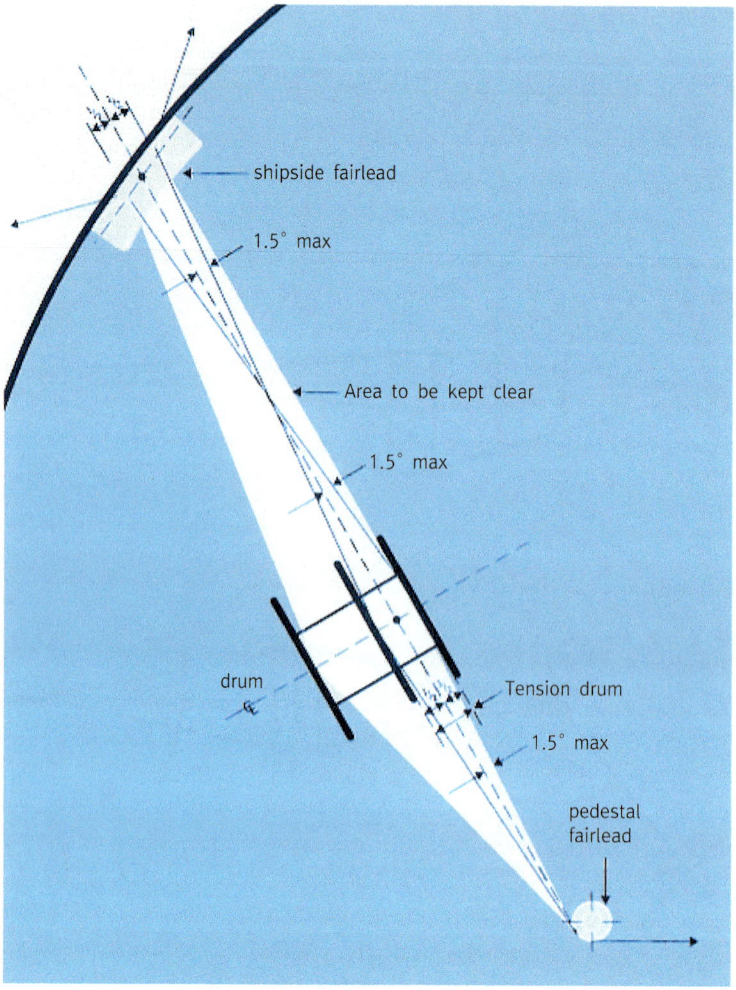


그림 2-66 Alignment & maximum fleet angle for mooring winches, OCIMF MEG4 Requirement

### (3) 볼라드 배치

볼라드와 무어링 로프의 간격, 작업 공간은 다음 그림과 같다.

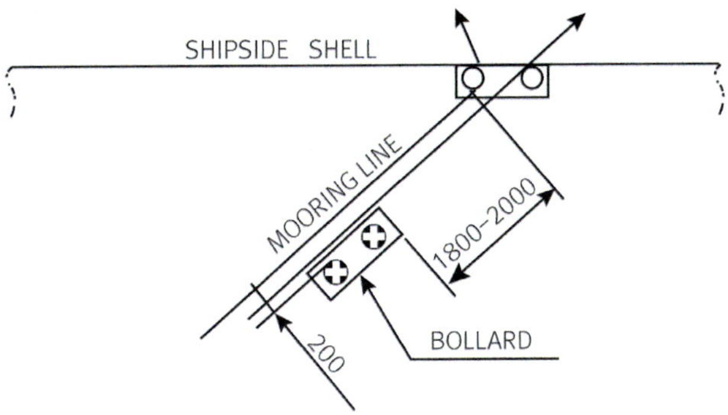


그림 2-67 볼라드 주위 공간배치

## (4) 수평 롤러 배치

무어링 윈치에서 나오는 로프가 아래로 처지면서 주위 구조물 또는 의장품과의 간섭으로 손상되지 않도록 최소 간격이 200 mm가 되도록 수평 롤러의 높이를 결정한다.

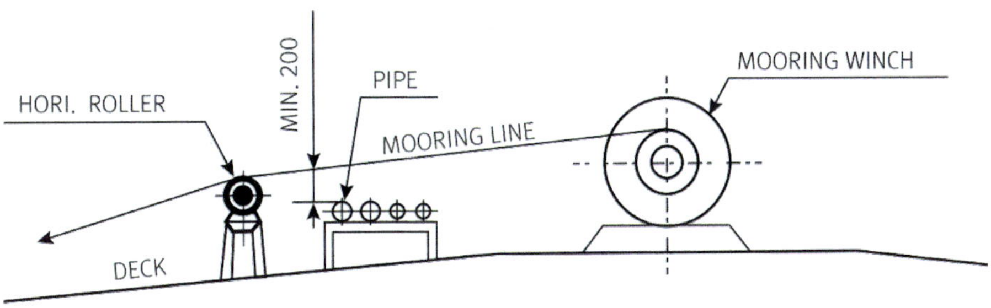


그림 2-68 수평 롤러 배치

## 2.2.8 무어링 배치(Mooring Arrangement and Layout) 사례

그림 2-69는 OCIMF MEG4에서 제시하는 유조선과 LNG선의 전형적인 무어링 배치를 보여준다.

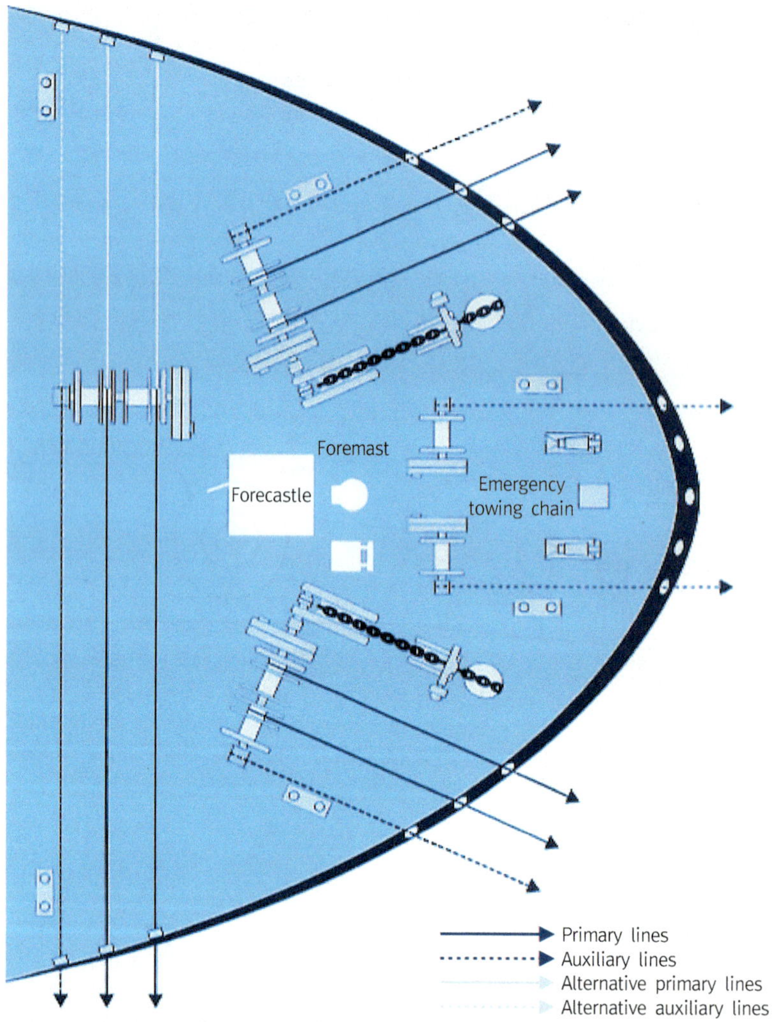


그림 2-69 Tanker mooring arrangement on the fwd deck

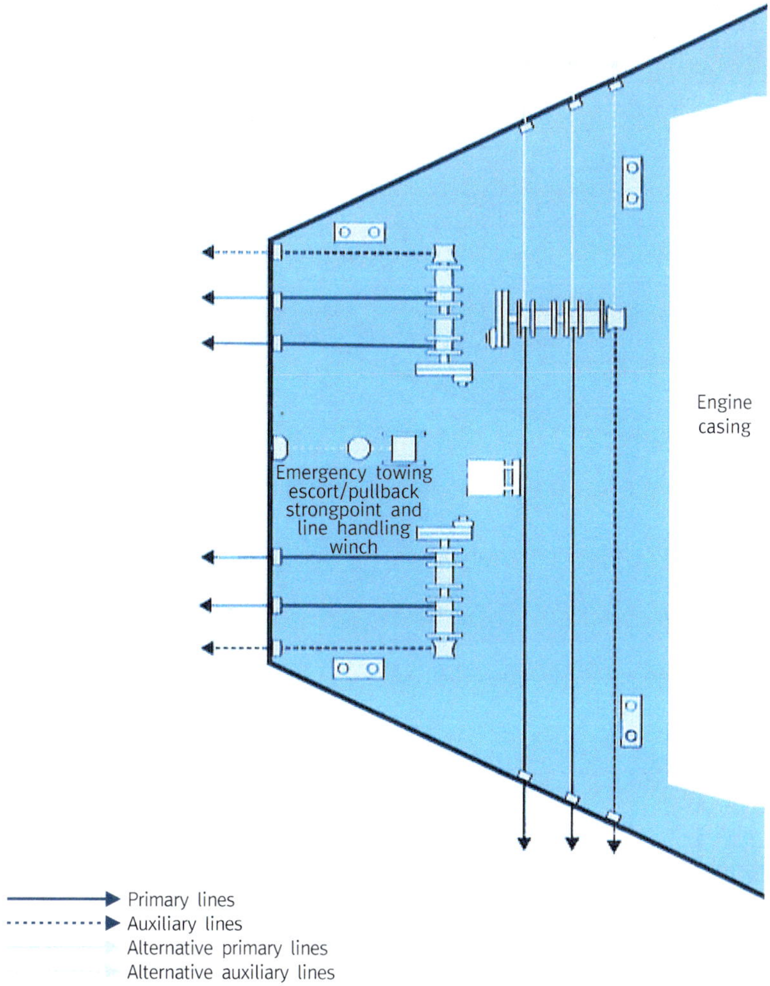


그림 2-70 Tanker mooring arrangement of the aft deck

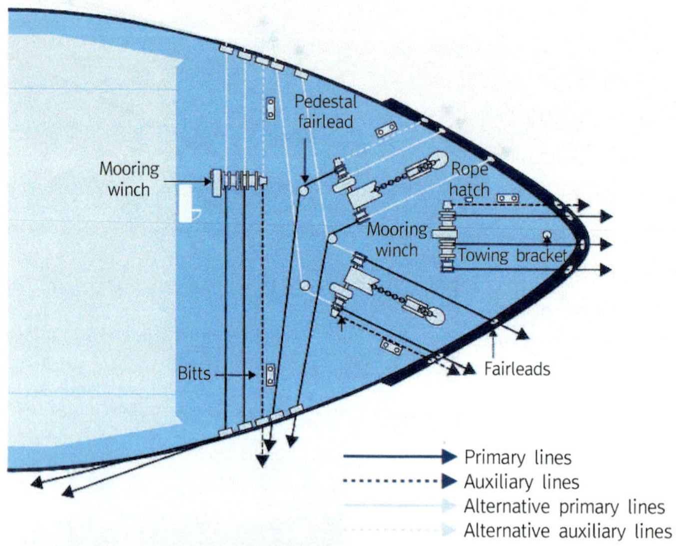


그림 2-71 Mooring arrangement on the fwd deck of LNG carrier

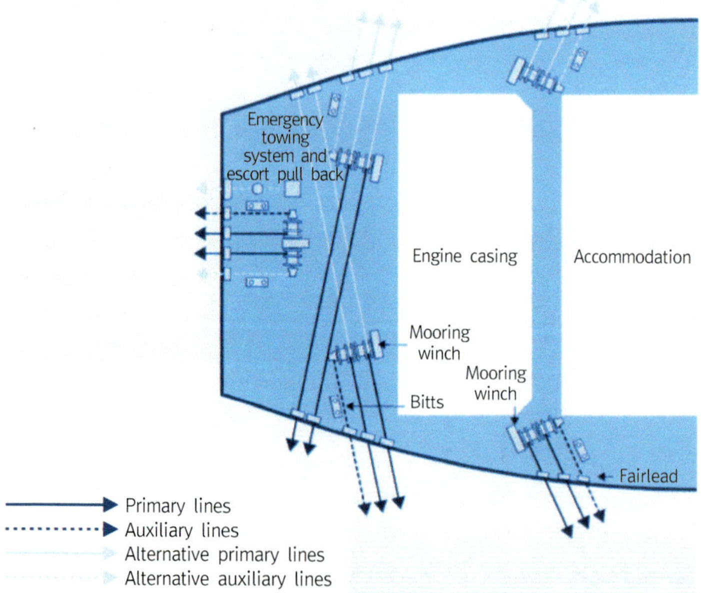


그림 2-72 Mooring arrangement on the aft deck of LNG carrier

# 2.3 의장수(Equipment Number)

## 2.3.1 개요

의장수는 계선·계류 속구가 바람, 조류, 파랑 등의 외력에 충분히 견딜 수 있도록 표준을 정하는 기준이 되는 수치로서 근사식으로 정의하는 계산식에 따라 결정된다.

계산식은 세계의 모든 선급이 통일적으로 사용하고 있으며, 국제선급연합회(IACS, International Association of Classification Societies)의 통일된 의장수에 따라서 적합한 규격의 속구를 두어야 한다.

의장수에 따라 결정되는 속구와 규격은 다음과 같다.

- 선수앵커(Bower anchor)의 수와 무게
- 선수앵커용 체인(Anchor chain)의 길이 및 지름
- 계류삭(Mooring line)의 수, 길이 및 절단하중
- 예인삭(Tow line)의 길이 및 절단하중

## 2.3.2 의장수 계산

### (1) 선박에 대한 의장수 계산

그림 2-73 선박에 대한 의장수는 다음의 식으로부터 계산된다.

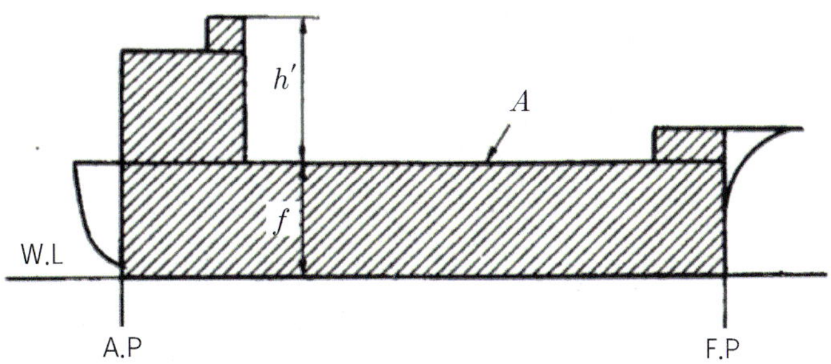


그림 2-73 의장수 계산 선박

$$\text{의장수(E.N)} = \Delta^{2/3} + 2Bh + 0.1A$$

- $\Delta$ : 하기만재흘수선에 대한 형배수량 (ton)
- $B$ : 선폭 (m)

$h$는 다음 식에 의한다.

$$h = f + h'\text{(m)}$$

- $f$ : 선체 중앙의 선측에 있어서 하기만재흘수선으로부터 최상층 전통갑보의 상면까지 수직거리(m).
- $h'$ : 최상층 전통갑판으로부터 폭이 B/4를 넘는 선루(Super structure) 또는 갑판실(Deckhouse) 중 가장 높은 위치에 있는 것의 정부(頂部)까지의 높이(m)로서, 이 높이의 측정에 있어서 현호(Sheer)와 트림(Trim)은 무시한다. 또한 폭이 B/4를 넘는 갑판실이 폭이 B/4를 넘지 않는 갑판실의 상부에 있을 경우에는 폭이 B/4 이하인 갑판실의 높이는 산입하지 않는다.

$A$는 다음 식에 의한다.

$$A = fL + \Sigma h''l \text{ (㎡)} \quad \text{(하기만재흘수선 상의 선측 투영면적)}$$

- $f$ : 위 항의 규정에 따른다.
- $L$ : Rule length로서 하기만재흘수에서의 Lwl의 96%보다 작지 않고 97%보다 크지 않아야 함(m). Lbp가 이 사이에 들어가면 Lbp가 Rule length가 된다.
- $\Sigma h'' \times l$ : 최상층 전통갑판보다 상방에 있는 폭이 B/4를 넘고 높이가 1.5 m 이상인 선루, 갑판실 또는 트렁크의 높이 $h''$(m)와 길이 $l$(m)을 곱한 것의 합(㎡). 다만 $L$의 범위 밖에 있는 것은 산입할 필요가 없다.

위 각 항에 있어서 높이가 1.5 m 이상인 스크린(Screen)과 불워크는 선루 또는 갑판실의 일부로 간주한다.

## (2) 의장수 계산에 관련된 구조물의 치수 측정방법

### 1) 아래 열거하는 것은 의장수 식의 둘째 항(2Bh)의 h'의 산입대상이 된다.

- 선루
- 폭이 B/4를 넘는 갑판실
- 갑판실과 연속되는 높이가 1.5 m를 넘는 스크린 또는 불워크로서 합계폭이 B/4를 넘는 것

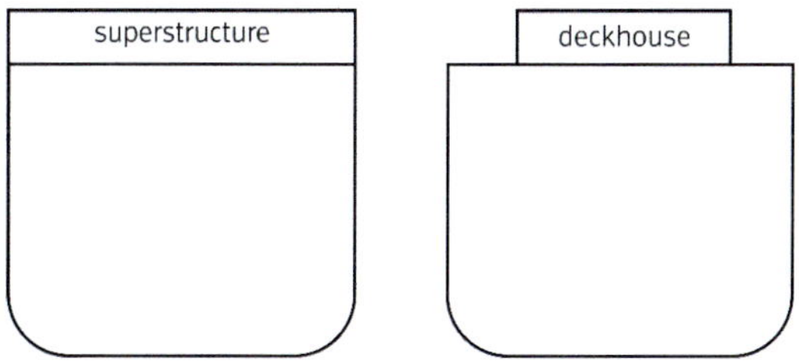


그림 2-74 선루(Superstructure)와 갑판실(Deckhouse)

### 2) 구조물의 폭(b) 측정방법

한 층에서 연속하는 선루 또는 갑판실 등은 그 폭과 높이가 연속으로 변화하든지 불연속으로 변화하든지에 관계없이 한 개의 구조물로 취급하여 그림 2-75와 같이 최대폭을 취한다.

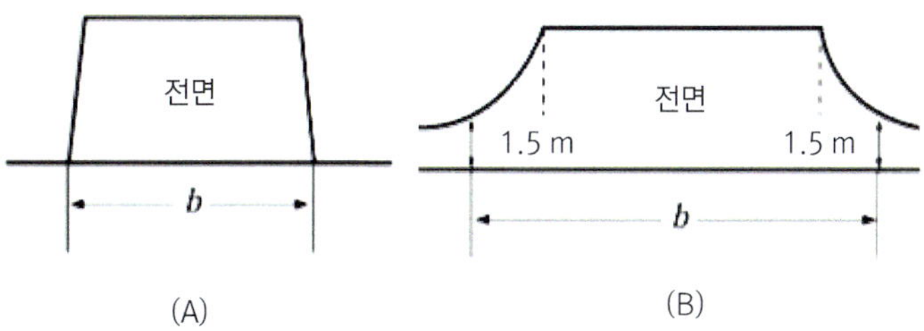

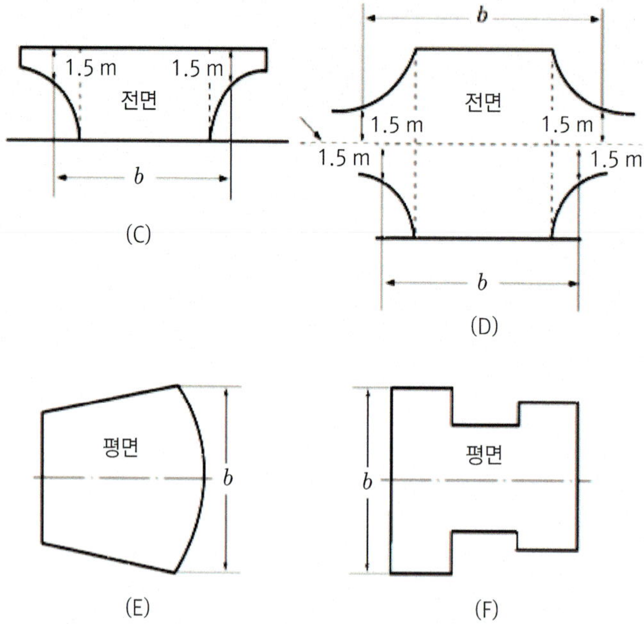


그림 2-75

한 층에서 분리되어 있는 독립된 갑판실 각각에 대하여는 위 1)항에 의하여 폭을 구하여 산입여부를 결정한다.(그림 2-76 참조)

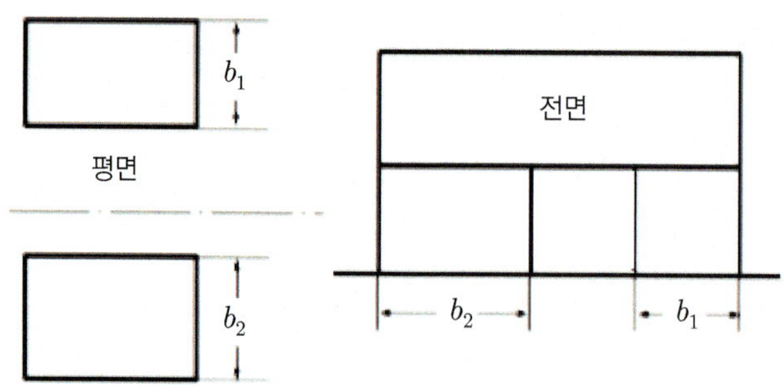


$b_1$, $b_2 < B/4$ 인 경우($b_1 + b_2$에는 관계없이)는 산입하지 아니한다.

그림 2-76

### 3) 구조물의 높이(h') 측정방법

$h'$는 선체 중심선에서의 높이로 하고 그림 2-77와 같이 측정한다.

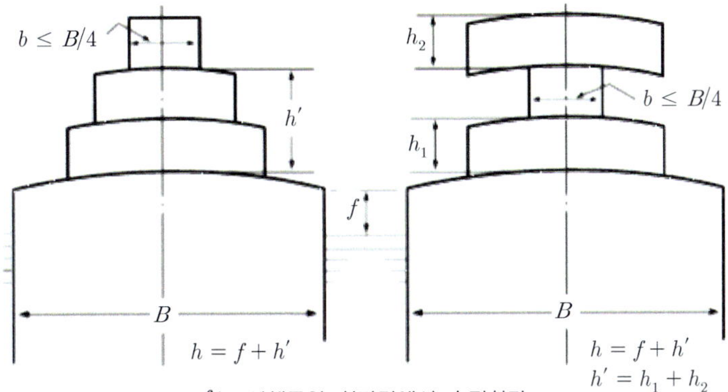


$f$는 선체중앙 횡단면에서 측정한다.

그림 2-77

분리된 구조물이 있는 경우에는 그 각각에 대하여 $h'$를 계산하여 그 최대의 값을 택한다.(그림 2-78 참조)

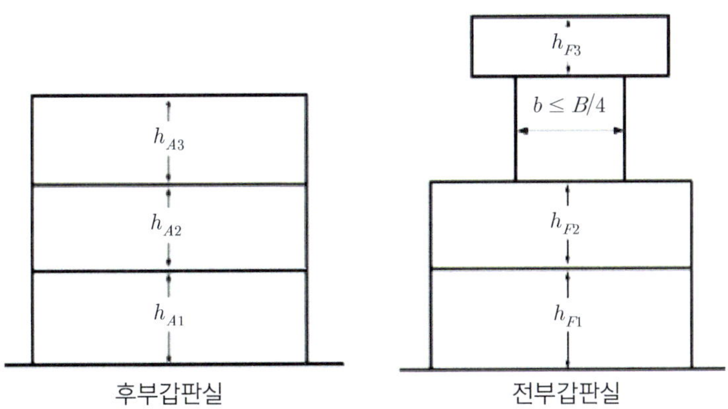


$$h' = h_{A1} + h_{A2} + h_{A3}, \quad h_{F1} + h_{F2} + h_{F3} \text{ 중 큰 것}$$

그림 2-78

선박의 길이의 전후에 걸쳐 갑판 간 높이가 변하는 경우 $h'$는 선체 중심선 종단면에 있어서 최상층 전통갑판으로부터 측정한 최대의 값으로 한다.(그림 2-79 참조)

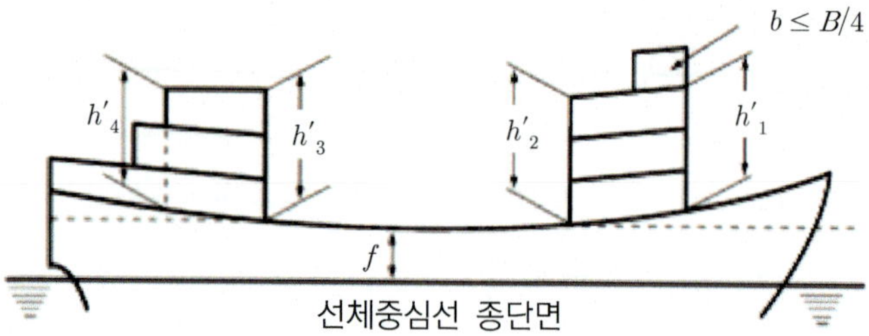


$h = f + h'$

$h' : h'_1, h'_2, h'_3,$ 및 $h'_4$ 중 최대값

그림 2-79

#### 4) 의장수 식의 셋째 항(0.1A)에 산입되는 범위

다음에 열거하는 것은 $\Sigma h''l$의 산입 대상이 된다.

- 선루
- 폭이 B/4를 넘고 높이가 1.5 m를 넘는 갑판실 및 트렁크(폭의 측정은 전 2)항 참조)
- 선루 또는 너비가 B/4를 넘는 갑판실과 연속하는 높이가 1.5 m를 넘는 스크린 및 불워크(길이의 측정은 그림 2-81 참조)

다음에 열거하는 것은 $\Sigma h''l$의 산입대상으로 할 필요는 없다

- $L$의 전후단의 바깥쪽
- 선루 또는 갑판실과 연속되어 있는 데릭붐, 통풍통 등
- 창구코밍 및 창구덮개
- 연돌
- 갑판 적재화물

위 1)항의 구조물은 갑판에 의하여 상하로 분리된 구조물로 취급하여 각 층에서의 $\Sigma h''l$을 계산한다.

### 5) 구조물의 길이(l)의 측정방법

한 층에서의 연속된 선루 또는 갑판실은 그 폭 또는 높이가 불연속적으로 변하는 경우에도 한 개의 선루 또는 갑판실로서 취급한다. 길이는 최대가 되는 곳에서의 값으로 한다. 다만, 높이가 변하는 경우의 단부 혹은 중간에 높이가 1.5 m 이하의 갑판실이 있을 때에는 그 갑판실의 부분은 없는 것으로 취급한다.(그림 2-80 참조)

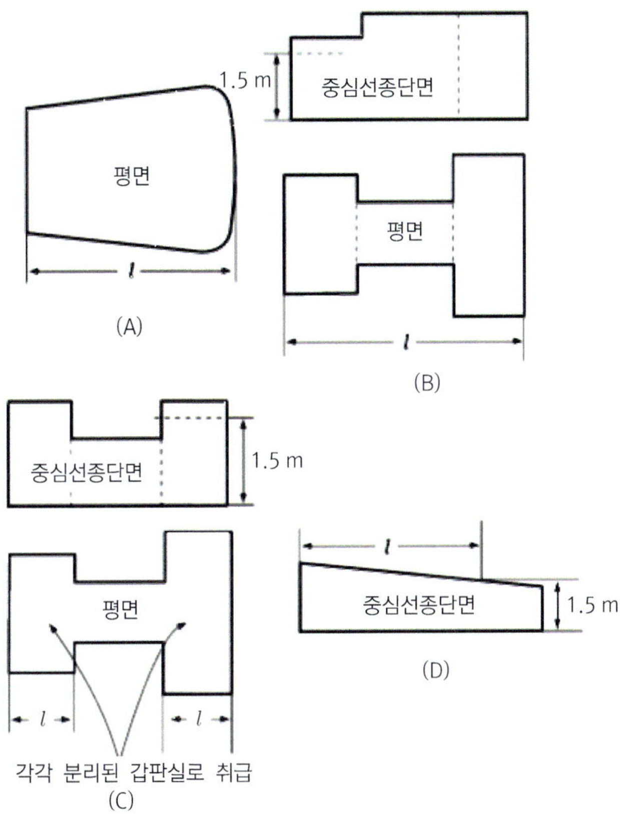


그림 2-80

선루 또는 갑판실과 불워크가 연결되어 있을 때에는 위 항과 같이 취급한다. (그림 2-81 참조)

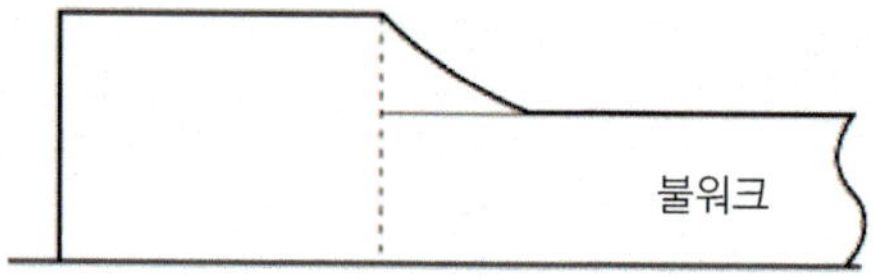


그림 2-81

### 6) 구조물의 높이(h“) 측정방법

선루, 갑판실 등 선체 중심선상에 위치하는 구조물의 높이($h''$)는 선체 중심선에서의 각 층의 갑판 간 높이로 한다. 선박의 전후부에 걸쳐서 갑판 간 높이가 변하는 경우의 $h''$는 그림 2-82에 따른다. 선체 중심선상에 위치하지 않는 구조물의 높이는 중심선 측에서 측정한다.

(A)

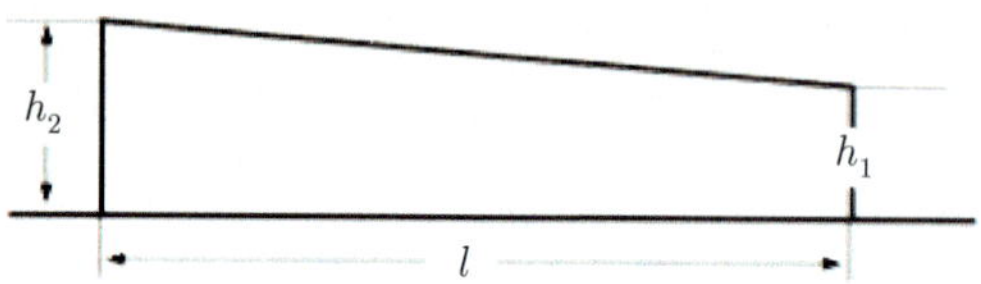


$$h'' = \frac{h_1 + h_2}{2}$$

(B)

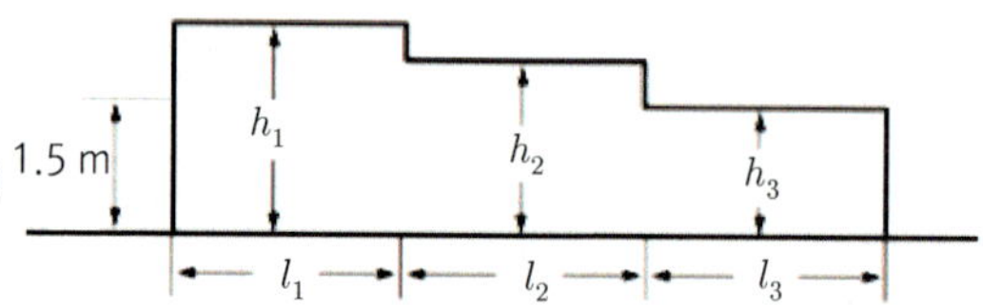


$$h'' = \frac{h_1 l_1 + h_2 l_2 + h_3 l_3}{l_1 + l_2 + l_3}$$

(C)

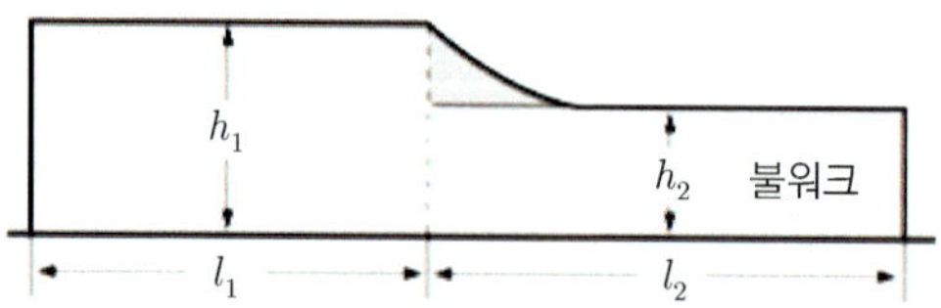


$$h'' = \frac{h_1 l_1 + h_2 l_2 + \text{사선부의 면적}}{l_1 + l_2}$$

그림 2-82

#### 7) 구조물이 병렬로 되어 있는 경우

선박의 횡방향으로 2개 이상의 갑판실이 병렬로 되어 있는 경우는 선박의 길이 방향의 투영면적을 $h''l$로 할 수 있다.(그림 2-83 참조) 스크린 또는 불워크의 경우에도 위 1)항과 같이 취급한다.

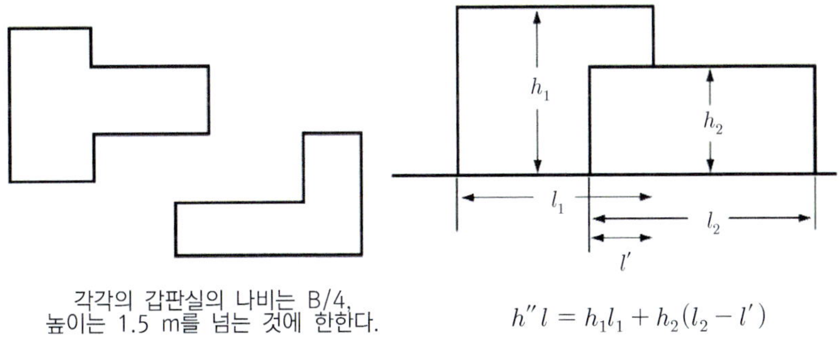


그림 2-83

#### 8) 가압식 LPG탱크의 $h''l$의 산정방법

위 5)항에 따라 $h''l$에 산입되는 상갑판 상의 LPG탱크는 선체중심선 상 선박의 길이 방향의 투영면적을 $h''l$로 한다.

## 2.3.3 의장수에 의한 의장품 결정

선박에는 2.3.2에서 규정하는 의장수에 따라 다음 표 2-2에 정하는 것 이상의 선수앵커, 앵커체인 및 로프를 비치하여야 한다.

표 2-2 의장수와 선수앵커, 앵커체인 및 로프(계속)

| 의장기호 | 의장수 | | 선수앵커 | | 선수앵커용 체인 (스터드 체인) | | | | 예인삭(tow line) | | | 계류삭(mooring line) | | | |
|---|---|---|---|---|---|---|---|---|---|---|---|---|---|---|---|
| | | | 수 | 질량(스톡리스 앵커의단량)(kg) | 총길이 (m) | 지름 | | | 개당 길이 (m) | 절단하중 | | 수 | 개당 길이 (m) | 절단하중 | |
| | 초과 | 이하 | | | | 제1종 (mm) | 제2종 (mm) | 제3종 (mm) | | SI단위 (kN) | 공학단위 (kg) | | | SI단위 (kN) | 공학단위 (kg) |
| A1 | – | 70 | 2 | 180 | 220 | 14 | 12.5 | | 180 | 98 | 10000 | 3 | 80 | 34 | 3500 |
| A2 | 70 | 90 | 2 | 240 | 220 | 16 | 14 | | 180 | 98 | 10000 | 3 | 100 | 37 | 3750 |
| A3 | 90 | 110 | 2 | 300 | 247.5 | 17.5 | 16 | | 180 | 98 | 10000 | 3 | 110 | 39 | 4000 |
| A4 | 110 | 130 | 2 | 360 | 247.5 | 19 | 17.5 | | 180 | 98 | 10000 | 3 | 110 | 44 | 4500 |
| A5 | 130 | 150 | 2 | 420 | 275 | 20.5 | 17.5 | | 180 | 98 | 10000 | 3 | 120 | 49 | 5000 |
| B1 | 150 | 175 | 2 | 480 | 275 | 22 | 19 | | 180 | 98 | 10000 | 3 | 120 | 54 | 5500 |
| B2 | 175 | 205 | 2 | 570 | 302.5 | 24 | 20 | | 180 | 112 | 11400 | 3 | 120 | 59 | 6000 |
| B3 | 205 | 240 | 2 | 660 | 302.5 | 26 | 22 | 20.5 | 180 | 129 | 13200 | 4 | 120 | 64 | 6500 |
| B4 | 240 | 280 | 2 | 780 | 330 | 28 | 24 | 22 | 180 | 150 | 15300 | 4 | 120 | 69 | 7000 |
| B5 | 280 | 320 | 2 | 900 | 357.5 | 30 | 26 | 24 | 180 | 174 | 17700 | 4 | 140 | 74 | 7500 |
| C1 | 320 | 360 | 2 | 1020 | 357.5 | 32 | 28 | 24 | 180 | 207 | 21100 | 4 | 140 | 78 | 8000 |
| C2 | 360 | 400 | 2 | 1140 | 385 | 34 | 30 | 26 | 180 | 224 | 22800 | 4 | 140 | 88 | 9000 |
| C3 | 400 | 450 | 2 | 1290 | 385 | 36 | 32 | 28 | 180 | 250 | 25500 | 4 | 140 | 98 | 10000 |
| C4 | 450 | 500 | 2 | 1440 | 412.5 | 38 | 34 | 30 | 180 | 277 | 28200 | 4 | 140 | 108 | 11000 |
| C5 | 500 | 550 | 2 | 1590 | 412.5 | 40 | 34 | 30 | 190 | 306 | 31200 | 4 | 160 | 123 | 12500 |
| D1 | 550 | 600 | 2 | 1740 | 440 | 42 | 36 | 32 | 190 | 338 | 34500 | 4 | 160 | 132 | 13500 |
| D2 | 600 | 660 | 2 | 1920 | 440 | 44 | 38 | 34 | 190 | 371 | 37800 | 4 | 160 | 147 | 15000 |
| D3 | 660 | 720 | 2 | 2100 | 440 | 46 | 40 | 36 | 190 | 406 | 41400 | 4 | 160 | 157 | 16000 |
| D4 | 720 | 780 | 2 | 2280 | 467.5 | 48 | 42 | 36 | 190 | 441 | 45000 | 4 | 170 | 172 | 17500 |
| D5 | 780 | 840 | 2 | 2460 | 467.5 | 50 | 44 | 38 | 190 | 480 | 48900 | 4 | 170 | 186 | 19000 |
| E1 | 840 | 910 | 2 | 2640 | 467.5 | 52 | 46 | 40 | 190 | 518 | 52800 | 4 | 170 | 201 | 20500 |
| E2 | 910 | 980 | 2 | 2850 | 495 | 54 | 48 | 42 | 190 | 559 | 57000 | 4 | 170 | 216 | 22000 |
| E3 | 980 | 1060 | 2 | 3060 | 495 | 56 | 50 | 44 | 200 | 603 | 61500 | 4 | 180 | 230 | 23550 |
| E4 | 1060 | 1140 | 2 | 3300 | 495 | 58 | 50 | 46 | 200 | 647 | 66000 | 4 | 180 | 250 | 15500 |
| E5 | 1140 | 1220 | 2 | 3540 | 522.5 | 60 | 52 | 46 | 200 | 691 | 70500 | 4 | 180 | 270 | 17500 |
| F1 | 1220 | 1300 | 2 | 3780 | 522.5 | 62 | 54 | 48 | 200 | 738 | 75300 | 4 | 180 | 284 | 29000 |
| F2 | 1300 | 1390 | 2 | 4050 | 522.5 | 64 | 56 | 50 | 200 | 786 | 80100 | 4 | 180 | 309 | 31500 |
| F3 | 1390 | 1480 | 2 | 4320 | 550 | 66 | 58 | 50 | 200 | 836 | 85200 | 4 | 180 | 324 | 33000 |
| F4 | 1480 | 1570 | 2 | 4590 | 550 | 68 | 60 | 52 | 220 | 888 | 90600 | 5 | 190 | 324 | 33000 |
| F5 | 1570 | 1670 | 2 | 4890 | 550 | 70 | 62 | 54 | 220 | 941 | 96000 | 5 | 190 | 333 | 34000 |

표 2-2 의장수와 선수앵커, 앵커체인 및 로프(계속)

| 의장기호 | 의장수 | | 선수앵커 | | 선수앵커용 체인(스터드 체인) | | | | 예인삭(tow line) | | | 계류삭(mooring line) | | | |
|---|---|---|---|---|---|---|---|---|---|---|---|---|---|---|---|
| | 초과 | 이하 | 수 | 질량(스톡리스앵커의 단량)(kg) | 총길이(m) | 지름 제1종(mm) | 지름 제2종(mm) | 지름 제3종(mm) | 개당 길이(m) | 절단하중 SI단위(kN) | 절단하중 공학단위(kg) | 수 | 개당 길이(m) | 절단하중 SI단위(kN) | 절단하중 공학단위(kg) |
| G1 | 1670 | 1790 | 2 | 5200 | 577.5 | 73 | 64 | 56 | 220 | 1024 | 104400 | 5 | 190 | 353 | 36000 |
| G2 | 1790 | 1930 | 2 | 5610 | 577.5 | 76 | 66 | 58 | 220 | 1109 | 113100 | 5 | 190 | 378 | 38500 |
| G3 | 1930 | 2080 | 2 | 6000 | 577.5 | 78 | 68 | 60 | 220 | 1168 | 119100 | 5 | 190 | 402 | 41000 |
| G4 | 2080 | 2230 | 2 | 6450 | 605 | 81 | 70 | 62 | 240 | 1259 | 128400 | 5 | 200 | 422 | 43000 |
| G5 | 2230 | 2380 | 2 | 6900 | 605 | 84 | 73 | 64 | 240 | 1356 | 138300 | 5 | 200 | 451 | 46000 |
| H1 | 2380 | 2530 | 2 | 7350 | 605 | 87 | 76 | 66 | 240 | 1453 | 148200 | 5 | 200 | 480 | 49000 |
| H2 | 2530 | 2700 | 2 | 7800 | 632.5 | 90 | 78 | 68 | 260 | 1471 | 150000 | 6 | 200 | 480 | 49000 |
| H3 | 2700 | 2870 | 2 | 8300 | 632.5 | 92 | 81 | 70 | 260 | 1471 | 150000 | 6 | 200 | 490 | 50000 |
| H4 | 2870 | 3040 | 2 | 8700 | 632.5 | 95 | 84 | 73 | 260 | 1471 | 150000 | 6 | 200 | 500 | 51000 |
| H5 | 3040 | 3210 | 2 | 9300 | 660 | 97 | 84 | 76 | 280 | 1471 | 150000 | 6 | 200 | 520 | 53000 |
| J1 | 3210 | 3400 | 2 | 9900 | 660 | 100 | 87 | 78 | 280 | 1471 | 150000 | 6 | 200 | 554 | 56500 |
| J2 | 3400 | 3600 | 2 | 10500 | 660 | 102 | 90 | 78 | 280 | 1471 | 150000 | 6 | 200 | 588 | 60000 |
| J3 | 3600 | 3800 | 2 | 11100 | 687.5 | 105 | 92 | 81 | 300 | 1471 | 150000 | 6 | 200 | 618 | 63000 |
| J4 | 3800 | 4000 | 2 | 11700 | 687.5 | 107 | 95 | 84 | 300 | 1471 | 150000 | 6 | 200 | 647 | 66000 |
| J5 | 4000 | 4200 | 2 | 12300 | 687.5 | 111 | 97 | 87 | 300 | 1471 | 150000 | 7 | 200 | 647 | 66000 |
| K1 | 4200 | 4400 | 2 | 12900 | 715 | 114 | 100 | 87 | 300 | 1471 | 150000 | 7 | 200 | 657 | 67000 |
| K2 | 4400 | 4600 | 2 | 13500 | 715 | 117 | 102 | 90 | 300 | 1471 | 150000 | 7 | 200 | 667 | 68000 |
| K3 | 4600 | 4800 | 2 | 14100 | 715 | 120 | 105 | 92 | 300 | 1471 | 150000 | 7 | 200 | 677 | 69000 |
| K4 | 4800 | 5000 | 2 | 14700 | 742.5 | 122 | 107 | 95 | 300 | 1471 | 150000 | 7 | 200 | 686 | 70000 |
| K5 | 5000 | 5200 | 2 | 15400 | 742.5 | 124 | 111 | 97 | 300 | 1471 | 150000 | 8 | 200 | 686 | 70000 |
| L1 | 5200 | 5500 | 2 | 16000 | 742.5 | 127 | 111 | 97 | 300 | 1471 | 150000 | 8 | 200 | 696 | 71000 |
| L2 | 5500 | 5800 | 2 | 16900 | 742.5 | 130 | 114 | 100 | 300 | 1471 | 150000 | 8 | 200 | 706 | 72000 |
| L3 | 5800 | 6100 | 2 | 17800 | 742.5 | 132 | 117 | 102 | 300 | 1471 | 150000 | 9 | 200 | 706 | 72000 |
| L4 | 6100 | 6500 | 2 | 18800 | 742.5 | | 120 | 107 | | | | 9 | 200 | 716 | 73000 |
| L5 | 6500 | 6900 | 2 | 20000 | 770 | | 124 | 111 | | | | 9 | 200 | 726 | 74000 |
| M1 | 6900 | 7400 | 2 | 21500 | 770 | | 127 | 114 | | | | 10 | 200 | 726 | 74000 |
| M2 | 7400 | 7900 | 2 | 23000 | 770 | | 132 | 117 | | | | 11 | 200 | 726 | 74000 |
| M3 | 7900 | 8400 | 2 | 24500 | 770 | | 137 | 122 | | | | 11 | 200 | 735 | 75000 |
| M4 | 8400 | 8900 | 2 | 26000 | 770 | | 142 | 127 | | | | 12 | 200 | 735 | 75000 |
| M5 | 8900 | 9400 | 2 | 27500 | 770 | | 141 | 132 | | | | 13 | 200 | 735 | 75000 |

표 2-2 의장수와 선수앵커, 앵커체인 및 로프

| 의장기호 | 의장수 | | 선수앵커 | | 선수앵커용 체인 (스터드 체인) | | | | 예인삭(tow line) | | | 계류삭(mooring line) | | | |
|---|---|---|---|---|---|---|---|---|---|---|---|---|---|---|---|
| | | | 수 | 질량(스톡리스 앵커의 단량)(kg) | 총길이 (m) | 지름 | | | 개당 길이 (m) | 절단하중 | | 수 | 개당 길이 (m) | 절단하중 | |
| | 초과 | 이하 | | | | 제1종 (mm) | 제2종 (mm) | 제3종 (mm) | | SI단위 (kN) | 공학단위 (kg) | | | SI단위 (kN) | 공학단위 (kg) |
| N1 | 9400 | 10000 | 2 | 29000 | 770 | | 152 | 132 | | | | 14 | 200 | 735 | 75000 |
| N2 | 10000 | 10700 | 2 | 31000 | 770 | | | 137 | | | | 15 | 200 | 735 | 75000 |
| N3 | 10700 | 11500 | 2 | 33000 | 770 | | | 142 | | | | 16 | 200 | 735 | 75000 |
| N4 | 11500 | 12400 | 2 | 35500 | 770 | | | 147 | | | | 17 | 200 | 735 | 75000 |
| N5 | 12400 | 13400 | 2 | 38500 | 770 | | | 152 | | | | 18 | 200 | 735 | 75000 |
| O1 | 13400 | 14600 | 2 | 42000 | 770 | | | 157 | | | | 19 | 200 | 735 | 75000 |
| O2 | 14600 | 16000 | 2 | 46000 | 770 | | | 162 | | | | 21 | 200 | 735 | 75000 |

(비고)

1. 앵커체인의 길이는 연결용 새클을 포함해도 좋다.
2. 예인삭에 대한 기준은 참고자료로서 권장사항이다.

# 연습문제

1. 앵커링 구성요소를 열거하고 각 구성요소에 대해서 설명하시오.

2. 선급규정에서 요구하는 윈드라스의 성능에 대해서 기술하시오.

3. 앵커링 파지력 계산식을 기술하시오.

4. 앵커 격납 방식에 대해서 기술하시오.

5. 무어링 시스템의 구성요소에 대해서 기술하시오.

6. 계류방식의 종류를 열거하고 설명하시오.

7. OCIMF에서 요구하는 무어링 윈치의 용량과 사양에 대해서 기술하시오.

8. 무어링 드럼의 로프 편각에 대해 기술하시오.

9. 의장수 공식을 기술하시오.

# 3장 하역장치 및 해치커버

# 3.1 개요

선박에 화물을 싣거나 내리는데 필요한 기계장치를 하역장치(Cargo handling equipment)라고 한다. 대부분의 항만에는 화물을 하역하기 위한 시설이 잘 갖추어져 있으나, 그렇지 않은 항만을 이용하는 선박은 자체적으로 필요한 하역장치를 갖추어야 한다. 대체적으로 핸디막스급(60,000 DWT) 이하의 선박들은 항만 설비가 잘 갖추어지지 않은 작은 항구를 이용하는 빈도가 높아서 선박 자체에 갑판 크레인(Deck crane)을 갖춘 경우가 많다.

해운회사는 선박 운항을 통한 이익증대를 위해 항만에서 화물이 안전하면서도 빠르게 하역되어지길 원한다. 하역시간이 단축되면 선박 운항 수익이 증가하고 항만 사용료가 절감되는 효과가 발생하는 것이다. 하역시간 단축을 위해 항만에서는 화물의 종류별로 부두를 지정하고, 특화된 하역장치를 갖춘 전용부두를 운영하고 있다.

석탄, 철광석, 곡물 등 살물(撒物)화물(Bulk cargo)은 한번에 많은 양을 움켜쥘 수 있는 그랩(Grab)을 장착한 크레인이나, 컨베이어(Conveyor) 자동화 시스템 등이 적용된 대형의 전문화된 특수 하역장비를 갖춘 항만에서 하역이 이루어진다. 컨테이너와 같은 개별 화물을 효과적으로 처리하기 위해 부두(Port)에 컨테이너 전용 크레인(Portainer crane) 및 보조 크레인 등을 갖추어 운영하고 있다.

또한 로팩스 페리(Ro-Pax[Roll-on Roll-off & Passenger] ferry), 로로선(Ro-Ro carrier) 및 PCTC(Pure Car & Truck Carrier) 등에서는 트레일러, 트럭, 승용차와 같이 바퀴를 가진 화물(Roll-on Roll-off cargo)의 하역 및 선내 이동이 가능한 설비가 필요하다. 이러한 차량의 하역 작업은 갑판과 갑판, 선박과 부두를 이어주는 장치인 램프(Ramp)를 이용한다. 램프는 선박에 설치되는 것이 일반적인데, 일부 항구에서는 램프시설를 구비하여 차량 화물에 특화된 부두를 갖춘 곳도 있다.

이 장에서는 컨테이너, 석탄, 철광석, 곡물, 트레일러, 차량 등 주로 건화물(Dry cargo)을 하역하기 위해 선박 혹은 항만에 설치되는 하역장치에 대해 알아본다. 원유, 석유화학제품 및 LNG 등의 액체 및 기체 화물을 하역하는 장치는 제8장 카고 펌핑 및 핸들링 시스템(Cargo Pumping & Handling System)에서 다루기로 한다.

또한, 컨테이너선과 벌크선에는 화물을 저장하는 화물창(Cargo hold)에 원활한 적재 및 하역을 위해 창구(Hatch, 艙口)를 두고, 화물을 보호하고 적재능력을 최대화하기 위하여 덮개인 해치커버(Hatch cover)를 설치한다. 해치커버는 화물의 특성과 선박의 여건 및 작동 방법에 따라 다양한 형태로 설계되어 설치된다.

## 3.2 하역장치 및 해치커버의 종류

선박 화물을 하역하기 위해 선박과 항만에 설치되는 하역장치 및 해치커버의 종류는 대체적으로 다음과 같이 분류할 수 있다. 학문적으로 정확한 분류라고는 할 수 없으나, 작업 현장에서 통용되는 명칭에 따라 분류하였다.

### (1) 크레인(Crane)의 종류

- 데릭(Derrick)
- 지브 크레인(Jib crane)
- 타워 크레인(Tower crane)
- 레벨 러핑 크레인(Level luffing crane)
- 컨테이너 크레인(Container crane)
- 특별한 형태의 크레인
  - 텔레스코픽 크레인(Telescopic crane)
  - 관절붐 크레인(Knuckle boom crane)
  - 더블 거어더 슬루잉 크레인(Double girder slewing crane)
  - 해상 크레인(Floating crane)

### (2) 특수 하역 장치의 종류

- 십로더(Ship loader)
- 언로더(Unloader)
  - Pneumatic vacuum unloader
  - Bucket unloader
  - Screw(Helical fin) conveyor unloader
  - Self unloader
- 그랩(Grab)

### (3) 램프(Ramp)의 종류

- 선미 램프(Stern ramp)
- 내부 램프(Internal ramp)
- 램프 커버(Ramp cover)
- 플랫폼(Platform)
- 선수 램프(Bow ramp)
- 현측 램프(Side ramp)

### (4) 해치커버(Hatch Cover)의 종류

- 사이드 롤링 타입(Side rolling type)
- 리프트 앤 롤링 타입(Lift & rolling type)
- 폴딩 타입(Folding type) : Single, Multi
- 싱글 풀 타입(Single pull type)
- 피보팅 타입(Pivoting type)
- 와인딩 타입(Winding type)
- 슬라이딩 타입(Sliding type)
- 리프트 어웨이 타입(Lift away type, Pontoon type)

## 3.3 주요 적용 규칙 및 규정(Rule & Regulation)

본장에서 다루어지는 항목들은 대체적으로 다음의 규칙, 규정 및 기준에 따라 적용된다.

### (1) 크레인(Crane)

- LRS Code for Lifting Appliances in Marine Environment
  - Chapter 2 Derrick Systems
  - Chapter 4 Cranes and Submersible Lifting Appliances
- 각 선급의 Standards - Lifting appliances
- ISO 4301-1 Cranes and lifting appliances -Classification- Part 1: General
- ISO 4301-2 Cranes -Classification- Part 2: Mobile cranes
- ISO 4301-3 Cranes -Classification- Part 3: Tower cranes
- ISO 4301-4 Cranes and related equipment -Classification- Part 4: Jib cranes
- ISO 4301-5 Cranes -Classification- Part 5: Overhead travelling and portal bridge cranes 외
- BS 2573-1 Rules for the design of cranes - Structure
- BS 2573-2 Rules for the design of cranes - Mechanism 외

### (2) 로로램프(Ro-Ro Ramp)

- DNV·GL Part 3, Chapter 12, Section 5, Side, Stern and Bow Doors - Ramps
- LRS Code for Lifting Appliances in Marine Environment, Chapter 6 Ro-Ro Access Equipment

### (3) 해치커버(Hatch Cover)

- IACS UR S21A : Evaluation of Scantlings of Hatch Covers and Hatch Coamings and Closing Arrangements of Cargo Holds of Ships
- 한국선급, 선급 및 강선규칙과 적용지침, 4편 2장 창구 및 기타 갑판개구

- ABS Part 3, Chapter 2, Section 15, Protection of Deck Openings
- DNV·GL Part 3, Chapter 12, Section 4, Cargo Hatch Covers
- LRS Volume 1, Part 3, Chapter 4, Section 2 Hatches and miscellaneous openings on the weather deck

## 3.4 하역장치(Cargo Handling Equipment)

하역작업(荷役作業)[9]에 쓰이는 대표적인 장치가 크레인[10]이다. 크레인은 무거운 화물을 들어 올리고, 정해진 위치까지 이동시켜서 내리는 운반 기계장치의 하나이다. 크레인은 화물의 특성에 따라 후크(Hook), 그랩(Grab), 스프레더(Spreader)등 보조 장비들이 장착되어 운용되어진다.

항만에 적절한 크레인이 설비되지 않은 경우에는 선박 자체의 크레인(Deck crane) 또는 해상크레인(Floating crane)이 사용되기도 하는데, 이는 해상에서의 환적(Transshipment)[11]에도 유용하게 사용되어진다.

### 3.4.1 크레인(Crane)

하역장치의 대표격인 크레인은 선박 및 항구에 다양한 형태로 설치되어 화물의 특성에 따라 훅, 그랩 및 스프레더 등을 적용하여 유용하게 사용되고 있다.

작업 거리가 멀어지면 권양제한하중이 줄어들므로 가까운 거리에서 들어 올릴 때 미리 주의하여야 한다. 크레인의 안전시스템 뿐 아니라 붐의 작업 거리 또는 붐의 작업 각도에 따른 안전사용하중(SWL, Safe Working Load)을 표시해두어 안전사고를 대비하고 있다.

9) 하역작업(荷役作業, Cargo work) : 물건이나 화물을 어떤 지점으로부터 다른 지점으로 이동시키기 위해 선박 등에 짐을 싣거나 짐 부리기, 짐 쌓아 올리기(Stacking) 등의 작업을 일컫는다.
10) 크레인 : Lloyd's Register의 "Code for Lifting Appliances in a Marine Environment" 참고
11) 환적(Transshipment) : 선박간 화물의 이동

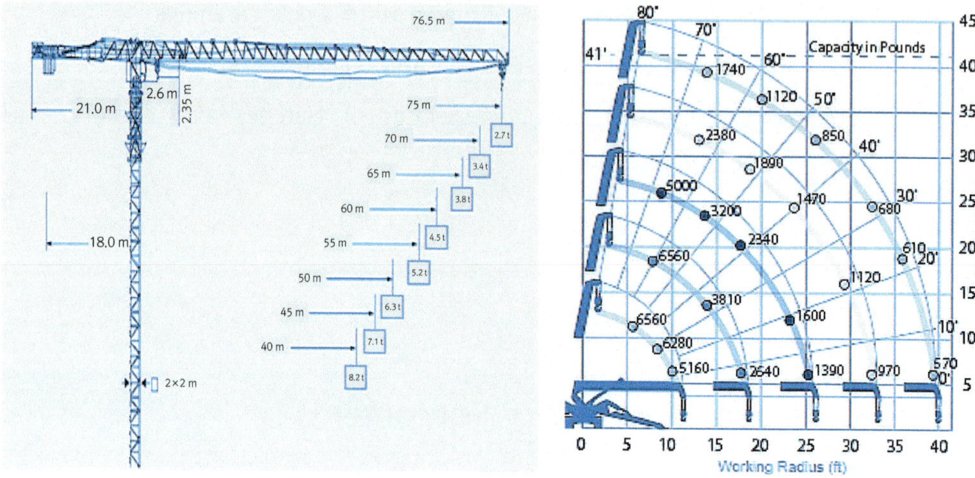


그림 3-1 붐의 길이 및 각도에 따른 안전 사용 하중표

하역작업에 사용되어지는 크레인은 형상에 따라 대체로 데릭(Derrick), 지브 크레인(Jib crane), 타워 크레인(Tower crane), LLC(Level luffing crane), 컨테이너 크레인 (Container crane[Portainer crane])등으로 구분되며, 설치 장소의 제약과 운용 특성에 맞추어 특별하게 설계되는 텔레스코픽 크레인(Telescopic crane), 관절 붐 크레인 (Knuckle boom crane), 더블 거더 크레인(Double girder slewing crane), 해상 크레인 (Floating crane) 등도 있다.

## (1) 데릭(Derrick)

안벽 가까이 또는 갑판상의 해치(Hatch) 인근에 마스트(Mast, Post)를 세우고, 그 아래쪽의 힌지(Hinge)에 연결 및 지지되어 비스듬하게 설치된 붐(Boom)의 상부에 위치한 시브 블록(Sheave block)에 훅(Hook)이 달린 리프팅와이어(Lifting wire)를 걸어서 하역에 사용하는 기중기로 주로 소형선박에서 사용된다. 데릭은 크레인에 비해 설치비용이 저렴하나, 화물을 이동하기 위한 작업에 다소 시간이 걸린다.

※ 시추선(Drill ship) 등의 유정(油井) 굴착 설비도 같은 이름(Derrick)으로 통용되고 있으니, 사용에 유의하여야 할 것이다.

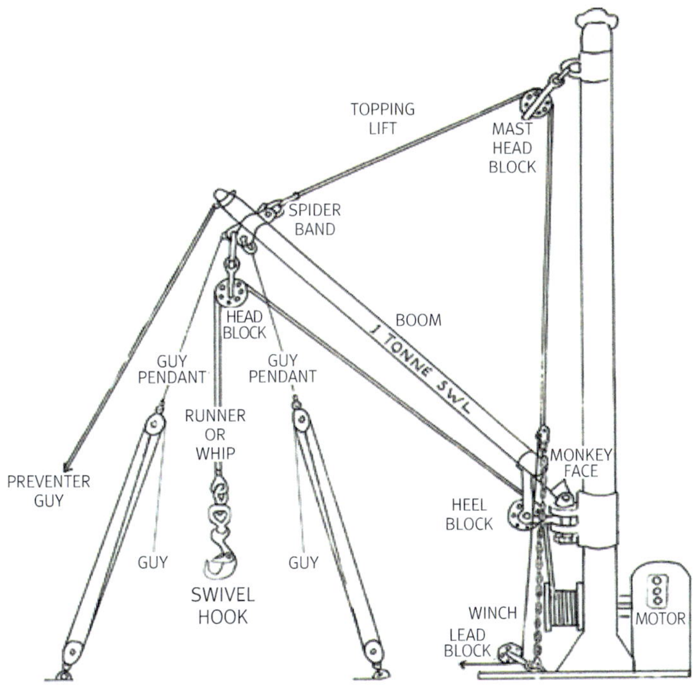


그림 3-2 데릭(Derrick)

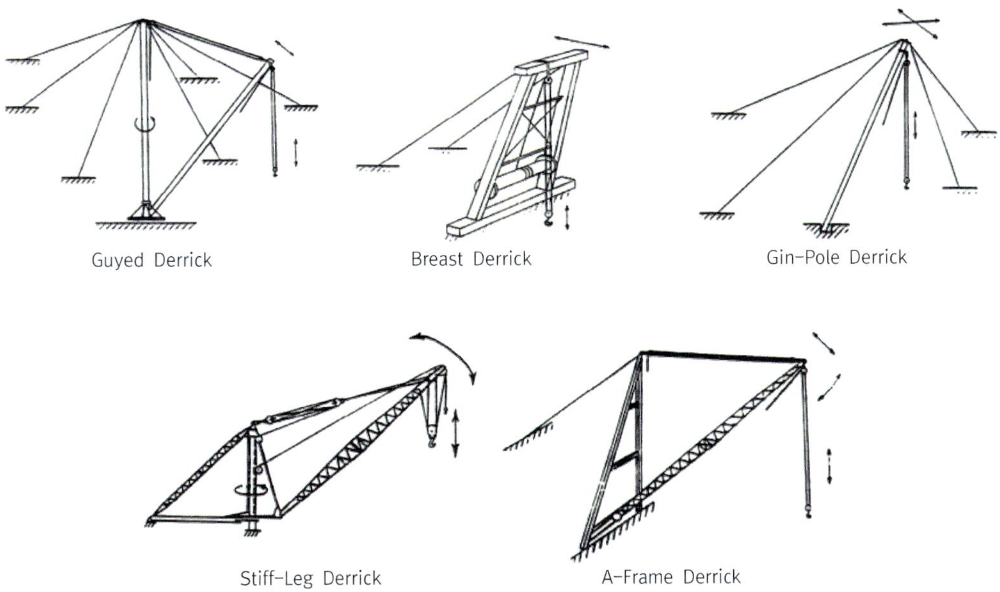


그림 3-3 데릭의 종류

### (2) 지브 크레인(Jib Crane)

크레인 몸체와 붐(Boom)인 지브(Jib)를 수평 혹은 경사지게 연결하고 와이어 로프(Wire rope)에 연결된 훅에 화물을 매달아 이동시키는 크레인의 통칭이다. 항만 안벽에 설치된 주행 레일(Rail) 위를 다니며 마스트(Mast, Cylinder) 상부는 회전기어(Rotary gear)에 의해 360° 선회가 가능하고, 붐의 높낮이도 조절이 가능하여 항만뿐만 아니라 조선소 야드나 안벽에서 선체 블록이나 의장품등을 이동시킬 때도 많이 사용되는 크레인이다. 선상의 갑판 크레인(Deck Crane)으로도 많이 적용되는데, 이때는 고정식 마스트(Mast)가 대부분이다.

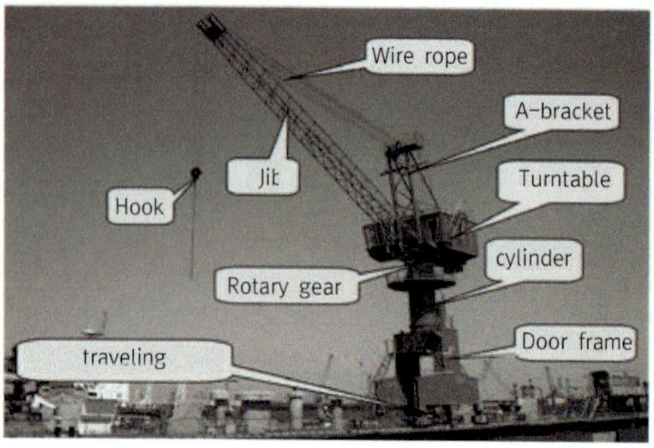


(a) 지브 크레인의 각부 명칭

(b) 갑판 크레인(Deck crane)

그림 3-4 지브 크레인

### (3) 타워 크레인(Tower Crane)

타워크레인은 주기둥(Mast)를 레고 형식으로 쌓아 높일 수 있는 타워(Tower)형이며, 그 상부에 트러스(Truss) 구조의 붐(Boom)을 갖는 것이 일반적인데, 이는 바람의 저항을 최소화 하고, 마스트의 경우 작업 높이의 변화에 따라 마스트의 높이를 높일 수 있는 구조를 갖기 위함이다.

타워크레인은 대체로 다음과 같이 분류한다.

- 이동성 유무 : 고정형(Fixed[Stationary]), 이동형(Rail[Traveling])
- 마스트 연장 기능 유무 : 고정형(Fixed), 상승형(Climbing)
- 붐의 형상 : 티형(T-type[Hammerhead, Flat top]), 조정 붐(Luffing boom)

타워크레인의 기둥인 타워 하부가 고정되거나 지상의 레일 위로 주행이 가능하도록 설치할 수 있는데, 레일 위를 주행하는 타입(Type)을 이동형 타워 크레인(Traveling tower crane)이라고 한다.

티 타워 크레인(T-Tower crane)은 해머헤드(Hammerhead) 타입과 플랫탑(Flat top) 타입이 있다. 타워의 상부에 360° 회전이 가능한 붐이 수평으로 설치되어 있으며, 메인 붐(Main boom)에는 호이스트 블록(Hoist block)이 설치되어 있는 트롤리(Trolley)가 주행하며 화물을 권상 및 운반을 하고, 그 반대쪽에 균형을 맞추기 위한 시멘트 혹은 철제 평형추(Counter weight)가 배치되어 있는 카운터 붐(Counter boom)이 있다. 지브 크레인에 비해 가벼운 화물을 좀 더 빠르게 하역할 수 있는 장점이 있다.

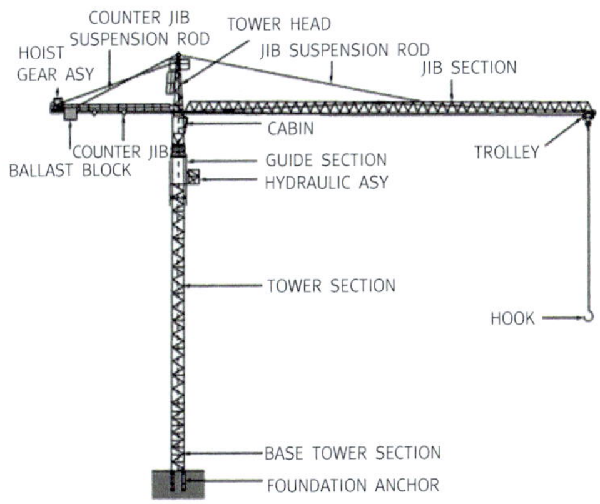


(a) Hammerhead Type

(b) Flat top Type

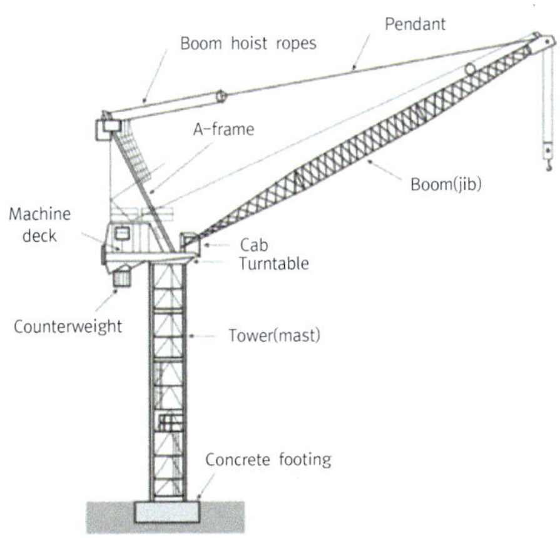


(c) Luffing boom Type

그림 3-5 타워 크레인의 종류

### (4) 레벨 러핑 크레인(LLC, Level Luffing Crane)

지브 크레인과 유사하며 들어 올린 화물의 높이를 일정하게 유지하면서 회전이동과 작업 거리 변경이 가능한 장점이 있는 크레인이다. 이런 기능을 수행하기 위해 붐은 3개의 빔(Beam)으로 구성되어 말 머리 형상을 가지며, 지상의 레일 위로 움직이는 형상이 일반적이다. 이러한 장점으로 권상 화물 이동시 주변 구조물과의 충돌방지를 위하여 일정한 높이 준수를 요구하는 항만에서의 하역작업에 많이 사용되고 조선소에서도 블록 및 중량물 탑재에 많이 사용되고 있다.

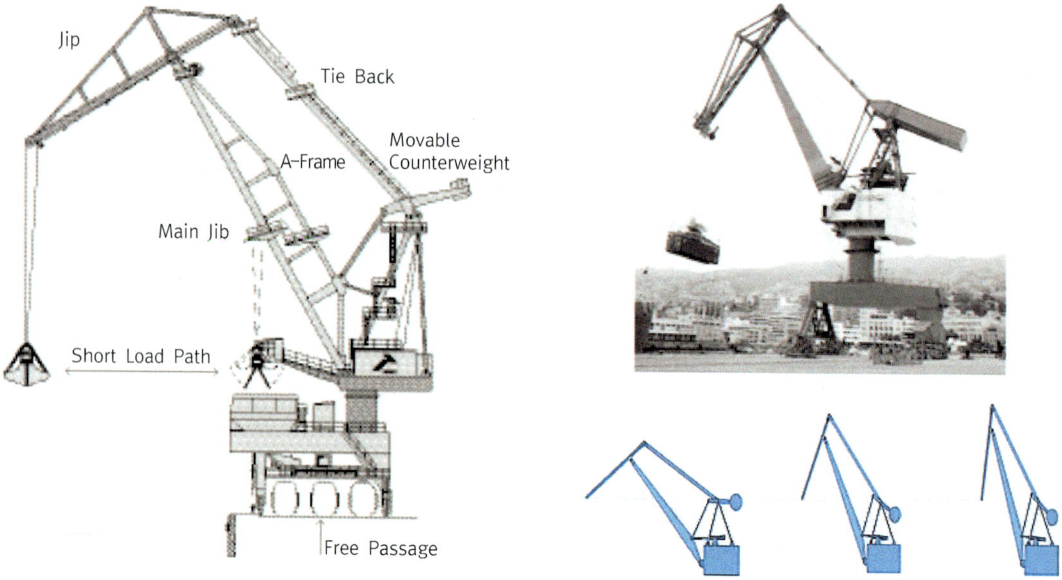


그림 3-6 레벨 러핑 크레인

### (5) 컨테이너 크레인(Container Crane)

주로 컨테이너 전용 항만에 설치되며 하역의 주 대상 화물이 컨테이너인 크레인이다. 크레인의 지지구조(Support structure)가 4개의 프레임(Frame)을 가지는 문형 구조(Door frame)로 되어 있어서 지지구조 내에 넓은 공간을 확보하고, 컨테이너 박스를 하역하면서 바로 트레일러(Trailer)에 싣거나 에이프론(Apron)에 적재할 수 있다.

컨테이너 박스를 권상하여 옮기는 트롤리는 지지구조 사이를 통해 수평으로 놓인 붐 전체 길이를 오가며 하역 작업을 할 수 있다. 붐은 메인 붐과 카운터 붐으로 이루어졌으며, 해상 쪽(Sea side)으로 뻗은 메인 붐은 입항하는 선박과 충돌을 예방할 수 있게 들어 올릴 수 있는 힌지(Hinge)로 결합되어 있다.

컨테이너 크레인은 안벽의 레일을 따라 이동이 가능하여 선박의 정박 위치나 화물의 위치에 제약을 받지 않는다. 하역시간의 단축을 위하여 여러 기의 크레인이 한척에 집중하여 작업을 할 수 있고, 여러 개의 스프레더(Spreader)를 하나의 트롤리에 연결하여 작업을 하기도 한다.

브릿지 크레인(Bridge crane)으로 분류되며, 또한 부두(Port)에 설치된 컨테이너 전용 크레인이라는 의미의 포테이너 크레인(Portainer crane)으로 불리기도 한다.

그림 3-7 컨테이너 크레인

그림 3-8 스프레더의 사용 예

(a) Transtainer (b) Straddle carrier (c) Reachstacker

그림 3-9 컨테이너 하역 보조 장비들

안벽에서는 트랜스테이너 크레인(Transtainer crane), 스트래들 캐리어(Straddle carrier) 및 리치스태커(Reachstacker)의 사용으로 효용성을 높인다.

## (6) 특별한 형상의 크레인

### 1) 텔레스코픽 크레인(Telescopic Crane)

지브 크레인의 일종으로 속이 비어있는 붐(Hollow boom)이 여러겹으로 겹쳐있고, 유압으로 붐을 길게 연장하고, 높낮이를 조정하여 하역작업을 한다. 격납(Parking) 공간이 좁은 곳이나 이동용 트럭(Truck)위에 설치하여 사용한다. 붐이 길어지면 안전사용하중(SWL)은 줄어들고, 크레인의 사용 전 준비 작업과 사용 중에 크레인의 전도 방지에 크게 신경 써야 한다.

그림 3-10 텔레스코픽 크레인

### 2) 관절(굴절) 붐 크레인(Knuckle Boom Crane)

지브 크레인의 일종으로 2개의 붐이 힌지로 연결되어 펴지면서 하나의 붐을 이룬다. 작업 공간은 넓고, 격납(Parking) 공간은 확보가 어려운 고급 사양의 선박에 주로 설치된다. 시추선에서 파이프(Pipe)와 라이저(Riser) 등의 드릴 작업용 자재 운반 용도로 많이 사용된다. 붐을 접어서 격납하고, 사용 시에는 붐을 펼쳐서 작업공간을 넓게 확보할 수 있다.

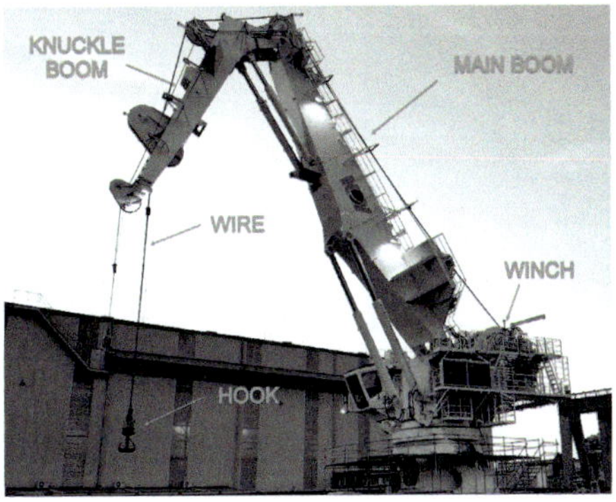

그림 3-11 관절 붐 크레인

### 3) 더블 거더 슬루잉 크레인(Double Girder Slewing Crane)

두 개의 마스트와 두 개의 수평 붐으로 이루어져서, 짧은 길이의 붐으로도 넓은 작업 공간을 확보할 수 있고, 레벨 러핑(Level luffing) 기능을 갖는다.

그림 3-12 더블 거더 슬루잉 크레인

#### 4) 해상 크레인(Floating Crane)

지브 크레인을 부양성을 가진 바지(Barge)위에 설치한 크레인이다. 선박이 안벽에 접안할 수 없는 상황에서의 하역작업 및 갑판 크레인이 없는 선박들 간의 해상에서의 환적 시 이용된다. 권양 능력은 다양하며, 육상의 크레인보다 훨씬 무거운 중량의 화물을 권상할 수 있다. 조선소 등에서 생산성 향상을 위해 다양하게 사용되고 있다.

그림 3-13 해상 크레인

## 3.4.2 특수 하역장치

### (1) 십로더(Ship Loader)

철광석, 석탄, 비료, 곡물과 같은 벌크 화물을 컨베이어 벨트 시스템(Conveyor belt system)을 사용하여 빠른 시간 내에 육상에서 선박의 화물창으로 선적하는 특수 대형 운반 장치이다. 십 로더는 레일 또는 바퀴(Tire)로 이동할 수 있는 자체 구동 주행 장치를 갖추고 있으며, 컨베이어 시스템이 장착되어 있는 붐도 자체 구동 장치로 전후, 좌우, 상하로 움직일 수 있어서, 선박의 전체 길이뿐 아니라 화물창 전체폭에 도달할 수 있으며, 하역작업 중의 흘수(Draft) 변화에도 대응할 수 있다.

십 로더는 주로 길이 조절이 가능한 텔레스코픽 암(Telescopic arm) 또는 붐, 벨트 컨베이어, 트리퍼(Tripper)[12]와 붐을 지지하며 움직이는 구조로 되어있으며 화물 토출부는 화물이나 분진의 비산을 줄이기 위한 슈트(Chute)를 갖추기도 하고, 컨베이어 부분을 감싼(Enclose) 장비를 갖추기도 한다.

12) Tripper : 길게 연속되는 Belt conveyor system에서 임의의 목적지에서 운송되는 화물을 옆으로 부리는 기계장치

그림 3-14 십로더

## (2) 언로더(Unloader)

안벽이나 선박에 설치되어 십로더와 반대 방향으로 철광석, 석탄, 비료, 곡물과 같은 벌크 화물을 선박으로부터 육상으로 빠르게 대량으로 하역하는 특수 대형 운반 장치이다. 화물창에 있는 벌크 화물을 포집하는 방식에 따라 대체적으로 다음과 같이 구분된다.

### 1) 진공 언로더(Pneumatic Vacuum Unloader)

주로 곡물(Grain)을 공기압의 차이를 이용해 하역하는 방식으로 화물을 포집하는 흡입기(Suction nozzle)는 높낮이 조절이 가능한 텔레스코픽 수직 파이프(Telescopic vertical pipe)에 연결되어 있다. 화물을 흡입하여 이송하는 관은 움직임이 자유로운 붐을 따라서 화물과 공기를 분리하는 곳(Air lock)까지 연결되어 있으며, 수직관(Vertical pipe)은 유연한 관(Flexible pipe)과 엘보우(Elbow)로 붐을 따라 설치된 관과 연결된다.

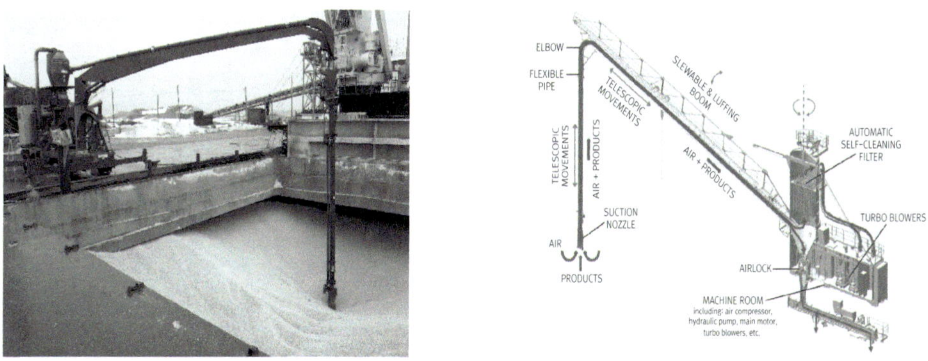


그림 3-15 진공 언로더

### 2) 버켓 언로더(Bucket Unloader)

화물 인입구 끝단에 버켓 체인(Bucket chain) 또는 버켓 휠(Bucket wheel)을 갖는 언로더로 각 화물창에서 버켓으로 화물을 담아 올려서 회전을 하며 화물을 쏟아 부어서 벨트 컨베이어와 연계하는 방식으로 분진이 많이 발생하는 단점이 있다.

(a) 버켓 체인 언로더 (b) 버켓 휠 언로더

그림 3-16 버켓 언로더

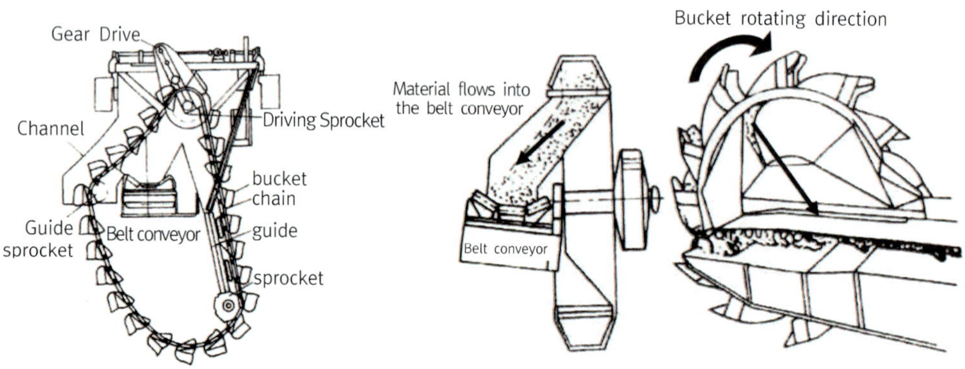


(a) 버켓 체인 시스템 (b) 버켓 휠 시스템

그림 3-17 버켓 언로딩 시스템

### 3) 스크류 컨베이어 언로더(Screw Conveyor Unloader)

수직 스크류 컨베이어(Vertical screw conveyor)로 화물을 끌어 올려서 수평으로 이동하는 벨트 컨베이어 시스템(Belt conveyor system)으로 연계하는 방식이다. 헬리컬 핀 언로더(Helical fin unloader), 오거 언로더(Auger[13] unloader)라고도 하며, 흡입구는 외부의 화물 포집용 스크류와 내부의 나선형 날개(Helical fin(Flighting)[14])가 서로 반대방향으로 회전을 하며 화물을 위쪽으로 이송한다.

그림 3-18 스크류 컨베이어 언로더

### 4) 셀프 언로더(Self Unloader)

화물창의 아랫부분이 호퍼(Hopper)와 유사하게 가운데로 경사를 갖고 있으며, 그 끝단에 유압으로 개폐되는 문(Gate)이 설치되어, 이 문의 개폐를 통하여 화물을 보관하거나 화물창 아래로 화물을 배출을 하면, 화물창 아래에 화물창 전체 길이로 배치되어 있는 터널 벨트 컨베이어(Tunnel belt conveyor)를 통해 화물창의 선미부에 있는 전달 벨트(Transfer belt)로 루프 벨트 컨베이어(Loop belt conveyor)로 연계하여 덱(Deck) 상부에 있는 하역용 벨트 컨베이어까지 화물을 끌어 올려서 하역을 하는 방식의 선박에 설치되어 있는 하역 장비이다.

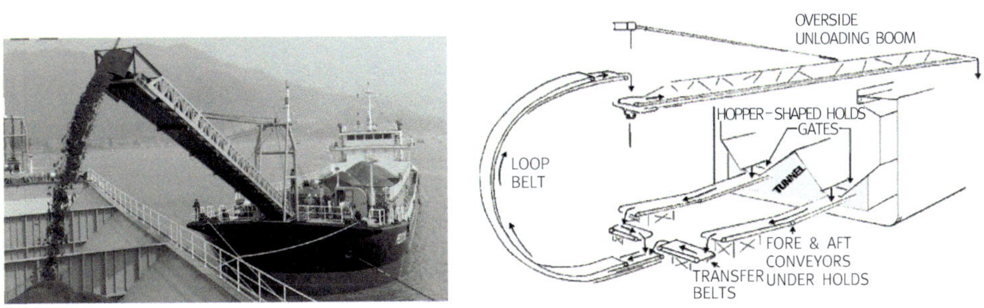


그림 3-19 셀프 언로더

13) 오거(Auger) : 회전하는 나선형 날개 장치.
14) 플라잉(Flighting) : 나선형 날개

### 5) 그랩(Grab)

그랩은 크레인을 이용하여 하역작업을 할 때 화물을 움켜쥐는 기구이다. 화물의 종류에 따라 사용되는 그랩의 형상이 특징을 갖는데, 벌크(Bulk) 화물은 클램쉘 그랩(Clamshell grab), 시저 그랩(Scissor grab)을 사용하고, 스틸 스크랩(Steel scrap) 등은 오렌지 필 그랩(Orange peel grab)을 사용하며, 목재류는 로그 그랩(Log grab)을 사용한다.

(a) 클램쉘 그랩

(b) 시저 그랩

(c) 오렌지 필 그랩

(d) 로그 그랩

그림 3-20 그랩의 종류

### 3.4.3 램프(Ramp)

트레일러, 트럭, 승용차와 같이 바퀴가 달린 차량 또는 무한궤도(Caterpillar)의 트랙터(Tractor)와 같은 롤온 롤오프 화물(Roll-on Roll-off cargo)의 하역 작업에 필요한 설비인 램프는 다음과 같이 크게 구분할 수 있다.

- 선미 램프(Stern ramp)
- 내부 램프(Internal ramp)
- 램프 커버(Ramp cover)
- 플랫폼(Platform)
- 선수 램프(Bow ramp)
- 현측 램프(Side ramp)
- 부두 램프(Port ramp)

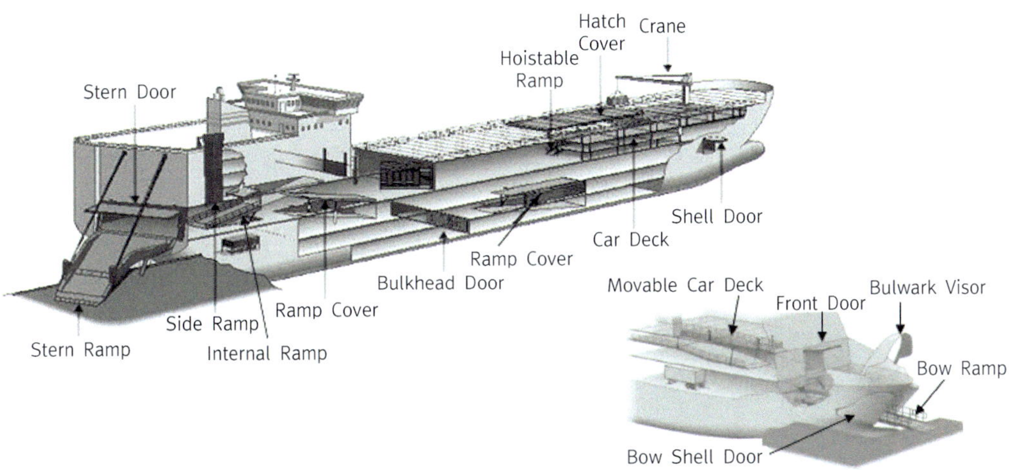


그림 3-21 로로 장비(Ro-Ro Equipment)

## (1) 선미 램프(Stern Ramp)

안벽에서 선박으로 또는 그 역방향으로 차량을 하역할 수 있는 선박의 선미에 설치된 램프이다. 안벽에서는 램프 역할을 하지만, 운항 시에는 화물 적재공간을 수밀(Water tight)시키는 기능도 한다. 선미 램프는 작동 방향에 따라 스트레이트(Straight[Axial]), 쿼터(Quarter), 슬루잉(Slewing) 으로 구분한다.

### 1) 스트레이트(축) 램프(Straight[Axial] Ramp)

선박의 종방향 축(Axial)과 같은 방향으로 개폐되어 하역작업을 하는 램프이다.

그림 3-22 선미 스트레이트(축) 램프

### 2) 쿼터 램프(Quarter Ramp)

선박의 종방향 축(Axial)과 약 30° ~ 45° 방향으로 개폐된다.

그림 3-23 선미 쿼터 램프

### 3) 슬루잉 램프(Slewing Ramp)

선미에 램프의 열리는 방향을 조절할 수 있는 구조물을 가지며, 접안 조건이 다른 여러 항구를 기항하는 선박이나 군 수송선에 주로 설치된다.

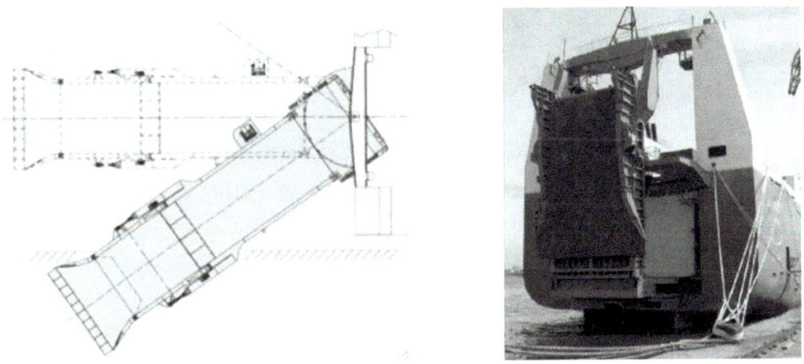

그림 3-24 선미 슬루잉 램프

## (2) 내부 램프(Internal Ramp)

선내에서 상하 갑판(Deck) 간 차량의 이동을 위해서 경사진 통행로를 확보하기 위한 구조로 설치되는 설비이다. 트레일러(Trailer)의 차체 하부와 접촉을 피하기 위한 램프의 브레이크 오버 각(Breakover angle)은 7° 이하로 설계하는 것이 필요하다.

내부 램프웨이(Internal rampway)에는 갑판 간의 격리를 위하여 램프 커버(Ramp cover)를 설치하거나, 램프 자체를 커버로 사용한다. 이때 램프 커버는 갑판과 동일한 하중을 견디는 조건으로 차량을 적재한다.

작동 방법에 따라 고정 램프(Fixed ramp), 로어러블 램프(Lowerable ramp), 호이스터블 램프(Hoistable ramp), 틸터블 램프(Tiltable ramp)로 구별한다.

### 1) 고정 램프(Fixed Ramp)

선체 구조화하여 경사진 통행로로 사용되는 고정된 램프이다. 갑판 간의 격리를 위해 램프 커버가 설치되고, 최상층 화물 갑판에는 램프 컴패니언(Ramp companion)을 갖추고 차량이 통과할 수 있는 크기의 문(Door)을 설치하여 운항 시에는 풍우밀 (Weather tight)을 유지할 수 있게 한다. 고정 램프위에는 갑판 높이(Deck clear height) 만큼의 적재 높이를 확보할 수 없으므로 차량 적재가 제한된다.

그림 3-25 고정 램프와 커버

그림 3-26 램프 컴패니언

### 2) 로어러블 램프(Lowerable Ramp)

주갑판(Main deck) 하부의 화물창(Cargo hold)에 설치되며, 힌지 위치(Hinge point)가 아래 갑판(Lower deck)에 있고, 차량을 적재한 채로 램프가 아래로 내려져 램프 포켓(Ramp pocket)에 격납되는 방식으로 차량 적재 능력을 그만큼 키운다. 이때 주갑판에는 수밀 램프 커버(Water tight ramp cover)가 설치된다.

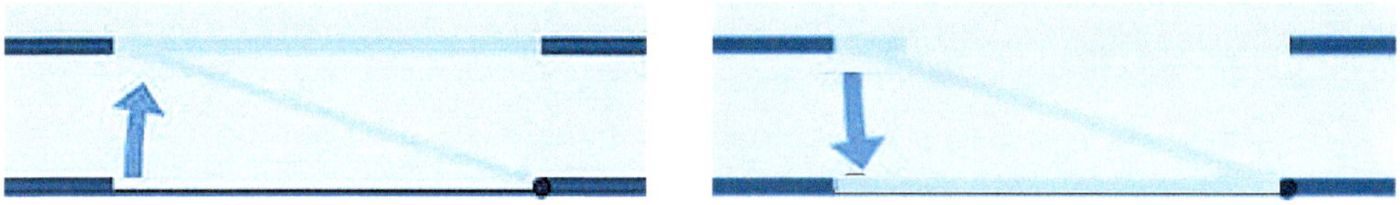

그림 3-27 로어러블 램프의 작동 매커니즘

### 3) 호이스터블 램프(Hoistable Ramp)

차량 적재 시 상부 갑판으로 이동하는 경로에 위치하며, 램프의 한쪽 끝에 갑판과 연결된 고정 힌지(Hinge)가 있어서 한쪽 방향으로만 개폐가 가능하다. 램프에 차량을 적재하고 권상되어 차량 갑판(Car deck) 역할과 갑판 간의 기밀(Gas tight)을 유지하는 커버 역할을 동시에 한다. 램프 위와 아래쪽의 갑판에도 차량을 적재할 수 있어서 그만큼 차량 적재 능력이 향상된다.

그림 3-28 호이스터블 램프와 작동 매커니즘

#### 4) 틸터블 램프(Tiltable Ramp)

작동방법과 역할은 호이스터블 램프와 동일한데, 램프의 양쪽끝단에 조정이 가능한 힌지핀(Hinge pin)이 있어서, 차량의 적재와 하역 시 램프의 개방(Open) 방향을 달리하여 하역작업 시간을 단축할 수 있다.

그림 3-29 틸터블 램프와 작동 매커니즘

### (3) 램프 커버(Ramp Cover)

램프 커버는 선박 내부에서 차량이 갑판 간을 이동할 수 있는 램프의 설치로 갑판 상에 생긴 개구부(Opening)를 닫아서, 갑판 간의 밀폐(Tight) 및 차량 적재(Cargo loading) 공간으로 사용 가능케 한다. 고정 램프와 로어러블 램프에는 램프 커버가 설치되고, 호이스터블 램프와 틸터블 램프는 램프 자체가 커버 및 차량 적재 갑판으로 사용된다.

격벽 갑판(Bulkhead deck)으로 사용되는 주갑판(Main deck)에 설치되는 램프 커버는 수밀(Water tight) 기능을, 최상층 갑판의 램프 커버는 풍우밀(Weather tight) 기능을, 그 외 갑판의 램프 커버는 기밀(Gas tight) 기능을 갖추어야 한다.

램프 커버는 엔드 힌지드 커버(End hinged cover)와 사이드 힌지드 커버(Side hinged cover)로 구분되고, 엔드 힌지드 커버 중에는 차량이 통과하는 공간의 통과높이(Clear hight)를 확보하기 위해 램프 중간쯤에 접을 수 있는 힌지를 갖는 폴더블 섹션(Foldable section)이 사용되기도 하고, 사이드 힌지드 커버는 여러 판넬(Panel)로 제작되어진 멀티 섹션(Multi section)으로 되어진 것도 있다.

(a) 엔드 힌지드 커버　　　(b) 사이드 힌지드 커버

그림 3-30 램프 커버

## (4) 플랫폼(Platform)

격벽 갑판(Bulkhead deck, 주로 Main deck) 하부의 차량 적재 공간 (Cargo space)의 길이가 짧은 경우 램프를 설치하게 되면, 램프 설치에 제약이 있거나 램프의 경사가 커지게 되어 적재 효율 및 차량 통행이 어려워서 차량 적재 능력(Capacity) 확충의 목적을 달성할 수 없는 경우가 발생한다. 경사진 램프를 설치했을 때보다 차량 적재 공간(Cargo space)을 더 효과적으로 활용하기 위해 갑판 간을 수직으로 오르내리며 차량을 옮기고 적재하는 설비를 설치하게 되는데, 이를 플랫폼(Platform) 또는 리프트(Lift)라고 한다. 격벽 갑판에서 아래로 내려가는 플랫폼 개구부에는 수밀 커버가 설치되어야 한다.

그림 3-31 플랫폼(Platform)

### (5) 선수 램프(Bow Ramp)

선미 램프(Stern ramp)와 연계하여 바퀴로 움직이는 차량 화물(Ro-Ro cargo)을 후진하지 않고 전진 방향으로 통행할 수 있게 함으로써 하역 시간을 단축할 목적으로 선수에 설치한 램프 설비이다.

선수 쪽으로의 차량 통행을 위해서는 선수 램프뿐만 아니라, 화물창(Cargo hold)의 풍우밀(Weather tight)를 확보하기 위해 선수 안쪽에 문(Bow inner door)을 설치하기도 하며, 선수형상을 유지하기 위해 바우 쉘도어(Bow shell door)를 설치해야 한다. 초기 설치비가 크므로 많은 선주들이 경제성을 따져보고 설치 여부를 결정하는데, 최근에는 거의 모든 차량 운반선(Ro-Ro ship) 및 로팩스페리(Ro-Pax ferry)에서 설치하는 추세이다. 선수 램프에 풍우밀 기능이 있을 경우 화물창 선수부의 선수 안쪽문(Bow inner door)은 생략된다.

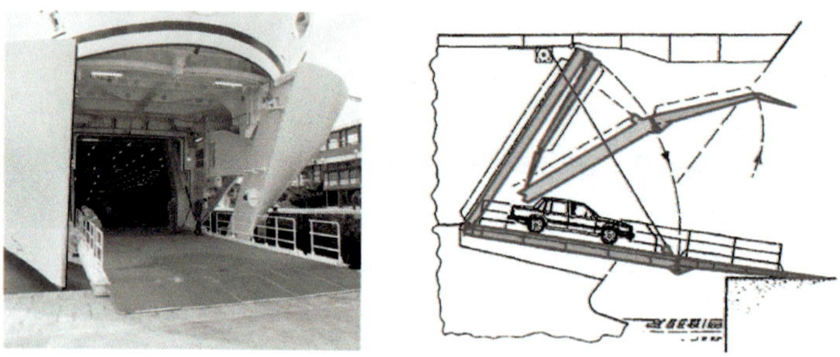

그림 3-32 선수 램프 및 작동 매커니즘

### (6) 현측 램프(Side Ramp)

선박의 측면에 설치한 램프이다.

그림 3-33 현측 램프

## (7) 부두의 램프웨이 설비(Port Rampway Facilities)

로팩스페리(Ro-Pax ferry) 및 로로선(Ro-Ro carrier)만을 위한 전용 항구에서는 차량(Vehicle)의 하역을 위하여 램프웨이(Rampway)를 부두(Port)에 설치해 두어서, 선박의 선수 및 선미 램프를 구비하지 않아도 하역 작업이 가능하다. 램프웨이의 해상 쪽은 부유체로 지지되어 조수간만(Tide)의 차이가 있어도 사용할 수 있다. 이렇게 함으로써 선박 건조 시 초기 투자비를 적게 할 수 있게 하여 많은 로팩스페리 및 로로선의 기항을 유도하고 있다. 선박에는 선미 & 선수 램프를 설치할 필요는 없으나, 부두 램프웨이의 링크스팬(Linkspan)을 지지할 수 있는 구조(Bearing structure)를 가져야 한다.

여기에서는 로팩스페리 및 로로선의 접안을 위한 대표적인 항구들의 차량 화물(Ro-Ro cargo) 하역을 위한 램프웨이 설비(facility)를 살펴본다.

### 1) 도버(Dover, 영국)

영국의 도버항에는 여러 개(2018년 현재, 9개)의 차량 화물 전용 접안 설비들이 있고, 각 설비들은 2개 층으로 된 차량용 램프웨이(Rampway)와 링크스팬(Linkspan)을 가지고 있다.

그 위쪽에 승객용 링크스팬이 있으나 대부분의 선박에 이것과 연결되는 구조를 갖추고 있지 않아서 사용하지 못하고 있는 실정이다.

그림 3-34 도버항의 램프웨이 설비

※ **카우 캣쳐(Cow Catcher)**

링크스팬 좌우로 선박의 길이 방향으로 접안되는 부분은 약간의 각도를 가진 수직 판구조로 되어 있는데, 이를 카우 캣쳐(Cow catcher)라고 한다.(그림 3-34의 파란색 사각부분) 선박의 선수 및 선미에 설치된 카우 캣쳐 플랫폼(Cow catcher platform)과 맞닿아서 선박을 부두에 견고하게 접안시킬 수 있게 한다. 카우 캣쳐가 이루는 각(Angle)의 중심점을 SOP(Set Out Point)라 하며, 부두설비의 치수를 나타내는 설계의 기준점으로 하고 있다.

이러한 항구를 이용하는 로팩스페리 및 로로선의 선수, 선미에도 카우 캣쳐에 적합한 플랫폼을 가지고 있다.(그림 3-35의 왼쪽 하단 화살표)

그림 3-35 카우 캣쳐 플랫폼을 가진 로팩스 페리

## 2) 깔레(Calais, 프랑스)

프랑스 북부의 깔레(Calais)는 영국의 도버(Dover)항과 가장 가까운 항구로 유럽대륙과 영국 간의 해상관문 역할을 하고 있는 항구도시이다. 선미로 접안하는 도버항과의 연계를 고려하여 선수로 접안하는 것을 기준으로 하고 있다. 2개 층으로 된 차량용 램프웨이가 있으나, 승객용 램프웨이는 없다.

그림 3-36 깔레항의 램프웨이 설비

### 3) 덩케르크(Dunkerque 또는 Dunkirk, 프랑스)

깔레로부터 동동북쪽으로 약 20 km 거리에 위치한 덩케르크(Dunkerque)는 한 개의 부두에 로팩스페리 전용 램프웨이 설비를 갖추고 있다. 기존의 낡은 설비와 레일웨이(Railway) 램프웨이는 폐쇄하였다. 여기도 도버항과의 연계를 고려하여 선수로 접안하는 것을 기준으로 하고 있으며, 2개 층의 램프웨이가 있다. 상부 램프웨이(Upper rampway)는 1개의 링크스팬에 좌/우로 연결되는 2개의 램프웨이 로드(Rampway road)로 구성되어 있다.

그림 3-37 덩케르크항의 램프웨이 설비

#### 4) 벨파스트(Belfast, 북아일랜드)

북아일랜드의 관문인 벨파스트항의 램프웨이 설비는 항로의 경제성에 밀려 사용되지 않는 것으로 파악된다.

그림 3-38 벨파스트항의 램프웨이 설비

## 3.5 해치커버(Hatch Cover)

벌크선 혹은 컨테이너선에서 화물창(Cargo hold)의 해치(Hatch)를 덮는 장치를 해치커버라고 한다. 해치를 통해 화물창으로 유입되는 해수를 막아, 선박의 복원성 유지, 화물의 손상 및 유실을 방지하고, 해치커버 위에도 화물을 실을 수 있도록 적재 하중에 적합한 설계가 이루어져야 한다. 또한, 운항 중에 외부의 힘에 의한 선체의 변형에도 대응할 수 있도록 설계되고 설치되어야 한다. 이외에도 화물창의 구획을 나누어 보다 다양한 화물을 적재하게 하고 화물을 더 많이 실을 수 있는 장점도 있다.

주로 컨테이너선(Container carrier), 벌크선(Bulk carrier), OBO(Ore·Bulk·Oil carrier), 석탄·석유 운반선(Ore·Oil Carrier)과 화물을 적재하여 운반하는 바지(Barge) 등에 설치된다.

해치커버는 판넬(Panel)의 개폐 작동 방법을 기준으로 다음과 같이 분류한다.

- 사이드 롤링 해치커버(Side rolling hatch cover)
- 리프트 앤 롤링 해치커버(Lift & rolling hatch cover)
- 폴딩 해치커버(Folding hatch cover) : Single, Multi
- 싱글 풀 해치커버(Single pull hatch cover)
- 피보팅 해치커버(Pivoting hatch cover)
- 와인딩 해치커버(Winding hatch cover)
- 슬라이딩 해치커버(Sliding hatch cover)
- 리프트 어웨이(폰툰) 해치커버(Lift away(Pontoon) hatch cover)

## 3.5.1 사이드 롤링 해치커버(Side Rolling Hatch Cover)

### (1) 특징

주로 해치 코밍(Hatch coaming)의 측면의 갑판에 공간 여유가 있는 파나막스(Panamax)급 이상의 벌크선에 적용된다. 해치 당 2개의 해치커버 판넬(Panel)이 좌우 횡방향으로 수평으로 이동하며 개폐되고, 해치의 완전한 개방으로 하역작업이 비교적 자유롭다.

하역용 크레인의 운용 높이가 낮아서 권상된 화물과 해치커버 사이의 높이 차이인 에어 드래프트(Air draft)가 부족할 경우 두 개의 판넬 모두를 같은 방향으로 개방하여 창구의 절반만 열리게 하여 사용하는 경우도 있다. 갑판에 여유가 있는 VLBC(Very Large Bulk Carrier)의 경우 한 판넬(One panel) 사이드 롤링 해치커버의 적용이 가능하다.

(a) 2 판넬 사이드 롤링

(b) 1 판넬 사이드 롤링

그림 3-39 사이드 롤링 해치커버

## (2) 해치커버 개폐 작동 방법

### 1) 사이드 롤링 방식

#### ① 랙 앤 피니언 기어 작동형(Rack & Pinion Gear Driven Type)

해치커버 판넬 하부의 중앙부에 랙 기어를 설치하고, 사이드 해치 코밍에 설치된 피니언 기어를 작동하여 해치커버를 개폐하는 방식이다.

#### ② 체인(와이어 로프) 작동형(Chain[Wire Rope] Driven Type)

해치 옆 갑판 상에 설치된 모터의 휠에 커버를 당길 수 있는 체인 또는 와이어를 연결하여 모터의 구동에 의해 해치커버를 개폐하는 방식이다.

### 2) 리프팅(Lifting) 방식

#### ① 휠 리프팅(Wheel Lifting)

해치커버의 이송용 휠을 레일 높이까지 밀어 올려서 개방을 시작하는 방식으로 완전한 개방을 위해 하나의 레일만 있으면 된다.

#### ② 롤 업 롤(Roll-Up-Roll)

양쪽 해치커버가 맞닿는 부위의 해치코밍에 커버 리프팅 및 커버 고정용 클리트(Cleat) 역할을 하는 반달 모양의 기어를 설치하여 유압 장치(Hydraulic system)로 커버를 개폐하는 방법으로 완전한 개방을 위해서는 휠 개수만큼의 레일이 있어야 한다.

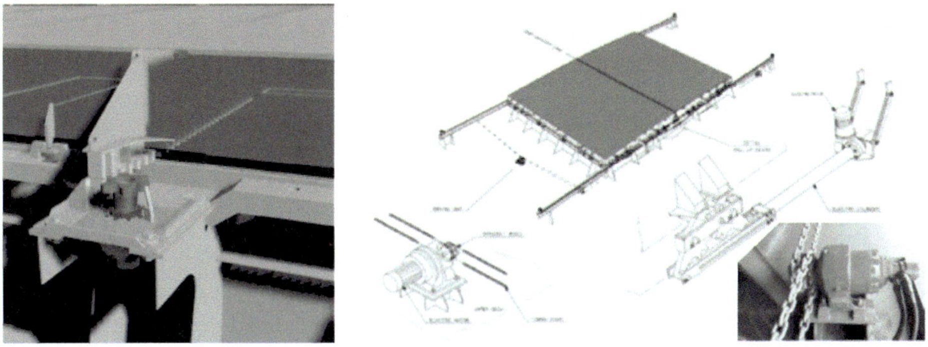

(a) 랙 앤 피니언 기어 작동　　(b) 체인(와이어 로프) 작동

그림 3-40 사이드 롤링 방식

(a) 휠 리프팅　　(b) 롤 업 롤(Roll-Up-Roll)

그림 3-41 리프팅 방식

## 3.5.2 리프트 앤 롤링 해치커버(Lift & Rolling Hatch Cover)

두 개 이상의 판넬(Panel)로 하나의 조합이 이루어지며, 고정 판넬을 들어 올리고, 움직이는 롤링판넬(Rolling panel)을 그 밑으로 이동시켜 창구(Hatch)를 개방하는 해치커버 시스템이다. 이를 피기백(Piggy-Back) 해치커버라고도 한다.

선박의 폭에 비하여 창구(Hatch opening)의 크기가 커서 창구 코밍 측면의 갑판 공간이 협소하여 사이드 롤링 해치커버의 설치가 어려울 경우에 적용한다. 단일 창구(Hatch)에 여러 개의 판넬을 한 곳에서 여러 겹으로 겹치게 하는 경우가 일반적이다.

일부에서는 스태킹 타입(Stacking type)으로 구분하기도 하며, 피기백 타입(Piggy-Back type)과 스태킹 타입(Stacking type)을 리프트 어웨이 타입(Lift away type)으로 분류하기도 한다.

그림 3-42 리프트 앤 롤링 해치커버

## 3.5.3 폴딩 해치커버(Folding Hatch Cover)

힌지(Hinge)로 연결된 해치커버 판넬들을 창구 끝(Hatch end)에서 접어 세워서 창구를 개방하는 해치커버로, 선박의 너비 및 길이에 최대 크기의 창구(Hatch opening)를 배치하고자 할 경우에 적용하는 방식이다. 대체로 핸디막스(Handymax, 약 6만 DWT) 이하 선박에서 주로 사용된다.

두 개의 판넬이 접히게 되는 것을 싱글폴딩 타입(Single folding type)이라하고, 4개 또는 6개의 판넬이 접히게 되는 경우를 멀티폴딩 타입(Multi folding type)이라고 한다.

리딩 판넬(Leading panel)은 창구의 전후의 스툴(Stool)에 있는 유압실린더(Hydraulic cylinder)로 구동되며, 트레일링 판넬(Trailing panel)은 종방향 해치 코밍(Hatch coaming) 바깥쪽의 벨 크랭크 암(Bell crank arm)으로 구동되는 것이 일반적이다.

트윈 갑판(Tween deck)에도 폴딩 해치커버(Folding hatch cover)를 적용할 수 있다.

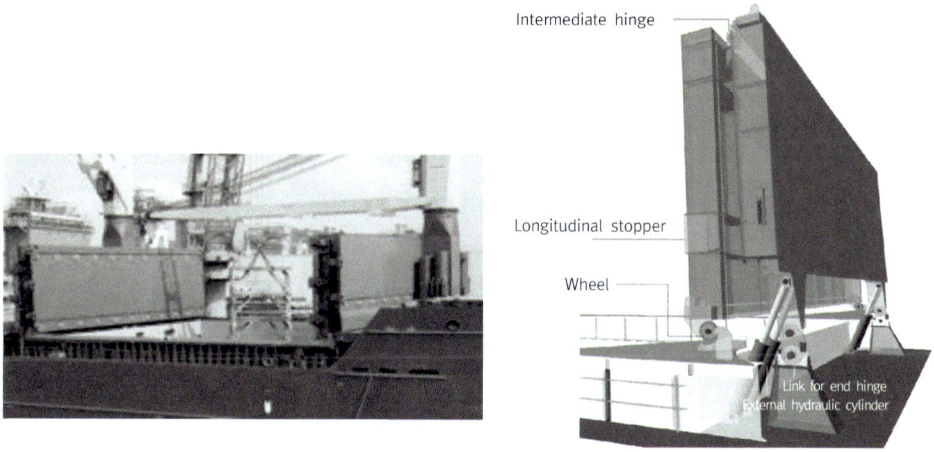


그림 3-43 싱글 폴딩 해치커버

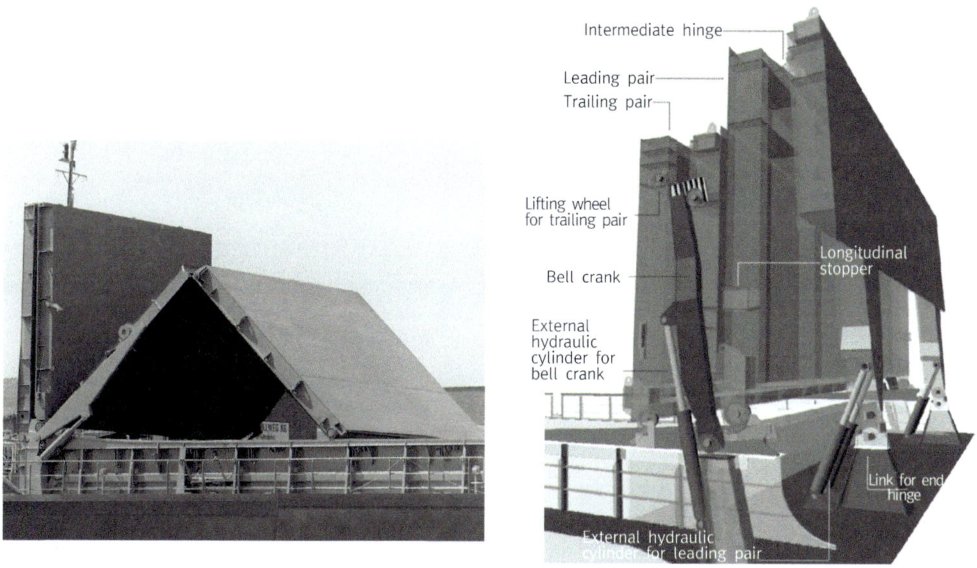


그림 3-44 멀티 폴딩 해치커버

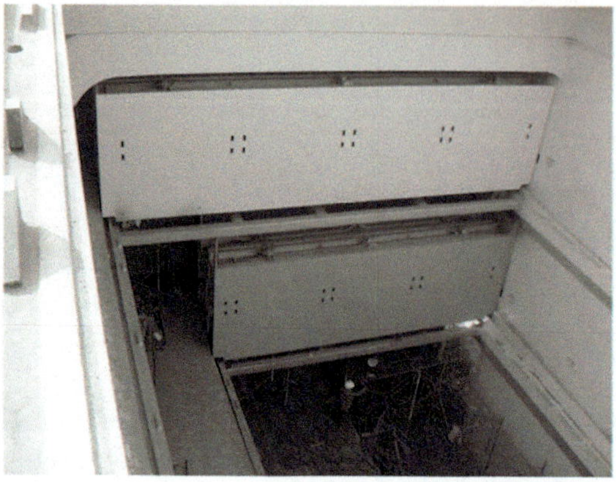

그림 3-45 트윈 갑판의 폴딩 해치커버

## 3.5.4 싱글 풀 해치커버(Single Pull Hatch Cover)

크레인이나 윈치(Winch)로 해치커버 끝단에 연결된 와이어를 당겨서 해치커버를 열고 닫는다. 이때 해치커버는 와이어가 연결되지 않은 쪽의 창구 끝(Hatch end)에서 스토위지 램프(Stowage ramp)를 지나 직립하면서 창구 개방 및 보관(Stowage)된다.

해치커버를 닫을 때에는 와이어를 창구 끝단의 도르래(Sheave block)에 걸어서 당기면, 해치커버 판넬(Hatch cover panel)의 양쪽에 설치된 체인(Chain)이 연속적으로 해치커버 판넬을 끌어오면서 창구를 덮게 된다.

중간 크기의 일반화물선과 작은 크기의 벌크선에 적합하다.

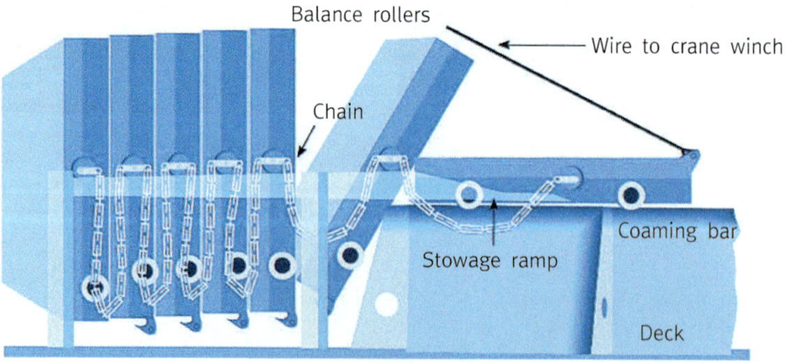


그림 3-46 싱글 풀 해치커버

## 3.5.5 피보팅 해치커버(Pivoting Hatch Cover)

갑판 공간을 가장 효율적으로 사용할 수 있는 방식이다. 해치커버 배치 공간 확보가 안 될 때 수직으로 세워서 창구를 개방(Open)하는 방식으로 피더 컨테이너선(Feeder container carrier)에서 주로 사용되고, 일반화물선의 작은 화물창에 특히 유용하다.

개방 시 수직으로 높은 위치까지 공간을 차지하기 때문에 설계 시, 크레인과 같은 다른 갑판 기계의 작동 범위를 신중하게 고려해야 한다.

그림 3-47 피보팅 해치커버

## 3.5.6 와인딩 해치커버(Winding Hatch Cover)

창구(Hatch)의 끝단부에 해치커버를 감아서(Wind) 격납하는 방식으로, 철광석 운반선(Ore carrier)에 주로 적용되며, 롤 스토잉(Roll stowing) 또는 엘만 타입(Elman type)이라고도 불린다.

해치커버를 열었을 때 갑판을 안전하고 넓게 사용할 수 있으며, 열어서 감겨진 해치커버로 인하여 시계가 제한되지 않는 이점이 있다.

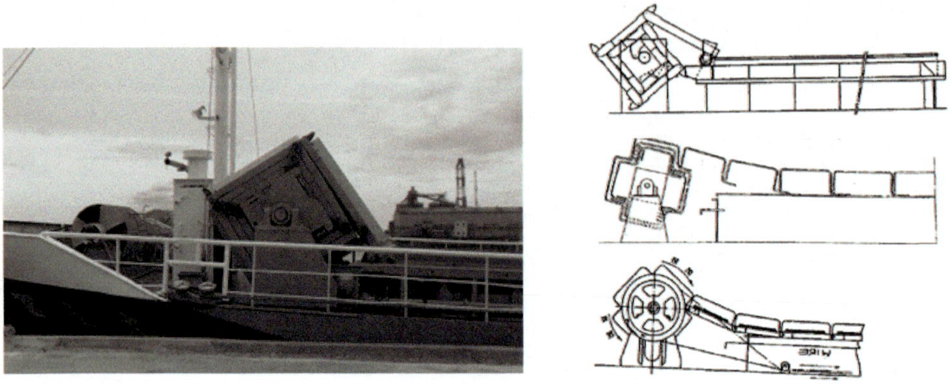

그림 3-48 와인딩 해치커버

## 3.5.7 슬라이딩 해치커버(Sliding Hatch Cover)

해치커버를 선박의 종방향으로 밀어 겹치게 하면서 창구를 개방하는 방식이다. 해치커버를 얇고 가볍게 제작하여 많은 수의 판넬을 겹치게 하여 큰 해치 오프닝(Hatch opening)을 얻을 수 있는 장점이 있으나, 해치커버 위에 화물을 적재하는 것은 어렵다.

그림 3-49 슬라이딩 해치커버

## 3.5.8 리프트 어웨이 해치커버(Lift Away Hatch Cover)

해치커버를 이루는 판넬이 각각 독립적으로 사용되며, 특별한 기계 장치 없이 안벽 또는 선박에 설치된 크레인(Crane)으로 개폐를 하는 방식이다. 폰툰(Pontoon) 해치커버라고도 한다.

사용되는 크레인의 정격하중에 적합한 해치커버 중량(Weight)이 요구되며, 각 크레인 및 화물의 특성에 따른 훅(Hook) 또는 스프레더(Spreader)에 맞는 리프팅 디바이스(Lifting device)가 필요하다. 해치커버는 안벽의 에이프런(Apron), 선박의 갑판 또는 다른 해치커버 위에 적재(Stacking)할 수 있다.

여기에서는 일반화물선과 컨테이너 운반선에서 사용되는 해치커버 방식에 대해 알아본다.

### (1) 일반화물선에서의 리프트 어웨이 해치커버

일반화물선에서의 해치커버는 다양한 갑판화물 적재와 더불어, 화물창 내부에 임시 갑판과 격벽을 형성 할 수 있도록 설계되는 경우도 있어서, 화물 취급의 융통성을 발휘할 수 있으며, 다른 화물과 분리를 요하는 기능성 화물 구역을 형성할 수 있다.

트윈 데크(Tween deck)의 해치커버는 그 배치 자체로 별도의 화물창(Cargo hold)을 구성할 수 있으며, 리무버블 콘솔(Removable console) 또는 폴더블 콘솔(Foldable console)로 해치커버 판넬을 지지하여, 높낮이 변경뿐 아니라, 판넬이 화물창 내의 격벽 역할도 할 수 있어서, 이종화물의 분리 수납을 위해 화물창 구획을 탄력적으로 형성하여 사용할 수도 있다.멀티 판넬(Muli panel)의 크기 및 중량은 사용 크레인의 정격 하중과 화물창 크기 등을 고려하여 설계된다.

(a) 화물창에 적치된 트윈데크 커버

(b) 격벽을 형성중인 커버

(c) 트윈데크를 형성중인 커버

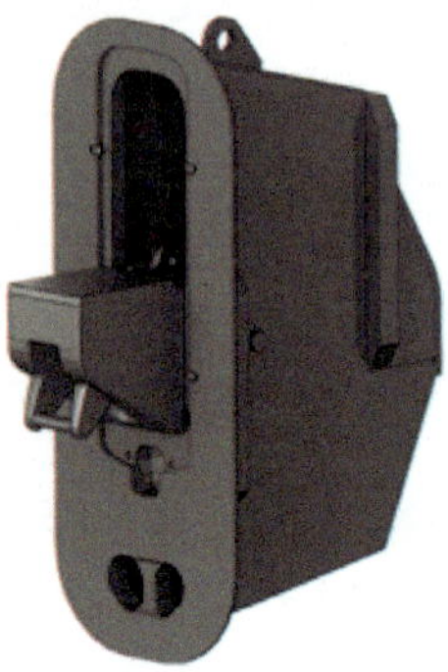

(d) 리무버블 콘솔

그림 3-50 일반화물선에서의 리프트 어웨이 해치커버

### (2) 컨테이너 운반선에서의 리프트 어웨이 해치커버

화물창(Cargo hold)의 바닥과 해치커버 위에 적재되는 컨테이너 박스(Container box)의 하중을 분리하여 지지함으로써, 더 많은 컨테이너 박스를 적재할 수 있게 한다. 화물창의 너비에 따라 1~5개의 판넬이 각 화물창의 해치커버를 구성하고, 각 판넬은 개별 개폐가 가능하여, 일부 판넬만 개방하여 화물창 내 화물의 부분적인 하역이 가능하다.

해치커버 상부에는 컨테이너를 적재(Stacking)하고 고박(Lashing)할 수 있는 설치품(Fixture) 들과 크레인 스프레더의 훅과 일치하는 리프팅 디바이스가 배치된다. 해치코밍과 해치커버에 가이드(Guide), 스토퍼(Stopper)와 가이드 핀(Guide pin) 등을 설치하여 해치커버의 세팅(Setting)을 쉽게 한다. 라싱브릿지(Lashing bridge)를 설치할 경우 일부 기둥(Pillar)을 가이드(Guide)로 사용한다.

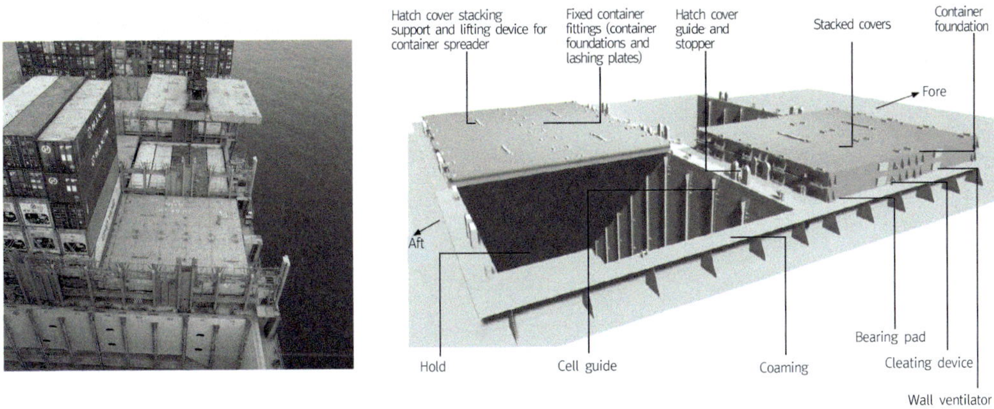


그림 3-51 컨테이너 운반선에서의 리프트 어웨이 해치커버

## 연습문제

1. LLC(Level Luffing Crane)의 작동시 특징을 기술하시오.

2. Stern Ramp/Door Opening 방향에 따른 3가지를 기술하시오.

3. 선박에 Cargo Hatch Cover를 적용하는 목적을 기술하시오.

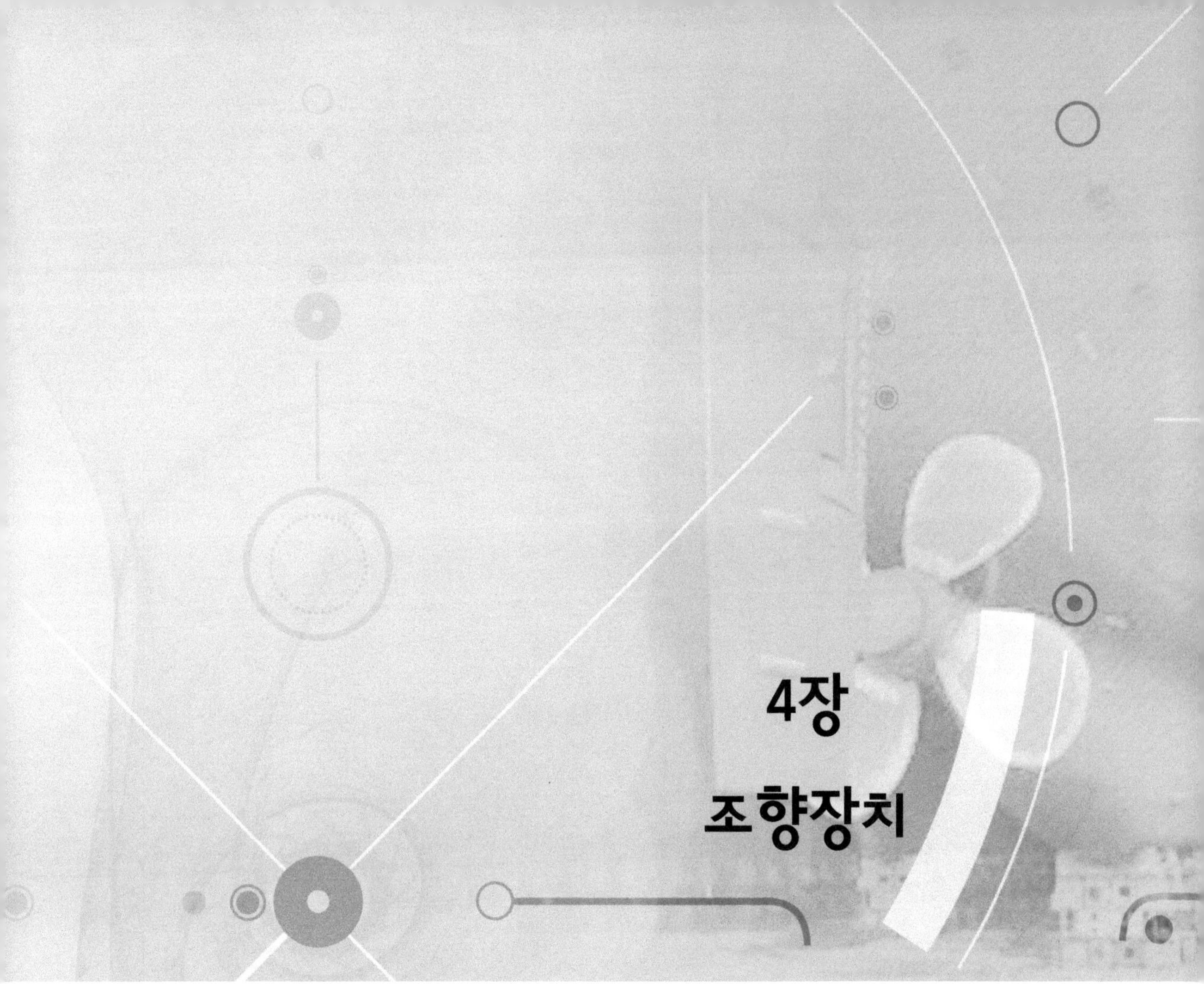

# 4장 조향장치

## 4.1 개요

조향장치(Maneuvering system)는 선박의 항해나 정지 상태에서 선박의 방향을 조종하기 위한 장치로서 조타장치(Steering system), 타장치(Rudder system), 스러스터 장치(Thruster system)로 크게 구분할 수 있다.

## 4.2 조향장치의 종류

- 조타장치(Steering system)
- 타장치(Rudder system)
- 스러스터 장치(Thruster system)
  - 사이드 스러스터(Side thruster)
  - 아지무스 스러스터(Azimuth thruster)
  - 아지포드 스러스터(Azipod thruster)
- 기타 조향장치
  - 연직축 프로펠러(Voith Schneider propeller)
  - 횡동요 감쇄 조화기(RRS, Rudder roll stabilizer)

## 4.3 주요 적용 규칙 및 규정(Rule & Regulation)

- 선박 설비 규정
- 각 선급협회 규칙
  - 한국선급 규칙 : 제4편 1장 타, 제5편 7장 조타장치
- SOLAS Part 1, Chapter II-1, Regulation 29 & 30

## 4.4 조타장치(Steering System)

### 4.4.1 일반사항

조타장치(Steering system)는 선박의 안전과 항해(침로유지, 선회)에 필수적인 장치이다. 조타장치의 손상은 선박의 안전 운항에 심각한 지장을 초래하므로 황천이나 최악의 상황에서도 기능을 수행할 수 있도록 신뢰할 수 있는 구조와 강도를 가져야 하며, 선급 및 해상인명안전협약(SOLAS)의 규정에 적합하게 설계 제작되어야 한다.

조타기(Steering gear)는 타두재(Rudder stock)에 비틀림을 가하여 타(Rudder)를 회전시켜 선박을 선회하거나 침로를 유지하는 기계장치이며 선미에 있는 조타기실(Steering gear room)에 설치된다. 일반적으로 대형 선박은 조타실(Wheelhouse)에 설치된 조타지시기와 제어장치(Controlling gear)에 의해 원격 조종·구동된다.

## 4.4.2 구성요소

- 주조타장치(Main steering gear)
  - 타조작기(Rudder actuator)
  - 동력장치(Power unit)
  - 틸러(Tiller)
  - 제어장치(Controlling gear)
  - 유압배관장치
- 보조조타장치(Auxiliary steering gear)

계통을 형성하기 위해 조선소에서 별도로 제작 설치하는 유압배관장치를 제외한 기계장치와 제어장치는 제작사의 조타기(Steering gear) 장비로 공급된다.

주조타장치는 항해 상태에서 선박의 방향을 조종하기 위하여 타를 유효하게 구동하는데 필요한 타조작기, 조타장치의 동력장치 및 그 부속장치로서 타두재에 회전력을 주기 위한 장치인 틸러 등의 기계장치를 말한다.

보조조타장치는 주조타장치가 손상된 경우에 필요한 장치로서 주조타장치의 부분과는 별개의 장치를 말한다. 다만, 틸러 및 이와 같은 목적으로 사용되는 부품은 주조타장치와 공통으로 사용할 수 있다.

동력장치는 다음의 장치를 말한다.

- 전동조타기장치에 대하여는 전동기 및 부속전기설비.
- 전동유압조타기장치에 대하여는 유압펌프 및 구동전동기와 이에 부속된 전기장치.

유압식 구동장치라 함은 타두재에 회전력을 주기 위하여 설치된 동력장치, 유압관장치 및 타조작기를 말한다. 다만 2대 이상의 유압식 구동장치를 설치한 경우 틸러 등의 기계부품은 공통으로 사용할 수 있다.

타조작기는 타를 회전시키기 위하여 유압을 기계적 운동으로 직접 변환시키는 장치를 말한다.

제어장치는 조타실로부터 동력장치에 명령을 전달하는 장치를 말하며, 발신기, 수신기, 제어용 유압펌프 및 구동전동기, 전동기 제어기, 관장치, 전선 등이 포함된다.

틸러는 타두재와 결합되어 있는 부품으로 타조작기에서 발생된 기계적 에너지를 타두재에 전달해 주는 역할을 한다.

## 4.4.3 Rule & Regulation 주요 요구사항

조타장치의 용량 및 형상은 선급과 SOLAS에서 정한 규정에 따른다.

선박에는 1조(One set)의 주조타장치(Main steering gear) 및 1조의 보조조타장치(Auxiliary steering gear)를 비치하여야 하며, 이들 중 어느 한쪽의 고장으로 인하여 다른 쪽이 작동불능 되지 않도록 배치하여야 한다.

주조타장치로서 2개 이상의 동등한 능력을 갖는 동력장치를 비치하고 연결장치를 가지며 각각 소정의 능력을 갖추고 있을 경우 보조조타장치는 면제될 수 있다

주조타장치는 선박이 만재흘수에서 계획 연속 최대속력으로 전진 중 타를 편현(片舷) 35°에서 타현(他舷) 35°까지 조작할 수 있고, 또 28초 이내에 편현 35°에서 타현 30°까지 전타(轉舵)하는데 충분한 것이어야 한다.

보조조타장치는 선박이 만재흘수에서 계획 연속 최대속력의 ½ 또는 7노트 중 큰 쪽의 속력으로 전진 중 60초 이내에 편현 15°에서 타현 15°까지 전타하기에 충분한 것이어야 하며, 비상시에는 주조타장치로부터의 전환이 신속히 이루어 질 수 있는 것이어야 한다.

선박이 최대 후진속력으로 후진하는 경우에도 손상되지 않아야 하며, 최대 후진 속력에서 최대 타각의 조건일 필요는 없다.

총톤수(GT) 10,000톤 이상으로 재화중량 100,000톤 미만의 유탱커, 위험화학품운반선 또는 액화가스운반선에 대하여는 배관계통(Piping system) 또는 동력장치(Power units)의 어느 부분에 발생한 단일고장(Single failure)에 의한 조타능력 상실 후 45초 이내에 조타능력을 회복하는 조건으로 하여 인정된다.

조타장치는 사람의 출입이 용이하고 가능한 기관구역과 분리된 폐위된 구역에 설치하여야 한다.

## 4.4.4 조타기의 작동

정상작동(Normal operation)은 조타실에서 원격으로 조종하는 조타실 제어(Wheel house control)와 조타기실에서 조종하는 로컬 제어(Local control)가 있으며, 조타장치가 고장이 나면 즉각 선속을 줄이고 비상작동(Emergency operation)으로 조종해야 한다.

작동방식으로는 기계식, 유압식, 전기식 등이 있다.

기계식은 조타실에서 조타기까지 축, 치차, 베어링 등으로 연결하여 기계적 전달로 제어장치를 작동하는 방식이다. 주로 소형선에서 사용된다.

유압식은 조타실의 기동실린더(Telemotor starter, Transmitter)와 조타기실의 수동실린더(Telemotor receiver)를 연결하여, 기동실린더의 변위가 수동실린더의 피스톤을 작동시키고 피스톤로드가 조타기의 제어장치를 움직이게 하는 방식이다.

전기식은 조타실과 조타기 간을 전기적으로 연결하여 제어장치를 작동하는 방식이다.

### (1) 팔로우업[15] 조타(Follow-up steering)

- 수동 조타(Hand steering) : 원하는 타의 각도만큼 핸드휠을 돌리면 연동으로 포텐셔미터(Potentionmeter)가 작동하여 타가 명령된 각도까지 움직이게 된다.
- 자동 조타(Auto steering) : 소정 침로를 자동적으로 일정하게 유지하는 자동식 제어장치로서 자기컴퍼스(Magnetic compass) 혹은 자이로컴퍼스(Gyro compass)로부터 조타하고자 하는 방위신호를 받아서 자동으로 침로를 유지하는 방식이다. 전자는 중소형선에서, 후자는 대형선에서 주로 사용한다.

### (2) 논팔로우업 조타(Non-follow-up steering)

제어회로(Control circuit)를 거치지 않고 푸시 버튼(Push button)이나 컨트롤 레버(Control lever)의 온오프(On/Off) 스위치(Switch) 접점을 이용하여 타를 원하는 각도까지 직접적으로 움직이는 방식이다.

---

15) 팔로우업 장치(Follow-up gear, 추구장치) : 원하는 각도까지 타를 돌렸을 때 타를 움직이는 기계를 정지시키고 타를 그 위치에 고정시키는 장치를 말한다.

## 4.4.5 조타기의 배치

조타기의 개략적인 위치 및 수량은 일반배치도와 건조사양서에서 확인한다.

조타기의 위치는 일반적으로 선미 수선(AP, After perpendicular) 및 선박의 중앙에 위치한다. 조타기의 수량은 일반적으로 1대만 설치하지만, 대형 선박이나 특수선의 경우 2대를 설치하는 경우도 있다.

조타기 2대를 설치하는 경우, 길이 방향의 위치는 선미 수선이며 폭 방향의 위치는 샤프트(Shaft)의 위치에 일치시킨다.

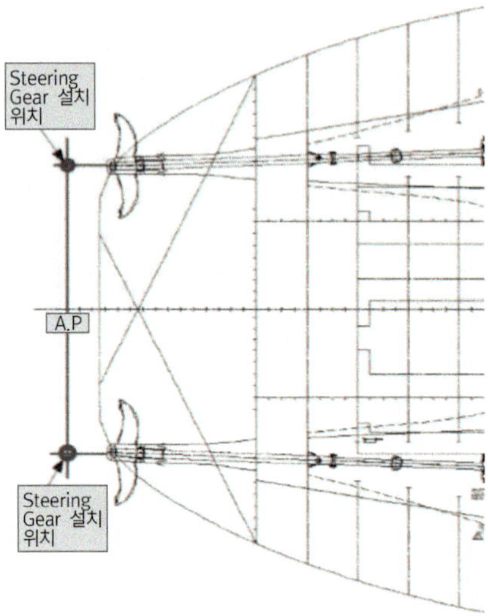


그림 4-1 조타기 2대인 경우 위치 선정 방법

## 4.4.6 조타기의 종류

조타기는 램 타입(Ram type)과 로터리 베인 타입(Rotary vane type)의 두 가지가 있다.

### (1) 램 타입 조타기(Ram Type Steering Gear)

램 타입은 모터 작동 유압펌프(Motor driven hydraulic pump)에서 발생한 유압이 유압 실린더에 전달되고, 실린더와 연결된 램이 틸러를 통해 타두재에 토크(Torque)를 발생시켜 타를 움직이게 하는 방식이다.

램과 틸러의 연결방식에 따라 랩슨 슬라이드 타입(Rapson slide type)과 트렁크 피스톤 타입(Trunk piston type)으로 구분할 수 있다.

랩슨 슬라이드 타입은 1램 2실린더 방식과 2램 4실린더 방식이 있다.

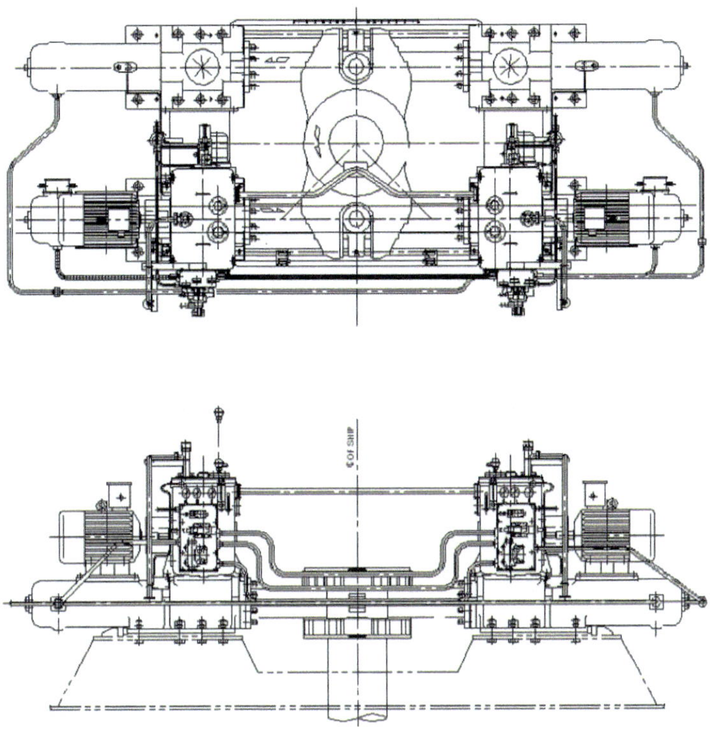

그림 4-2 랩슨 슬라이드 타입 조타기의 평면도(상)와 정면도(하)

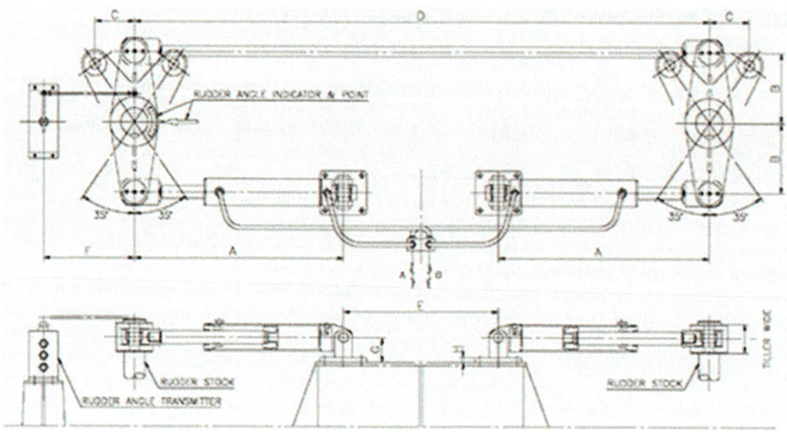


그림 4-3 트렁크 피스톤 타입 조타기의 평면도(상)와 정면도(하)

### (2) 로터리 베인 타입 조타기(Rotary Vane Type Steering Gear)

원통형 몸통의 안쪽에 방사상으로 고정날개(Fixed vane)를 배치하고 방사상으로 가동날개(Acting vane)를 붙인 회전자(Rotor)가 삽입된 구조이다.

몸통과 회전자 사이에 형성된 공간에 고압의 작동유를 차등 공급함으로써 회전자를 회전시켜 타를 움직이게 하는 방식이다.

회전자가 타두재와 직접 연결되어 몸통이 타를 지지하는 구조인 러더캐리어(Rudder carrier) 기능을 수행하므로 별도의 러더캐리어가 필요하지 않다.

램 타입에 비해 설치 공간이 적고 조타 각의 적용 범위가 넓은 장점이 있지만 상대적으로 제작이 어렵고 고가라는 단점이 있으며, 조타기실의 공간이 제한적일 경우 적합한 형식이다.

가동날개와 몸통 간의 씰링(Sealing) 문제로 큰 용량의 조타기에는 사용이 제한적이다.

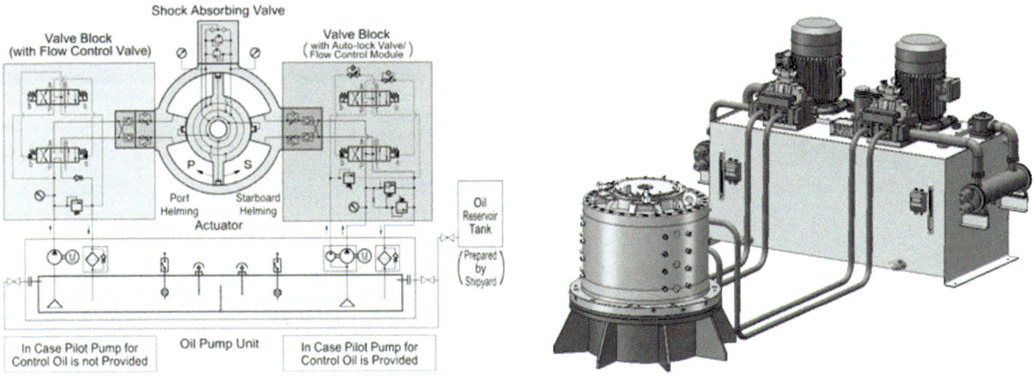


그림 4-4 로터리 베인 타입 조타기의 형상

## (3) 램 타입과 로터리 베인 타입의 장단점 비교

### 1) 램 타입 조타기의 장단점

- 동작부 구조가 노출되어 있어 고장 발견이 용이하며 정비, 수리가 용이함
- 세계적으로 생산업체가 많아 조달이 용이하고 가격이 비교적 저렴함
- 베인 타입에 비해 설치면적이 크고 구조가 복잡함
- 고압 시스템으로 배관계통에 마모나 누유 가능성이 큼
- 광역의 타각을 가지기 어려움

### 2) 로터리 베인 타입의 장단점

- 일체형으로 조립되어 단순하고 견고한 구조이며 설치가 용이하나 정비가 어려움
- 설치면적이 좁음
- 광역의 타각을 가짐
- 장비의 높이가 커 수직 설치공간이 필요함
- 생산업체가 많지 않고 상대적으로 장납기에 가격이 고가임

# 4.5 타장치(Rudder System)

## 4.5.1 일반사항

선박 운항 중 타(Rudder)는 선속과 추진기(Propeller) 후류가 합쳐진 유체흐름에 놓이며, 유체가 타를 지날 때 날개 앞뒷면 압력의 차이로 발생된 양력(Lift)으로 선박이 선회하게 된다.

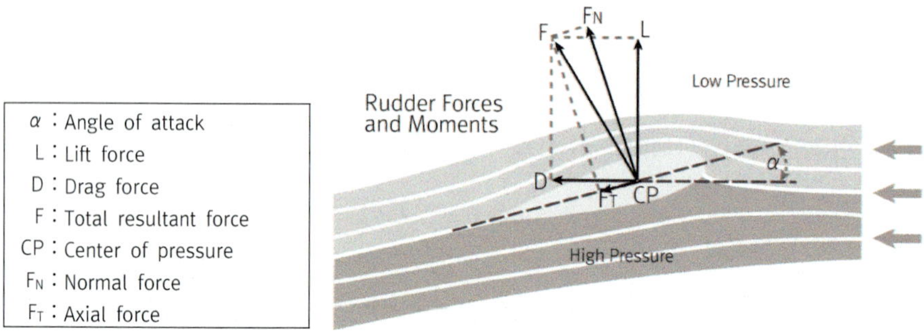


그림 4-5 유체장에서 타의 양력

타의 주된 역할은 선박의 양호한 조종성을 확보하는 것이며 이러한 조종성을 나타내는 요소로는 추종성, 침로안정성, 선회성으로 구분한다.

- 추종성은 조타에 대한 선체회두의 추종이 빠른지 또는 늦은지를 나타내는 것이다.
- 침로안정성은 선박이 정해진 진로상을 따라 직진하는 성질로 방향안정성 또는 보침안정성이라고도 한다.
- 선회성은 일정한 타각을 주었을 때 선박이 어떠한 각속도로 움직이는 지를 나타내는 것이다.

타두재의 상부는 조타기의 틸러와 연결되고 하부는 타와 연결되어 조타기의 힘을 타로 전달하는 축의 역할을 하며 비틀림 모멘트를 견디는 강성을 갖도록 설계된다. 러더캐리어 및 러더혼(Rudder horn)에 의해 지지되며 각 지지 지점에는 베어링을 배치한다.

구조, 강도, 재료 등은 선급에서 정한 규정에 따른다.

## 4.5.2 타장치의 구성요소, 타의 각부의 명칭

타장치의 구성 및 배치는 다음 그림과 같다.

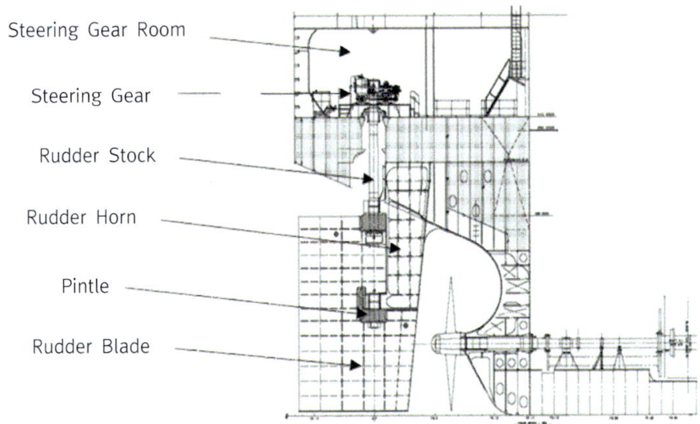


그림 4-6 타장치의 구성도

타의 각 부의 명칭은 그림 4-7과 같다.

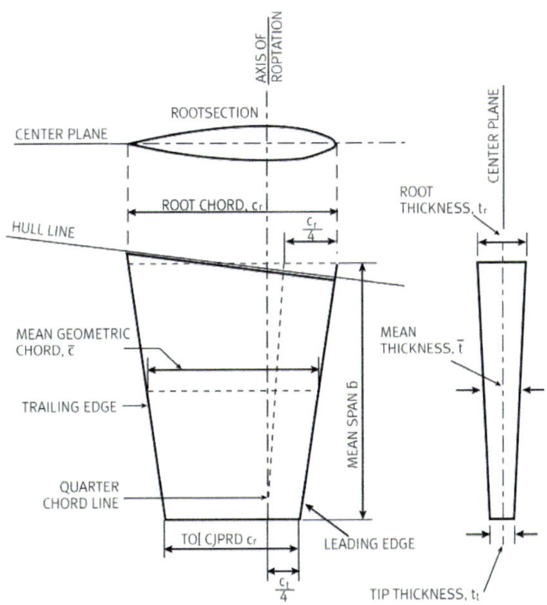


그림 4-7 타의 각 부 명칭

## 4.5.3 타의 종류

### (1) 설치 구조에 따른 타의 종류

- 상부 및 저부에 핀틀을 갖는 타(그림 4-8(A) 참조, A형 타라고 한다)
- 저부에 핀틀, 넥(Neck) 부분에 베어링을 갖는 타(그림 4-8(B) 참조, B형 타라고 한다)
- 넥베어링보다 하방에 베어링을 갖지 않는 타(그림 4-8(C) 참조, C형 타라고 한다)
- 하측이 고착된 1개의 하부 핀틀과 넥베어링을 갖는 마리나(Marina)형의 타(그림 4-8(D) 참조, D형 타라고 한다)
- 하측이 고착된 2개의 핀틀을 갖는 마리나형의 타(그림 4-8(E) 참조, E형 타라고 한다)

선박의 운용환경, 선형 등 제반 조건을 고려하여 적합한 타를 선정한다.

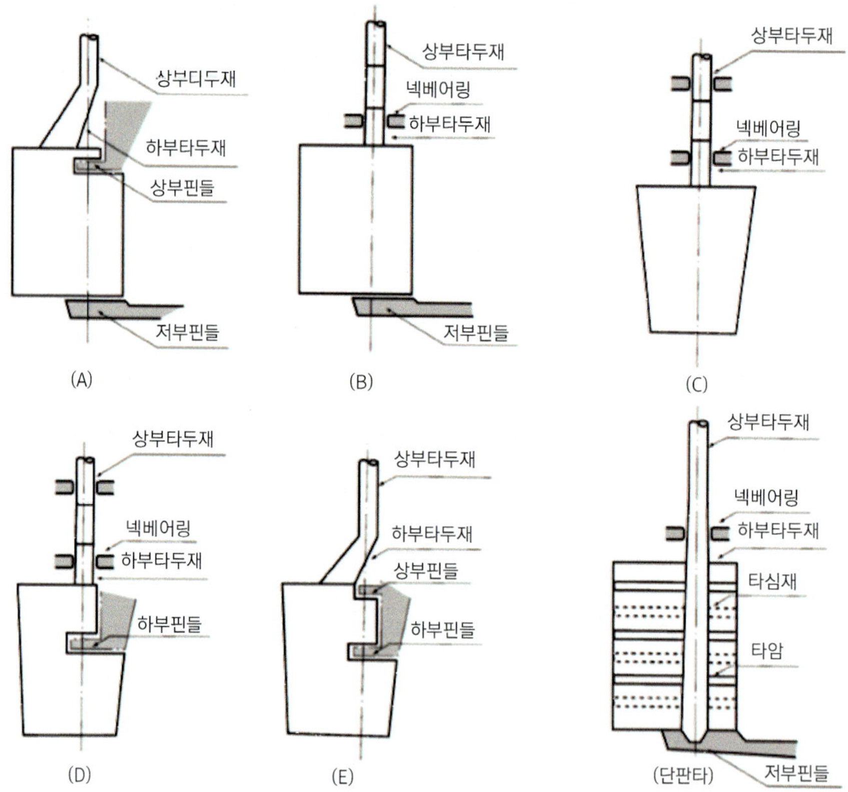


그림 4-8 타의 종류

## (2) 발란스에 따른 타의 종류

### 1) 평형타(Balanced Rudder)

타의 회전축의 앞쪽에도 타면적의 일부를 배치하여 타의 압력중심과 회전중심을 가깝게 하여 회전 모멘트를 작게 하는 타의 형식이다.

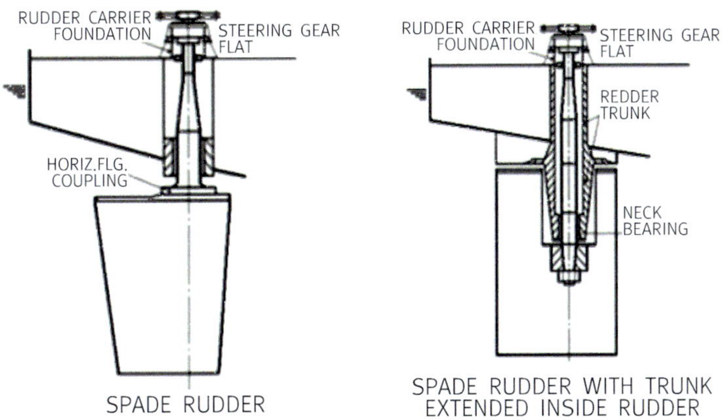


그림 4-9 평형타의 형상

### 2) 반평형타(Semi-Balanced Rudder)

타의 상부는 불균형타(Unbalanced rudder) 하부는 평형타(Balanced rudder)의 형상을 가진 타로서 러더혼이 설치되는 대형선에 주로 적용한다.

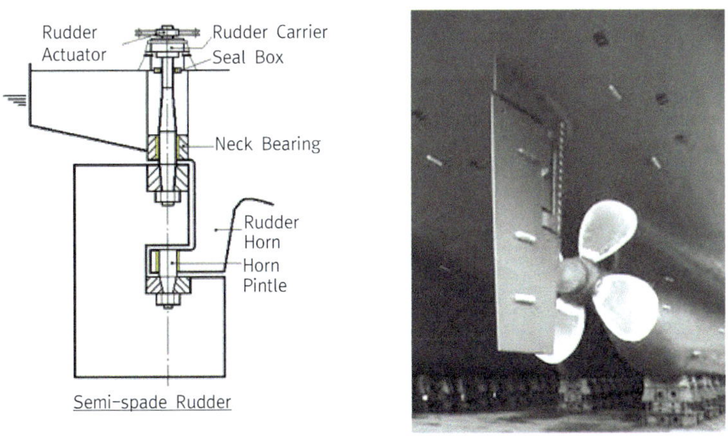


그림 4-10 반평형타의 형상

### 3) 불균형타(Unbalanced Rudder)

타의 면적 전체가 회전축 뒤쪽에 있다.

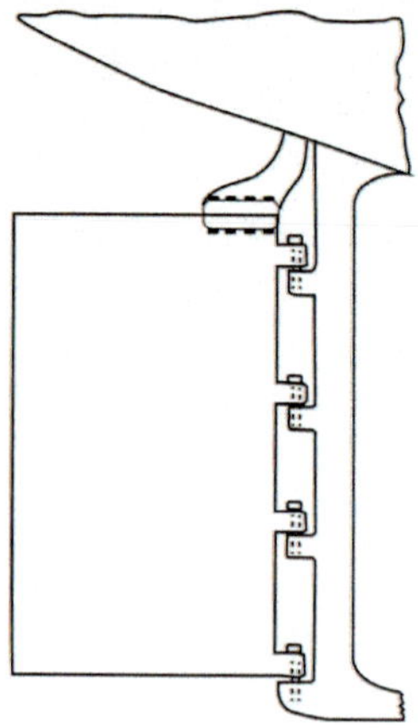

그림 4-11 불균형타의 형상

## (3) 단면 형상에 따른 타의 종류

타의 단면 형상에 따라 일반타와 특수타로 나누기도 한다.

### 1) 일반타

타의 단면은 대칭형 날개단면으로 NACA라 불리는 단면이 가장 널리 사용되고 있다. 할로우(Hollow)형, 플랫사이드(Flat side)형, 혼합(Mixed)형, 단판형(Single plate) 등이 있다.

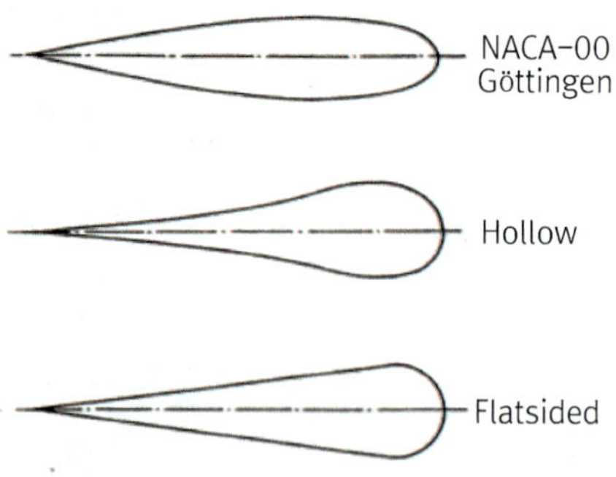


그림 4-12 타의 여러 가지 단면 형상

## 2) 특수타

### ① 비틂타/트위스트 타(Twisted Rudder)

#### a. 개요

선박의 고속화에 따른 캐비테이션으로 타 가동부 및 구조물 간극 주위에 침식이 발생하고 소음이 증가되고 있어 캐비테이션을 저감하는 방안으로 프로펠러 유입류와 같은 방향으로 타의 앞날(Leading edge) 부분이 비틀어진(Twisted) 단면을 가진 트위스트 타를 적용하고 있다. 컨테이너선, 여객선, 함정 등에 적용하고 있으며 타의 캐비테이션 발생속력(CIS, Cavitation Inception Speed)을 높게 할 수 있다.

그림 4-13 타에 발생한 캐비테이션 침식 모습

#### b. 상선의 적용 현황

타의 앞날의 상하 부분을 나누어 프로펠러 유입류와 같은 방향으로 비튼 단면을 갖고 있다. 주로 컨테이너선 등에 전가동타(Full spade rudder)를 트위스트시킨 비틂타를 적용하고 있다.

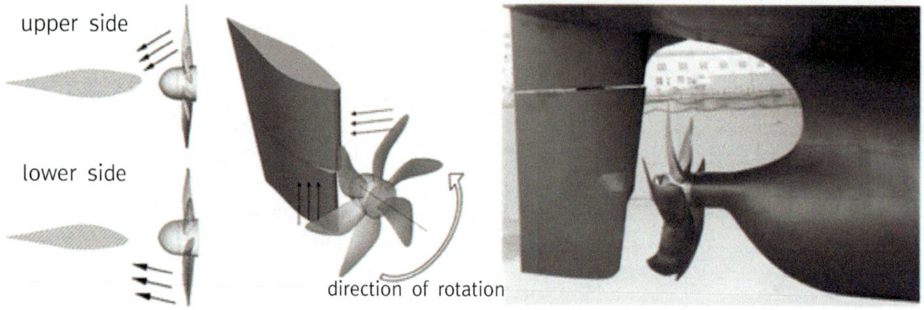


그림 4-14 상선에 적용한 비틂타의 형상

### c. 군함의 적용 현황

미해군은 타의 스팬(Span) 높이 방향의 위치에 따라 단면 형상을 연속적으로 변화시킨 비틂타를 개발 적용하고 있다. 미 해군 DDG-51급 함정에 실선 적용했으며 CIS가 23 kts에서 29 kts로 증가하였고 함속 및 조타성능에불리한 영향은 없었다.

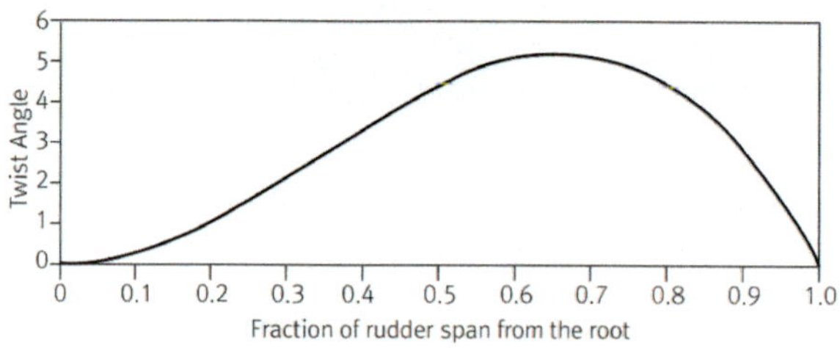


그림 4-15 타 스팬에 따른 트위스트 각의 분포

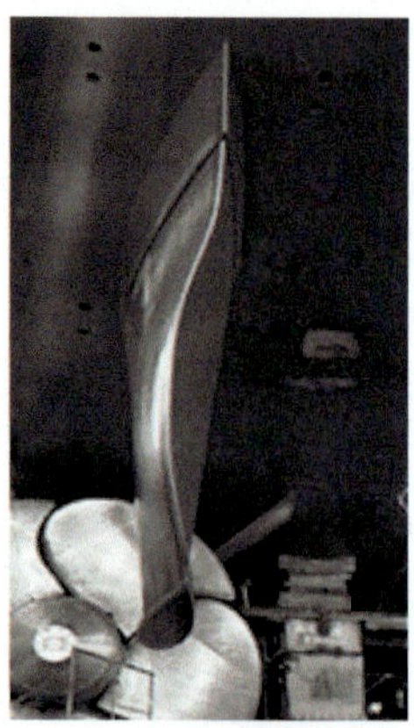

그림 4-16 군함 비틂타의 형상

#### d. 적용 효과

- 타 캐비테이션 발생속력(CIS) 상승
- 운항속력에서 타 캐비테이션을 회피 또는 저감 가능
- 타의 침식(Erosion) 감소에 따른 보수·유지 비용 절감
- 타의 성능 향상, 부가물 저항 감소
- 수중방사소음 감소

그림 4-17 미 해군 DDG-51급 함정 비틂타 적용 형상

### ② 플랩타(Flap Rudder)

타가 주날개와 보조날개에 해당하는 플랩으로 구성된다. 주날개의 타각변화에 연동하여 플랩은 더 큰 각의 변위를 주어 양력을 증대하여 저속에서 선회력과 조종성능을 향상시킨다. 제조사로는 Beker Marine Systems, Rolls-Royce 등이 있으며 특허 제품이다.

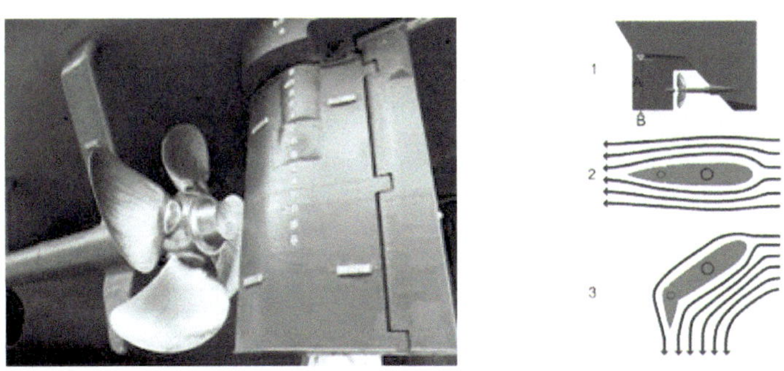


그림 4-18 플랩타의 형상과 작동 원리

③ **쉴링타(Schilling·Fish Tail Rudder)**

리딩에지는 뭉툭하고(Blunt) 트레일링에지는 피쉬테일의 단면 형상을 하고 있어서 타를 지나는 유체 흐름이 가속되어 양력을 증진하므로 큰 타각에서 실속(Stall)을 지연시켜 사용각도를 증가할 수 있다.

- 저속 조종성능 우수(Excellent maneuvering at low speed)
- 항로 유지성 양호(Good course keeping)
- 헌팅 현상 감소(Reducing steering hunting)
- 광역의 타각(Large operation angle;140°, 70°port & stbd)
- 후진 조종성능 양호(Good astern maneuvering performance)

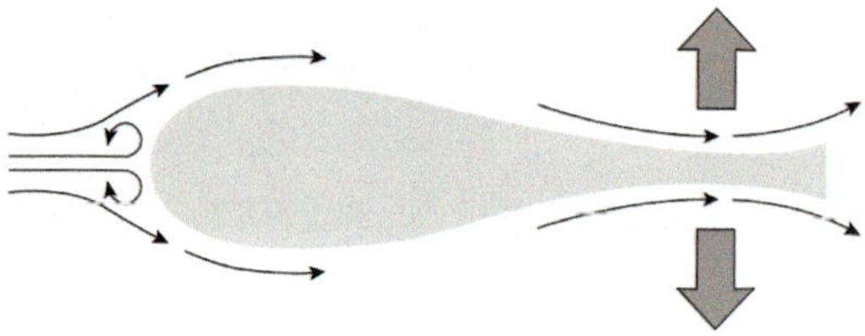

그림 4-19 쉴링타의 형상과 작동 원리

④ **에너지 절감 타(ESD[16]) Rudder)**

벌브(Bulb)나 스러스터 핀(Thrust fin)을 부착하여 추진 효율을 향상시키는 타를 말한다.

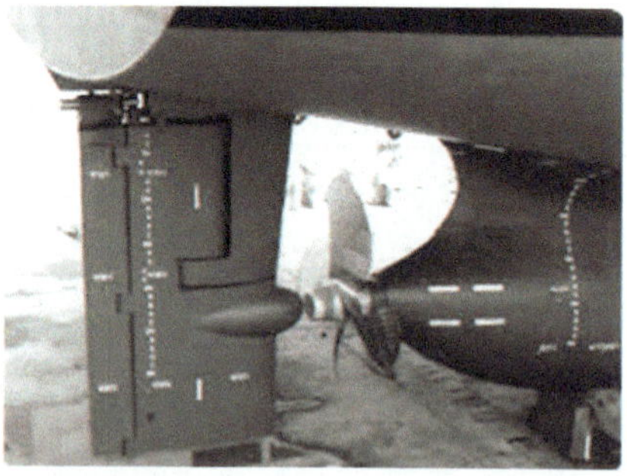

그림 4-20 에너지 절감 타의 형상

16) ESD : Energy Saving Devices

## 4.5.4 타의 설계

하기 사항을 고려하여 선급규칙에 따라 설계한다.

### (1) 설계 고려 요소

#### 1) 주요제원

- Length(Lbp) : 타 면적 결정 고려요소
- Scantling draft(dt) : 타 면적, 타 판 두께 결정 고려요소
- Speed at dt : 관련 요소 설계 및 캐비테이션에 영향

#### 2) 선체(Hull)

- 선형(Lines) : 타 배치(위치, 면적), Propeller 정비 고려요소
- 타기실 높이(a/b) : 타두재 길이에 영향
- 타기실 갑판 높이 : 조타기 설치 높이에 영향
- 선미(Transom) 위치/형상 : 타 및 조타기 배치에 영향

### (2) 타의 기하학적 특성

- Rudder form : 조종성 고려하여 선형에 맞게 결정한다.
- Rudder lines : 유체흐름 속에서 최소 저항, 최대 양력을 갖도록 단면을 결정한다.
- Rudder area : 조타기 용량 등 관련 요소설계에 영향을 준다.
- Rudder type : 지지방법 등 관련 요소설계에 영향을 준다.
- Rudder aspect ratio : 성능(선회성능, 침로안정성) 및 구조 결정에 영향을 준다.
- Rudder balance ratio : 타축 기준 앞뒤 면적비로서 타 토크에 영향을 준다.

## (3) 타 면적 추정법

### 1) DNV 계산식에 의한 타 면적 추정법

$$Ar/L \times d = 0.01 + 0.5(Cb/L/B)^2$$

- $Ar$ : 타 면적($m^2$)
- $L$ : 선체의 길이(m)
- $B$ : 선체의 폭(m)
- $d$ : 흘수(m)
- $Cb$ : 방형계수

여기서 $Ar$은 혼(Horn)이 있는 경우 혼을 포함한 면적을 의미한다.

### 2) 선박의 크기별로 추정하는 방법

$$Ar = (1/70 \sim 1/50) \times L \times d$$

- $Ar$ : 타 면적($m^2$)
- $L$ : 선체의 길이(m)
- $d$ : 흘수(m)

표 4-1 다양한 선박의 A/Ld 산정값

| | | |
|---|---|---|
| $\frac{A}{Ld}$ | High-Speed Liner | 1.2 ~ 1.7% |
| | Large Cargo Ship | 1.4 × (1/70) ~ 2.0 × (1/50)% |
| | Small Cargo Shjp | 1.7 ~ 2.3% |
| | Waterside Vessel | 2.0 ~ 2.3% |

## (4) Jossel-Beaufoy 계산식에 의한 타 토크(Torque) 추정법

### 1) 압력중심까지 거리(x) 계산(Jossel식에 의거)

$$x = c \times (0.195 + 0.305 \times \sin\alpha)$$

- $x$ : 타의 전단에서 압력중심까지 거리(m)
- $c$ : 타의 폭(m)
- $\alpha$ : 타각(최대타각인 35°기준)

### 2) 타에 작용하는 힘(직압력)(P)의 계산(Beaufoy식에 의거)

$$P = 58.8 \times Ar \times Vr^2 \times \sin\alpha = 15.6 \times Ar \times Vr'^2 \times \sin\alpha$$

- $P$ : 타에 작용하는 법선압력 (kgf)
- $Ar$ : 가동부 타 면적($m^2$)
- $Vr$ : 유입류 속력(m/sec), $Vr'$ : 유입류 속력(kts)
  (만재흘수, M.C.R에서 최대속도의 1.15배)

### 3) 타두재에 걸리는 토크

$$T = P \times (x - a)$$

- $T$ : 타 토크(kgf·m)
- $a$ : 타의 전단에서 타축 중심까지 거리(m)

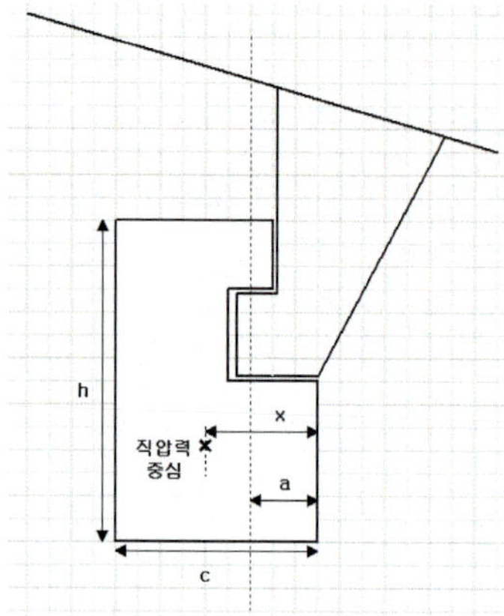


그림 4-21 타의 치수

#### 4) Jossel-Beaufoy의 계산식

Jossel-Beaufoy의 계산식은 정적 상태의 경우에 대한 토크로서 실제 운항 시 타두재에 걸리는 토크는 1.5~2.0의 안전계수($K$)를 곱하여 최종 소요 토크($Tr$)를 결정한다.

$$Tr = K \times T$$

## 4.6 스러스터 장치(Thruster System)

### 4.6.1 일반사항

스러스터는 선체에 대해 가로 방향으로 추력을 발생시켜 협수로 항해나 항만의 입출항, 이안·접안 시 예인선의 도움 없이 안전한 조종 및 운항을 가능하게 하고, 저속 운항 시 타와 함께 사용하여 선박의 조향성을 높이며, 특수선 및 해양구조물의 자기 위치 제어를 위해 사용하는 장치이다.

상기 환경에서 선박의 조종성능을 향상시키기 위하여 스러스터의 프로펠러에서 생긴 횡방향 추력을 이용하여 선박을 선회시키거나 횡방향 바람이나조류에 선박이 밀리지 않도록 한다.

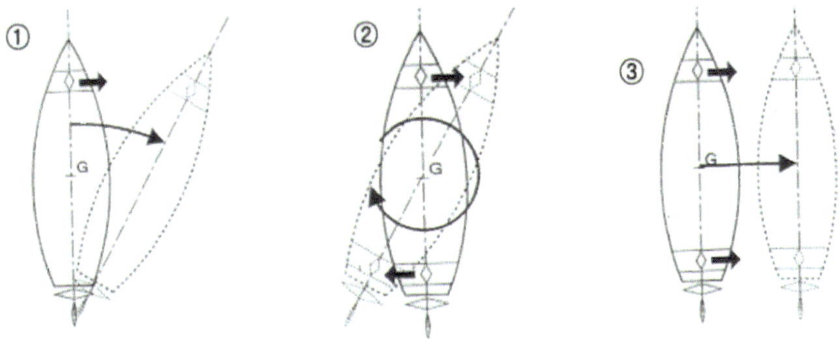


그림 4-22 스러스터를 이용한 조향성 증진 사례

## 4.6.2 사이드 스러스터(Side Thruster)

프로펠러가 횡방향으로 고정된 터널 구조 안에 설치되며 터널 스러스터(Tunnel thruster)라고도 한다. 선박이 정지 또는 저속 운항 시 횡방향 추력을 이용하여 조종성능의 향상을 꾀한다.

선속이 0일 때 성능이 최대, 유효 속도는 2~4노트, 5노트 이상일 경우 타에 의한 조종이 유리하다.

스러스터는 관련 규정에 의한 강제 조항은 아니며 조종성의 편의를 위하여 설치되므로 선주사와 조선소 간의 계약 합의에 의해 결정된다.

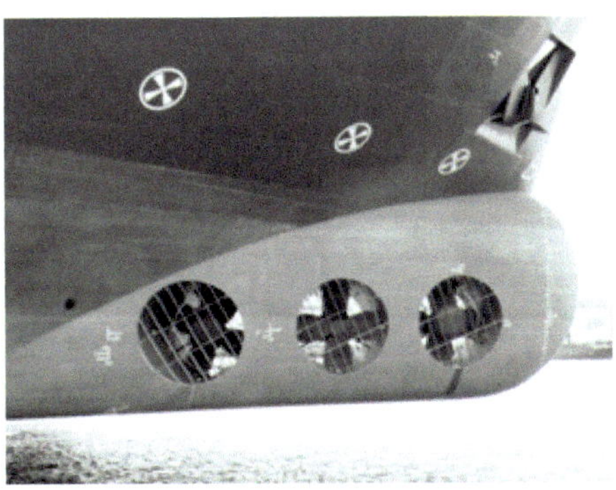

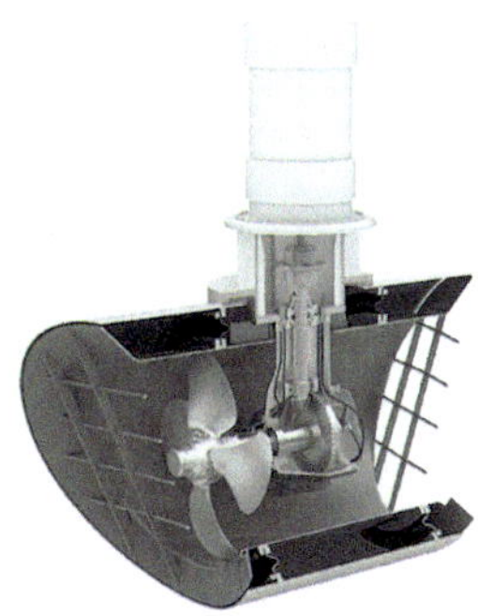

그림 4-23 사이드 스러스터의 형상

## (1) 사이드 스러스터의 종류

### 1) 설치 위치에 따른 분류

- 선수 스러스터(Bow Thruster)
- 선미 스러스터(Stern Thruster)

### 2) 프로펠러의 종류에 따른 분류

**① 고정 피치형 프로펠러(FPP, Fixed Pitch Propeller)**

운전 방향, 추력 크기는 모터 RPM과 모터의 회전 방향으로 조정하며, 주로 탱커, 어선, 예인선 등에 적용한다.

**② 가변 피치형 프로펠러(CPP, Controllable Pitch Propeller)**

운전 방향, 추력의 크기는 가변 피치로 조정하며, 주로 화물선, 여객선, 자동차 운반선, 컨테이너선, LNG선 등에 적용한다.

그림 4-24 고정 피치형(좌)과 가변 피치형(우) 사이드 스러스터

## (2) 사이드 스러스터의 위치 선정 기준

선체 구조와 일반배치가 허용하는 한도 내에서 모멘트(Moment)를 가장 많이 낼 수 있는 위치이며, 복수의 스러스터가 설치될 경우 운전 시 상호 간섭을 최소화 할 수 있는 위치이다.

위치 선정 후 모형시험(Model test)에 의해 적합성을 검증한다.

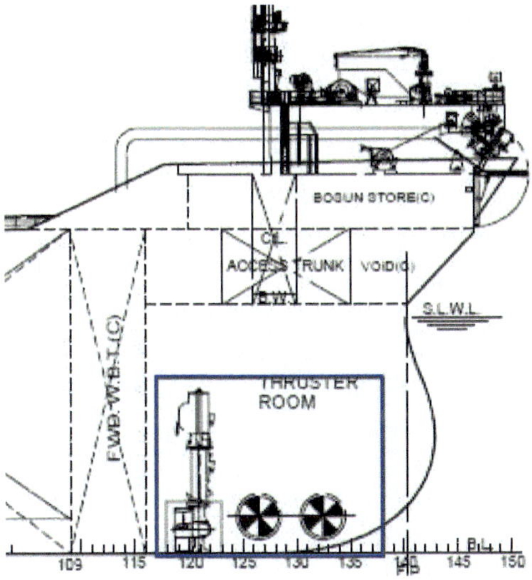


그림 4-25 일반배치도의 선수 스러스터 배치 사례

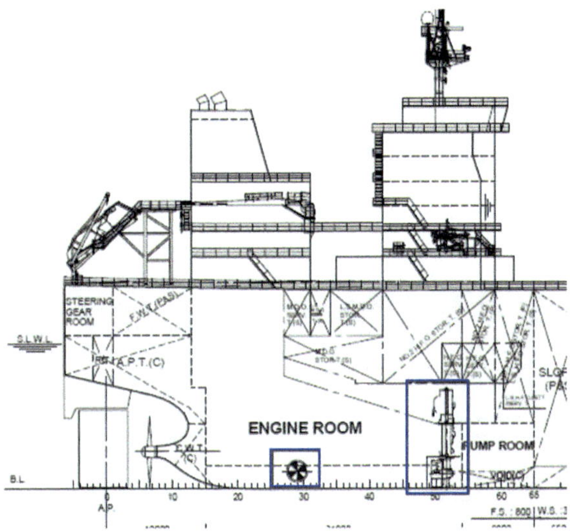


그림 4-26 일반배치도의 선미 스러스터 배치 사례

## 4.6.3 아지무스 스러스터(Azimuth Thruster)

수직축을 중심으로 수평방향 360° 회전할 수 있는 스러스터로서 추진과 조향을 동시에 수행 가능하며 조종성이 좋다. 동적 위치 유지(DP[17], Dynamic Positioning) 시스템에 많이 사용한다.

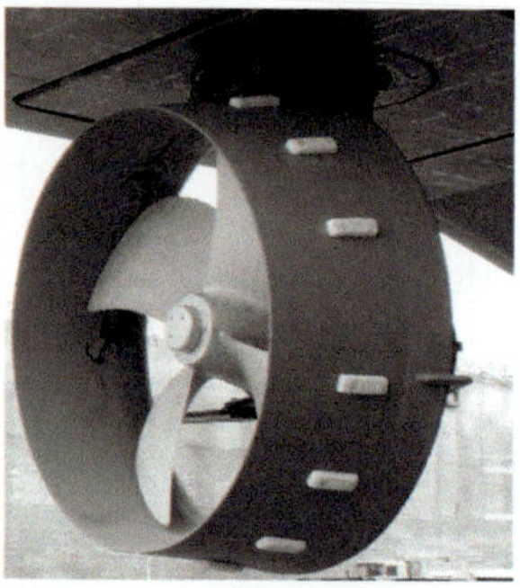

그림 4-27 아지무스 스러스터의 형상

일반 운항 시나 사용하지 않을 때에는 돌출로 인한 저항이나 손상을 없애기 위해 선박이나 구조물의 안쪽으로 들어간(Recess) 공간에 집어넣는 리트렉터블 타입(Retractable type)이나 스윙업 타입(Swing-up type)을 적용하기도 한다.

그림 4-28 리트렉터블 타입(좌)과 스윙업 타입(우) 아지무스 스러스터

17) 동적 위치 유지(DP)시스템 : 선박이나 해양구조물의 위치를 스러스터 등의 추진기를 이용하여 요구되는 일정 범위 내에 자동적으로 유지시키는 장치

### 4.6.4 아지포드 스러스터(Azipod Thruster)

Azipod는 Azimuthing electric poded drive의 줄임말로 ABB사의 브랜드 명이다. 360° 회전 가능하며 추진과 조향을 동시에 수행 가능하다. 구동 모터가 포드(Pod) 속에 설치되고 기어(Gear) 없이 프로펠러에 직접 연결되어 효율이 높다. 크루즈선에 많이 사용하며, 선체 내부 공간 활용성이 좋고 소음과 진동 측면에서 유리하나 고가이다.

그림 4-29 아지포드 스러스터의 형상

## 4.7 기타 조향장치

### 4.7.1 연직축 프로펠러(Voith Schneider Propeller)

선미 바닥의 편평한 표면에 맞추어 설치된 큰 회전 원판에 다수의 회전 가능한 날개들이 수직으로 꽂혀 있는 형식이다.

원판이 자신의 수직축을 중심으로 회전하고 각 날개들은 자신의 수직축에서 회전하며 양력을 발생시키고 각 양력의 합력이 한 방향의 추력으로 집중되도록 연동되어 있다. 또한 각 날개의 회전각도를 조절함으로써 선박을 조종(추진, 정지, 선회)할 수 있다.

혼잡하거나 협소한 곳에서 저속 조종성능이 요구되는 선박에 적합하다. 효율이 좋지 않고 유지비가 높으며 소형 작업선이나 소해정 등의 군함에 사용된다.

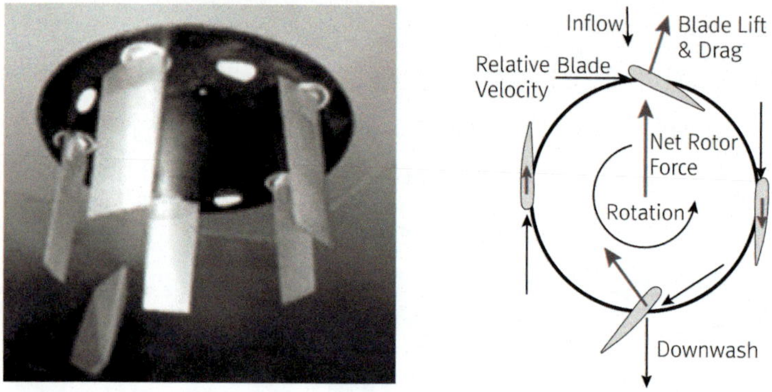


그림 4-30 연직축 프로펠러의 형상과 작동 원리

## 4.7.2 횡동요 감쇄 조타기(RRS, Rudder Roll Stabilizer)

타를 빠르게 움직여(Turning) 선박의 횡동요를 제어하는 횡동요 감쇄장치 조타기이다. 탑승인원의 승선감/안락성이 요구되는 여객선이나 거친 해상에서도 임무 수행이 요구되는 작업선, 군함 등에 사용한다. 제조사 B+V, Imtech, Beker Marine Systems 등의 특허 제품이다.

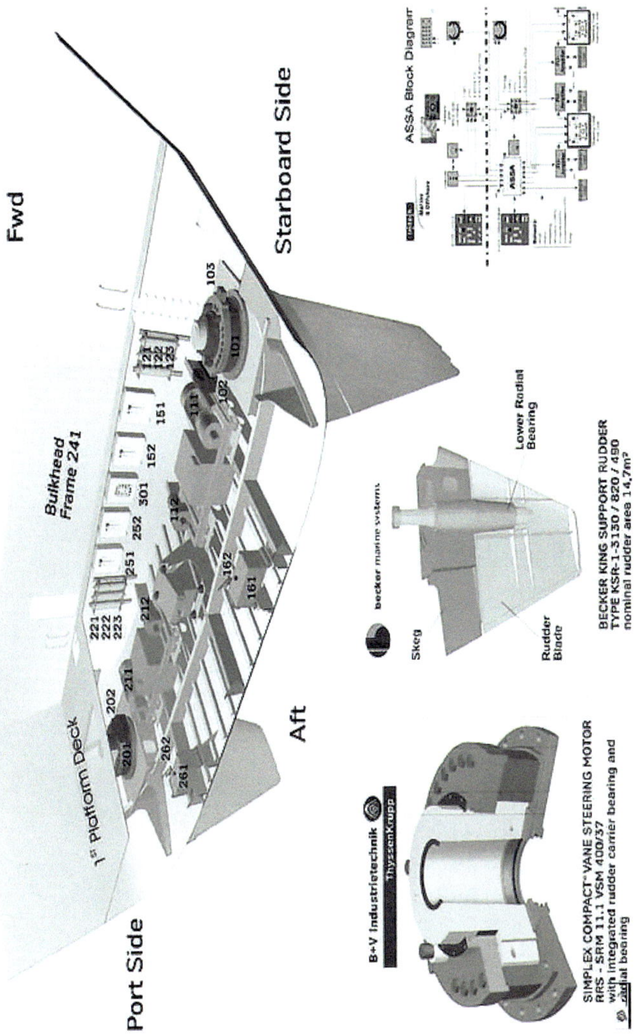


그림 4-31 RRS의 개념도

## 연습문제

1. 조타장치의 구성요소를 열거하고 각 구성요소에 대해서 설명하시오.

2. 조타기의 종류와 장단점에 대해서 기술하시오.

3. Rule & Regulation에서 요구하는 주조타장치와 보조조타장치의 용량과 성능에 대해서 기술하시오.

4. 단면형상에 따른 타의 종류를 열거하고 각 타에 대해서 설명하시오.

5. 타 면적과 타 토크를 추정하는 약산식을 기술하시오.

6. 스러스터의 종류와 설명을 기술하시오.

# 5장

# 통행장치

## 5.1 개요

선박에는 승객 및 승무원의 자유로운 통행과 각종 장비의 운용 및 관리를 위해 적절한 접근로와 작업공간이 확보되어야 하며, 비상시 많은 인원이 동시에 이동 가능한 탈출로를 준비해두어야 함은 물론이거니와, 이에 더하여 통행약자를 위한 통행편의 설비도 갖추어야 한다.

항구나 해상에서 선박으로 승선하거나 하선하는 장치가 필요하며, 비상시 안전하게 선외로 탈출하는 설비도 반드시 갖춰져야 한다.

## 5.2 통행 장치의 종류

승·하선설비, 선내 통행설비와 비상상황 발생 시의 탈출 설비에 대해서 알아본다.

### (1) 승·하선 설비

- 현측 사다리(Accommodation ladder)
- 보도다리(Gangway bridge)
- 탑승교(Boarding bridge)
- 텐더트랩(Tender trap)
- 도선사 사다리(Pilot ladder)

### (2) 선내 통행설비

- 통행로(Passageway)
- 해치웨이(Hatchway)
- 맨홀(Man hole)
- 사다리(Ladder)
- 계단(Stairway)
- 출입구(Doorway)
- 복도(Corridor)
- 플랫폼(Platform)
- 캣워크(Catwalk)
- 영구적 접근설비(PMA, Permanent Means of Access)
- 파이프터널(Pipe tunnel)

### (3) 비상탈출설비

- 승정 사다리(Embarkation ladder)
- 비상탈출 미끄럼대(Evacuation slide)
- 비상탈출 활강장치(Evacuation chute)

## 5.3 주요 적용 규칙 및 규정(Rule & Regulations)

본 장에서 다루는 장치들은 대체적으로 다음의 규칙들에서 규정하고 있다. 항목별 주요 규칙, 규정 및 기준들은 해당 파트에서 한 번 더 소개하였다.

- SOLAS Chapter II-1, Part A-1, Regulation 3-6, Access to and within spaces in, and forward of, the cargo area of oil tankers and bulk carriers
- SOLAS Chapter II-1, Part A-1, Regulation 3-9 Means of embarkation on and disembarkation from ships
- SOLAS Chapter II-2, Part D, Regulation 13, Means of Escape
- SOLAS Chapter III, Life-saving appliances and arrangements
- SOLAS Chapter V, Regulation 23, Pilot Transfer Arrangements
- IMO Resolution A.1045(27), Pilot Transfer Arrangements
- MSC.1/Circ.1331, Guidelines for Construction, Installation, Maintenance and Inspection/Survey of Means of Embarkation and Disembarkation
- Resolution MSC. 98(73) Chapter 13, Arrangement of Means of Escape
- ISO 5488:2015 Ship and marine technology - Accommodation ladders
- ISO 7061:2015 Ships and marine technology — Aluminium shore gangways for seagoing vessels
- ISO 7364:2016 Ships and marine technology - Deck machinery - Accommodation ladder winches
- ISO 799:2004 Ships and marine technology - Pilot ladders
- ISO 21542:2011 Building construction — Accessibility and usability of the built environment

# 5.4 승·하선 설비

항구나 해상에서 선박으로 승선하거나 하선할 때 사용되는 설비는 다음과 같은 것들이 있다.

- 현측 사다리(Accommodation ladder)
- 보도다리(Gangway bridge)
- 탑승교(Boarding bridge)
- 텐더트랩(Tender trap)
- 도선사 사다리(Pilot ladder)

국제적인 규정은 다음을 참조 바란다.

- SOLAS Chapter II-1, Part A-1, Regulation 3-9 Means of embarkation on and disembarkation from ships
- MSC.1/Circ.1331, Guidelines for Construction, Installation, Maintenance and Inspection/Survey of Means of Embarkation and Disembarkation
- ISO 5488:2015, ISO 7061:2015 and ISO 7364:2016

## 5.4.1 현측사다리(Accommodation Ladder)

항구나 해상에서 선박으로 승·하선할 수 있도록 선박의 측면에 설치된 사다리 또는 계단을 현측사다리(현제[舷梯])라 한다.

국제 항행에 종사하는 선박의 현측사다리는 다음의 요건을 만족해야 한다.

- 중앙평행부내에 사용 가능하도록 설치하며 동작부는 선미 측에 고정부는 선수 측에 둔다.
- 승강경사는 최대 55°, Pilot ladder와 병용 시는 최대 45°.
- 경사각에 상관없이 Step plate는 적절하고 안전하게 수평 유지.
- 사용 중에는 고박(Lashing), 미사용 시에는 격납이 가능해야한다.

각 나라의 내부 규정은 해양 관청의 요구에 따라 다르겠지만 한국의 선박설비기준에 따르면, 모든 여객선 및 총톤수 300톤 이상의 선박에서는 다음의 특별한 경우를 제외하고는 현측사다리를 갖추어야 한다.

- 건현(乾舷)이 작은 선박으로 보도다리(Gangway bridge)이 비치된 경우
- 입·출항이 특정된 선박으로서 당해 항(港, Port)에 적당한 현측사다리가 비치되어 있는 경우
- 기타 해양수산부장관이 필요하지 아니하다고 인정하는 경우

현측사다리 및 갱웨이의 제조, 설치, 보수유지 및 지침(MSC.1/Circ.1331)을 참조하기 바란다.

현측사다리는 길이 조절이 가능한 텔레스코픽 타입(Telescopic type)도 있으나 그리 많이 적용되지는 않는다.

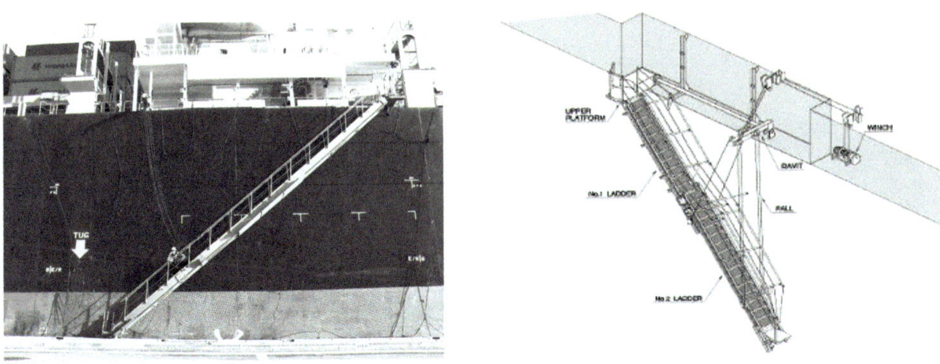


그림 5-1 현측사다리

## 5.4.2 보도다리(Gangway bridge)

선박과 부두 사이의 이동 가능한 경사로 또는 계단으로 건널판자(Gangplank)라고도 하는데, 경사각은 최대 30°까지로 규정하고 있다.

그림 5-2 보도다리(Gangway bridge)

## 5.4.3 탑승교(Boarding Bridge)

항구의 에이프런(Apron)이나 대합실에서 선박까지 승선자용 통로(Passageway)를 제공하는 탑승교는 자체 조종 기능을 가지고, 선박과 직접 연결이 가능하며, 여객의 안전을 확보하는 데 큰 기여를 한다.

그림 5-3 탑승교(Boarding Bridge)

## 5.4.4 텐더트랩(Tender Trap)

기항지의 항구 설비가 대형선박의 접안이 어려울 경우, 해상에 정박한 본선으로부터 부두까지 보급선(Tender boat)을 이용하여 왕래하는데, 본선에서 보급선으로의 안전한 승·하선을 위하여 승정용사다리(Trap)와 승강장(Platform)이 사용되기도 한다. 이때 본선에 보급선의 접안(Docking)을 위한 설비(Dock)를 갖추기도 한다.

※ 보급선(Tender boat) 관련하여서는 MSC.1/Circ.1417, Guidelines for Passenger Ship Tenders를 참조.

그림 5-4 보급선, 트랩, 승강장과 접안설비

## 5.4.5 도선사 사다리(Pilot Ladder)

각 항만에 입항하는 일정 규모 이상의 선박은 해당 항 도선사의 안내가 필요하고, 도선사의 승선에 필요한 장치를 갖추어야 한다. 이때 요구되는 것이 도선사 사다리(Pilot ladder)이다.

국제적인 규정은 다음을 참조 바란다.

- SOLAS Chapter V, Regulation 23, Pilot Transfer Arrangements
- IMO Resolution A.1045(27), Pilot Transfer Arrangements
- ISO 799-2004 Ships and marine technology

도선사(Pilot)가 승선할 때 건현(Freeboard)이 9 m 이하일 때에는 도선사 사다리(Pilot ladder)만의 사용으로 도선사의 승선이 가능하지만, 9 m를 초과할 때에는 현측사다리와 병용하여 도선사의 승선을 지원해야 한다. 다음 그림에 잘 나타나 있다.

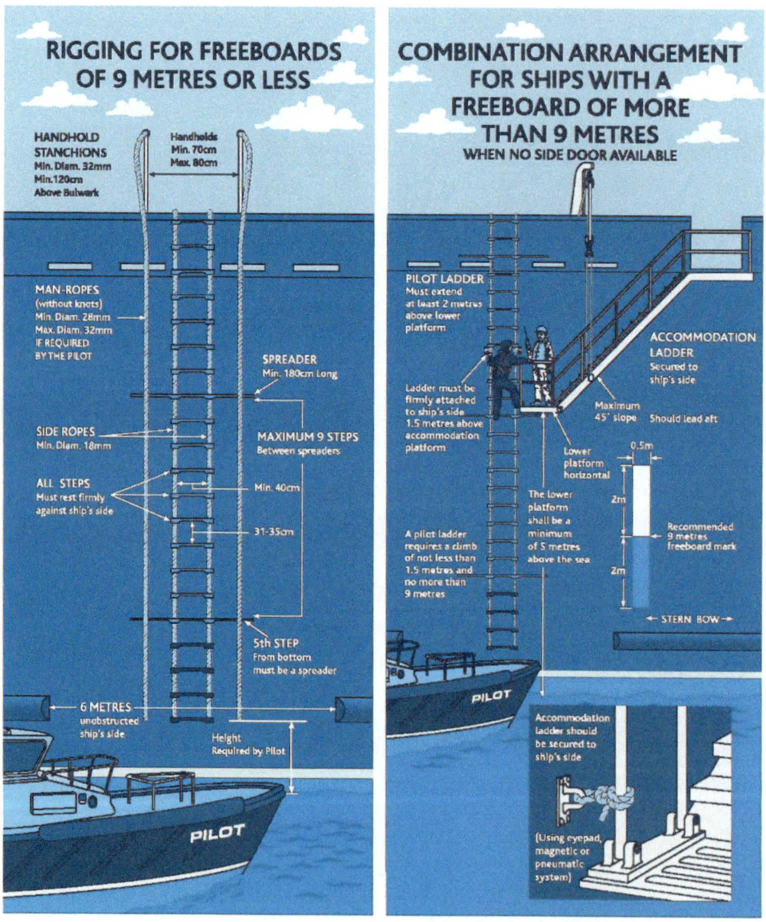


그림 5-5 도선사 사다리의 사용

## 5.5 선내 통행설비

선박 내의 이동에 필요한 통행설비는 화물의 하역(荷役) 작업 및 관리, 의장장비의 작동, 의장품 및 선체의 유지·보수, 승무원과 여객의 승·하선 및 선내이동, 긴급 상황에서의 피난 등 안전 확보를 위해 필요하며, 다음과 같이 구분할 수 있다.

- 통행로(Passageway)
- 해치웨이(Hatchway)
- 맨홀(Man hole)
- 사다리(Ladder)
- 계단(Stairway)
- 출입구(Doorway)
- 복도(Corridor)
- 플랫폼(Platform)
- 캣워크(Catwalk)
- 영구적 접근설비(PMA, Permanent Means of Access)
- 파이프터널(Pipe tunnel)

국제적인 규정은 다음을 참조 바란다.

- SOLAS Chapter II-2, Part D, Regulation 13, Means of Escape
- Resolution MSC. 98(73) Chapter 13, Arrangement of Means of Escape

## 5.5.1 통행로(Passageway)

갑판 상에 선박의 전후좌우로 사람이 편하게 다닐 수 있게 연결하는 보행로로서, 되도록 선박의 중앙부에 배치할 것을 권장한다. 주로 녹색의 도료(Paint)로 주위와 구분이 가능하도록 하고, 미끄럼 방지재(Nonskid material)을 적용하며, 극지방이나 겨울철 등 기온이 낮은 환경에서 운항하는 경우가 있는 선박에서는 열선(Heating line)을 적용하기도 한다. 선박 측면의 이중선체(Double hull) 구조 내에 통행로(Passageway)를 배치하기도 한다.

(a) 갑판 상의 통행로 (b) 이중선체 내의 통행로

그림 5-6 통행로(Passageway)

## 5.5.2 해치웨이(Hatchway)

해치웨이는 주로 선박의 각 구획의 관리를 목적으로 한 갑판에서 수직방향으로 통하며, 비상시 탈출 통로(Escape way)를 확보하기 위해 갑판 상에 개구(Hatch)가 배치되고, 통로 내부에는 수직사다리(Vertical ladder)가 있으며 개구부에는 설치 위치에 따라 법규(Rule)에서 요구하는 높이의 코밍(Coaming)을 설치해야 하고, 풍우밀(Weather tight) 또는 수밀(Water tight)을 위한 해치커버(Hatch cover)가 설치되는 것이 일반적이다.

코밍(Coaming)의 높이는 위치1(Position 1)에서 600 mm 이상, 위치2(Position 2)에서 450 mm 이상이어야 한다. 관청의 허가가 있을 경우는 최소 230 mm 이상으로 완화할 수 있으니, 정확한 정보는 각 선급 규칙의 위치의 정의(Definition), 해치코밍(Hatch coaming) 및 기타 개구부(Miscellaneous opening) 부분에서 확인 바란다.

그림 5-7 갑판상의 해치웨이들

해치웨이에 사용되는 해치커버는 작은 힘으로도 개폐가 가능한 평형추형(Weight balanced type), 스프링평형형(Spring balanced type), 회전형(Swing type) 등의 커버가 주로 설치된다.

(a) 표준형 (b) 평형추형 (c) 스프링평형형 (d) 회전형

그림 5-8 해치웨이 커버 타입

유지보수용 해치웨이(Maintenance hatchway), 선용품 공급용 해치웨이(Provision hatchway), 계류작업용 해치웨이(Mooring hatchway)와 같이 선내외 작업과 선박의 운용에 필요한 물품들이나 선내 장비들의 수리를 위한 부품이나 장비들의 선적 및 하역을 목적으로 사용되는 해치웨이들도 있는데, 주로 갑판 또는 현측(Side shell)에 설치된다.

그림 5-9 선용품 공급용 해치웨이(Provision Hatchway)

그림 5-10 계류 작업용 해치웨이(Mooring Hatchway)

## 5.5.3 맨홀(Man Hole)

이중저(Double bottom), 탱크(Tank) 또는 보이드(Void)와 같이 밀폐가 필요하며, 통행의 빈도가 적은 구역의 출입을 위해서는 맨홀(Man hole)이 배치되고, 이중저 내의 일반 늑판(Ordinary floor)에는 선박의 중량을 줄이기 위해 많은 경감구멍(Lightening hole)을 시공하는데, 이것을 비수밀늑판(Non-tight floor)의 통행을 위한 맨홀로 사용하는 경우가 대부분이다.

일반적으로 맨홀은 탱크 상부나 탱크 측벽에서 탱크 내부로 출입이 가능한 개구(Opening)를 이르는 용어이다. 운항중이거나 특별히 관리를 하지 않을 경우에는 개방을 금지하는 맨홀커버(Man hole cover)로 닫아둔다.

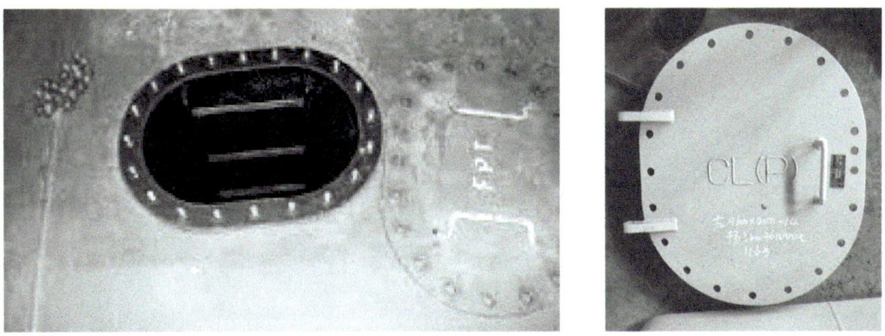


(a) 탱크 상부의 맨홀 및 커버 (b) 측벽 맨홀 커버

그림 5-11 맨홀 및 맨홀커버

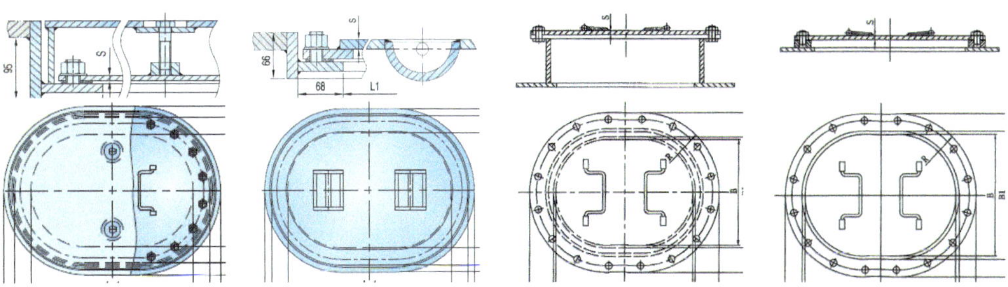

(a) 매립형(1) (b) 매립형(2) (d) 돌출형 (d) 편평형

그림 5-12 맨홀 커버의 종류

## 5.5.4 사다리(Ladder)

통행로 상에 장애물이 배치되어 있거나, 높낮이가 다른 갑판 또는 다른 구역으로 이동 시 사용되는 것으로 수직 사다리(Vertical ladder)와 경사 사다리(Inclined ladder)로 구분한다. 나선형 사다리(Spiral ladder)는 경사 사다리(Inclined ladder)의 범주에 속하는 것으로 보는 것이 좋겠다.

경사 사다리(Inclined ladder)는 대체적으로 45°~50°의 경사로 설치가 요구되지만 기관실, 펌프룸, 화물창과 같이 좁은 구역이나 제약이 있는 곳에서는 그 이상의 경사가 허용되기도 한다.

(a) 수직 및 나선형 사다리

(b) 경사 사다리

그림 5-13 사다리

## 5.5.5 계단(Stairway)

거주구 내에서 각 갑판 간을 연결해 주고, 대체적으로 45° 전후의 경사를 이루며, 계단참(Landing area)이 설치된다. 계단은 비상시 예상 이용 인원수에 맞춰 그 너비가 설계되고, 각 갑판 간의 화재 확산 방지를 위해 방화벽과 방화문 구조를 갖는다.

그림 5-14 계단(Stairways)

## 5.5.6 출입구(Doorway)

출입구의 너비는 문(Door)를 열었을 때 실제로 열린 너비(Effective clear width)를 의미하며, 계단(Stairway) 폭과 같은 규정이 적용된다.

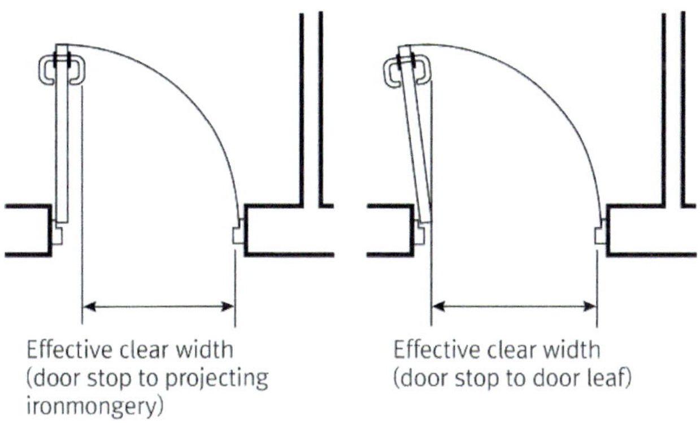


그림 5-15 출입구(Doorway)

### 5.5.7 복도(Corridor)

거주구내의 통행로를 복도라고 한다. SOLAS Rule에 따라 폭을 결정하고 스톰레일(Stormrail)을 설치한다. 복도 배치를 설계할 때 특별한 경우를 제외하고는 막다른 곳(Dead end)과 복도의 폭보다 더 깊은 골을 형성해서는 안 된다.

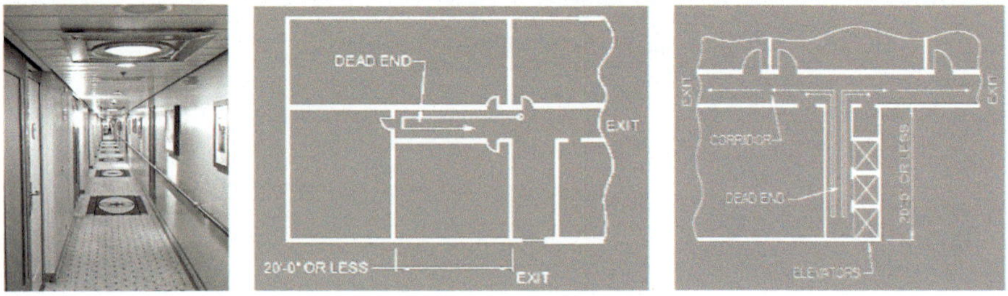


그림 5-16 복도 배치

### 5.5.8 플랫폼(Platform)

기관실(Engine room), 펌프룸(Pump room), 기계실(Machinery room), 축로(Shaft tunnel) 등의 통로 또는 장비의 작동과 유지보수를 위해 접근이 가능하도록 비구조용 바닥(Non-structural floor)인 플랫폼(Platform)을 설치한다.

공간 내의 층을 이루는 바닥은 격자구조의 발판(Open grating)을 주로 사용하고, 공간 내에서 가장 아래층을 이루며, 그 층의 바닥 아래로 접근이 자주 발생하지 않는 곳에는 미끄럼 방지용 체크무늬 강판(Checkered plate)를 사용하는 것이 일반적이다.

그림 5-17 그레이팅(Grating)

## 5.5.9 캣워크(Catwalk)

높이 설치된 구조물 아래, 선교 창문 바깥, 복잡한 배관로 상부 등에 유지·보수 등의 목적으로 접근이 필요할 경우 매달거나 돌출시키거나 높이 지지한 구조로 설치한 좁은 보행로를 말한다.

그림 5-18 캣워크(Catwalk)

## 5.5.10 영구 접근 설비(PMA, Permanent Means of Access)

유조선과 살물선의 화물창 내의 부재를 검사하기 위하여, 영구적으로 접근이 가능하도록 만든 통로를 말하며 주로 선체 부재를 활용하여 접근로를 설치한다.

다음 규정을 참조 바란다.

- SOLAS Chapter II-1, Part A-1, Regulation 3-6, Access to and within spaces in, and forward of, the cargo area of oil tankers and bulk carriers

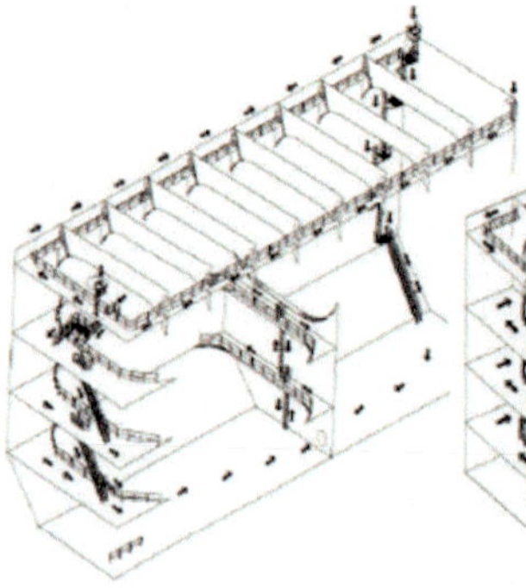

Side Cargo Tank(P&S)

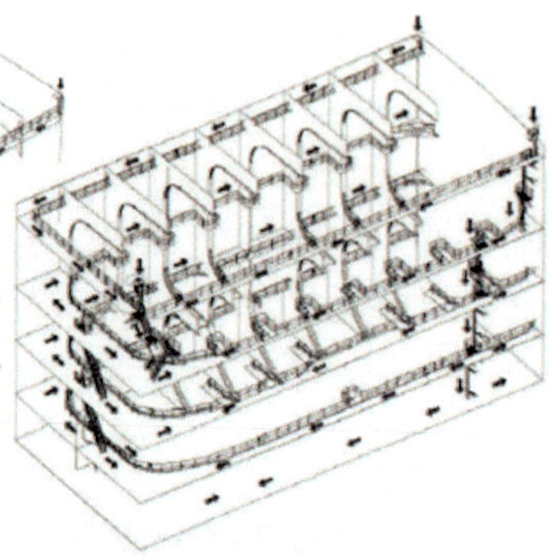

Center Cargo

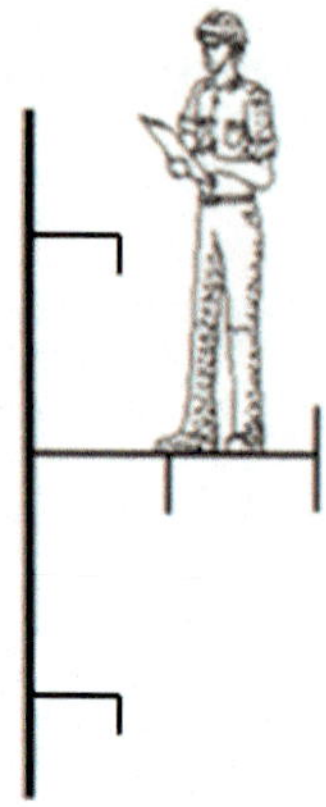

그림 5-19 PMA

## 5.5.11 파이프 터널(Pipe Tunnel)

이중저(Double bottom)내의 중앙부 상자형 용골(Duct keel) 부분에 배치된 발라스트수(Ballast water), 빌지(Bilge) 혹은 연료유(Fuel oil) 배관(Pipe)을 점검, 유지·보수하기 위한 통로이다. 대체적으로 레일(Rail)과 활차를 설치하여 이동의 편의를 도모한다. 파이프 덕트(Pipe duct) 또는 덕트킬(Duct keel)이라고도 한다.

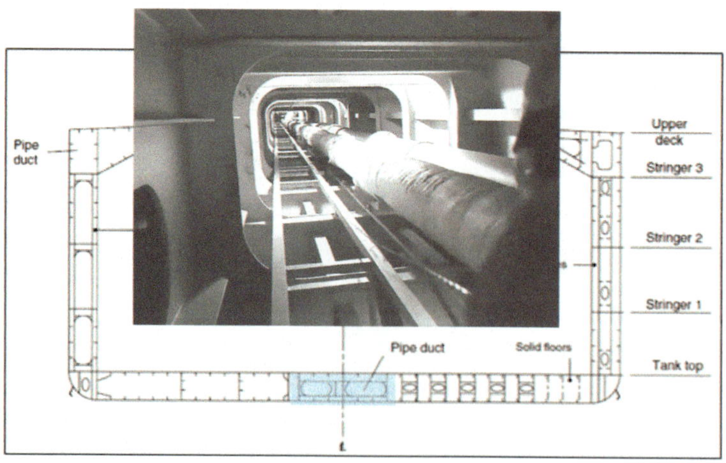


그림 5-20 파이프 터널(Pipe Tunnel)

# 5.6 비상탈출설비

비상 시 선박을 벗어나야 하는 경우에 본선에서 구명뗏목(Life raft)이나 구명뗏목용 승정장(Platform)으로 비상탈출(Evacuate)하는 수단으로 다음과 같은 것들이 있다.

- 승정 사다리(Embarkation ladder)
- 비상탈출 미끄럼대(Evacuation slide)
- 비상탈출 활강장치(Evacuation chute)

다음 규정을 추가로 참조 바란다.

- SOLAS Chapter III, Life-saving appliances and arrangements

## 5.6.1 승정 사다리(Embarkation Ladder)

진수된 생존정(Survival craft)이나 구명뗏목으로 옮겨 타는 사다리로, 밧줄(Rope)과 나무발판(Wooden step)으로 만들어진다. 비상상황에서 이용하게 되므로 인명의 안전성 확보가 어려워 훈련된 선원용으로 드물게 사용된다.

그림 5-21 승정용 사다리(Embarkation Ladder)

## 5.6.2 비상탈출 미끄럼대(Evacuation Slide)

진수된 구명뗏목의 승정장으로 미끄럼틀 형식으로 피난하는 설비이다.

그림 5-22 탈출 미끄럼대(Evacuation Slides)

## 5.6.3 비상탈출 활강(滑降)장치(Evacuation Chute)

진수된 구명뗏목이나 승정장으로 수직 강하(降下)하며 피난하는 설비이다.

그림 5-23 비상탈출 활강장치(Evacuation Chutes)

## 연습문제

1. 우측의 상황에서 갑판6(DK6)과 갑판7(DK7) 사이 계단의 최소 너비를 "Resolution MSC. 98(73) Adoption of The International Code for Fire Safety Systems" 요구 사항에 따라 계산하시오. 계산 과정도 기술하시오.

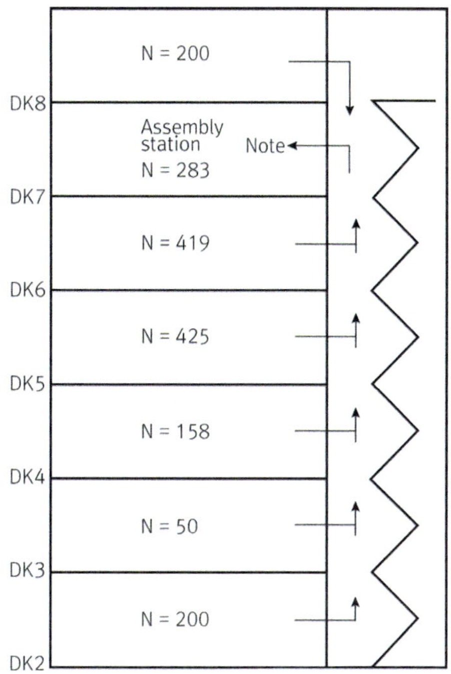

# 6장
# 구명장치 및 방화장치

# 6.1 구명장치

## 6.1.1 개요

선박에 적용되는 구명장치(시스템, 설비)는 선박이 운항 중 사고로 움직일 수 없게 되거나 조난 혹은 침몰하게 되었을 때 승객과 승무원의 생명을 안전하게 구할 수 있는 장치 및 설비를 말한다. 이러한 장치들은 위와 같은 상황들이 발생하였을 때에 신속하고 확실하게 작동되어야 하고, 장기간의 조난 상태에서도 견디는 내구성이 있는 장비들로 구성되어야 한다.

## 6.1.2 구명장치의 종류

선박에 적용되는 구명장치는 승객과 승무원의 생명을 구하기 위해 설치되며, 다음과 같은 다양한 종류의 설비들이 있다.

- 선박 탈출용 생존정(Survival craft)
  - 구명정(Life boat)
  - 구명뗏목(Life raft)
  - 해상탈출시스템(MES : Marine Evacuation System)
- 해상 인명 구조용 선박 : 구조정(Rescue boat)
- 개인용 구명장비
  - 구명부환(Life buoy)
  - 구명동의(Life jacket)
  - 방수복(Immersion suit) 등
- 각종 신호장비 및 통신장비
  - 비상탈출 호흡구(EEBD : Emergency Escape Breathing Device)

※ 구명장치 인증서(Certificate) : 일반적으로 구명장치는 유럽 인증서 [EU M.E.D (Marine Equipment Directive) type approval certificate]로 공급되나, 일부 국적 (한국 조선소 건조)의 경우 별도의 인증서가 요구되기도 한다.

## 6.1.3 구명장치 적용 주요 규칙 및 규정(Rules & Regulations)

구명장치는 승객과 승무원의 인명 보호를 위한 장치이므로, 국제협약 및 국가법령에 의해 선박에 비치되어야 할 장비별 수량과 위치 등이 정해져 있다.

- SOLAS Ch.III : Life-saving appliance and arrangement
- LSA Code : International Life Saving Appliance Code (국제구명설비 코드)
- SOLAS Ch.V. Regulation 23 : Pilot transfer arrangement - Life buoy 관련
- MSC Circ.1331 : Life buoy 관련
- SOLAS Ch.II Regulation 13 : Means of escape
- 해양수산부 제정 법령 : 선박구명설비기준
- Flag State(Authority, 등록 국적) Rules and Regulations
- Classification Society(선급) Rules and Regulations

## 6.1.4 선박 탈출용 생존정(Survival Craft)

### (1) 구명정(Life Boat)

구명정은 해상에서 선박의 사고로 승선원이 탈출해야 할 때 사용하는 스스로 항해할 수 있는 기능을 보유한 보트이다. 구명정은 총 정원과 의장품을 적재한 만재 상태에서 거친 해상에서도 충분한 부력과 복원력을 갖추어야 하며, 선박이 10도 트림(Trim) 및

20도 횡경사(List)의 상태에서도 안전하게 해수면에 내리도록 설치되어져야 한다. 퇴선 신호가 울린 후에 30분 이내에 총 정원과 의장품을 수용한 채로 진수되어져야 한다.

구명정 내부에는 조난에 대비해 비상식량, 식수, 나침반, 낚시 도구, 멀미약, 조난 신호 장비, 생존 지침서 등의 법정 비품이 비치되어야 한다.

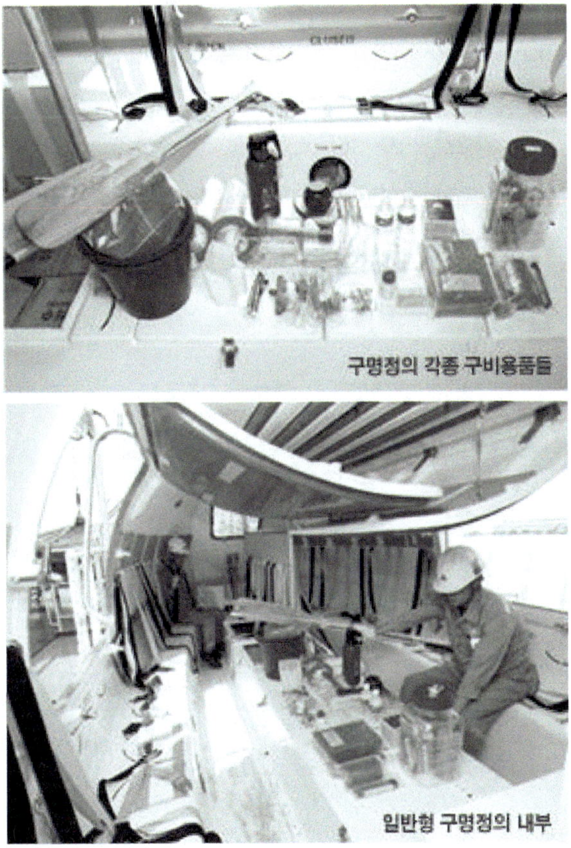


그림 6-1 구명정의 각종 구비용품

구명정은 해수면에 내리는 진수방법에 따라 다음의 3가지 종류가 있다.

- 대빗 진수형 중력식 구명정(Davit launched gravity type life boat)
- 대빗 진수형 신축식 구명정(Davit launched telescopic type life boat)
- 자유 낙하 진수형 구명정(Free fall launched type life boat)

### 1) 대빗 진수형 중력식 구명정(Davit Launched Gravity Type Life Boat)

대빗은 선박에서 구명정을 내리거나 구조정을 올리는 장치를 말한다. 대빗에 설치되어 있는 구명정을 윈치로 천천히 내려 해수면에 띄우는 일반적인 방식이다. 구명정에 탑승한 후에 승선원이 내부에 설치되어 있는 원격 조정 와이어(Remote control wire)를 당겨 윈치를 조정함으로써 구명정을 해수면까지 내린다.

부분 밀폐식이 허용되는 선박을 제외하고는 모든 선박에는 거친 파도에도 뒤집어지지 않도록 전체가 밀폐된 전폐식 구명정(Totally enclosed life boat)이 설치되어야 한다. 거주구 측면(Accommodation side)에서 충분한 공간을 가지는 선박의 양쪽 현의 위치에 설치된다.

일반적으로 한쪽 현의 구명정은 구조정(Rescue boat)과 겸용으로 사용할 수 있다. 구명정의 승선인원은 20~50인승(화물선), 50인승 이상(여객선)이 있으며, 길이 7.3 m이상, 최대속도 6노트, 최대정원은 150인 이하이어야 한다.

대빗 진수형 중력식 구명정의 주요 명칭은 그림 6-3과 같다.

그림 6-2 대빗 진수형 중력식 구명정

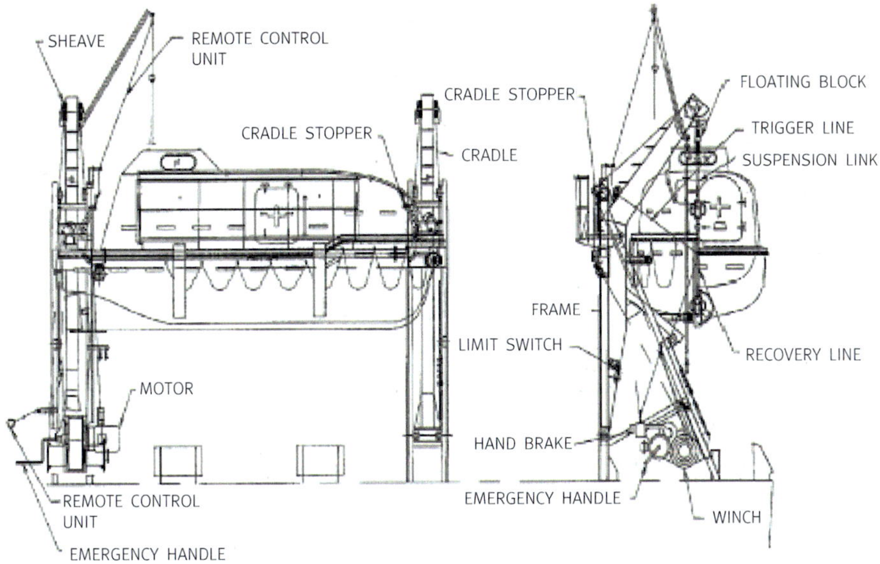


그림 6-3 대빗 진수형 중력식 구명정 주요 명칭

**대빗 진수형 중력식 구명정 작동 지침서**

① 토글 핀(Toggle pin)을 뽑는다.

② 래싱 라인을 풀고 크래들 클램프(Cradle clamp)를 이탈한다.

③ 구명정(Life boat) 안으로 승선한다.

④ 원격 조정 와이어(Remote control wire)를 당긴다.

⑤ 구명정(Life boat)을 바다 표면까지 내린다.

⑥ 엔진을 시동시킨다.

⑦ 현수 링크(Suspension link)를 이탈시킨다.

⑧ 페인터(Painters)를 풀어 놓는다.

### 2) 대빗 진수형 신축식 구명정(Davit Launched Telescopic Type Life Boat)

일반적으로 많은 승객의 승선으로 구명정이 많이 설치되는 크루즈선에 주로 사용된다. 데크 상부에 매달아 그 하부를 평소에는 승객용 도보 공간으로 사용하고 비상시에는 승선용으로 사용한다.

대빗 진수형 신축식은 많은 구명정을 신속히 진수시키기 위해 각각의 대빗 암이 바깥쪽으로 뻗어 나와서 보트를 승정위치로 쉽고, 신속하게 이동시키게 된다. 유압 파워팩 및 축전지로 에너지를 공급한다.

그림 6-4 대빗 진수형 신축식 구명정

### 3) 자유 낙하 진수형 구명정(Free Fall Launched Type Life Boat)

대빗 진수형은 구명정을 해수면에 내릴 때 윈치를 사용하기 때문에 시간이 소요된다는 단점이 있다. 자유 낙하 진수형은 구명정에 탑승한 후에 훅(Hook, 선박과 구명정을 연결시킨 장치) 이탈 장치 레버를 조작하여 구명정을 해수면에 자유 낙하시킨다. 승선원들을 신속하게 탈출시킬 수 있고, 선미 공간에 설치할 수 있다는 장점은 있으나 가격이 비싸다는 단점이 있다. 자유 낙하 방식은 수 십 미터 높이에서 낙하되므로 승선한 사람이 다칠 우려가 있어서 구명정 내부에 진수 완충 장치의 설치가 필요하다.

벌크선의 경우 해양사고가 발생한 후 급격한 침몰로 이어져 승선원들이 미처 탈출하지 못하는 사례가 발생함에 따라 IMO(국제해사기구)에서 2006년 7월 1일 이후 건조되는 총톤수 500 ton 이상의 국제항해 벌크선에는 자유 낙하 진수형 구명정을 설치하도록 규정하였다.

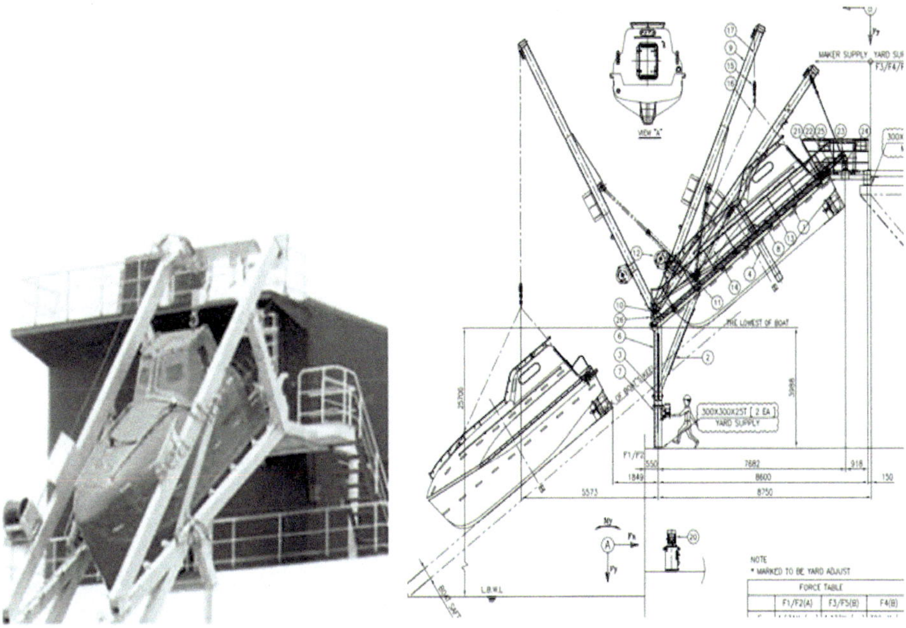

그림 6-5 자유 낙하 진수형 구명정

자유 낙하 진수형 구명정의 주요 명칭은 그림 6-6과 같다.

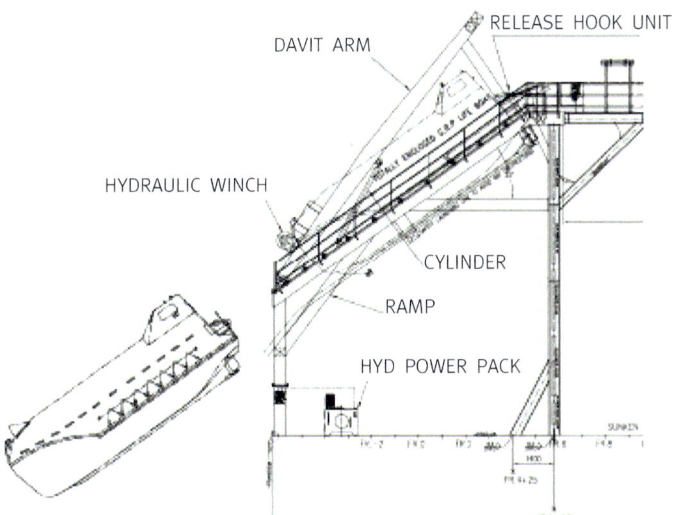


그림 6-6 자유 낙하 진수형 구명정 주요 명칭

**자유 낙하 진수형 구명정 작동 지침서**

① 보트의 래싱 라인(Boat lashing line)을 데빗(Davit)으로부터 모두 풀어 자유롭게 한다.

② 보트의 재충전 플러그의 연결선을 끊는다.

③ 승선 도어(Door)를 열고 승선한다.

④ 모든 해치를 폐쇄한다.

⑤ 안전 밸트를 밀착하여 착용한다(헤드 스트랩이 있을 시 모두 착용).

⑥ 구명정의 조정 핸들을 '0'으로 유지시킨다.

⑦ 보트의 훅을 이탈시킨다(만약 작동 불량 시 비상 작동을 수행함).

## (2) 구명뗏목(구명벌, Life Raft)

선박이 해상사고로 탈출할 시간도 없이 침몰하게 되는 경우 구명뗏목이 유용하게 사용된다. 구명뗏목에는 선박이 침몰할 때에 자동적으로 선박에서 이탈되어 해수면 위로 떠오르도록 하는 수압 이탈 장치(Hydrostatic release unit)가 있으며, 별도의 동력장치가 없이 바다에 떠다니는 부유장비이다.

승선원 모두를 태울 수 있는 만큼 선박에 비치되어야 하며 거주구 가까이에 설치된다. 선원 2명이 5분 내에 구명뗏목의 승정 및 진수준비를 할 수 있어야 하며 모든 해상상태에서 30일 동안 떠 있도록 제작되어야 한다.

구명뗏목도 구명정과 마찬가지로 조난에 대비해 내부에 비상식량, 식수, 나침반, 낚시도구, 멀미약, 조난 신호 장비, 생존 지침서 등의 법정 비품이 비치되어야 한다.

구명뗏목은 해수면에 내리는 진수방법에 따라 2가지 종류가 있다.

- 대빗 진수형 구명뗏목(Davit launched type life raft)
- 선외 투하형 구명뗏목(Over throwing type life raft)

### 1) 대빗 진수형 구명뗏목(Davit Launched Type Life Raft)

구명 뗏목이 설치되어 있는 갑판 위에서 구명뗏목을 펼치고 승선원을 태운 뒤에 대빗으로 해수면에 내리는 방식이다. 구명뗏목에 별도의 이탈 훅(Release hook)이 설치되어 있고 해수면에 떠 있지 않은 상태(On-load) 및 해수면에 떠있는 상태(Off-load)에서 진수가 가능하도록 설계되어 있다.

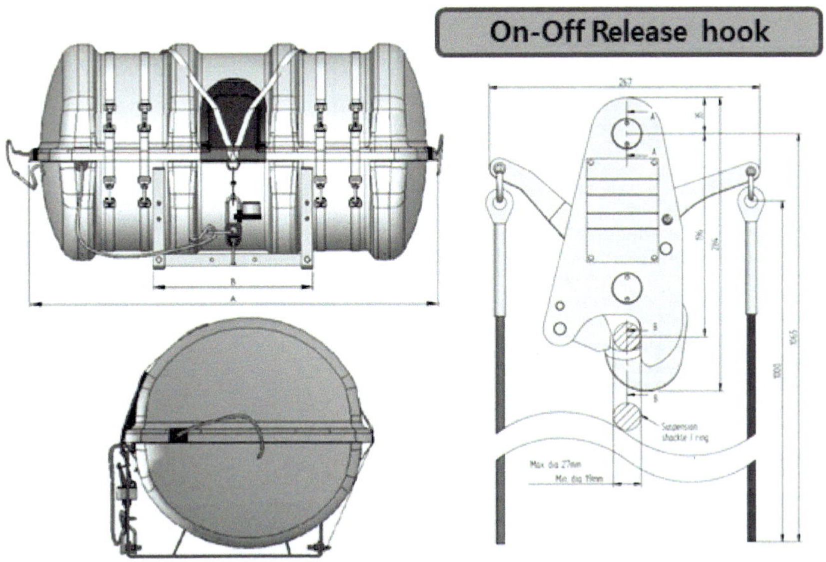


그림 6-7 대빗 진수형 구명뗏목

**대빗 진수형 구명뗏목 작동 지침서(Davit launched type life raft instruction)**

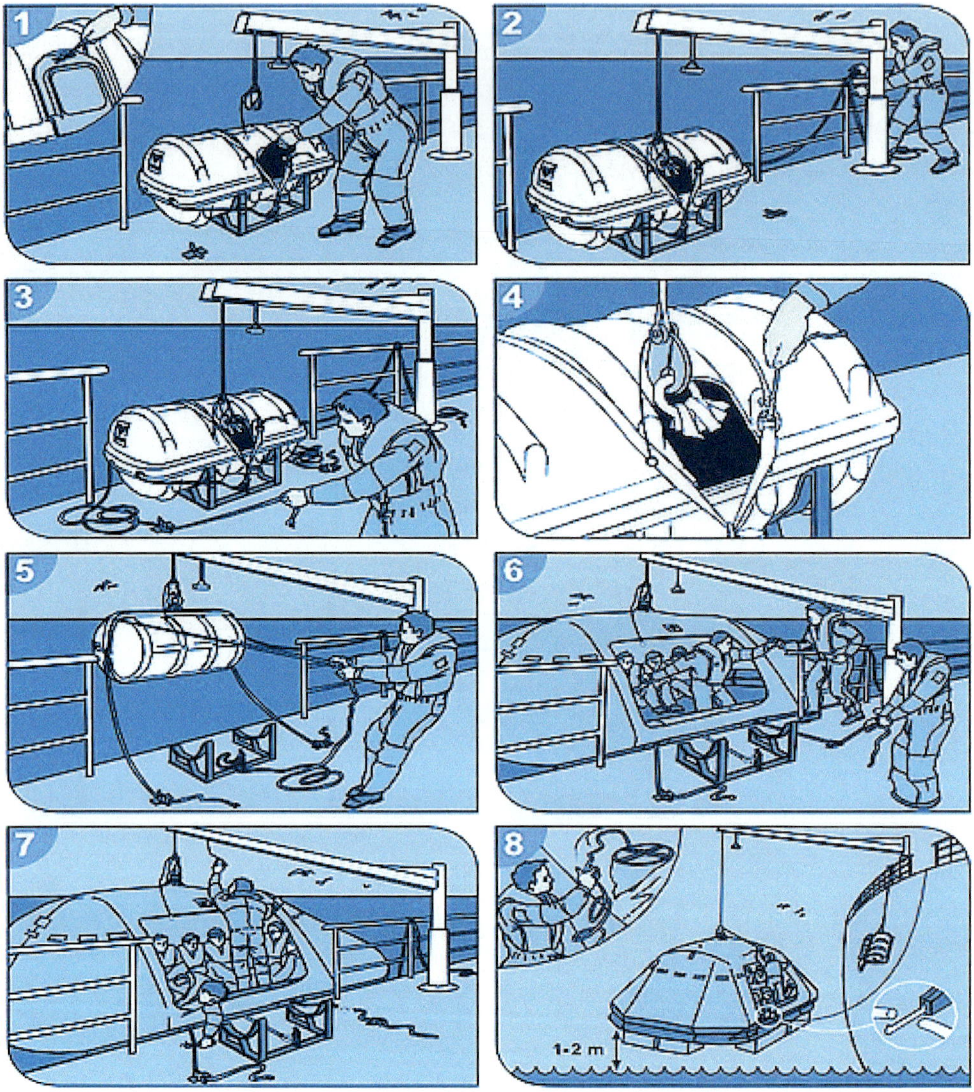


그림 6-8 대빗 진수형 구명뗏목 작동 지침서

① 구명뗏목 정면커버를 열어 샤클을 꺼내어 대빗 후크와 연결한다.

② 선박 고정물에서 묶여있는 구명뗏목 연결줄을 푼다.

③ 구명뗏목 연결줄을 구명뗏목 근처로 이동시킨다.

④ 안전핀을 뺀다.

⑤ 구명뗏목 연결줄을 당겨 구명뗏목을 팽창시킨다.

⑥ 구명뗏목에 최대탑승인원 만큼 탑승한다.

⑦ 진수장치를 이용하여 구명뗏목을 진수한다.

⑧ 후크를 이탈하여 선박으로부터 탈출한다.

### 2) 선외 투하형 구명뗏목(Over Throwing Type Life Raft)

별도의 진수장비인 대빗을 사용하지 않고 구명뗏목을 해수면으로 떨어뜨린 후에 승선하는 방식이다.

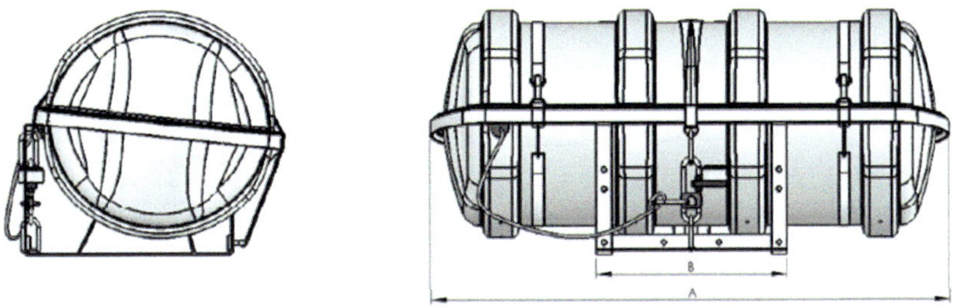

그림 6-9 선외 투하형 구명뗏목

**선외 투하형 구명뗏목 작동 지침서(Over throwing type life raft instruction)**

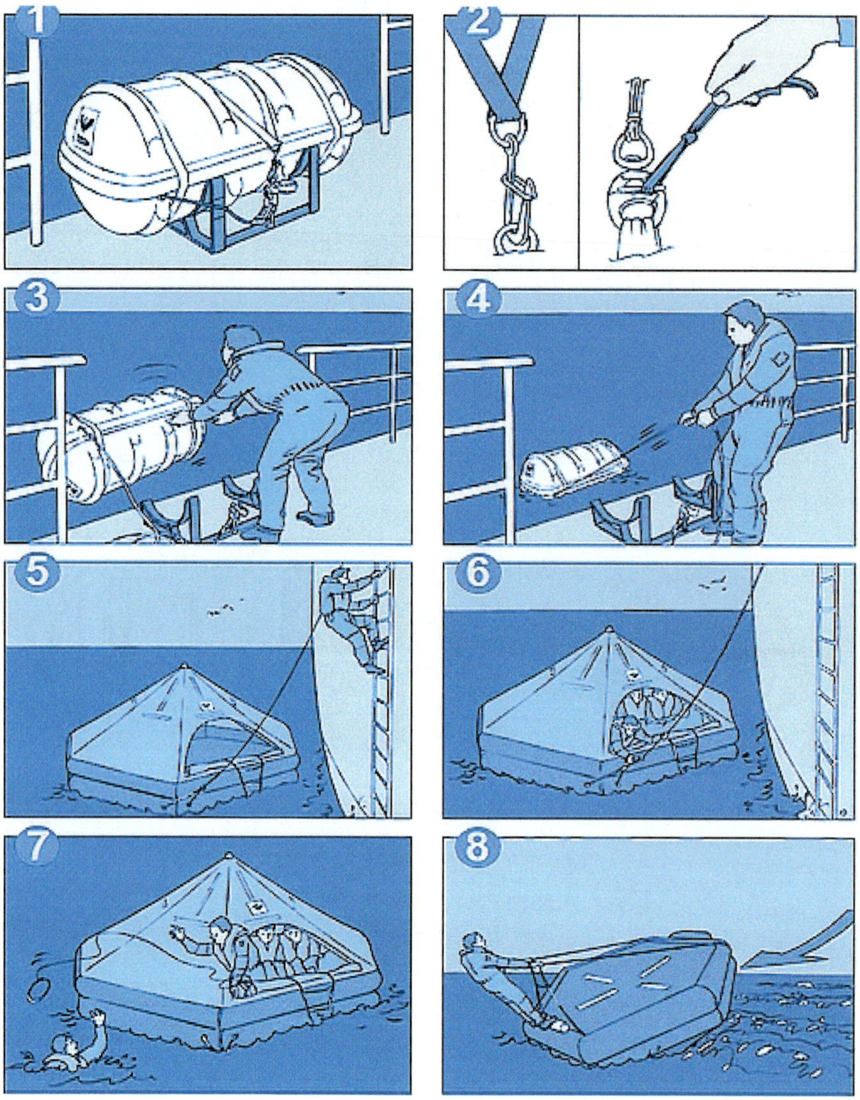


그림 6-10 선외 투하형 구명뗏목 작동 지침서

① 연결줄이 자동 이탈장치에 묶여져 있는지를 확인한다.
② 안전핀을 뺀 후 투하용 손잡이를 잡는다.
③ 구명뗏목을 수면으로 진수한다.
④ 구명뗏목이 팽창할 때까지 연결줄을 잡아당긴다.
⑤ 구명뗏목을 본선에 가까이 당겨, 승입 장치를 이용하여 탑승한다.
⑥ 구명뗏목 내부에 비치된 칼로 연결줄을 자른다.
⑦ 구명줄을 던져 물에 빠진 조난자를 구출한다.
⑧ 구명뗏목이 뒤집힌 경우에는 바람의 방향으로 뗏목을 향하도록 한다.

### (3) 해상탈출시스템(MES : Marine Evacuation System)

고속선, 요트 및 여객선에서 많이 사용되는 인명구조 장치이며, 승객이 바다에 떠있는 구명뗏목으로 바로 대피할 수 있는 팽창식 슬라이드 또는 탈출 슈트(Chute)로 구성되어 있다. MES 탈출 장치는 중량의 경량화 및 대피 시간의 최소화를 위해 많이 사용된다.

그림 6-11 해상탈출시스템(MES)

## 6.1.5 구조정(Rescue Boat)

구조정은 조난된 선박과 승선한 사람을 구조하기 위한 선박으로서 복원성과 내파성이 우수하며, 속력이 빠르고 예인력도 커야 한다. 이를 위해 구조 작업에 필요한 기계 및 장비를 갖추고 있다.

구조정은 6명이 승선할 수 있어야 하고, 최소 6 knots의 속력으로 4시간 동안 항해할 수 있어야 하며 선박에 적재된 가장 큰 구명 뗏목을 총 정원 및 의장품이 적재된 만재상태에서 2 knots 이상의 속력으로 예인할 수 있어야 한다. 또한, 구조정은 5분 이내에 진수될 수 있도록 준비되어져야 하고, 길이는 8.5 m 이하이어야 한다.

선박에는 적어도 한 척의 구조정이 비치되어야 한다. 단, 구명정을 구조정으로 겸용 사용할 경우에는 진수 및 회수 관련 장치가 구조정의 용도에 적합하여야 한다. 구조정에는 구조에 필요한 응급 의료기구, 보온복, 나침반 등 법정 비품이 비치되어 있어야 한다.

구조정의 종류로는 다음과 같이 세가지 종류가 있다.

- 고체식 구조정(Rigid type rescue boat)
- 팽창식 구조정(Inflatable type rescue boat)
- 고속 구조정(Fast rescue boat)

### (1) 고체식 구조정(Rigid Type Rescue Boat)

일반적으로 공급되고 있는 형태이며, 유리섬유 강화 플라스틱(FRP) 재질로 제작된다.

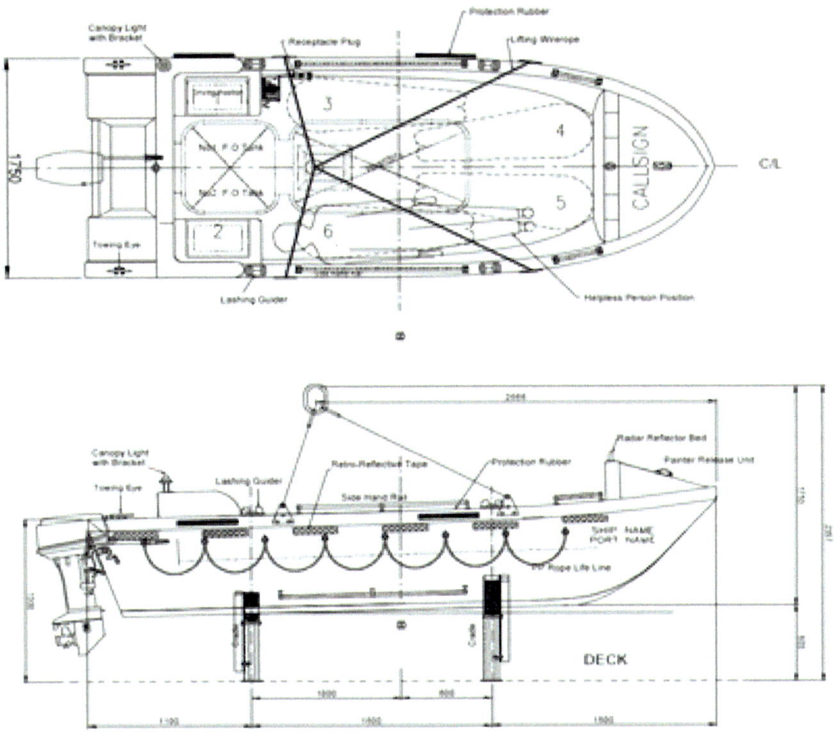


그림 6-12 고체식 구조정

## (2) 팽창식 구조정(Inflatable Type Rescue Boat)

튜브(Tube) 형식의 보트이며, 현재는 특수하게 요구되지 않는 한 표준으로 사용 하지 않고 있다. 특히 내빙 등급(Ice Class)이 적용된 선박에는 공기수축으로 인한 문제로 사용할 수 없다.

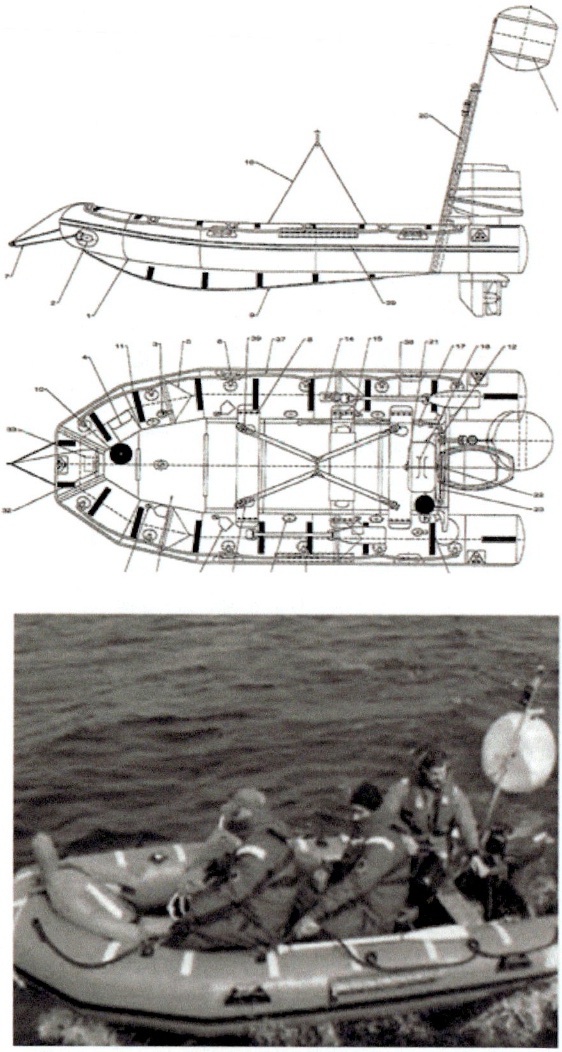

그림 6-13 팽창식 구조정

### (3) 고속 구조정(Fast Rescue Boat)

특수한 경우에 사용되며, 3명의 선원이 탑승한 상태에서 운항된다.

잔잔한 수면상에서 20 knots 이상의 속력으로 그리고 총 인원(6명) 및 장비를 만재한 상태에서 8 knots 이상의 속력으로 항해할 수 있어야 한다.

그림 6-14 고속 구조정

## 6.1.6 화물선 및 여객선의 생존정 적용 규정

SOLAS Ch.III : Life saving appliance and arrangement

### (1) 화물선의 생존정 적용 규정

여객선을 제외한 일반 화물선은 표 6-1의 3가지 경우(Case) 중 한 가지를 적용하여야 한다. 벌크선은 Case2를 적용하며, 85 m 미만 화물선(탱커, 석유화학제품 운반선, 가스 운반선 제외)은 Case3를 적용한다.

표 6-1 화물선의 생존정 적용 규정

| 구 분 | 내 용 |
|---|---|
| Case1 | ① 선박 양쪽 현 각각에 총 승선인원 수용 규모로 적어도 1개 이상의 중력식 구명정을 비치해야 한다.<br>② ①항에 추가하여, 총 승선인원을 수용할 수 있는 구명뗏목을 선박 양쪽 현 각각에 설치하여야 한다. 한쪽 현에는 대빗에 의해 진수될 수 있어야 한다.<br>③ 만일, 구명뗏목의 무게가 185 kg 이상이거나, 각 현으로 쉽게 이동할 수 없는 위치에 설치될 경우, 각 현에 총 승선 인원을 수용할 수 있는 구명뗏목을 비치해야 한다.<br><br>• 구명정 및 구명뗏목 수용 인원수 : 승선원의 400% 비치<br>- 선박 좌·우현 각각 100% : 구명정(1개는 중력식 적용)<br>- 선박 좌·우현 각각 100% : 구명뗏목(1개는 대빗진수형) |
| Case2 | ① 선미 쪽으로 진수 가능하고, 총 승선인원을 수용할 수 있는 자유 낙하식 구명정을 비치하여야 한다.<br>② ①항에 추가하여, 총 승선인원을 수용할 수 있는 구명뗏목을 선박 양쪽 현 각각에 설치하여야 한다. 한쪽 현에는 대빗에 의해 진수될 수 있어야 한다.<br><br>• 구명정 및 구명뗏목 : 승선원의 300% 비치<br>- 선박 선미 100% : 자유 낙하식 구명정<br>- 선박 좌·우현 각각 100% : 구명뗏목(1개는 대빗진수형) |
| Case3 | ① 선박 양쪽 현 각각에 적어도 1개 이상의 구명뗏목을 비치<br>② 만일, 구명뗏목의 무게가 185 kg 이상이거나, 각 현으로 쉽게 이동할 수 없는 위치에 설치될 경우, 각 현에 총 승선인원의 150%를 수용하는데 충분한 추가의 구명뗏목을 비치하여야 한다.<br><br>• 구명뗏목 : 승선원의 200% 비치<br>- 선박 좌·우현 각각 100% : 구명뗏목 |

## (2) 여객선의 생존정 적용 규정 (총톤수 500톤 이상)

표 6-2 여객선의 생존정 적용 규정

| 선종 구분 | 내 용 |
|---|---|
| 국제항해 여객선 | • 구명정 및 구명뗏목 : 승선원의 125% 비치<br>- 선박 좌·우현 각각 37.5% : 구명정<br>- 선박 좌·우현 각각 12.5% : 구명정 혹은 구명뗏목<br>- 추가 25% 구명뗏목 |
| 단 국제항해 여객선 | • 구명정 및 구명뗏목 : 승선원의 125% 비치<br>- 선박 좌·우현 각각 15% : 구명정<br>- 선박 좌·우현 각각 35% : 구명정 혹은 구명뗏목<br>- 추가 25% 구명뗏목 |

## (3) 추가 적용 사항

선수 및 선미 최 끝단으로부터 가장 가까이에 있는 생존정까지의 수평거리가 100 m 이상이 될 경우, 한 개의 구명뗏목(6인승)을 가능한 한 선수 또는 선미에 설치하여야 한다. 대빗에 의해 진수될 필요는 없다.

화학제품운반선 및 가스운반선에는 구명정의 공기가 안전하고 통기성이 있는 상태를 유지시키는 공기 자급식 시스템(Self-contained air support system, LSA Code 4.8)이 적용되어야 한다. 탱커, 석유화학제품운반선 및 가스운반선에는 방화 구명정(Fire protected life boat, LSA Code 4.9)이 설치되어야 한다.

선박에서 구명정에 올라타는 장소인 각각의 승정장소(Embarkation station)에는 10도 트림(Trim) 및 20도 횡경사(List)의 선박 상태에서 사용이 가능한 길이의 승정용 사다리(Embarkation ladder)가 비치되어야 한다.

80 m~120 m의 화물선의 경우, 구명정 끝단이 프로펠러로 부터 구명정 길이 이상 떨어져서 설치되어야 한다. 120 m 이상의 화물선의 경우에는 1.5배 이상 떨어져서 설치되어야 한다. 총톤수 2만톤 이상의 화물선에서는 잔잔한 해수면에서 5 knots까지의 속력으로 항해하고 있을 때에도 구명정이 진수될 수 있어야 한다.

## 6.1.7 개인용 구명 장비의 적용 규정

### (1) 구명부환(구명부이, Life Buoy)

구명부환은 물에 빠진 사람을 구하는 장구로서 튜브 모양이다. 구명부환은 선박의 양현에 쉽게 사용할 수 있고, 가능한 한 모든 개방갑판에서 이용될 수 있도록 분산 배치되어야 하며, 적어도 하나는 선미 부근에 배치되어야 한다. 각 현에 적어도 한 개의 구명부환은 경하 발라스트 수면에서 보관 위치 까지의 높이의 2배 이상 또는 30 m 중 큰 쪽 위치에 부력 생명줄이 부착되어야 한다.

구명부환의 총수량의 반 이상은 자기점화등(Self-igniting light)을 갖추어야 하며, 이들 중 두 개는 자기발연신호(Self-activating smoke signal)를 동시에 갖추어야 하고, 이는 항해선교에서 신속하게 이탈될 수 있어야 한다. 이때 상기에 언급된 생명줄을 부착한 구명부환은 사용될 수 없다. 또한 자기점화등을 갖춘 구명부환이 위험구역(Dangerous Zone)에 설치될 경우에는 방폭형으로 적용되어야 한다. 각각의 구명부환에는 선명 및 선적항이 표기(Marking)되어 있어야 한다.

그림 6-15 구명부환

화물선의 경우에는 표 6-3에 규정하는 수 이상의 구명부환을 비치하여야 한다.

표 6-3 화물선 비치 구명부환 수량

| 선박의 길이(M) | Life Buoy의 수량 |
|---|---|
| 100 미만 | 8 |
| 100 이상 150 미만 | 10 |
| 150 이상 200 미만 | 12 |
| 200 이상 | 14 |

200 m 이상의 선박은 대체로 14개의 구명부환을 공급하면 되나 표 6-4와 같은 추가 구명설비들을 공급하여야 한다.

표 6-4 200m 이상 선박의 구명부환 및 추가 구명설비

| Life Buoy의 종류 | 수량 | 설치위치 |
|---|---|---|
| Life Buoy + Life Line | 6 | Upper deck |
| Life Buoy + Self-igniting Light | 4 | Lifeboat 주위, Pilot Boarding Area |
| Life Buoy + Self-igniting Light + Life Line | 2 | Accommodation Ladder 주위 |
| Life Buoy + Self-igniting Light + Self-activation Smoke Signal | 2 | Navigation Bridge |

SOLAS V-23. 7.1항에 따라 도선사 승선 구역(Pilot boarding area) 주위에는 자기점화등을 갖춘 구명부환이 요구된다.

MSC Circ. 1331에 따라 현측 사다리 주위에 자기점화등 및 생명줄을 갖춘 구명부환이 요구되어진다. (SOLAS 요구 수량과 별개로 공급하여야 한다.)

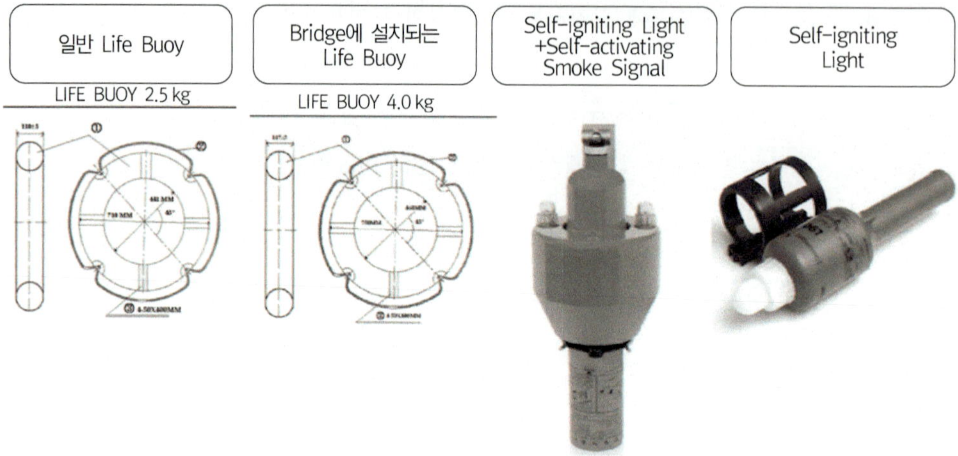


그림 6-16 구명부환 및 추가 구명설비

## (2) 구명동의(Life Jacket)

구명동의는 구명조끼라고도 하며, 비상시 물속으로 빠지기 전에 입어서 물에 떨어졌을 때 부력을 가지게 하여 생명을 건지기 위한 개인 장구이다.

모든 승선인원에게 제공될 수 있는 수량의 구명동의를 공급하여야 한다. 총 여객수의 10%에 상당하는 수량의 어린이용 구명동의를 공급하여야 한다. 당직요원 및 멀리 떨어진 구명정 위치에서 이용할 수 있는 충분한 수의 구명동의를 비치하여야 한다.(선교 및 기관제어실(ECR) 포함)

## (3) 방수복(Immersion Suit)

방수복은 모든 구조정 인원에게 공급되며, 추위로부터 체온을 유지하기 위한 안전 장구이다. 팽창형 방수복(Inflatable type immersion suit)이 공급되지 않는다면, 구명동의와 같이 착용하여야 한다.

Life Jacket

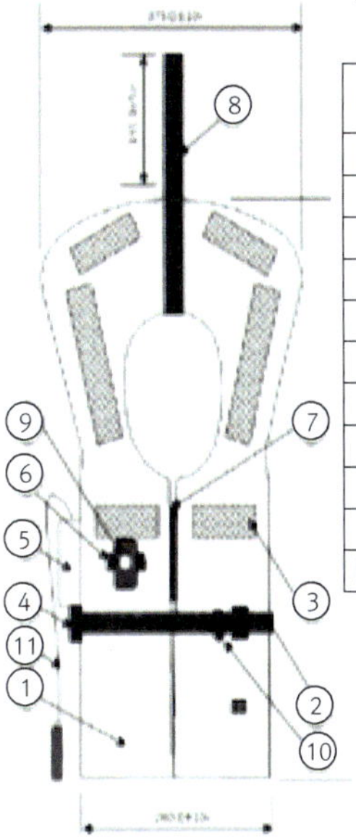

| NO | TITLE | MATERIAL |
|---|---|---|
| 11 | WHISTLE WITH LINE | PLASTIC, OVER 600 mm LENGTH |
| 10 | BUOYANT LINE | NYLON |
| 9 | LIFE JACKET LIGHT | 3 TYPE MODEL |
| 8 | GRAB LOOP | NYLON |
| 7 | VELCRO | NYLON |
| 6 | LIGHT LOOP | NYLON |
| 5 | WHISTILE POCKET | NYLON |
| 4 | BUCKLE | NYLON 66 |
| 3 | RETRO-REFLECTIVE TAPE | SOLAS GRADE |
| 2 | BELT | NYLON |
| 1 | FABRIC | NYLON |

Immersion Suit

그림 6-17 구명동의 및 방수복

## 6.1.8 각종 신호 장비 및 통신 장비의 적용 규정

### (1) 구명줄 발사기(Line Throwing Appliance)

230 m 이상의 줄을 운반할 수 있는 4개 이상의 발사기를 공급하여야 한다.

### (2) 조난 화염신호(Distress Flare)

12개 이상의 로켓 낙하산 화염신호기(Rocket parachute flare)가 항해선교 주위에 비치되어야 한다.

Line Throwing Appliance

Distress Flare

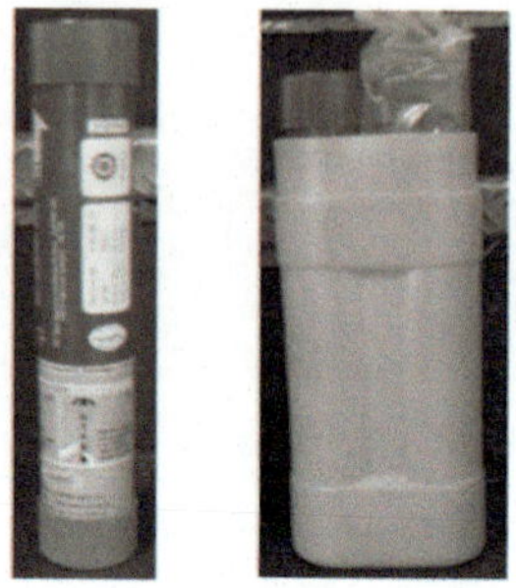

그림 6-18 구명줄 발사기 및 조난 화염신호

### (3) 무선전화 장치

최소한 3개 이상의 쌍방향 VHF 무선전화 장치(Two-way VHF radiotelephone apparatus)를 비치하여야 한다.

### (4) 수색 및 구조위치 장치(Search and Rescue Locating Device)

최근 레이더 트랜스폰더(Radar transponder)에서 명칭이 변경되었으며, 최소 1개의 수색 및 구조위치 장치를 양현에 설치하여야 한다.

최소 2개의 수색 및 구조위치 장치를 탑재하고, 자유 낙하식 구명정이 설치되는 선박에서는 그 중 1대는 구명정에 탑재하고, 나머지 한대는 다른 생존정에 용이하게 옮길 수 있도록 항해선교 주위에 비치하여야 한다.

## 6.1.9 비상탈출용 호흡구(EEBD)의 적용 규정

### (1) EEBD(Emergency Escape Breathing Device) 장비의 적용 규정

위험한 대기를 가진 구역으로부터 탈출용으로만 사용되는 공기공급 장치이며, FSS Code(Fire Safety Standard Code)에 적합하여야 한다.

- 거주구역 : 최소 2개 이상의 EEBD가 공급되어야 하며, 예비용 EEBD가 공급되어야 한다.
- 기관구역 : 기관 구역의 통상업무에 종사하는 인원과 그 배치를 고려하여, 적절히 비치되어야 한다.

상기는 SOLAS에서 요구하는 수량 및 배치이며, EEBD의 수량 및 위치는 해당 국가의 요구에 따라 배치하여야 한다.

표 6-5 EEBD 수량 및 배치 기준

| LOACTION / FLAG | ECR | WORK SHOP | E/ROOM | | | W/HOUSE | | | TOTAL |
|---|---|---|---|---|---|---|---|---|---|
| | | | F/L | 2ND | 3RD | WORKING | SPARE | TRAINING | |
| GENERAL | 1 | 1 | 1 | 2 | 2 | 2 | 2 | 1 | 12 |
| BAHAMAS | 1 | 1 | 1 | 1 | 1 | 2 | 4 | 1 | 12 |
| ISLE OF MAN | 1 | 1 | 1 | 2 | 2 | 2 | 5 | 1 | 15 |
| LIBERIA | 2 | 1 | 1 | 2 | 2 | 2 | 1 | 1 | 12 |

※ GENERAL FALG : CYPRUS, HONG KONG, ITALIA, MARSHALL ISLAND, PANAMA, CHINA, DENMARK, GREEK, LITHUANIA, NIS, SINGAPORE, LUXEMBOURG

※ GIBRALTAR의 경우 CARGO PUMP ROOM에 2개 별도 공급한다.

## (2) EEBD 장비

그림 6-19 EEBD 장비

# 6.2 방화장치(Fire Fighting System)

## 6.2.1 개요

선박에서 가장 위험한 사고 중 하나가 운항 중 화재이다. 특히 엔진룸에서 큰 화재가 발생할 경우에는 외부로부터 지원을 받기 어려운 데다 선박 스스로 운항하지 못해 운항 중단 및 수리 등으로 인한 커다란 비용이 발생한다. 선박에는 모든 위치에서 화재를 감시하고, 화재가 발생하였을 때 이를 신속히 진압하기 위해 독자적으로 가동되는 소화시스템이 설치되어 있어야 한다.

### (1) 화재의 3요소

화재 발생에는 가연성 물질, 산소 및 발화원(열, Naked flame, Spark 등) 즉, 화재의 3요소가 필요하다. 화재의 발생을 방지하거나 발생한 화재를 진압하기 위해서는 화재의 3요소 중 하나를 제거하거나, 3요소간의 연쇄 반응이 발생하지 않도록 차단시키면 된다.

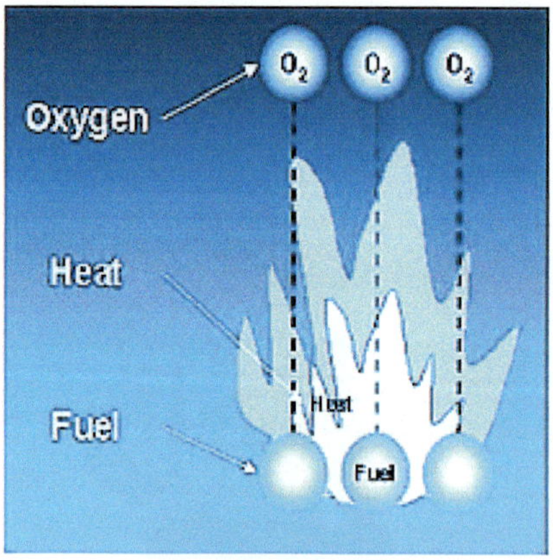


그림 6-20 화재의 3요소

### (2) 소화원리

- 질식효과 : 산소의 공급을 차단 또는 15% 이하로 감소시켜 소화하는 방식으로 담요, 마른 모래, 포말(Foam), $CO_2$ 등이 사용된다.
- 냉각효과 : 연소가 지속되는데 필요한 점화원(발화원, 열)을 열량 이하로 냉각시키는 방식이다. 물, 강화액, $CO_2$, 포말 등이 사용된다.
- 화학적 소화 : 연소의 연쇄 반응을 차단하는 방식이다. 분말, 할로겐 화합물, 소화약재 등이 사용된다.

### (3) 선박용 방화장치의 특징

선박은 구조가 복잡하고 운송 화물도 다양하며 운항에 필요한 연료와 선용품의 종류도 다양하다. 따라서 화재의 원인과 확산이 달라서 소화 방법도 여러 가지 방법을 적용해야 하며, 여러 종류의 소화시스템을 갖추어야 한다.

선박에 적용되는 방화장치는 선박의 생존 및 승객과 승무원의 생명을 보호하기 위한 장비 및 설비로 구성되며 화재의 발생 및 확산을 감지하고, 각 상황에 효율적인 소화를 할 수 있는 장비로 구성된다. 또한, 국제협약이 정하는 규정에 따라 선박에 방화장치를 배치하여야 한다.

## 6.2.2 방화장치의 종류

방화장치는 화재 감지시스템과 선박 구역에 따라 설치되는 소화시스템으로 구성되며, 각각 다음과 같은 종류가 있다.

### (1) 화재 감지시스템

- 열 감지시스템
- 연기 감지시스템
- 수동 화재 경보시스템

### (2) 소화시스템

#### 1) 갑판 구역(Deck)

- 소화배관(해수, Fire & wash deck) 소화시스템
- 갑판 포말(Deck foam) 소화 시스템
- 드라이 케미컬 분말(Dry chemical powder) 소화시스템

#### 2) 기관실 및 화물 구역(Engine room & Cargo hold)

- 이산화탄소($CO_2$) 소화시스템
- 고팽창 포말(High expansion foam) 소화시스템
- 물 분사(스프링클러, Water based) 소화시스템

#### 3) 거주 구역(Accommodation)

- 물 분사(스프링클러, Water based) 소화시스템

## 6.2.3 방화장치 적용 주요 규칙 및 규정(Rules & Regulations)

방화장치는 선박 및 승객과 승무원의 보호를 위한 장치이므로, 국제협약 및 국가법령에 의해 선박 구역별로 설치되어야 할 장비가 정해져 있다.

- SOLAS Ch. II-2 : Fire protection, fire detection and fire extinction
- MSC Circ.848, MSC. 1/Circ.1267 Fire extinction system 관련
- FSS(Fire Safety Standard) Code
- Flag State(Authority, 등록 국적) Rules and Regulations
- Classification Society(선급) Rules and Regulations

## 6.2.4 화재 감지시스템

### (1) 화재 감지시스템 개요

화재 감지시스템은 화재를 감지하여 화재 경보를 울리는 시스템이다. 따라서 화재를 빨리 발견하여 소화시스템을 가동하는 것이 화재피해를 줄이는 최상의 방법이다. 화물선의 대부분은 화물 보험에 가입하려면 화물창용 화재감지 시스템을 갖추도록 되어 있다. 화재 감지시스템의 종류는 다음과 같다.

- 열 감지시스템
- 연기 감지시스템
- 수동 화재 경보시스템

### (2) 열 감지시스템

#### 1) 차동식 감지기

실내 온도의 상승률, 즉 상승 속도가 일정한 값을 넘었을 때 동작되는 감지기이다. 온도가 급속하게 올라갈 때에는 화재를 빨리 감지한다는 장점이 있으나 온도가 느리게 올라갈 때에는 화재 감지가 늦게 되는 단점이 있다.

#### 2) 정온식 감지기

주위 온도가 일정온도 이상으로 상승하였을 때 작동하는 것이다. 일정 온도에 도달해야 작동되므로 화재 발생 초기에 감지가 어렵다는 단점이 있다.

#### 3) 보상식 감지기

차동식과 정온식 감지기의 성능을 결합시킨 것이다. 두 가지 중 한 가지 기능만 작동되면 신호를 보내도록 되어 있다. 차동식의 단점을 보완하고 차동식과 정온식의 장점을 따서 고온에서도 작동되게 한 것이다.

## (3) 연기 감지시스템

### 1) 이온화식 연기 감지기

센서에 연기가 들어가면 이온 전류가 감소하여 외부 이온실과 내부 이온실의 전압비가 변화하게 된다. 이러한 전압차를 증폭시켜 전기회로를 작동시켜 화재 경보를 울린다.

### 2) 광전식 연기 감지기

센서부에 연기가 들어가면 평상시에 광전 소자에 의하여 일정하게 흐르던 전류의 값이 변화된다. 이를 감지하여 화재 경보를 울린다.

## (4) 수동 화재 경보시스템

사람이 자주 지나가는 통로의 벽에 설치된 푸시 버튼 경보 유형을 의미하며, 화재를 발견한 사람이 화재경보장치의 덮개 창을 깬 다음 단추를 눌러 화재 경보를 울린다. 다른 화재 감지 시스템과 함께 사용되며 화재 장소를 전체에 알리는데 사용된다.

그림 6-21 열감지기(왼쪽), 광전식연기감지기(중간), 수동화재경보시스템(오른쪽)

## 6.2.5 소화 시스템(Fire Extinguishing System)

### (1) 개요

화재의 종류는 표 6-6과 같다.

표 6-6 화재의 종류

| | | |
|---|---|---|
| A급화재<br>일반화재 |  | 목재, 종이, 천, 고무 및 플라스틱과 같은 일상적인 가연성 물질 또는 섬유질의 물질에서 발생하는 화재 |
| B급화재<br>유류화재 |  | 휘발유, 등유, 페이트, 프로판 등과 같은 가연성의 액체(증발가스)에서 발생하는 화재. |
| C급화재<br>전기화재 | 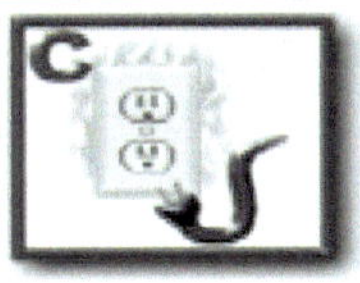 | 가전제품, 스위치 패널, 전력도구 등과 같은 전력이 공급되는 전기제품에서 발생하는 화재. |
| D급화재<br>금속화재 |  | 마그네슘, 티타늄, 칼륨 및 나트륨과 같이 금속에서 발생하는 화재. 이러한 금속들은 고온에서 연소되며 연소를 지속하는데 충분한 산소를 방출함. 또한 이 물질들은 물 또는 다른 화학물질과 격렬하게 반응하므로 취급 시에 특별히 주의하여야 함. |
| E급화재<br>가스화재 |  | 가연성 액체 또는 고체의 표면에서 발생하는 화재.<br>석유화재나 배관 또는 저장고에서 가스가 누출되어 타는 것을 말함. |

선박은 구조가 복잡하고, 적재화물도 다양하며 운항에 필요한 연료와 선용품의 종류가 다양하다. 따라서 화재의 원인과 양상이 다양하므로 소화 방법도 동일하지 않게 된다. 즉, 다양한 화재에 대한 소화를 위해 여러 종류의 소화설비를 갖추어야 한다.

### (2) 소화배관(해수, Fire & Wash Deck) 소화시스템

선박의 갑판 구역에 발생한 화재를 진압하기 위해 설치되는 시스템은 크게 3가지 종류가 있다. 소화배관(Fire & wash deck) 소화시스템, 갑판포말(Deck foam) 소화시스템, 드라이 케미컬 분말(Dry chemical powder) 소화시스템 등이다.

소화배관 소화시스템은 갑판에 설치되며 항해 중 화재가 발생하였을 때에 언제든지 해수를 분사시켜 화재를 진압한다. 시스템의 구성은 다음과 같다.

- 소화펌프(Main fire pump)
- 비상 소화펌프(Emergency fire pump)
- 소화 전(Fire hydrant)
- 소화 배관(Fire main pipe)
- 소화 호스(Fire hose)

그림 6-22 소화배관 소화시스템을 이용한 화재 진압

#### 1) 소화펌프(Main Fire Pump)

소화펌프는 해수를 일정한 유량과 압력(수두)으로 공급하여 기관실 및 기관실 외부 등 선박 전 구역에서 발생되는 화재를 진압하며, 엔진룸에 설치된다. 소화펌프에 대한 주요 요구 사항은 다음과 같다.

- 주 소화펌프의 용량은 최소 25 ㎥/h 이상이어야 한다.
- 각 소화펌프는 요구되는 용량을 최소 소화펌프 수로 나눈 값의 80% 이상의 용량을 가져야 한다. (화물선의 소화펌프 수 : 2대 이상)
- 각 소화펌프는 12 m 이상의 2개의 물줄기를 분사시킬 수 있어야 한다.

즉, 소화전에서의 압력에 적합한 수두를 가지고 있어야 한다.

펌프의 용량 산출과 수두에 대한 내용은 8.3.3와 8.3.4에 설명되어 있다.

### 2) 비상 소화펌프(Emergency Fire Pump)

기관실 내의 화재 또는 다른 이유로 기관실에 배치된 소화펌프를 사용할 수 없는 경우에 사용한다. 독립적으로 구동되는 고정식 동력 구동 펌프이어야 한다. 비상 소화펌프와 비상 소화펌프용 급수원(Sea chest), 흡입관, 배출관 및 차단 밸브는 기관실 외부에 설치하는 것이 원칙이다.

비상 소화펌프의 용량은 소화 펌프 용량의 40% 이상이고, 25 ㎥/h 이상 이어야 한다.

### 3) 소화 전(Fire Hydrant)

소화 전은 열에 의해 손상되는 재료를 사용해서는 안 되며, 동결을 방지해야 한다. 1개의 소화 호스 및 노즐을 설비하는 경우를 제외하고는 호스 커플링(Coupling) 및 노즐은 각각 교환이 가능한 것이어야 한다.

소화 전의 수와 위치는 8.4.7에 설명되어 있다.

### 4) 소화 배관(Fire Main Pipe)

소화 배관은 소화용 해수가 공급되는 통로이다. 배관 일부분이 화재, 폭발 등으로 손상되더라도 나머지 부분은 정상적으로 기능할 수 있도록 하기 위해 중간에 차단밸브(Isolating valve)를 설치한다. 탱커의 경우 상갑판의 소화배관 40 m 이하의 간격으로 차단밸브가 설치된다.

소화 배관과 소화 전은 소화 호스가 쉽게 연결 될 수 있는 장소에 있어야 하며, 소화 배관의 계통도에 대해서는 8.4.7에 설명되어 있다.

### 5) 소화 호스(Fire Hose)

소화 호스는 관청이 승인한 것이어야 하고, 썩지 않는 재료를 적용하여야 한다. 소화 호스 길이는 최소 10 m에서 최대 25 m 범위이며 일반상선의 호스 설치 수량은 선박 30 m 당 1개와 예비용인 1개를 비치해야 하고 적어도 5개 이상이 되어야 한다. 여기에서 엔진룸 및 펌프룸 등의 호스는 포함하지 않는다. 각 호스는 노즐(Nozzle)과 커플링(Coupling)이 함께 제공되어야한다.

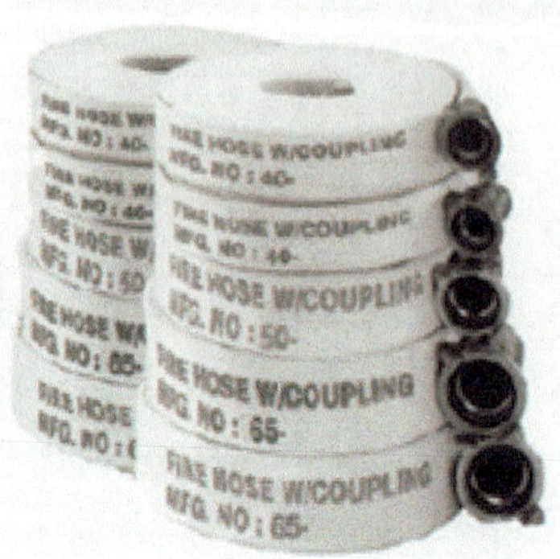


그림 6-23 소화 호스

## (3) 갑판 포말(Deck Foam, 저팽창 포말) 소화시스템

### 1) 개요

탱커(Tanker) 및 석유화학제품 운반선과 같이 위험 화물을 운반하는 선박의 경우에 화물 구역의 상갑판에 기름(가연성 액체)에 의한 화재 진화에 사용되는 고정식 소화시스템이다. 갑판에 설치되기 때문에 갑판 포말 소화시스템이라고 한다.

원유, 휘발유, 솔벤트유(Solvent)와 같은 석유 액체류에 대한 화재진압에 물을 사용하는 것은 화재를 확산시키므로, 기름보다 가벼운 포말제를 사용하는 것이다. 화재가 발생하면 포말 원액에 해수를 섞어 포말을 만들고 분사한다. 불꽃을 포말이 덮게됨으로써 소화된다. 포말이 공기와 만나면 6~12배 수준으로 적게 팽창되어 저팽창 포말 소화시스템(Low expansion foam system)이라고도 한다. 해수에 의한 냉각효과와 포말로 불꽃을 대기와 차단시켜 화재를 진압시키는 효과적인 소화 방식이다.

포말 소화시스템의 구성 요소는 다음과 같다.

- 포말 및 포말 저장 탱크(Foam storage tank with liquid)
- 포말 펌프(Foam liquid pump)
- 해수와 포말 혼합기(Proportioner)
- 포말 모니터(포말 발사기/방사기, Water/foam monitor)
- 제어반(Control panels)

### 2) 포말의 종류

#### ① 단백질 함유형(Protein base type)

가수분해가 잘 되는 단백질로서 포말의 안정을 위한 배합물, 빙점 진정제와 방부제 등을 배합하여 단백질형 액체로 만든 것이다. 원유와 휘발유 등에 포함된 탄화수소형 가연성 액체의 화재 진압에 적합한 강력한 거품막을 가지며, 내화성이 우수하고 유동성이 좋다.

#### ② 합성형(Synthetic type)

몇몇 합성제와 솔벤트가 혼합되어 주로 고팽창 및 중팽창 시스템에 사용되나 저팽창 시스템에도 사용할 수 있다. 정규 단백질 포말에 비해 소화력이 다소 떨어진다. 발생과 유동 제어가 용이하고, 안정적이다.

#### ③ 내 알콜형(Alcohol resistant type)

화학 운반선의 화물 구역용으로 개발되어졌고, 탄화수소와 이온화 용제를 함유한 화재의 소화에 적합하다.

### 3) 해수와 포말 혼합기(Foam Proportioner)

해수와 포말을 일정한 비율로 혼합하는 장치를 말한다. 탱커에서는 해수와 포말의 비율이 97:3, 석유화학제품 운반선에서는 95:5이다. 상갑판의 화물 구역에서 화재가 발생하면 포말 탱크에 있는 포말이 배출되어 혼합기에 들어가면서 해수와 섞인 포말이 만들어진다.

### 4) 포말 모니터(포말 분사기, Foam Monitor)

해수와 혼합된 포말을 화재발생지역으로 상하 및 좌우로 분사시킬 수 있는 장치이다. 포말 모니터에 노즐을 설치하고 포말을 노즐 안으로 통과시켜 팽창시킨다.

모니터의 방출 거리는 무풍상태(Still air condition)에서 계측한 값을 사용하는데, 실제 설계에서는 무풍상태에서 계측한 값의 75%를 방출거리로 사용한다. 이는 선박에서 바람, 선박의 운동 등을 고려하여 안전계수를 적용한 것이다. 화물창 갑판 구역의 전 구역 및 갑판이 파손 되어 있는 화물창 내에 포말을 방출할 수 있는 능력을 가지고 있어야 한다.

모니터가 미치지 못하는 사각지대에는 수동으로 포말을 분사시키는 휴대용 포말 분사장치(Portable foam applicator)를 설치해야 한다. 또한, 1대의 모니터와 1대의 휴대용 포말 장치를 연결할 수 있는 소화전 밸브가 선미루 전방(Poop front)의 좌현과 우현에 각각 준비 되어 있어야 한다. 각 모니터에 쉽게 접근이 가능한 곳에 소화용 포말 배관이 파손될 경우를 대비하여 차단 밸브를 설치하여야 한다.

그림 6-24 갑판 포말시스템

## (4) 드라이 케미컬 분말(Dry Chemical Powder) 소화시스템

### 1) 개요

중탄산 나트륨과 칼륨 및 인산 암모늄 등의 분말을 고압인 질소 가스와 혼합시켜 화재 발생 장소에 내뿜어 산소의 공급을 차단하면서 소화하는 방식이다. 가스(LNG, LPG) 운반선, 석유화학제품 운반선의 화재 진압용으로 사용되며 갑판에 설치되는데 다음과 같은 특징을 가진다.

- 선박의 상갑판 전체 영역을 보호한다.
- 핸드 호스라인(최대 호스길이 : 33 m) 및 로딩 스테이션으로 마련된 모니터 노즐과 함께 사용된다.
- 유해하지 않고 효과적으로 화재를 진압 가능하다.

### 2) 종류

#### ① 중앙 집중식 시스템(Central system)

주로 사용되는 시스템으로 1개의 모니터 또는 호스 스테이션에서 전체 파우더의 사용이 가능하다.

#### ② 개별 모듈 시스템(Modular system)

설치비가 저렴하며 호스와 모니터 및 파우더 저장 용기로 구성된다. 임시 화재 진압용(Extra protection 용)으로 사용되며 석유화학제품 운반선 등의 화물 데크, 차량 데크, 헬리 데크 등에 설치된다.

그림 6-25 드라이 케미컬 분말 소화시스템

## (5) 이산화탄소($CO_2$) 소화시스템

선박의 기관실 및 화물 구역(Engine room & Cargo hold)에 발생한 화재를 진압하기 위해 설치되는 시스템은 크게 3가지 종류가 있다. 이산화탄소 소화시스템, 고팽창 포말(High expansion foam) 소화시스템, 물 분사(스프링클러, Water based) 소화시스템 등 이다. 이 중에서 이산화탄소 소화시스템을 살펴보면 다음과 같다.

### 1) 개요

이산화탄소 소화시스템은 질식 및 냉각효과에 의한 소화를 목적으로 $CO_2$ 를 고압용기에 저장해 두었다가 화재가 발생하였을 때에 수동 또는 자동으로 분사되도록 한 고정식 또는 이동식 소화시스템이다. 주로 기계실, 통신실, 페인트 저장소, 창고, 화물 적재실 등의 화재 진압에 사용된다. 화재진압 원리는 다음과 같다.

- 질식작용 소화 : 불활성 가스인 $CO_2$ 가스를 불어 넣음으로써 해당 구획 내의 공기 중 산소농도를 연소 한계 이하로 만든다.
- 냉각작용 소화 : $CO_2$ 가스는 방출 후 즉시 기화하지만 고압용기 내에 저장된 $CO_2$ 가스는 방출 속도가 빠르다. 또한 방출할 때 팽창률이 높으므로 그 기화열과 단열 팽창에 따라 주위 온도를 급격히 저하시킨다.

### 2) $CO_2$ 가스 특성 및 위험

- 무색 무취하나, 고밀도 상태에서는 약간의 산성 냄새가 난다.
- 대기 중에 0.04% 정도 존재한다.
- 공기보다 무겁다.(공기에 대한 비중은 1.52~1.53 정도임)
- $CO_2$ 가스를 방출하기 전에 사람들을 대피 시켜야 한다.
- $CO_2$ 가스는 자체적으로는 무독성(Non toxic)이나, 불을 끄기 위해 필요한 농도 하에서는 사람에게 극히 위험하다.

### 3) 이산화탄소 소화시스템의 종류

이산화탄소 소화시스템은 고압식과 저압식으로 구분되며 대부분의 선박에서는 고압식이 사용된다. 각 시스템의 특징은 표 6-7과 같다.

표 6-7 고압식과 저압식 이산화탄소 소화시스템

| 방식 | 내용 |
|---|---|
| 고압식<br>(High pressure system) | - 21℃에서 57.6 bar 압력으로 액화된 $CO_2$ 사용<br>- $CO_2$ 용 용기(Bottle)에 $CO_2$ 보관<br>- 대부분의 선박에는 고압식을 채택 |
| 저압식<br>(Low pressure system) | - 18℃에서 19.68 bar 압력으로 액화된 $CO_2$ 사용<br>- $CO_2$ 용 저장탱크(Storage tank)에 $CO_2$ 보관<br>- 18℃를 유지해야 하므로 $CO_2$ 냉각설비 필요<br>대량의 $CO_2$ 가 필요한 자동차운반선에 주로 사용 |

고압식 이산화탄소 소화시스템은 중앙 집중식으로 운영되며 많은 $CO_2$ 실린더는 격리된 장소에 위치하고, 공동 매니폴더(Common manifold)로 연결되어 있다. 안전상의 목적으로 시스템은 별도로 방호된 방출 캐비넷(Release cabinet)에서 수동으로 조종되어 진다. 규정된 시간이 지나면 파이프와 노즐을 통해 $CO_2$ 가스가 방호(Protected)된 공간에서 배출되어 진다.

이산화탄소의 배출은 두 종류의 밸브에 의하여 제어된다. 하나는 이산화탄소 용기에서 이산화탄소 배출을 제어하는 실린더밸브이고, 다른 하나는 이산화탄소가 배출되어야 하는 구역에서 이산화탄소의 배출을 제어하는 POD(Pressure Operated Distribution)밸브이다. 이 두 가지 밸브는 파일럿 실린더(Pilot cylinder)에 저장된 고압의 이산화탄소를 이용하여 제어된다.

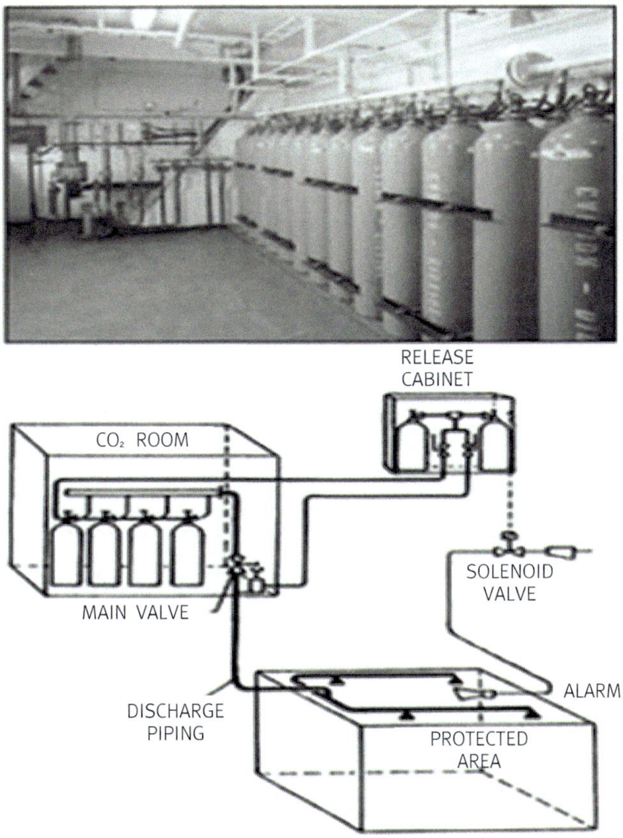


그림 6-26 고압식 이산화탄소 소화시스템

## (6) 고팽창 포말(High Expansion Foam) 소화시스템

### 1) 개요

기관실 및 펌프실에 설치되며 포말을 200 ~ 1,000배로 고팽창시켜 분사함으로써 화재를 진압시키는 효과적인 소화시스템이다. 다음과 같은 장점이 있다.

- 인체에 해롭지 않은 소화 시스템이다.
- 보수 유지가 많지 않은 시스템이다.
- 소화에 매우 효과적이다.
- 기계 장치에 전혀 해롭지 않다.
- 비용이 저렴하다.(설치 장소가 크지 않고, 경량임)

### 2) 고팽창 포말 소화시스템 구성

시스템의 구성요소는 다음과 같다.

- 저장 탱크(Foam storage tank with foam liquids)
- 해수 공급 펌프(Sea water supply pump)
- 포말 혼합기(Mixing proportioner) 및 유량 조절 밸브
- 포말 발생기(Foam generator, foam monitor or foam sprinkler or nozzle)
- 제어반(Control panel)

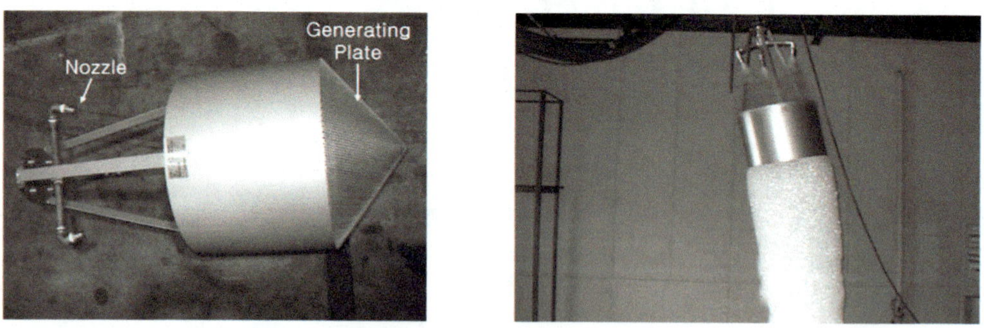


그림 6-27 포말 발생기

고팽창 포말 시스템에서 포말 모니터 역할은 포말 발생기가 한다. 작은 구멍이 많이 뚫려있는 포말 발생판을 통과시키면서 포말 거품이 만들어진다. 포말 발생기의 분사 압력은 4 bar 이상이어야 하고 정해진 공간에 매분마다 1 m 이상의 두께로 쌓이도록 설계되어져야 한다.

예를 들어 한 공간이 1000 $m^3$이고 방출되는 해수와 섞인 폼이 200 $m^2$/min이라면 그 공간을 폼으로 채우는데 소요되는 시간은 5분이다. 이 공간의 높이가 6 m이라면 용량은 매분 1.2 m/min로 나타나 규정을 만족시킨다.

그림 6-28 고팽창 포말 소화시스템

## (7) 물 분사(스프링클러, Water Based) 소화시스템

화재가 감지되었을 때에 자동적으로 물을 분사시킴으로써 화재를 진압하는 시스템이다. 화재가 발생한 구역에 물로 온도를 떨어뜨리고 계속적으로 불꽃에 물을 덮어 산소가 가연성 물질과 접촉하는 것을 방지시킨다.

### 1) 적용 대상

- 여객선 및 화물선

  (Passenger ships of 500 gross tonnage and above & Cargo ships of 2000 gross tonnage and above)

- 카테고리 A 기관 구역

  (Category A machinery space above 500 $m^3$ in volume)

### 2) 적용 구역

- 승객 및 승무원 거주구역, 제어 장소, 로로 데크(Ro-Ro deck) 등
- 선박의 추진 및 발전용으로 사용되는 내연기관이 설치되는 화재 위험구역
- 보일러 앞쪽(Boiler fronts)
- 소각기(The fire hazard portion of incinerators)
- 가열 연료용 청정기(Purifiers for heated fuel oil)
- 불활성가스 발생장치(Inert gas generator)

### 3) 적용 목적

상기 적용구역 첫 항(승객 및 승무원 거주구역, 제어 장소, 로로 데크) 제외 구역에서의 화재 발생 시에 적용한다.

- 주기관의 정지(Shut down)
- 승무원의 화재 구역에서의 대피
- 통풍 설비의 정지(Shut down)
- 화재 구역이 밀폐가 안되는 경우
- 개별 구역 물분무 시스템의 20분 이상의 작동을 통한 화염 확산 방지 및 주 소화장치의 준비

### 4) 물 분사 소화시스템의 구성

- 물분무 노즐(Water fog nozzle)
- 펌프(Pump unit)
- 섹션 밸브(Sectional valve(Solenoid valve))
- 감지기(Detector)
- 배전반(Control panel)
- 알람(Alarm unit)

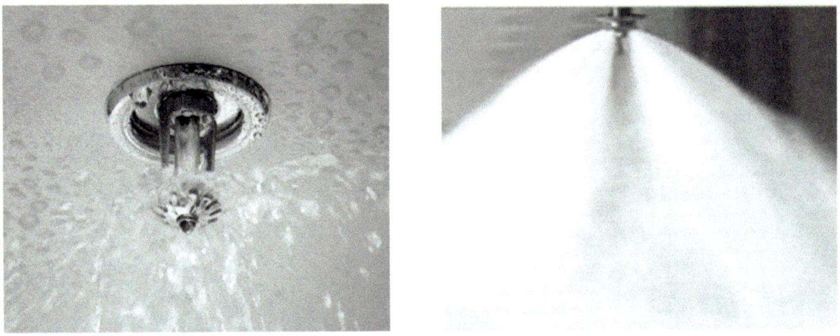

그림 6-29 물 분사 소화시스템

### 5) 스프링클러(Sprinkler) 헤드의 종류

스프링클러의 헤드의 종류는 자동형과 개방형이 있다.

**① 자동형 스프링클러 헤드**

- 유리벌브형 : 유체 체적이 팽창하여 유리벌브가 깨어지면 유로가 개방되어 소화수를 방출하게 된다.
- 가용성 엘리먼트형 : 정해진 온도에서 녹거나, 기계적인 강도를 잃는 물질을 사용한다.

**② 개방형 헤드 : 항상 유로가 개방되어 있다.**

표 6-8 스프링클러 헤드의 종류

| | | |
|---|---|---|
| Automatic Sprinkler Head | Glass Bulb Type |  |
| | Fusible Element Type | 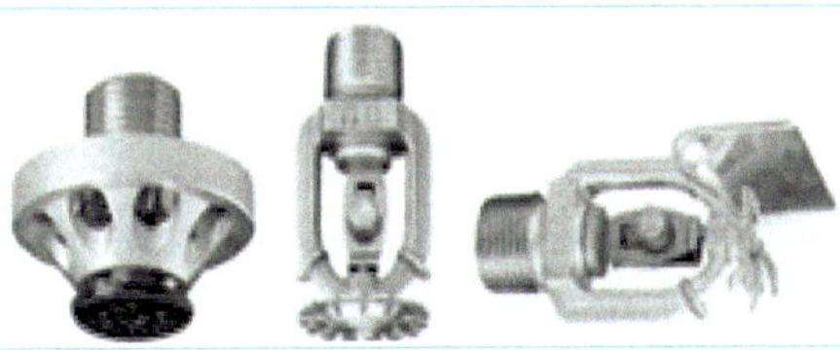 |
| Open Type Sprinkler Head | |  |

### 6) 물(청수) 분사 설비 비교

스프링클러 장치는 화재가 발생할 염려가 있는 구획 내에 적절히 배치하고, 소화 배관과 접속시켜 두고, 물탱크에는 항시 가압을 시킨 만수 상태를 유지되도록 한다. 헤드는 항시 폐쇄되어 있지만 화재로 인해 열을 받으면 일정 온도 이상이 될 때 노즐이 녹으면서 폐쇄가 풀려 분사하는 구조이다.

자동스프링클러 장치는 단위 면적(㎡) 당 5 ℓ/min의 살수율을 유지할 수 있도록 스프링클러 헤드(Sprinkler head)를 배치하고 적절한 용량의 펌프를 구비하여야 한다.

물 분사 소화 시스템의 종류 및 주요 특성은 표 6-9와 같다.

표 6-9 물 분사 소화시스템의 종류

| 구분 | 자동스프링클러(Sprinkler) | 물분무설비(Water Spray) | 미분무설비(Water Mist) |
|---|---|---|---|
| 특징 | • 물이 디플렉트에 부딪혀 속도가 순간적으로 감소한 후 자중으로 자연낙하하여 대상물에 분사<br>• 물방울의 크기가 커서 화심으로 침투하게 되어 냉각소화가 주 역할임<br>• 작은 물방울이 증발하여 질식소화를 보조로 수행<br>• 유효범위는 통상 헤드 1개당 약 5 m 정도임 | • 물이 대부분 유속을 가지고 직접 대상물에 분사, 운동 모멘트 큼<br>• 물방울의 크기가 스프링 클러보다 작아서 냉각 소화 이외에 질식소화 비율이 큼<br>• 작은 입자가 운동모멘트를 가지고 물 표면을 타격하므로 에멀전(유화) 기능이 있음 | • 물이 유속과 운동 모멘트를 가지고 바로 낙하<br>• 물입자가 매우 작아서 주위로 비산되므로 에멀전 효과 없음<br>• 질식효과는 물분무 보다 훨씬 크며, 기후의 영향을 받으므로 실내에서만 효과를 발휘함<br>• High/Low Pressure<br>• 할론소화장치 대체 |
| 적용성 | 대형 면적의 전체 보호 | 장비에 대한 표면 보호 | 작은 공간의 보호 |
| 냉각/질식 | 대(연소재 소화)/소 | 중/중 | 소/대(flare, 화염소화) |
| 적용구역 | 거주구, 제어장소, 기관실 | 차량/화물구역, 도료창고 | 거주구역, 기관실, 펌프실 |

# 연습문제

1. 선박의 구명장치 중 본선 탈출용 생존정의 종류에 대해 기술하시오.

2. 선박의 인명 구조용 선박인 구조정에 대하여 기술하시오.

3. 선박의 화재감지시스템에 대하여 기술하시오.

4. 다음 각 소화시스템의 특성에 대해 기술하시오.
   1) 소화배관(해수, Fire & wash deck) 소화시스템
   2) 갑판 포말(Deck foam) 소화 시스템
   3) 드라이 케미컬 분말(Dry chemical powder) 소화시스템
   4) 이산화탄소($CO_2$) 소화시스템
   5) 고팽창 포말(High expansion foam) 소화시스템
   6) 물 분사(스프링클러, Water based) 소화시스템

# 7장

# 거주구 의장 및 공기조화 시스템

# 7.1 거주구 의장

## 7.1.1 개요

대형 화물선의 경우 20~30명 내외의 승무원이 있고 여객선의 경우에는 매우 많은 승무원과 여객이 승선하므로 사람들이 선박에서 안전하고 쾌적하게 보낼 수 있도록 생활환경 조건을 갖추어야 한다. 승선자들이 건강하게 생활하고 업무를 볼 수 있도록 채광, 온도, 습도, 냉난방 시설을 설치하고 선박의 진동 및 소음을 최소화할 수 있도록 방진시설도 설치하여야 한다.

선박을 발주하는 해운선사의 기호에 따라 다양한 자재와 장치들이 사용된다. 거주구의 방화 및 안전시설에 관하여는 각 선급이나 관련 정부 관청의 규정에 따라 설치된다. 보통 20~30명 내외 승무원의 경우 거주구는 선실, 휴게실, 식당, 병원 등을 포함해 35~40여 개의 구획 공간 정도로 배치가 된다. 거주구 의장은 승선인원과 등급을 고려해서 설치되어야 한다. 대형 상선의 승선 선원들 등급은 일반적으로 표 7-1과 같다.

표 7-1 대형 상선의 선원 등급

| CLASS | GRADE | PERSON | | |
|---|---|---|---|---|
| | | DECK PART | ENGINE PART | OTHER PART |
| Officer | Captain Class | Captain | Chief Engineer | |
| | * Senior Class | Chief Officer | 1st Engineer | |
| | Junior Class | 2nd, 3rd, 4th Officer | 2nd, 3rd, 4th Engineer | Radio operator, Pilot, Cadet |
| | Petty officer | Bosun (C/steward) | No. 1 oiler | Chief cook |
| Crew | Crew | Able seaman<br>Ordinary seaman | Oiler<br>Wiper | cook boy |

*Officer : 상선의 사관급 선원
*Crew : 상선의 일반 선원

## 7.1.2 거주구 의장의 종류

일반 상선에서 승무원들을 위한 생활, 업무 및 편의시설, 문·창문 및 통행 시설, 인테리어 시설, 생활수 배관시스템 및 공기조화시스템 등의 설비로 이루어져 있으며 다음과 같이 분류된다.

### (1) 승무원 생활, 업무 및 편의 시설

- 개인 생활 공간(Living space)
- 공용 공간(Public space)
- 사무 공간(Office space)
- 조타실 및 운전제어 공간(Wheel house & control space)
- 식자재 창고 공간(Provision space)
- 식당 및 주방 시스템(Catering space & Galley system)
- 세탁 시스템(Laundry system)
- 잡 공간(Sundry space)

### (2) 도어(Door), 윈도우(Window) 및 통행(Traffic) 시설

- 도어 시스템(Door system)
- 윈도우 시스템(Window system)
- 복도 및 계단(Corridor and stairway)

### (3) 인테리어 시설

- 인슐레이션 시스템(Insulation system)
- 실링 시스템(Ceiling system)
- 월 패널 시스템(Wall panel system)
- 데크 커버링 시스템(Deck covering)

### (4) 생활수 배관시스템

- 청수관(Fresh water line)
- 음료수관(Drinking water line)
- 온수관(Hot water line)
- 배수관(Grey water line)
- 오수관(Black water line)

### (5) 공기조화시스템(HVAC, Heating Ventilation and Air Conditioning system)

- 냉매
- 공기 냉방 시스템(Air cooling system)
- 냉동기 시스템(Refrigeration plant system)
- 압축기(Compressor)
- 공기조화 부하 이론 및 계산
- Duct 설계

## 7.1.3 거주구 의장 적용 주요 규칙 및 규정(Rule & Regulation)

거주구역의 여러 가지 공간에 대한 정의가 SOLAS에 의하여 규정되어 있다. 방화 및 안전시설은 승무원의 인명 보호에 대한 내용임으로 국제협약 및 국가법령에 의해 정해져 있다.

- 국제해사기구(IMO)의 해상인명안전협약(SOLAS-International Convention for the Safety of Life at Sea)
- IMO Resolution MSC.337(91) "Code on noise levels on board ship"
- 각 국가 규칙 및 규정(Flag State Rule & Regulation)
- 선급 규칙 및 규정(Class Rule & Regulation)

## 7.1.4 승무원 생활, 업무 및 편의 시설

### (1) 개인 생활공간(Living Space)

승무원실(Private cabin)은 승무원이 사적인 생활을 하는 장소로 1인실이 보통이지만 승객용 방은 개인실, 2인실 혹은 많은 사람들을 수용할 수 있는 방으로 꾸며진다. 침대, 사물함, 책상과 의자, 세면대, 소파와 테이블, 화장실과 욕실(선박의 정도에 따라 다름) 등이 설치된다.

그림 7-1 Private cabin & day room

### (2) 공용 공간(Public Space)

공용 공간은 승무원들이 편안하게 휴식하고 서로의 친교를 나누는 공통의 장소이며, 상선에는 다음과 같은 구역이 설치되어 있다.

- 사관식당(Officer's mess room)
- 사관휴게실(Officer's recreation room)
- 선원식당(Crew's mess room)
- 선원휴게실(Crew's recreation room)
- 병원, 체육관(Hospital, Gymnasium)

그림 7-2 Mess room & Day room

### (3) 사무 공간(Office Space)

선박의 운항, 운용에 필요한 각종 업무를 처리하는 방을 말한다.

- 사무실(Ship's office)
- 발라스트 제어실(Ballast control room)
- 방화 제어실(Fire control station)
- 하역사무실(Tally office)
- 화물제어실(Cargo control room)

그림 7-3 Ship's office

그림 7-4 Ballast control room

### (4) 조타실 및 운전제어 공간(Wheelhouse & Control Space)

선박을 운항하는 항해에 필요한 작업을 하는 방으로서 조타실 뒤 부분에 해도실, 무전실 등을 배치한다.

- 조타실(Wheelhouse)
- 엔진제어실(Engine control room)

그림 7-5 Wheelhouse

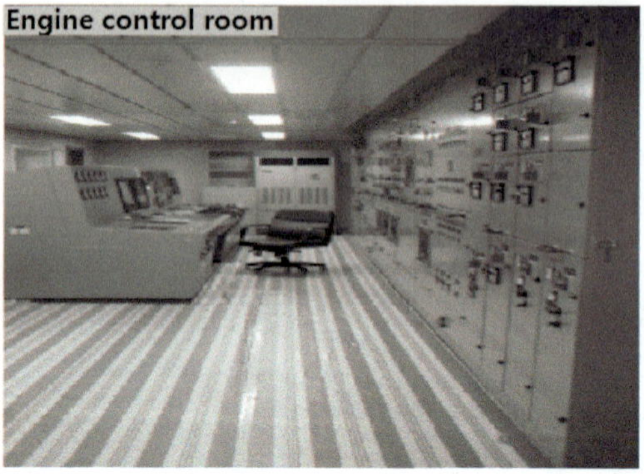


그림 7-6 Engine control room

## (5) 식자재 창고 공간(Provision Space)

승무원들의 식재료를 냉동·냉장 상태로 보관하는 공간(Refrigerated provision chamber)을 의미한다.

육류 및 어류는 냉동고(Cold provision Chamber)에 보관되고 마른 식자재는 냉장보관 창고(Dry provision store)에 저장된다.

그림 7-7 Cold provision chamber

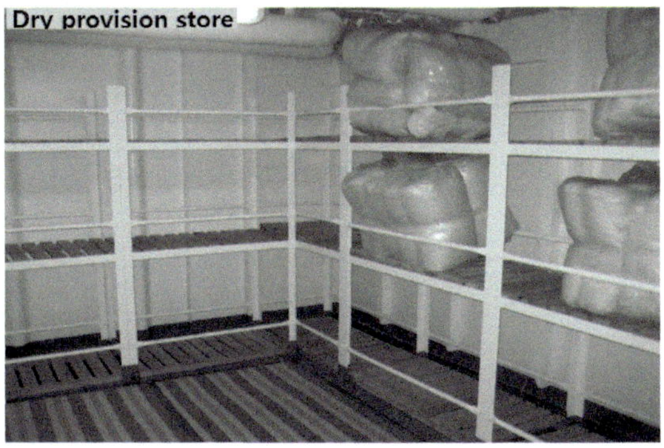


그림 7-8 Dry provision store

## (6) 음식 공급 및 주방 시스템(Catering space & Galley System)

### 1) 케이터링 공간(Catering Space)

선원들의 조리 공간인 주방(Galley)을 의미한다.

### 2) 주방시스템(Galley System)

주방시스템(Galley system)은 통상적으로 식당(Messroom), 간이조리실(Pantry), 마른 식자재 창고(Dry provision store), 냉장고(Cold provision chamber)와 인접하게 설치된다.

### (7) 세탁 시스템(Laundry System)

선박 거주구내에 세탁 및 건조를 위한 기기를 말한다. 세탁실의 크기 및 형태에 따라 작업 동선을 고려하여 세탁기(Washing machine), 탈수기(Hydro extractor), 건조기(Drying tumbler), 다리미(Ironer) 등의 순으로 배치하는 것이 좋다.

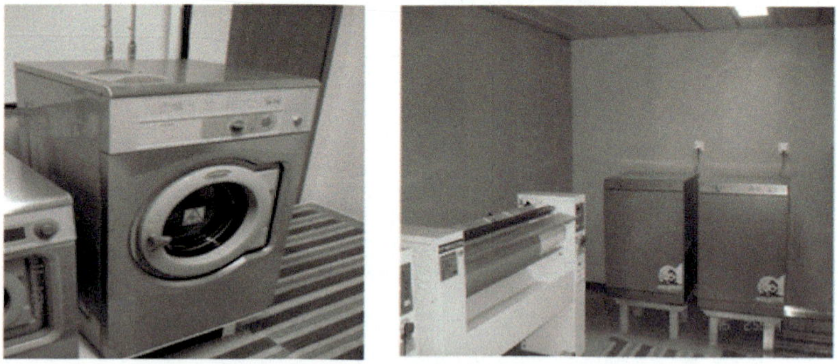

그림 7-9 Laundry 시스템

### (8) 다용도 공간(Sundry Space)

공기조화장치실(Air conditioning unit room), 비상발전기실(Emergency generator room), 탈의실(Changing room), 보세창고(Bonded store, 면세품 창고), 쓰레기 창고(Garbage locker), 배터리 저장실(Battery locker), 기타 저장소 및 창고(Other miscellaneous stores and lockers)

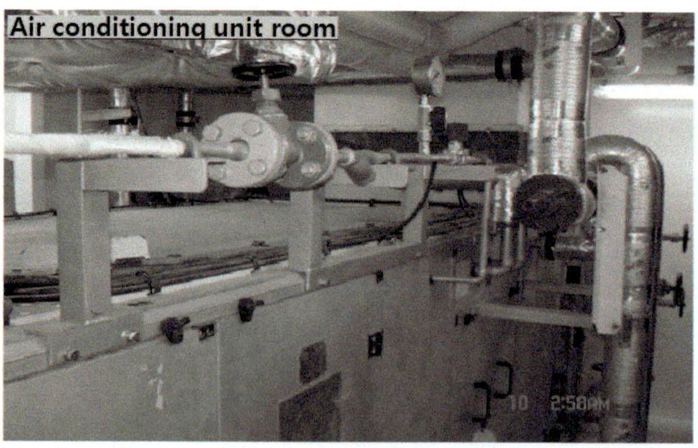


그림 7-10 Air conditioning unit room

## 7.1.5 도어(Door), 윈도우(Window) 및 통행(Traffic) 시설

### (1) 도어 시스템(Door System)

선박에서 도어는 각 구역 공간으로 들어가거나 나올 때 열거나 닫는 장치이며 비상 탈출구로서의 역할을 한다. 선박에서 도어는 설치되는 벽(Wall)의 화재 등급(Fire grade)과 일치되어야 하며, 특히 공실의 경우 가구나 장비의 배치관계를 감안하여 동선이 용이하고 쉽게 접근할 수 있게 배치되어야 하고 그 기능에 맞추어 적절한 장치(Fitting)류가 부가 설치된다.

#### 1) 도어 설계 기준

선박은 항상 해수에 접하기 때문에 외부(Weather part)에 설치되는 도어들은 외벽(Bulkhead)과 도어 틀(Door frame)은 같은 물성이 되어야 하며, 풍우밀(Weather tight) 혹은 기밀(Gas tight)을 위한 장치(Fixing) 및 패킹(Packing)이 고려되어야 한다. 선실 내부에 설치되는 도어는 내벽(Wall panel)에 취부 되는 경우가 많기 때문에 도어의 개폐 시 패킹(Packing)에 무리가 가지 않도록 경량 타입(Type)이 고려되어야 한다.

해상인명안전협약(SOLAS) 규정에 명시된 각 구역의 내화 등급(Fire integrity)에 의거 해당 등급에 맞는 도어로 조치되어야 하며, 이는 각 선급의 승인서(Certificate)를 획득한 제품을 사용하여야 한다. 선박의 특수성을 고려하여 모든 도어는 견고한 구조로 제작하여야 함과 동시에 미관도 충분히 고려되어져야 한다.

#### 2) 방화도어(Fire Door)

방화도어는 방화구획에 따라 A급, B급 및 C급 등으로 등급별로 설치한다. 선실 구역에 설치되는 방화도어의 등급은 그림 7-18에 의하여 결정된 방화 구획에 따라서 정해진다. 구획에 따른 방화도어 등급의 간단한 실제 사례를 다음에 예시하였다.

| 방화 등급 | 적용 구역 |
|---|---|
| A | 기관실 구역과 선실 구역의 벽에 설치된 도어 |
| B | 복도와 선실 구역 벽에 설치된 도어 |
| C | 선실과 화장실 구역 벽에 설치된 도어 |

### ① A Class 방화도어의 요건

1시간 동안의 표준화재시험이 끝날 때까지 연기 및 화재의 통과를 방지할 수 있어야 한다. 다음에 열거된 기준별 시간 내에 노출되지 않는 쪽의 평균온도가 최초의 온도보다 섭씨 139℃를 초과하지 않아야하며, 이음매를 포함한 어느 한 점에서의 온도도 최초의 온도보다 섭씨 180℃를 초과하지 않아야한다.

- A0 -class 도어 - 0분
- A15-class 도어 - 15분
- A30-class 도어 - 30분
- A60-class 도어 - 60분

### ② B Class 방화도어

30분 동안의 표준화재시험이 끝날 때까지 화재의 통과를 방지 할 수 있어야 한다. 다음에 열거된 기준별 시간 내에 화재에 노출되지 않는 쪽의 평균온도가 최초의 온도보다 섭씨 139℃를 초과하지 않아야하며, 이음매를 포함한 어느 한 점에서의 온도도 최초의 온도보다 섭씨 225℃를 초과하지 않아야 한다.

- B0 -class 도어 - 0분
- B15-class 도어 - 15분
- B30-class 도어 - 30분

### ③ C Class 방화도어

승인된 불연성 재질로 만들어져야 한다. 연기 및 화재 통과에 관한 요건과 온도 상승에 관한 제한요건이 없다.

### 3) 도어의 종류

**① 풍우밀강재도어(Weather Tight Steel Door)**

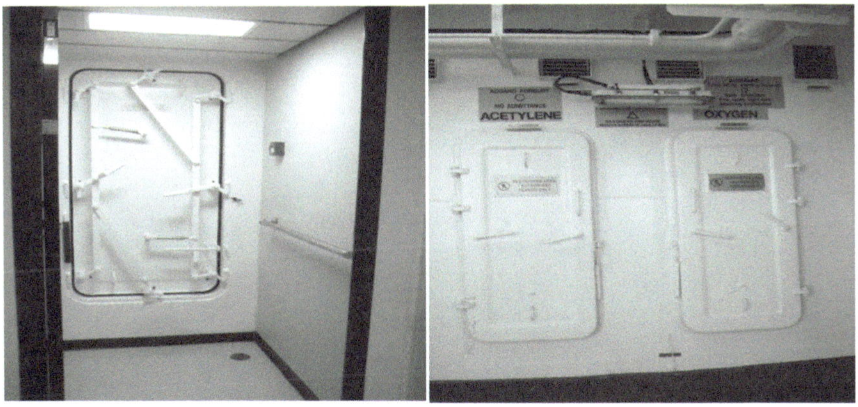


그림 7-11 Weather tight steel door

**② 비수밀도어(Joiner Door)**

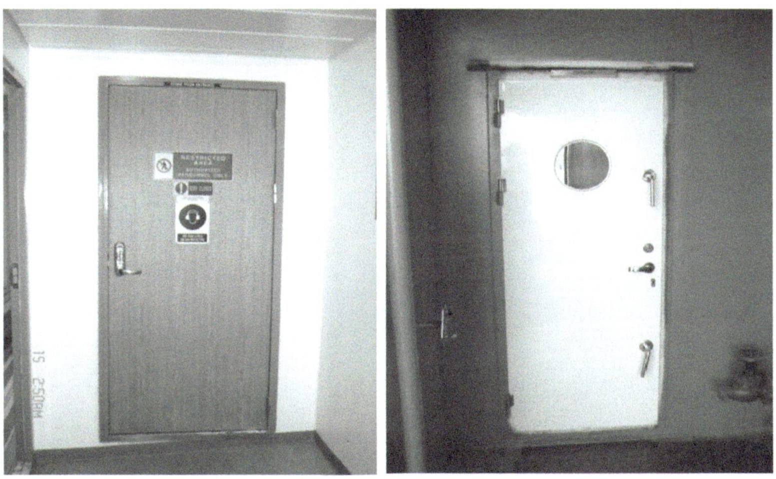

그림 7-12 Joiner door

## (2) 윈도우 시스템(Window System)

선박에서 선원의 쾌적한 생활을 위한 환기, 전망 및 규정 혹은 규칙에서 요구하는 자연 채광 및 탈출구 목적으로 선박 거주구의 필요한 부분에 환창(Side scuttle) 혹은 각창(Rectangular window)을 설치한다.

### 1) 윈도우(Window)의 종류

#### ① 환창(Side Scuttle)

그림 7-13 Side scuttle

#### ② 각창(Rectangular Window)

그림 7-14 Rectangular window

③ **조타실 윈도우(Wheelhouse Window)**

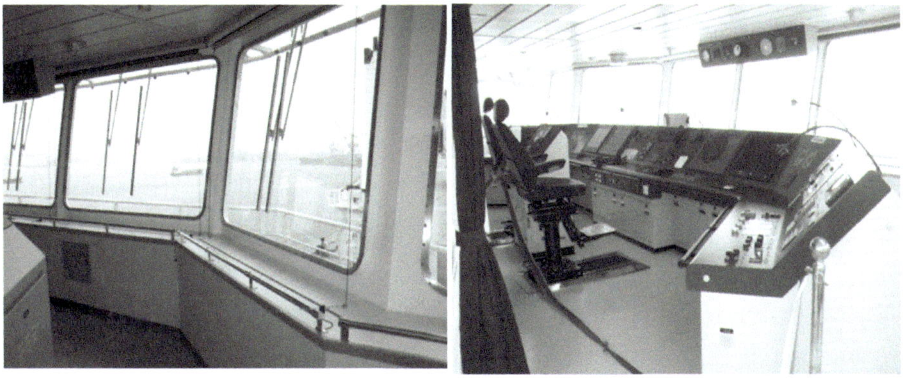

그림 7-15 Wheelhouse window

## (3) 통행 공간

복도(Corridor) 및 계단(Stairway)도 별도의 구역으로 규정하여 해상인명안전협약(SOLAS)에서 안전에 관한 여러 규정을 만족하도록 요구하고 있다.

그림 7-16 Corridor

그림 7-17 Stairway

## 7.1.6 인테리어 시설

### (1) 방화 등급(Fire Grade)의 구분과 이해

선급 및 관청에서는 방화구조를 요구하는 구역 내의 내장재(갑판 피복재, 천정재, 벽재, 보온재등)와 방화 구조에는 통일된 기준을 적용하도록 하고 있다. 해상인명안전협약(SOLAS)에서는 방화 등급 A, B, C의 구분은 7.3.1의 도어 시스템에 설명된 것과 동일하며, 상선의 경우 그림 7-18 및 그림 7-19와 같이 각 구역을 정의하고 이에 따른 규정에 적합한 방화 등급을 벽면(Bulkhead)과 데크(Deck)에 적용하도록 하고 있다.

#### 1) SOLAS 규정에 의한 방화 등급 결정의 예시

**해상인명안전협약(SOLAS)의 방화 등급 결정의 예시(구획 경계벽의 경우)**

Fire integrity of bulkheads separating adjacent spaces

| Category<br>Spaces | | (1) | (2) | (3) | (4) | (5) | (6) | (7) | (8) | (9) | (10) | (11) |
|---|---|---|---|---|---|---|---|---|---|---|---|---|
| Control stations | (1) | A-0[e] | A-0 | A-60 | A-0 | A-15 | A-60 | A-15 | A-60 | A-60 | * | A-60 |
| Corridors | (2) | | C | B-0 | B-0<br>A-0[c] | B-0 | A-60 | A-0 | A-60 | A-0 | * | A-30 |
| Accommodation spaces | (3) | | | C[a,b] | B-0<br>A-0[c] | B-0 | A-60 | A-0 | A-0 | A-0 | * | A-30 |
| Stairways | (4) | | | | B-0<br>A-0[c] | B-0<br>A-0[c] | A-60 | A-0 | A-0 | A-0 | * | A-30 |
| Service spaces ( low risk) | (5) | | | | | C | A-60 | A-0 | A-0 | A-0 | * | A-0 |
| Machinery spaces of category A | (6) | | | | | | * | A-0 | A-0 | A-60 | * | A-60[f] |
| Other machinery spaces | (7) | | | | | | | A-0[d] | A-0[g] | A-0 | * | A-0 |
| Cargo spaces | (8) | | | | | | | | A-0 | A-0 | * | A-0 |
| Service spaces (high risk) | (9) | | | | | | | | * | A-0[d] | * | A-30 |
| Open decks | (10) | | | | | | | | | | – | A-0 |
| Ro-ro and vehicle spaces | (11) | | | | | | | | | | | *[h] |

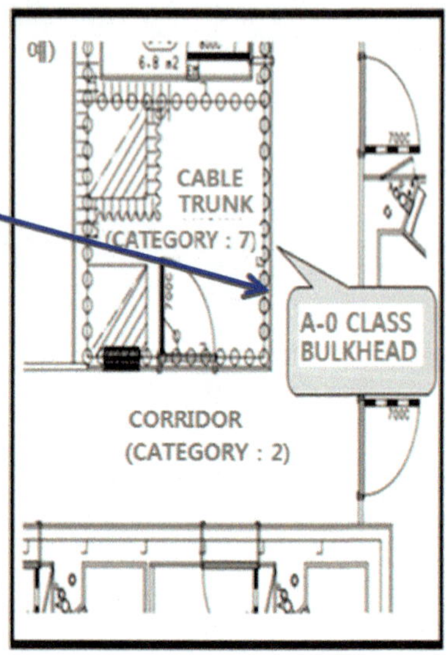


그림 7-18 방화 등급 결정의 예시(구획 경계벽면의 경우)

**해상인명안전협약(SOLAS)의 방화 등급 결정의 예시(구획 데크의 경우)**

Fire integrity of decks separating adjacent spaces

| Space below↓ Category Space above→ | (1) | (2) | (3) | (4) | (5) | (6) | (7) | (8) | (9) | (10) | (11) |
|---|---|---|---|---|---|---|---|---|---|---|---|
| Control stations (1) | A-0 | A-0 | A-0 | A-0 | A-0 | A-60 | A-0 | A-0 | A-0 | * | A-60 |
| Corridors (2) | A-0 | * | * | A-0 | * | A-60 | A-0 | A-0 | A-0 | * | A-30 |
| Accommodation spaces (3) | A-60 | A-0 | * | A-0 | * | A-60 | A-0 | A-0 | A-0 | * | A-30 |
| Stairways (4) | A-0 | A-0 | A-0 | * | A-0 | A-60 | A-0 | A-0 | A-0 | * | A-30 |
| Service spaces (low risk) (5) | A-15 | A-0 | A-0 | A-0 | * | A-60 | A-0 | A-0 | A-0 | * | A-0 |
| Machinery spaces of category A (6) | A-60 | A-60 | A-60 | A-60 | A-60 | * | A-60[i] | A-30 | A-60 | * | A-60 |
| Other machinery spaces (7) | A-15 | A-0 | A-0 | A-0 | A-0 | A-0 | * | A-0 | A-0 | * | A-0 |
| Cargo spaces (8) | A-60 | A-0 | A-0 | A-0 | A-0 | A-0 | A-0 | * | A-0 | * | A-0 |
| Service spaces (high risk) (9) | A-60 | A-0 | A-0 | A-0 | A-0 | A-60 | A-0 | A-0 | A-0[d] | * | A-30 |
| Open decks (10) | * | * | * | * | * | * | * | * | * | – | * |
| Ro-ro and vehicle spaces (11) | A-60 | A-30 | A-30 | A-30 | A-0 | A-60 | A-0 | A-0 | A-30 | * | *[h] |

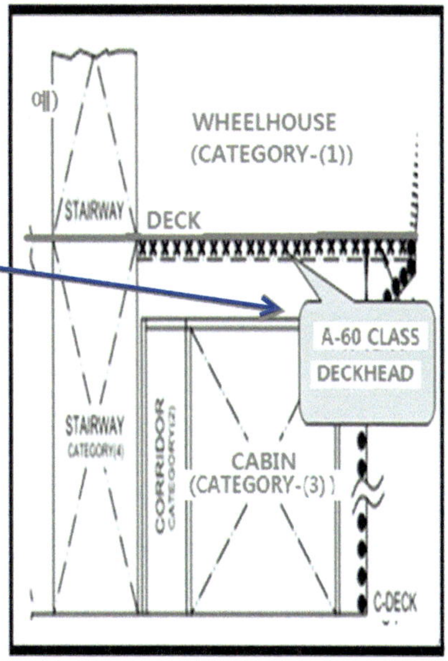


그림 7-19 방화 등급 결정의 예시(구획 데크의 경우)

## (2) 단열재 시스템(Insulation System)

선박 거주구에 설치되는 단열재 시스템은 목적에 따라서 단열재 (Thermal insulation), 방화재(Fire insulation), 흡음재(Sound absorbing insulation)등이 있다.

### 1) 방열재(Thermal Insulation)

일반적으로 열전도율이 낮은 열 차단재로, 외부와의 열의 출입을 막고 단열이 요구되는 구획의 주위에 설치되는 재료이다. 대상 구역의 사용 목적에 따라 상온보다 낮은 경우는 "보냉재", 상온보다 높은 경우는 "단열재", 고온에서 사용하는 것을 "내화단열재" 라고 한다. 대표적인 방열재는 글라스 울(Glass wool), 폴리이미드폼(Polyimid foam)가 있다.

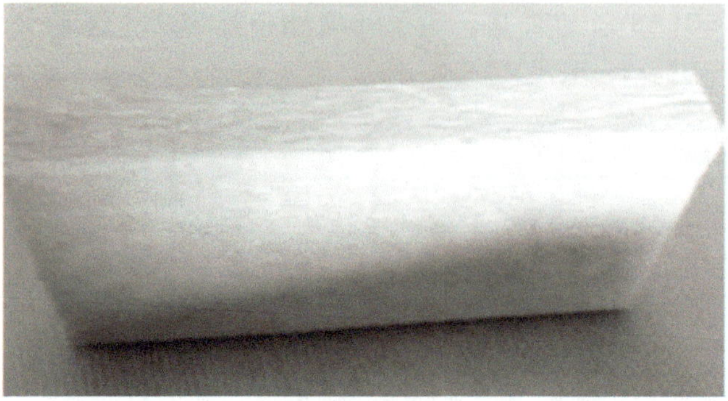

그림 7-20 Glass Wool

### 2) 방화재(Fire Insulation)

방화 구획의 수평면, 수직면, 설비 관통부 등을 통한 화재의 확산 방지를 위한 재료를 말하며, 대표적인 방화재는 미네랄 울(Mineral wool)이 있다.

그림 7-21 Mineral Wool

### 3) 흡음재(Sound Absorbing Insulation)

흡음 계수가 큰 재료를 말하며 일반적으로 선박에서 사용하는 흡음재는 글라스 울에 타공망이 있는 글라스 크로스(Glass cloth)를 붙인 제품이 사용된다.

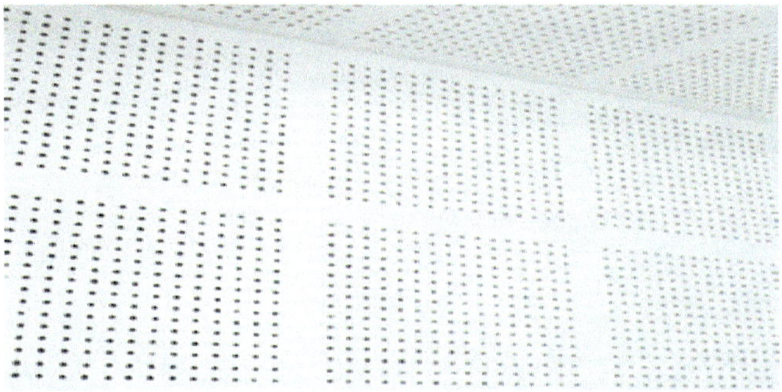

그림 7-22 흡음재 시공의 예

### 4) 단열재 설치 방법에 따른 분류

선박 거주구의 단열재 설치에 따른 시스템은 그림 7-23과 같이 펠트 타입(Felt type)과 스프레이 타입(Spray type)이 있다.

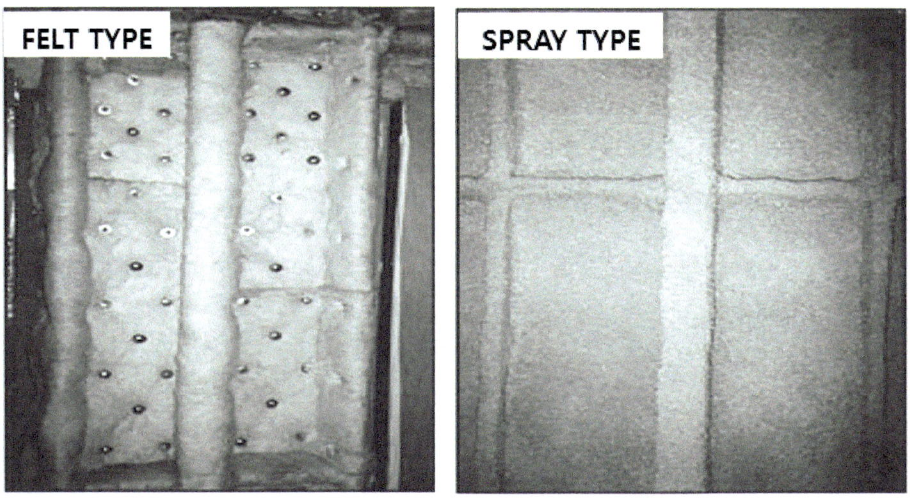


그림 7-23 단열재 설치에 따른 타입

### (3) 실링 시스템(Ceiling System)

거주구역의 천장 마감재로서 방화 및 소음 차단 목적을 위해 사용된다.

그림 7-24 휴게실 실링 패널 시공 사진

### (4) 월 판넬 시스템(Wall Panel System)

거주구역의 벽면 내장재로서 방화 및 소음 차단의 목적을 위해 사용되며 적용 장소에 따라 라이닝 월 판넬(Lining wall panel-steel wall이 있는 경우)과 파티션 월 판넬(Partition wall panel-steel wall이 없는 경우)로 구분된다.

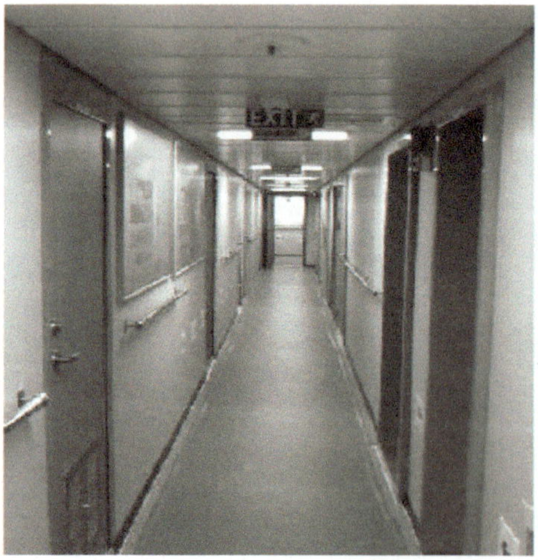

그림 7-25 통로 및 계단 부의 월 판넬 시공 사진

## (5) 데크 커버링 시스템(Deck Covering System)

### 1) 데크 커버링(Deck Covering)의 종류

#### ① 라텍스 데크 커버링(Latex Deck Cvering)

거주구내에 선실(Cabin space), 공용실(Public space), 제어실(Control space)에 강판 데크(Steel deck)의 불균일한 면에 따른 불편을 해소하기 위해 데크(Deck) 면을 고르기 위해 사용된다.

#### ② 혼합 시멘트(Mixed Cement)

캠버(Camber)의 수평 작업, 주방, 세탁실, 화장실 및 기타 습한 구역(Wet space)에 타일(Tile) 시공을 위해 하부에 설치되는 자재로 사용한다.

### 2) 상부마감재(Overlayment Material)

#### ① 스터드 타입 타일(Stud Type Tile)

미끄럼 방지(Non-Slip)와 절연을 동시에 만족하는 자재로 주로 엔진 제어실(Engine control room), 조타실(Wheelhouse)에 사용된다.

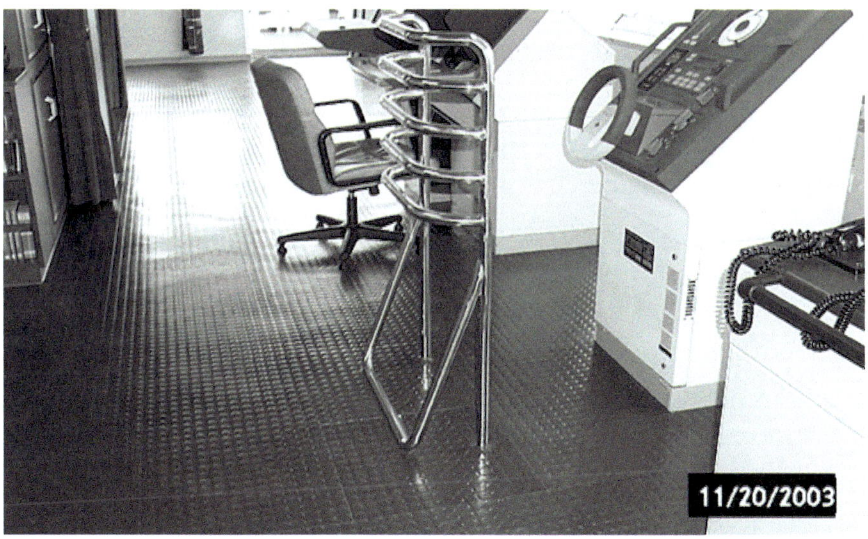


그림 7-26 스터드 타입 타일 시공 사진

② **카페트(Carpet)**

거주구 선실 바닥의 최종 마감재에 사용된다.

그림 7-27 카페트 시공 사진

③ **타일(Tile)**

선박의 경우 타일(Tile)은 화장실, 주방, 세탁실 등과 같이 물을 사용하는 공간 등의 바닥재로 사용 된다.

그림 7-28 타일 시공 사진

## 7.1.7 거주구 레이아웃(Lay Out) 사례

### (1) 선박 거주구의 층별 호칭

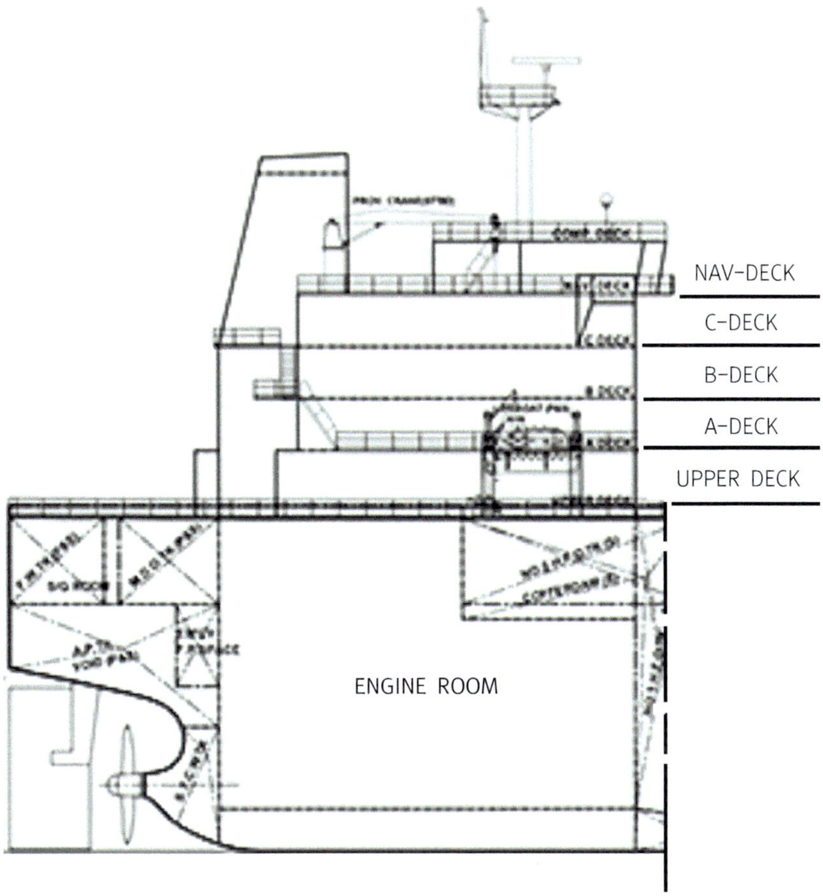


그림 7-29 거주구 측면도(Profile)

### 1) Upper Deck Plan

선박 거주구의 Upper deck는 건물의 1층에 해당되며 주로 공기조화 기계실, 창고, 체육관, 병원, 세탁실 등이 배치된다.

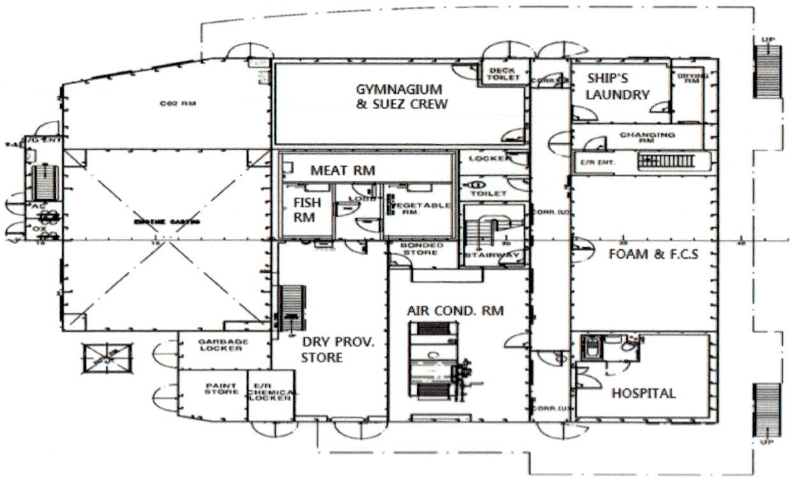


그림 7-30 Upper deck plan

### 2) A-Deck Plan

건물의 2층에 해당되는 A-Deck는 주방, 사관식당, 선원식당, 사관 휴게실, 선원 휴게실, 선원 선실 등이 배치된다.

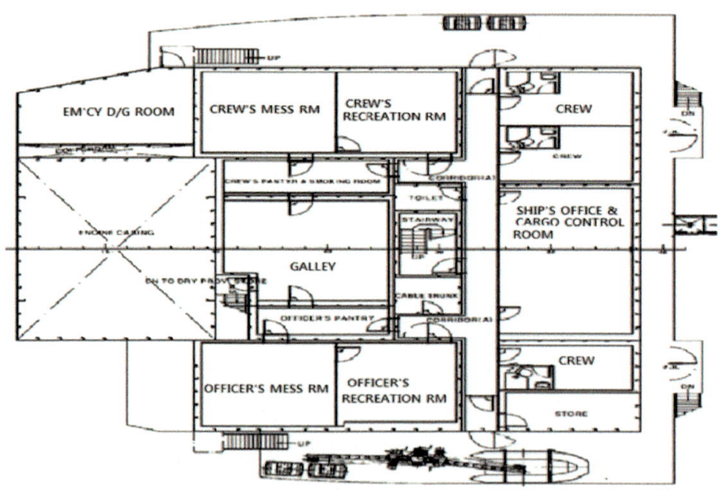


그림 7-31 A-deck plan

### 3) B-Deck Plan

건물의 3층에 해당되는 B-Deck에는 주로 선원을 위한 선실, 사관용 선실이 배치된다. 이렇게 3층에 선실이 배치되는 것은 기관실로 부터의 소음 및 진동의 전달을 감소하기 위한 배려이다.

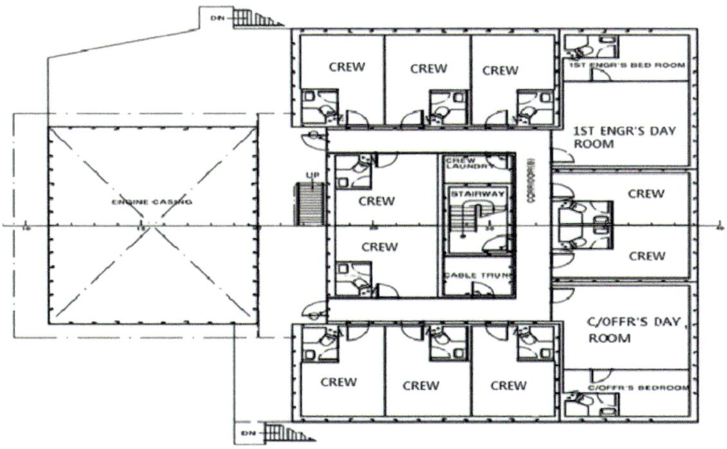


그림 7-32 B-deck plan

### 4) C-Deck Plan

거주구의 로얄층에 해당되는 C-Deck에는 고급 사관선실, 선장용 선실, 기관장용 선실, 파일롯(Pilot)실 등이 배치된다.

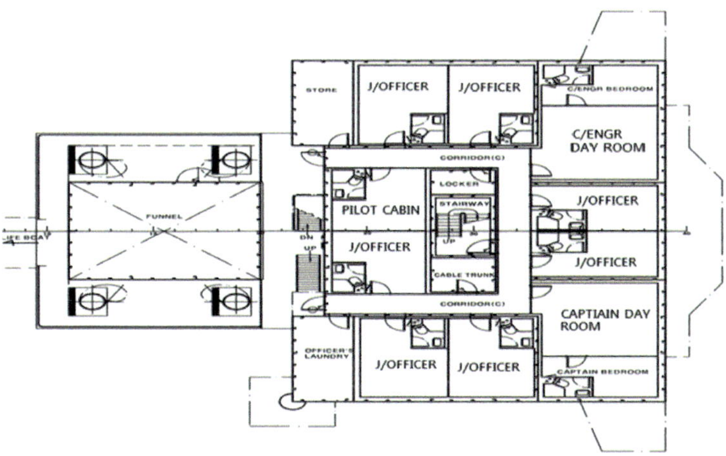


그림 7-33 C-deck plan

#### 5) Navigation Bridge Deck Plan

선박 거주구의 최상층인 Navigation Bridge Deck Plan은 선박의 운항을 제어하기 위한 조타실이 배치된다.

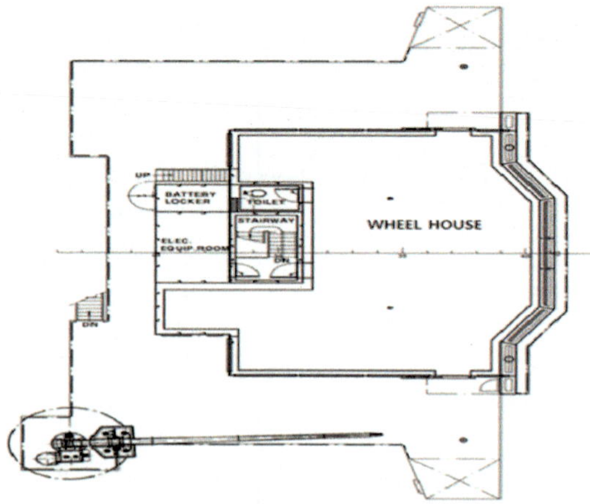


그림 7-34 Navigation Bridge Deck Plan

## 7.1.8 생활수 배관시스템

### (1) 생활수 배관시스템의 종류

#### 1) 청수관(Fresh Water Line)

선실의 세면대, 조리실의 각종 기기, 세탁용수등 음료수를 제외한 거주구역에서 사용하는 용도이며 급수방식은 3가지가 있다.

- 압력 탱크 방식
- 중력 탱크 방식
- 정압 순환 방식(Constant running)방식

중력탱크 방식에서는 탱크설치 장소의 확보가 곤란하고, 사용량이 크지 않으면 비경제적이다. 정압 방식에서는 펌프가 연속적으로 운전되기 때문에 소모량이 많아지는 문제가 있어, 최근에는 압력 탱크 방식을 사용하는 경우가 많다.

### 2) 음료수관(Drinking Water Line)

음료수관 계통은 다음과 같이 구분한다.

- 음료수 전용탱크에서 급수하는 방식
- 일반의 청수탱크에서 급수하는 방식

어느 경우에서도 살균장치를 통과하여 급수해야 하며 염소식 살균장치, 자외선식 살균장치 등이 있다.

음료수 펌프의 용량은 승무원 20~30인의 일반상선에서는 2~4 $m^3$/h정도이다.

### 3) 온수관(Hot Water Line)

선박에서 가장 많이 사용되고 있는 압력탱크 방식에서는 10℃ 내외의 청수를 가열기(calorifier)에 통과시켜 60 ~ 70℃ 정도의 온수로 만들어 이를 필요한 곳에 급수하고, 나머지 온수는 순환 펌프에 의해 공급과 순환이 일정하게 유지되도록 하는 장치이다.

온수관은 주관과 지관에 의해 구성되는데 주관 내에는 항상 가열된 온수가 펌프로 순환하고 있어야 한다.

가열기의 열원은

- 증기식
- 전기식
- 증기와 전기 겸용식

등의 세 가지 방법이 있다.

### (2) 배수와 위생 설비

선실의 배수관(Drainage pipe, Grey water)과 오수관(Sewage pipe, Black water)이 있다.

선실구역 내에서 배수관의 용도는 다음과 같다.

- 물을 취급하는 기구류에서 배수
- 조리실, 욕실, 화장실등 물을 취급하는 장소에서의 배수
- 창고, 냉장고 등 가끔씩 물로 청소 후 나오는 배수

일반 거주실, 회의실, 사무실에는 배수관을 설치하지 않으며 조타실은 외부에서 출입하는 빈도가 높아서 빗물이나 파도 등의 침입이 우려되기 때문에 출입구(바깥측)에 홈을 부착한 배수관을 설치하는 경우도 있다.

## 7.2 공기조화시스템 (HVAC, Heating Ventilation and Air Conditioning System)

### 7.2.1 개요

HVAC는 선박 거주구 공간의 공기를 가열, 환기 및 냉방하며 공기량의 조절 등을 통해 쾌적한 생활환경을 만드는 시스템이다. 이를 위해 깨끗한 공기의 제공, 공기량의 조절, 환기, 온도, 습도 등을 조정한다.

여름에는 냉방을 하기 위한 냉방시스템이 필요하고, 겨울에는 가열도 해야 하고 가습도 해야 하는 난방 시스템이 필요하지만 난방부하 계산은 여름철의 냉방부하 계산 방법과 거의 흡사하며 구성 시스템도 간단하므로 본 장에는 주로 냉방 시스템(Air Cooling System)에 관하여 상세 기술한다.

## (1) 공기조화의 4대 요소

① 온도(Temperature)

② 습도(Humidity)

③ 청결도(Cleanliness)

④ 기류 분포(Distribution)

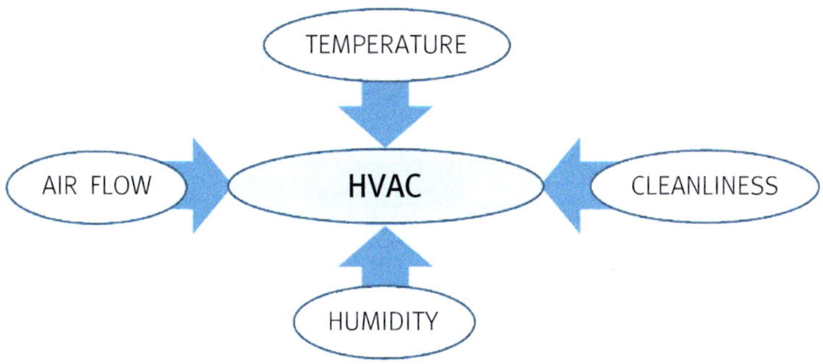


표 7-2 거주구 공기조화 기준 사례

| | 분진 | $CO_2$ | 온도 | 습도 | 기류 |
|---|---|---|---|---|---|
| 기준치 | 0.15이하 (mg/m³) | 1,000 ppm이하 | 17~28도 | 40~70% | 0.5 m/s 이하 |

## (2) 공기냉방 시스템(Air Cooling System)의 정의

필요한 공간을 주위온도보다 낮은 온도로 유지하기 위한 시스템 (System)을 말한다.

### (3) 공기 냉방(Air Cooling) 방법

공기를 냉방하는 원리는 다음의 4가지 방법이 있다.

- 증발하기 쉬운 액체를 증발시켜 온도를 낮추는 방법
- 압축가스를 팽창시켜 온도를 낮추는 방법
- 얼음, 드라이아이스등을 이용하는 방법
- 서로 다른 2개의 금속으로 된 회로에 전류가 흐를 때 한쪽 접합부는 냉각되고 다른 쪽은 가열되는 펠티에 효과를 이용하여 온도를 낮추는 방법

선박의 거주구에는 주로 증발하기 쉬운 액체를 증발시켜 온도를 낮추는 방법을 사용하고 있다.

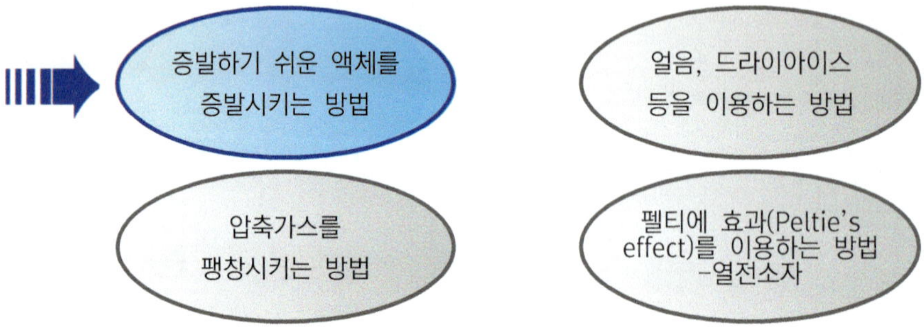


그림 7-35 공기냉방 방법

## 7.2.2 공기 냉방 시스템(Air Cooling System)의 주요 구성 요소

선실에서의 공기 냉방하기 위한 주 시스템 및 구성 요소는 다음과 같다.

### (1) 공기 냉방 시스템의 방식

- 직접팽창 방식(Direct Expansion Type)
- 간접팽창 방식(In-Direct Expansion Type)

### (2) 공기냉방 시스템의 주 구성요소

- 냉매(Refrigerant)
- 냉방시스템(Air Cooling System)
- 냉동기 시스템(Refrigeration Plant System)
- 압축기의 종류
- 공기조화의 기초이론

## 7.2.3 주요 적용 규칙 및 규정

선박의 공기조화에 관한 규칙은 다음과 같은 규정 속에 선박의 종류에 따라서 정의되고 있다.

- IMO 해상인명안전협약(SOLAS-InternationalConvention for the Safety of Life at Sea)
- 각 국가 규칙 및 규정(Flag State Rule & Regulation)
- 선급 규칙 및 규정(Class Rule & Regulation)
- 국제설계기준(ISO Design Criteria)
  - ISO 7547 : Accommodation Ventilation & air Conditioning(일반상선 적용)
  - ISO 15138 : Petroleum and natural gas industries-offshore production installations -Heating, vetilation and air conditioning(해양플랜트에 적용)

## 7.2.4 냉매

냉동 시스템을 순환하는 동작유체로서 냉동공간 또는 냉동물질로부터 열을 흡수하여 다른 공간 또는 다른 물질로 열을 운반하는 작동유체를 말한다.

이러한 냉매는 액체에 증발하기 쉬운 특성을 가지고 있다.

### (1) 냉매의 종류

표 7-3 냉매의 종류

| REFRIGERANT | ODP | GWP |
|---|---|---|
| R-22 | 0.04 | 1810 |
| R-134a | 0 | 1430 |
| R-404A | 0 | 3922 |
| R-407C | 0 | 1774 |
| R-410A | 0 | 2087 |

- 오존파괴지수 : ODP(Ozone depleting Potential)
- 지구온난화지수 : GWP(Global Warming Potential)

### (2) 냉동 사이클(Refrigerating Cycle)

냉매는 증발기(Evaporator)에서 열을 흡수하여 압축기Compressor)를 거처 응축기(Condenser)에서 열을 버린 후 팽창밸브(Expansion valve)를 거처 다시 증발기로 되돌아가는 과정을 되풀이 한다.

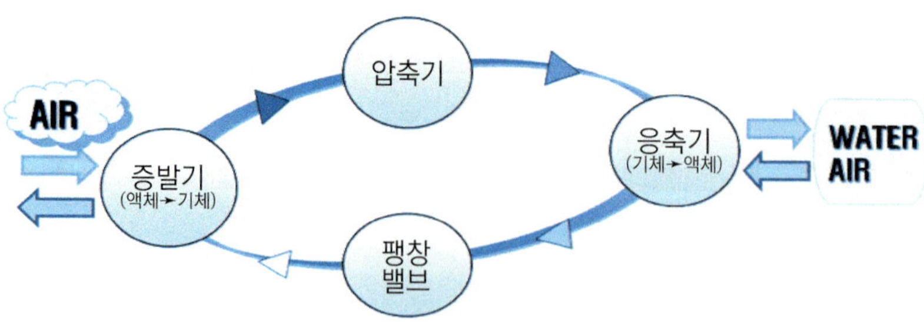


그림 7-36 냉동 사이클

## 7.2.5 공기조화 시스템(Air Conditioning System)

### (1) 공기조화기(Air Handling Unit-AHU) 정의

바깥의 공기를 냉각, 가열, 가습, 제습을 통해 적절한 온도 및 습도로 조절한 후 선실의 각 룸으로 공기를 공급하는 장치를 말한다.

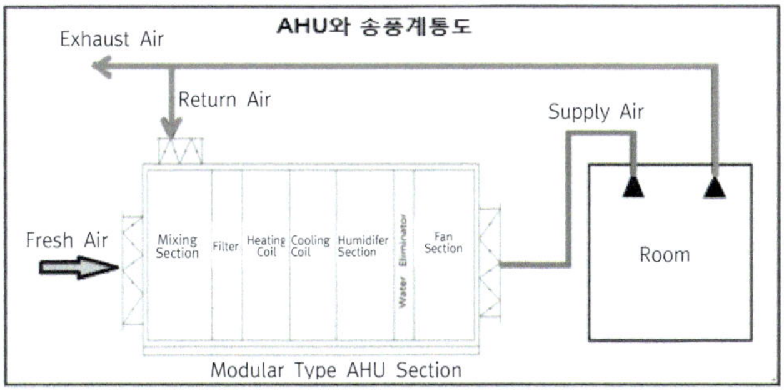


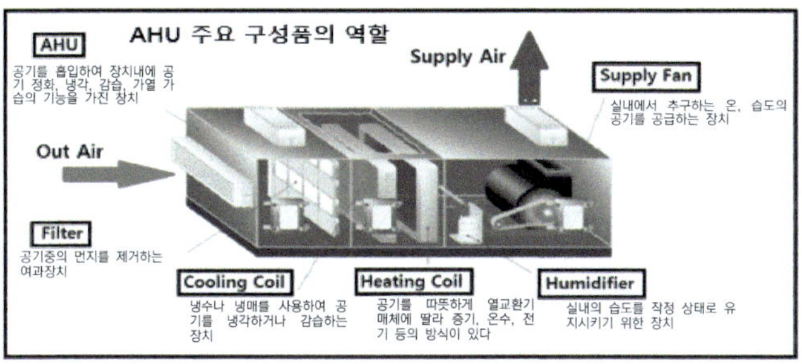

그림 7-37 Air Handling Unit 구성과 송풍 계통도

### (2) 공기조화기(Air Handling Unit) 주요 구성품의 역할

#### 1) 공기 혼합 구역(Mixing Section)

수동 또는 자동으로 동작되는 댐퍼가 부착되어 외부로부터 신선한 공기와 거주 구역으로부터의 재순환 공기를 혼합한다.

#### 2) 공기 청정 구역(Filter Section)

공기 혼합 구역의 다음 구역으로 필터가 설치되어 공기 중의 이물질을 제거하는 구역이다.

#### 3) 공기 가열 구역(Heating Section)

핀튜브(Fin-Tube) 방식의 코일로 제작된 공기 가열기는 증기, 온수 및 전기 등을 열원으로 사용하여 공기를 가열시킨다.

#### 4) 공기 냉각 구역(Cooling Section)

핀튜브 방식의 코일로 제작된 공기 냉각기는 냉매 또는 차가운 물 등을 냉매로 하여 공기를 냉각시킨다.

#### 5) 공기 가습 구역(Humidifying Section)

가열증기나 물을 공기 중에 분사하여 적절한 습도를 유지시킬 수 있도록 한다.

#### 6) 수분 제거 구역(Water eliminator Section)

냉각된 공기 속의 수분을 제거하여 송풍기 구역으로 물방울이 유입되지 않게 한다.

#### 7) 송풍기 구역(Fan Section)

원심형 송풍기가 설치되어 선박 거주구역으로 필요 공기를 배출 한다.

## 7.2.6 냉동기 시스템(Refrigeration Plant System)

### (1) 냉동기(Refrigeration Plant) 개요 및 주요 구성요소

공기조화용 냉동기에는 왕복식, 원심식, 흡수식의 3종류가 있다. 이중 선박의 거주구 공기조화용으로 가장 많이 사용되고 있는 것은 왕복식이다. 왕복식 냉동기의 구성요소 및 역할은 다음과 같다.

#### 1) 압축기(Compressor)

증발기에서 오는 저온, 저압의 냉매 증기를 흡입, 압축하여 고온, 고압의 냉매증기로 만들어 응축기로 보내는 역할을 한다.

### 2) 응축기(Condenser)

압축기에서 토출된 고온, 고압의 냉매 가스를 상온의 물이나, 공기로 고열을 제거하여 냉매 액으로 만드는 역할을 한다. 일반적인 상선에 적용 되는 응축기는 셸 앤 튜브(Shell & Tube) 방식이 사용된다.

### 3) 수액기(Receiver)

냉동기를 작동하지 않을 때나, 수리·보수 시에 냉매 액을 보관하는 역할을 한다.

### 4) 수분제거기(Filter Dryer)

냉매 속에 혹시 포함되어 있을 수 있는 수분을 제거한다.

### 5) 유 분리기(Oil Separator)

압축 냉매 속에 포함되어 있는 윤활유를 걸러내어 압축기 측으로 회수한다.

### 6) 액 분리기(Liquid Separator)

압축기 입구 측에 설치되어, 혹시나 있을 수 있는 액 냉매의 압축기로 유입을 방지하여 압축기의 액 압축을 방지하는 역할을 한다.

## (2) 냉각방식에 따른 냉동기의 분류

### 1) 직접팽창 방식(Direct Expansion Type)

냉각해야 할 공기와 열교환을 할 증발기 내에 냉매를 직접 순환시켜 냉각하는 방식이다. 이때 사용되는 냉매를 직접냉매 혹은 1차 냉매라고도 한다.

다음 그림은 Air Handling Unit에 설치되어 있는 증발기 내에 코일을 설치하고 코일 내에 냉매를 직접 흐르게 하여 냉매가 증발을 하면서 외부 공기를 직접 냉각하는 방식을 보여 주고 있다.

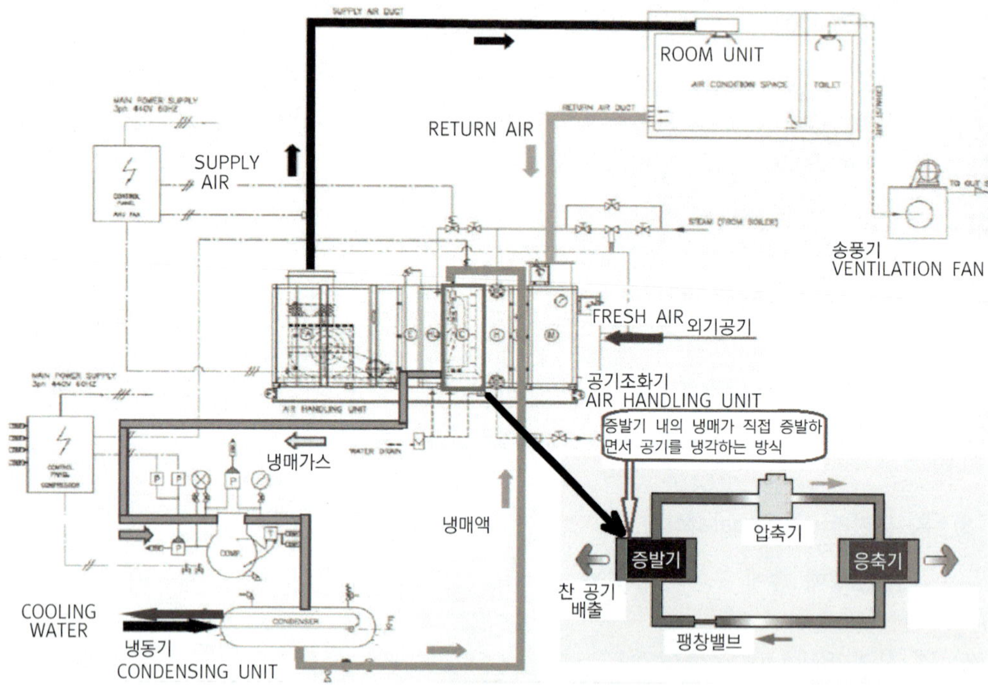


그림 7-38 직접 팽창 방식의 냉각 방식

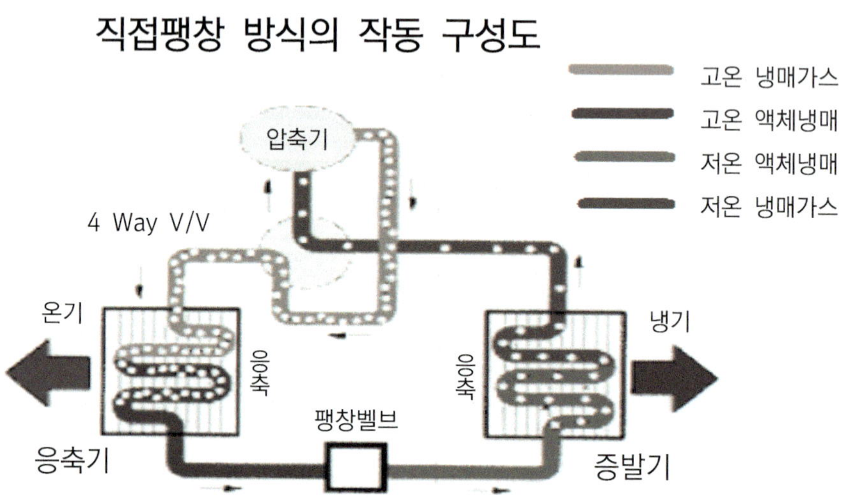


그림 7-39 직접팽창(Direct Expansion) 방식 작동 구성도

그림 7-39의 직접팽창 방식의 장치 구동원리를 살펴보자.

- 압축기에서 나온 고온 고압의 냉매가스가 응축기에서 고압 고온의 액체 냉매로 변환된다.
- 응축기의 고온 고압 액체냉매는 팽창밸브를 거치며 압력이 낮아지면서 증발기 코일 안에서 액체 냉매가 증발을 하면서 코일 주위의 공기 온도를 냉각 직접 냉각한다.
- 증발된 저온 냉매가스는 다시 압축기로 보내어져서 고온 고압의 냉매가스 상태로 응축기로 보내진다.

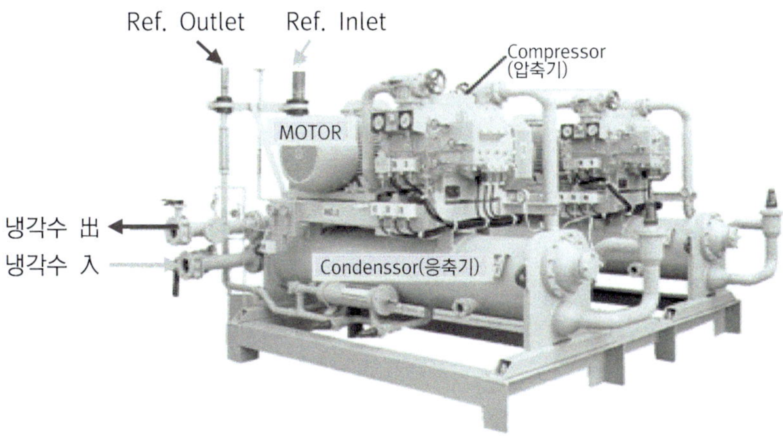


그림 7-40 직접팽창(Direct Expansion) 냉동기 플랜트

### 2) 간접팽창 방식(In-Direct Expansion Type)

1차 냉매가 가지고 있는 냉동능력으로 직접 공기를 냉각하는 것이 아니고 2차 냉매라고 하는 물 또는 브라인 냉매를 냉각한다. 냉각된 물 또는 브라인 냉매를 이용하여 공기를 냉각하는 방식을 간접팽창 방식이라고 한다.

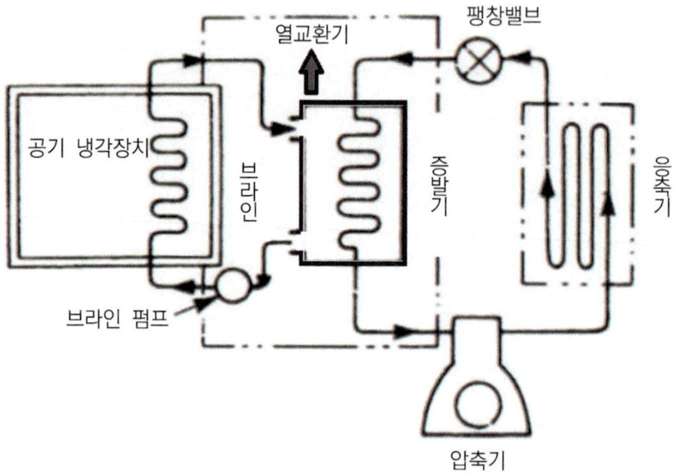


그림 7-41 간접팽창(In-Direct Expansion) 방식 작동 구성도

그림 7-41은 간접 팽창 방식의 냉각 방식의 장치 구성도의 예이다. 그림 7-39에서 설명했듯이 1차 냉매를 순환시키는 냉동회로에 발생한 저온냉매가스와 2차 냉매인 물 혹은 브라인 냉매의 순환액을 열교환기에서 열교환하여 순환액의 온도를 냉각한다. 냉각된 물 혹은 브라인 냉매가 공기 냉각이 필요로 하는 곳으로 보내어져서 냉각이 이루어진다.

간접팽창 방식은 주로 대용량으로 넓은 공간이나 방이 여러 개로 나누어져 있어서 개별 냉방이 불가능한 곳에 주로 사용되는 경향이 있다. 2차 냉매(간접냉매)라고 하는 브라인에는 무기질과 유기질이 있으며, 무기질에서 대표적으로 사용되는 것 중에는 염화나트륨 브라인이 있다.

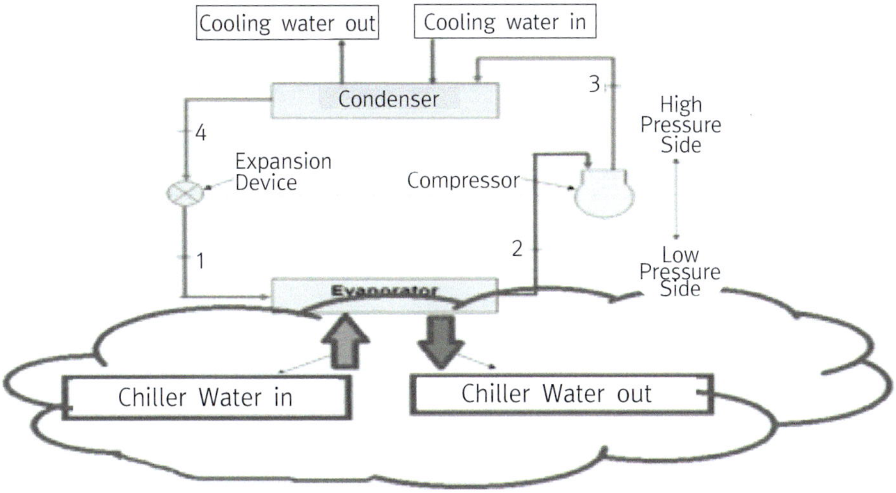


**Chiller water : 브라인 냉매을 의미한다.**

그림 7-42 간접팽창(In-Direct Expansion) 방식 작동 구성도

CHILLER WATER PLANT

그림 7-43 간접 팽창(In-direct expansion) 냉동기 플랜트

## 7.2.7 압축기의 종류

### (1) 압축기 구조에 따른 분류

#### 1) 개방형 압축기(Open Type Compressor)

- 압축기(Compressor)와 모터(Motor)가 별개로 구성
- 모터(Motor) 구동 방식 : V-Belt & direct driven
- 압축기와 모터 측 모두 정비) 가능

그림 7-44 개방형 압축기

#### 2) 밀폐형 압축기(Hermetic Type Compressor)

- 압축기와 모터가 용접에 의해 완전히 밀폐
- 정비 불가능
- 소형 냉동기, 가정용 냉장고등에 사용

그림 7-45 밀폐형 압축기

### 3) 반밀폐형 압축기(Semi-Hermetic Type Compressor)

- 모터 측만 밀폐
- 압축기 측은 정비 가능

그림 7-46 반밀폐형 압축기

## (2) 압축 방법에 따른 분류

### 1) 왕복동식 압축기(Reciprocating Type Compressor)

실린더 내에서 피스톤의 왕복에 의해서 냉매 가스를 압축하는 방식이다.

| 장점 | 단점 |
|---|---|
| • 압축능령에 비해 SIZE가 작아 설치 면적이 작다<br>• 부품의 공통화를 기할 수 있어 가격이 저렴하다<br>• 냉동능력의 자동제어가 용이하고 무부하 운전이 가능하다<br>• 강제 급유식을 채택하므로 윤활이 용이하다. | • 윤활유 소비량이 많다.<br>• 마찰부의 활동 속도 및 축수하중이 커서 베어링 등의 마모율이 크다<br>• 토출 가스가 높아 윤활유가 열화탄화하기 쉽다.<br>• 액압축시 장비에 DAMAGE가 발생한다. |

그림 7-47 왕복동식 압축기 장단점

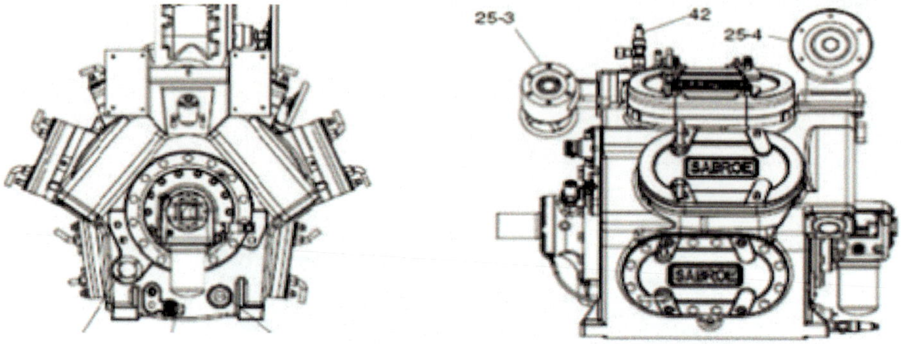


그림 7-48 왕복동식 압축기

### 2) 스크류 압축기(Screw Type Compressor)

암나사(Female)와 수나사(Male)로 된 두개의 로터가 맞물림에 의해 가스를 압축하는 방식이다.

| 장점 | 단점 |
|---|---|
| • 흡입, 토출밸브가 없어 밸브의 마모, 소음이 없다<br>• 냉매의 압력 손실이 없어 효율이 향상된다<br>• 액 압축의 영향을 비교적 작게 받는다<br>• 10~100% 무 단계 용량 제어가 가능하다 | • 3,500 rpm 정도의 고속회전으로 소음이 크다<br>• 독립된 오일펌프가 필요하며, 윤활유 소비가 많다<br>• 동력 소비가 많다<br>• 운전 유지비가 비싸다 |

그림 7-49 스크류 압축기 장단점

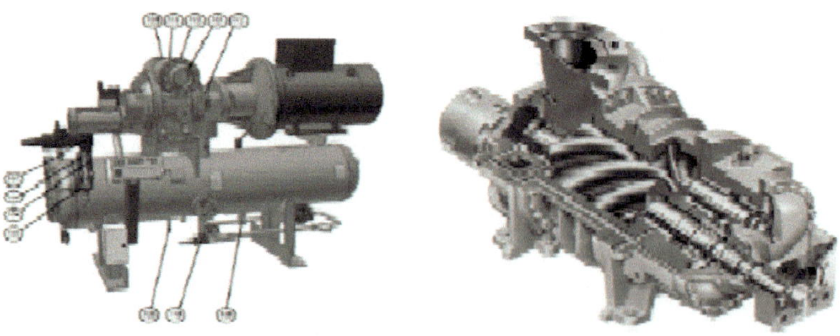

그림 7-50 스크류 압축기

### 3) 스크롤 압축기(Scroll Type Compressor)

선회 스크롤과 고정 스크롤이 맞물려 돌아가면서 양 스크롤에 의해 만들어지는 밀폐공간이, 스크롤의 상대운동에 따라 용적 변화를 일으켜 압축하는 방법이다.

| 장점 | 단점 |
|---|---|
| • 토크의 변동이 적으며 진동 소음이 적다<br>• 밀폐형이라 압축 중 누설이 없어 효율이 높다<br>• 부품수가 적고 소형 경량이다. | • 밀폐형이라 MAINTANACE 불가<br>• 소용량 및 가정용으로 사용 |

그림 7-51 스크롤 압축기 장단점

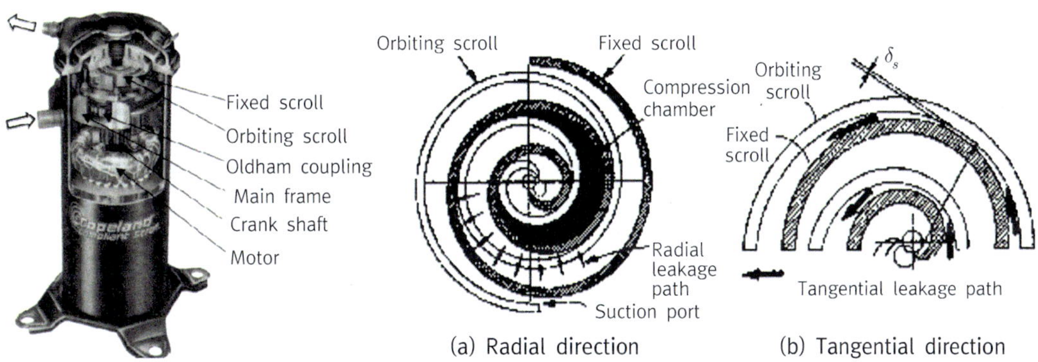


그림 7-52 스크롤 압축기

## 7.2.8 공기조화 기초이론

공기조화 부하 계산의 목적은 열부하의 설계 최대값을 구하여 공기조화기, 냉동기, 보일러 등의 기기용량 결정과 열매 운반을 위한 덕트, 배관의 크기 결정에 사용한다.

## (1) 공기조화의 기초 이론

### 1) 공기조화의 분류

**① 쾌감공조(Comfort air conditioning)**

승무원들이 기분 좋게 능률적 으로 일할 수 있도록 실내공기 상태를 조절하는 공기조화로서 인간의 쾌감이나 보건, 위생을 목적으로 한다. 주택, 사무실, 건물, 병원, 호텔, 극장, 선박 등에 사용된다.

**② 산업용 공조(Industrial air conditioning)**

공장, 연구소등의 생산 공정이나 물품의 환경조성을 목적으로 하는 공기조화기로서 물품의 생산이나 저장을 목적으로 한다. 섬유, 인쇄, 제약, 전자 제품, 공장, 항온, 항습 등에 사용된다.

### 2) 공기의 성질

**① 건조공기(Dry air) : 수증기를 전혀 함유하지 않은 건조한 공기**

- 조성(Vol%) : $N_2$ 78.1%, $O_2$ 20.93%, Ar 0.933%, $CO_2$ 0.03%, Ne 1.8 x 10-3%, He : 5.2 x 10-4%
- 평균분자량(ma) : 28.964
- 기체상수(Ra) : 29.27
- 비중량($\gamma$a) = 1.293 kg/N㎥(20℃일 때 = 1.2 kg/㎥)
- 비체적(Va) = 0.7733 N㎥/kg(20℃일 때 = 0.83 ㎥/kg

**② 습공기(Moist air)**

건조 공기 중에서 수분을 함유한 것으로 수분은 기체적인 상태로 혼합되어 있다

| 구분 | 설 명 | | | | |
|---|---|---|---|---|---|
| 상태 | 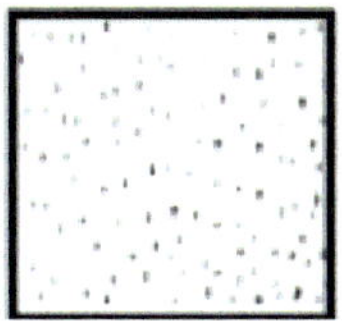 건조 공기 | + | 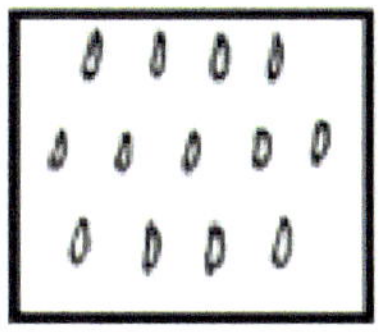 수증기 | = | 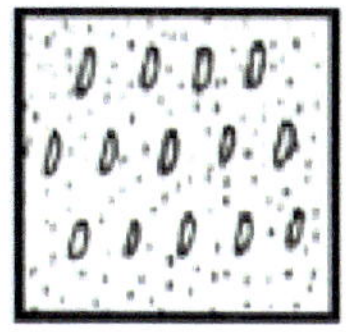 습공기 |
| 무게 | 1 kg | + | x kg | = | (1+x) kg |
| 분압 | PO(건조공기분압) | + | PW(수증기분압) | = | P |
| 체적 | VO | = | VW | = | V |

그림 7-53 공기의 구성도

③ **포화공기(Saturated air)**

공기 중에 포함된 수증기량은 공기온도에 따라 한계가 있고(온도, 압력에 따라 변한다), 최대한도의 수증기를 포함한 공기를 포화공기라 한다. 공기의 온도가 상승하면 포화압력(Ps)도 상승하여 공기는 보다 많은 수증기를 함유 할 수 있게 되며, 온도가 내려가면 공기가 함유할 수 있는 수증기의 한도는 작아져 포화압력은 내려간다.

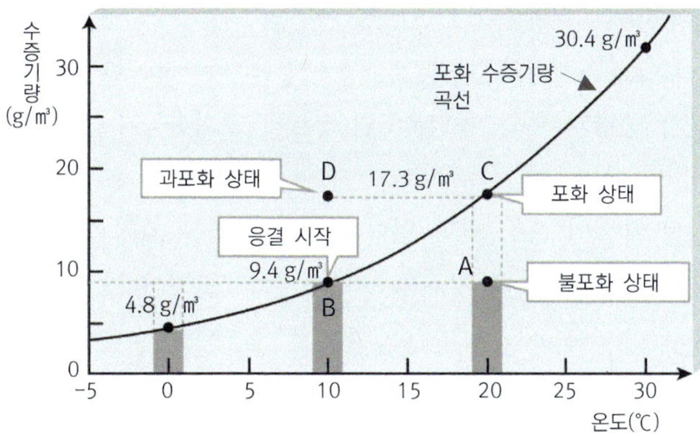


그림 7-54 포화 상태 표 예시

④ **불포화공기(Unsaturated air)**

포화점에 도달하지 못한 습공기로서 실제의 공기는 대부분의 경우 불포화공기이다.

### 3) 공기의 상태치

① **건구온도**(Dry bulb temperature : DB, t, ℃)

보통의 온도계가 지시하는 온도이다. 건구온도는 대기 중의 상대습도 100% 이하의 온도이다. 건구 온도는 온도가 높아지나 낮아지나 불포화 수증기압이다.

② **습구온도**(Wet bulb temperature : WB, t', ℃)

증발에 의한 열손실량과 전열에 의한 취득열량이 똑같이 평형된 곳에서 수막 온도가 일정하게 된다. 이것이 공기의 습구온도이다. 습구온도는 온도가 높아져도 항상 포화 수증기압을 유지한다.

③ **노점온도**(Dew point temperature : DP, t", ℃)

습공기중의 수증기가 공기로부터 분리되어 응축하기 시작할 때의 온도이다. 즉, 습공기의 수증기 분압과 동일한 분압을 갖는 포화습공기의 온도를 말한다.

④ **절대습도**(Specific humidity : SH, x, kg/kg DA)

습공기에 함유되어 있는 수증기의 중량을 건조공기의 중량으로 나눈 값이다. 즉, 건조공기 1 kg에 대한 수증기의 중량이다.

⑤ **상대습도**(Relative humidity : RH, F, %)

수증기의 분압과 동일 온도의 포화습공기의 수증기 분압의 비로서 1 ㎥의 습공기중에 함유된 수분의 중량과 이와 동일온도의 1 ㎥의 포화습공기중에 함유되고 있는 수분의 중량과의 비이다.

- 잠열 : 어떤 물질의 온도 변화 없이 상태만 변화는 과정이다.
- 현열 : 온도는 변화하는데 상태는 변하지 않는 과정이다.
- 열용량(kcal/℃) : 어떤 물질의 온도를 1℃ 올리는데 필요한 열량이다.
- 상당외기온도(te) : 하절기에 외기 날씨에 접하고 있는 건축물의 벽 또는 지붕으로부터 취득하는 열량은 건물 내외의 온도차에 의해 열전도의 형식으로 전달된다. 이 때 건물 외벽의 온도는 햇빛 일사에 의한 복사열의 흡수로 외기 온도보다 다소 높다. 이 외기온도보다 다소 높은 온도를 상당외기온도라고 한다.
- 상당외기온도차(EDT) : 실내온도와 상당외기온도와의 차이다.

- 건구온도와 습구온도를 이용하여 상대 습도 구하는 방법

건습구 습도계

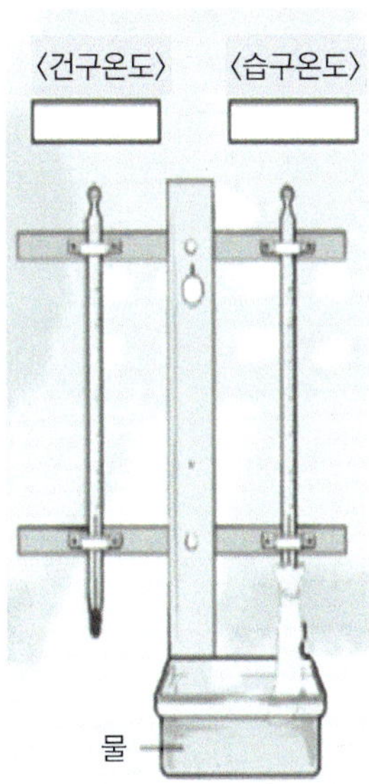


| 습구온도(℃) | 건구 온도와 습구 온도의 차(℃) | | | | | | | | | | |
|---|---|---|---|---|---|---|---|---|---|---|---|
| | 0 | 1 | 2 | 3 | 4 | 5 | 6 | 7 | 8 | 9 | 10 |
| 6 | 100 | 87 | 75 | 64 | 54 | 46 | 38 | 31 | 25 | 19 | 15 |
| 7 | 100 | 87 | 75 | 65 | 56 | 46 | 40 | 33 | 27 | 22 | 17 |
| 8 | 100 | 88 | 76 | 66 | 57 | 49 | 42 | 35 | 28 | 24 | 19 |
| 9 | 100 | 88 | 77 | 68 | 59 | 51 | 44 | 37 | 32 | 26 | 22 |
| 10 | 100 | 88 | 78 | 69 | 60 | 52 | 45 | 39 | 33 | 28 | 24 |
| 11 | 100 | 88 | 79 | 69 | 61 | 54 | 47 | 41 | 35 | 30 | 26 |
| 12 | 100 | 88 | 79 | 70 | 62 | 55 | 48 | 42 | 37 | 32 | 28 |
| 13 | 100 | 90 | 80 | 71 | 63 | 56 | 50 | 43 | 39 | 34 | 29 |
| 14 | 100 | 90 | 80 | 72 | 64 | 57 | 51 | 44 | 40 | 35 | 31 |
| 15 | 100 | 90 | 81 | 73 | 65 | 59 | 52 | 45 | 42 | 37 | 33 |
| 16 | 100 | 90 | 82 | 74 | 66 | 60 | 54 | 48 | 43 | 38 | 34 |
| 17 | 100 | 91 | 82 | 74 | 67 | 61 | 55 | 49 | 44 | 40 | 36 |
| 18 | 100 | 91 | 83 | 75 | 68 | 62 | 56 | 50 | 45 | 41 | 37 |
| 19 | 100 | 91 | 83 | 76 | 69 | 62 | 57 | 51 | 47 | 42 | 38 |
| 20 | 100 | 91 | 83 | 76 | 69 | 63 | 58 | 52 | 48 | 43 | 39 |
| 21 | 100 | 92 | 84 | 77 | 70 | 64 | 58 | 53 | 49 | 44 | 40 |
| 22 | 100 | 92 | 84 | 77 | 71 | 65 | 59 | 54 | 50 | 45 | 41 |
| 23 | 100 | 92 | 84 | 78 | 71 | 65 | 60 | 55 | 51 | 46 | 42 |
| 24 | 100 | 92 | 85 | 78 | 72 | 66 | 61 | 56 | 51 | 47 | 43 |
| 25 | 100 | 92 | 85 | 78 | 72 | 67 | 62 | 57 | 51 | 48 | 44 |

그림 7-55 상대 습도 구하는 표

## (2) 선박 공기조화 부하 계산 기준

선박 거주구 공기조화를 위한 부하 계산은 "HVAC Heat Load Calculation 관련 Guide ISO 7547(2002) Edition"을 참조로 한다.

부하 용량 계산에 필요한 필수 Data는 다음과 같다.

- 선실 Lay out drawing
- Designing condition(온도 조건, 장비 구성, 냉각수 조건 등)
- 냉매 Type

### (3) Air Conditioning System 용량 계산 방식

Air volume의 경우 다음의 3가지 경우에 대한 각 실(Room)의 필요 풍량을 계산하여 그 중 가장 큰 값을 최종 필요 풍량(Air volume)으로 산정 한다.

- Minimum air change에 따른 Air volume
- 재실 인원수에 따른 Air volume : 1인당 신선 외기량 28.8 ㎥/h-ISO 7542에 의거 구한다.
- Room 내부 발열량 및 외부 침입 열량에 따른 Air volume

### (4) 냉방 부하 계산식

$$Q(kal/hr) = K^{*} A^{*} \Delta T$$

- $Q$ : 냉방 부하(kcal/hr)
- $K$ : 열관류율(kcal/ ㎡.h.℃)
- $A$ : 면적(㎡)
- $\Delta T$ : 온도차(℃)

### (5) 냉방 부하를 송풍량(Volume)으로 환산하는 식

$$V = \frac{Q}{\rho^{*} Cp^{*} (Ti - To)} = \frac{Q}{0.29^{*} (Ti - To)}$$

- $V$ : Supply air volume
- $Q$ : 냉방 열량 (kcal/hr)
- $\rho$ : 공기의 밀도(1.2 kg/㎥)
- $Cp$ : 공기의 정압 비열(0.24 kcal/kg.℃)
- $Ti$ : 실내 공기의 온도
- $To$ : 취출구 공기의 온도

## 7.2.9 선박 거주구 공기조화 부하 계산 사례

선박의 거주구 공기조화를 위한 냉동기 및 Air handling uint의 용량을 결정하는 가장 기초가 되는 부하 계산의 실제 사례를 가지고 계산 과정을 수행하여 본다.

### (1) 냉방 부하 계산의 프로세스

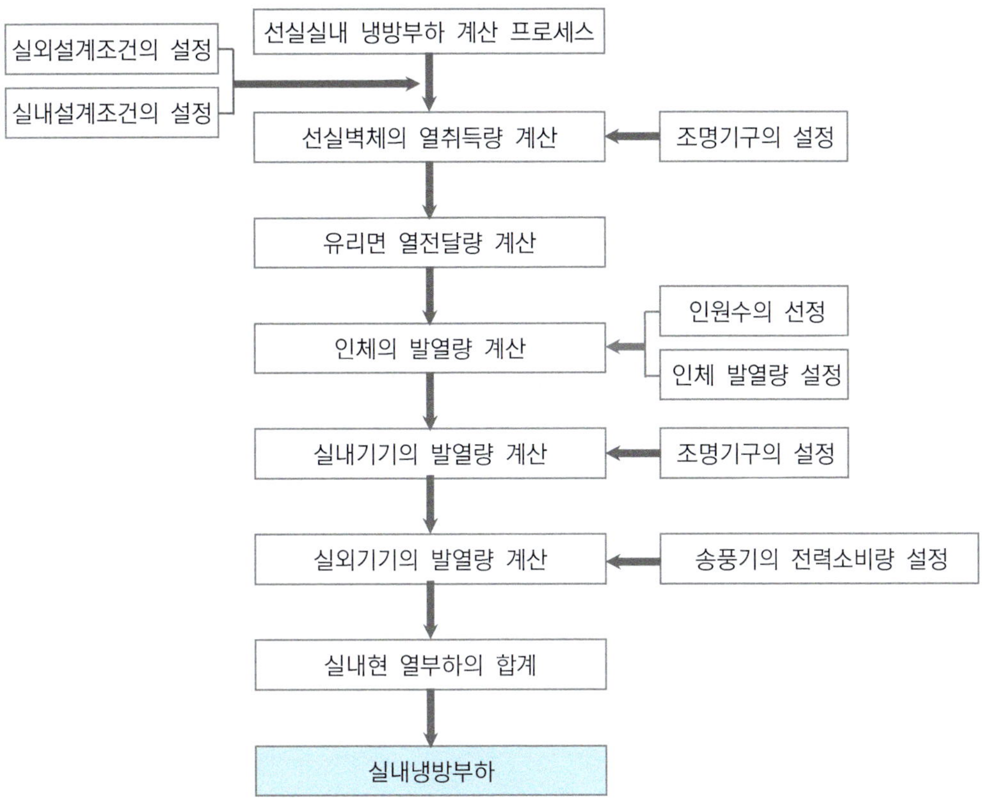

## (2) 냉방 부하의 종류 및 계산 방법

냉각·감습하는 냉방 시에는 실내의 온도 또는 실내에서 발생되는 열량과 수분을 제거해야 한다. 여름철에는 온도가 높으면 포화 온도가 높으며 습도가 높아져 불쾌지수가 올라감으로 냉각과 함께 감습도 같이 이루어져야 한다.

### 1) 냉방부하의 종류

★ 벽체로 부터의 취득 열량 : 현열 (열전도 + 열전달)의 합

★ 유로 부터의 취득 전달 : 현열 복사열

★ 인체 취득 발열 : 잠열 현열과 잠열이 같이 존재

★ 실내 기기의 발열 : 현열 조명

★ 실외 기기의 발열 : 현열 송풍기

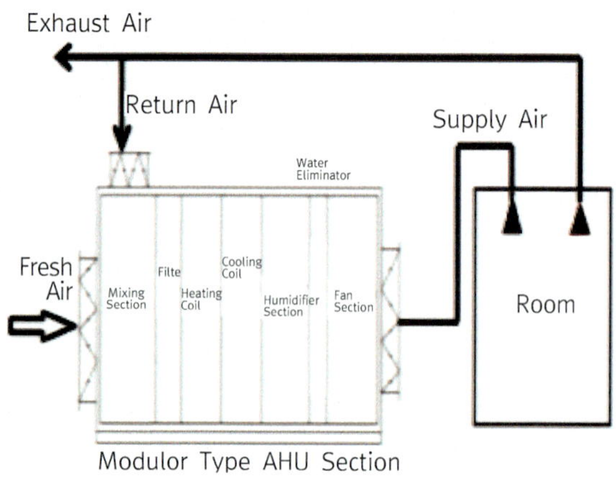


그림 7-56 냉방부하의 종류

#### ① 벽체로부터의 취득열량 종류는 다음과 같다.

벽체로부터의 취득 열량

★ 외벽 벽체 취득 열량 : 현열
Qw : K*A*ETD(Kcal/h) - 햇볕을 받는 외벽 및 지붕
ETD : 상당외기 온도차 - 여름철 외기 온도는 수시로 1~2℃씩 변화하기 때문에 대략적인 평균을 도표로 나타낸 값

★ 실내 칸막이 / 천장 바닥으로 부터의 취득열량 : 현열
Qw = K*A*⊿T

★ 유리로 부터의 일사에 관한 취득 열량 :현열
Qg = K*A*⊿T

그림 7-57 벽체로부터의 취득 열량의 종류

② 벽체 및 유리로부터의 취득열량 계산식

$$Q(kcal/hr) = K \times A \times \Delta T$$

- $Q$ : 벽체 및 유리로부터 취득 열량(kcal/hr)을 구할 때 사용함
- $K$ : 열관류율(kcal/m²̇.h.℃)
  실제 선실 부하 계산 시 가장 많이 구해야 하는 값이며, 모든 경우의 구조 형상에 대하여 면밀히 검토가 필요한 항목임
  최근에는 조선설계 편람에 구조체에 대한 예상 열관류율을 계산한 표를 계산 과정 없이 바로 사용할 수도 있음
- $A$ : 면적($m^2$)
  각 경우의 실제 접한 면적을 의미하므로 구하는데 큰 어려움이 없음
- $\Delta$ : 온도차(℃)
  각각의 경우 온도 차이만 확인하여, 산식에 대입하면 되므로 계산 진행하는데 큰 어려움이 없음

그림 7-58 벽체로 부터의 취득열량 계산식

③ 벽체로 부터의 열관류율 계산식

$$Q(kcal/hr) = K \times A \times \Delta T$$

K : 열관류율(kcal/$m^2$.h.℃)
어떤 구조체를 단위시간당, 단위면적을 통하여 1℃ 온도차로 흐르는 열량.
여기에 내외 표면 열전달율이 포함되며 통상 다음과 같이 계산 되지만

$$K = \cfrac{1}{\cfrac{1}{\alpha_o} + \Sigma\cfrac{t}{\lambda} + \cfrac{1}{C} + \cfrac{1}{\alpha_i}}$$

선박에 있어서는 강벽에 보강 STIFFENER가 설치되므로 이것들이 미치는 영향을 고려하여 다음과 같은 식을 사용한다.

$$K = \cfrac{1}{\cfrac{1}{\alpha_o} + \cfrac{1}{\alpha_i} + \cfrac{\Sigma\cfrac{t}{\lambda} + \cfrac{1}{C}}{u}}$$

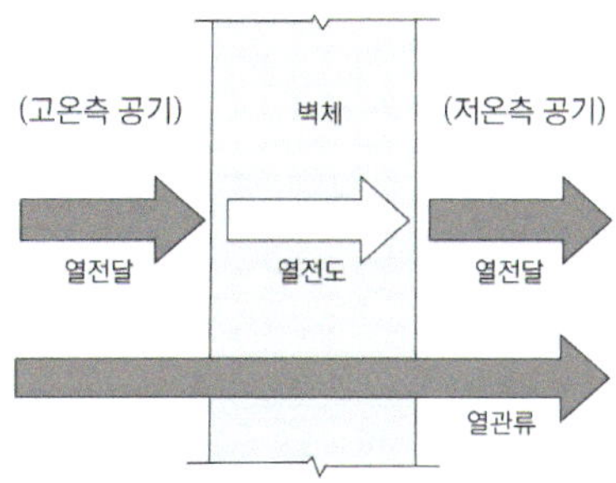


$K$ : 열관류율(kcal/$m^2$,℃, h)
$\alpha_o$ : 외측의 표면 열전달율(kcal/$m^2$,℃, h)
$\alpha_i$ : 내측의 표면 열전달율(kcal/$m^2$,℃, h)
$t$ : 구조 재료의 두께(m)
$\lambda$ : 재료의 열전도율(kcal/$m^2$,℃, h)
$C$ : 공기층 계수(kcal/$m^2$,℃, h)
$u$ : STIFFENER 등에 의한 계수

그림 7-59 열관류율 계산식

④ **벽체로 부터의 열관류율 계산을 위한 상수 값의 예시**

| 항목 | | 권장 열전도율 |
|---|---|---|
| $\alpha_o$ : 외측의 표면 열전달율(kcal/m$^2$,℃, h) | | 30 |
| $\alpha_i$ : 내측의 표면 열전달율(kcal/m$^2$,℃, h) | Ceiling(천장) | 5 |
| | Wall(벽) | 8 |
| | Floor(바닥) | 9.5 |
| $u$ : STIFFENER 등에 의한 계수 | 보온 된 Beam | 1.5 |
| $C$ : 공기층 계수(kcal/m$^2$,℃, h) | | 5.4 |
| 유리창 열 전도율 | | 5.5 |

그림 7-60 열관류율 계산을 위한 상수 값

⑤ **재질에 따른 열전도율 예시**

| 항목 | 열전도율 |
|---|---|
| STEEL | 37 |
| ROCK WOOL | 0.044 |

그림 7-61 재질에 따른 열전도율

⑥ **벽체로 부터의 열관류율 계산의 예제**

| NO | 구조 형상 | 재질 & 두께 | 열관류율 |
|---|---|---|---|
| 1 | 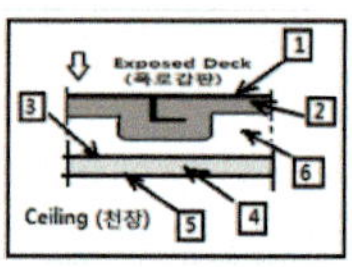 | [1] : 8 mm steel + [2] : 50 mm rockwool + [6] : air space(공기층) + [3] : 1 mm steel + [4] : 25 mm rockwool + [5] : 1 mm steel | 0.669 |
| 2 | 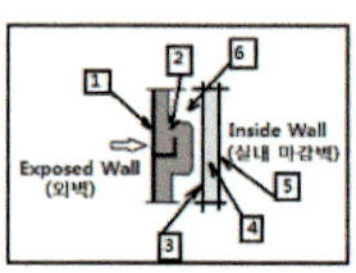 | [1] : 8 mm steel + [2] : 50 mm rockwool + [6] : air space(공기층) + [3] : 1 mm steel + [4] : 50 mm rockwool + [5] : 1 mm steel | 0.556 |
| 3 | 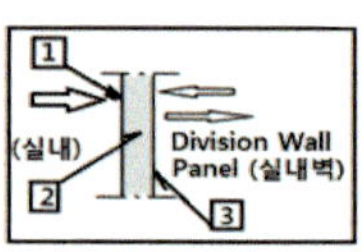 | [1] : 1 mm steel + [2] : 50 mm rockwool + [3] : 1 mm steel | ? |

그림 7-62 열관류율 계산의 예제

① $\alpha_o$ = 30(폭로갑판 표면열전달률)
$\alpha_i$ = 5(Ceiling의 표면열전달률)
$t1$ = 0.008(8 mm steel thick)
$\lambda 1$ = 37(steel 열전도율)
$t2$ = 0.05(50 mm rock wool)
$\lambda 2$ = 0.044(rock wool 열전도율)
$t3$ = 0.001(1 mm steel thick)
$t4$ = 0.025(50 mm rock wool)
$t5$ = 0.001(1 mm steel thick)
$t6$ = 5.4(air space-공기층)
$u$ = 1.5(보온된 stiffener 계수)

[1] : 8 mm steel + [2] : 50 mm rockwool
+ [6] : air space(공기층) + [3] : 1 mm steel
+ [4] : 25 mm rockwool + [5] : 1 mm steel

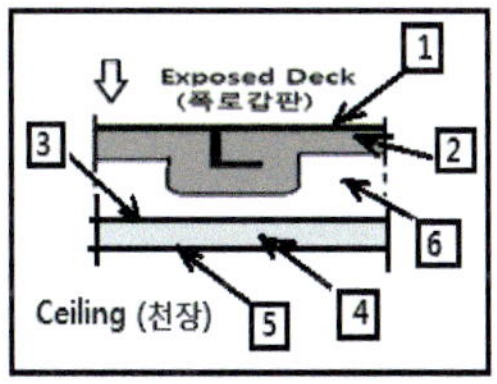


$K$ : 열관류율(kcal/㎡, ℃, h)
$\alpha_o$ : 외측의 표면 열전달률(kcal/㎡, ℃, h)
$\alpha_i$ : 내측의 표면 열전달률(kcal/㎡, ℃, h)
$t$ : 구조 재료의 두께(m)
$\lambda$ : 재료의 열전도율(kcal/㎡, m, h, ℃)
$C$ : 공기층 계수(kcal/㎡, ℃, h)
$u$ : STIVVENER 등에 의한 계수

$$K=\frac{1}{\frac{1}{\alpha_o}+\frac{1}{\alpha_i}+\frac{\Sigma\frac{t}{\lambda}+\frac{1}{C}}{u}}$$

$$K=\frac{1}{\frac{1}{30}+\frac{1}{5}+\frac{\frac{0.008}{37}+\frac{0.05}{0.044}+\frac{0.001}{37}+\frac{0.025}{0.044}+\frac{0.001}{37}+\frac{1}{5.4}}{1.5}}=\frac{1}{1.493}=0.669$$

그림 7-63 ① Case 열관류율 계산 실행 예제

② $\alpha_o$ = 30(외측 폭로 wall 표면 열전달률)
$\alpha_i$ = 8(내측 wall 표면 열전달률)
$t1$ = 0.008(8 mm steel thick)
$\lambda 1$ = 37(steel 열전도율)
$t2$ = 0.05(50 mm rock wool)
$\lambda 2$ = 0.044(rock wool 열전도율)
$t3$ = 0.001(1 mm steel thick)
$t4$ = 0.05(50 mm rock wool)
$t5$ = 0.001(1 mm steel thick)
$t6$ = 5.4(air space-공기층)
$u$ = 1.5(보온된 stiffener 계수)

[1] : 8 mm steel + [2] : 50 mm rockwool + [6] : air space(공기층) + [3] : 1 mm steel + [4] : 50 mm rockwool + [5] : 1 mm steel

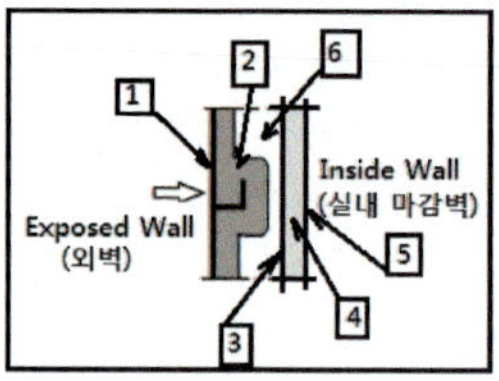


$K$ : 열관류율(kcal/㎡, ℃, h)
$\alpha_o$ : 외측의 표면 열전달률(kcal/㎡, ℃, h)
$\alpha_i$ : 내측의 표면 열전달률(kcal/㎡, ℃, h)
$t$ : 구조 재료의 두께(m)
$\lambda$ : 재료의 열전도율(kcal/㎡, m, h, ℃)
$C$ : 공기층 계수(kcal/㎡, ℃, h)
$u$ : STIVVENER 등에 의한 계수

$$K = \frac{1}{\frac{1}{\alpha_o} + \frac{1}{\alpha_i} + \frac{\Sigma \frac{t}{\lambda} + \frac{1}{C}}{u}}$$

$$K = \frac{1}{\frac{1}{30} + \frac{1}{8} + \frac{\frac{0.008}{37} + \frac{0.05}{0.044} + \frac{0.001}{37} + \frac{0.05}{0.044} + \frac{0.001}{37} + \frac{1}{5.4}}{1.5}} = \frac{1}{1.796} = 0.556$$

그림 7-64 ② Case 열관류율 계산 예제

### ⑦ 유리/실내기기/실외기기로 부터의 취득열량

유리로부터 태양열 취득 열량
외기에 노출된 유리창 : 445 kca/m$^2$.h
창문의 차폐 계수 : 0.5

실내 기기로부터 취득되는 열량
조명
백열등 발열량 = kw × 860 (kcal/h)
형광등 발열량 = kw × 1000 (kcal/h)

선박에서 취득열량 계산 시 바닥 면적 1 m$^2$ 당 0.006 kw의 열량이 발생된다고 계산함.

실외 기기로부터 취득되는 열량
송풍기와 Duct로부터 취득되는 열량
실내 감열 취득량의 15% 정도로 약산하여 사용함

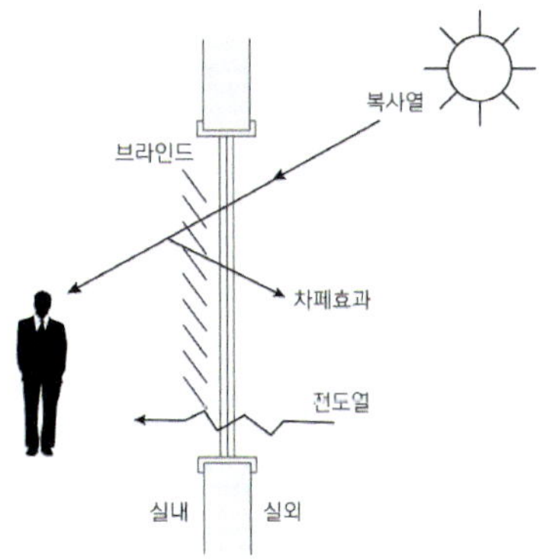


그림 7-65 유리/실내기기/실외기기로 부터의 취득열량

### ⑧ 인체로부터의 취득열량(현열 + 잠열)

사람 몸에서 열 발생

$$Q_M = Q_c + Qr + Q_E + Q_S$$

$Q_M$ : 신진대사에 의해 발생되는 열량)몸 전체 열량
$Q_c$ : 인체의 피부면에서 대류에 의해 방출되는 열량
$Qr$ : 복사 열량
$Q_E$ : 호흡, 땀의 증발에 의한 열량
$Q_S$ : 축척 열량(평소에 갖고 있는 열량)

실제적으로 부하 계산시 평균 값을 정리하여 도표화 된 것을 사용함
현열 : 50 (kcal/p.h)
잠열 : 60 (kcal/p.h)

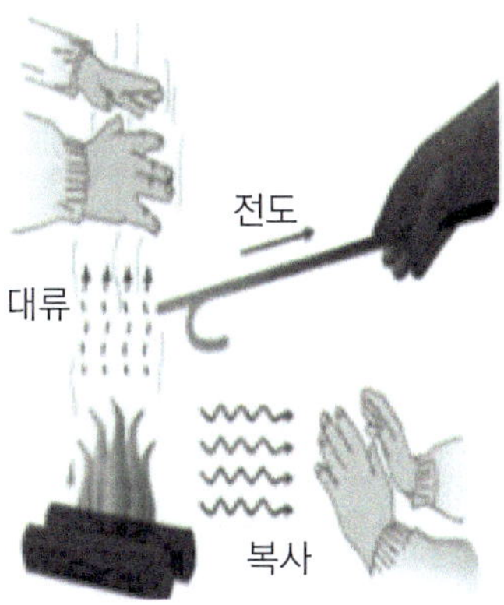


그림 7-66 인체로부터의 취득열량

### (3) 난방 부하

공기를 가열 가습하고 외부로 손실되는 열량과 수분도 고려해야 한다. 겨울철에는 춥고 건조하기 때문에, 가열도 해야 하고 가습도 해야 하는데 이를 난방 부하라 한다. 난방부하 계산은 냉방부하 계산 방법과 거의 흡사하다. 다만 덕트에서 일어나는 열량손실을 난방 부하로 추가해야한다. 실제 계산에서 현열 부하 계산을 참조한다.

### (4) 선박 거주구의 냉난방 부하 계산의 실제 사례 소개

선박의 거주구 냉난방 부하의 계산 절차는 예제와 같은 과정에 의하여 수행된다.

#### 1) Accommodation 실내외 설계 조건

| | 냉방(Summer) | 난방(Winter) |
|---|---|---|
| 외기온도(Outside temperature) | 35℃ | -20℃ |
| 외기상대습도(Humidity) | 70% R.H | +20℃ |
| 실내온도(Inside Temperature) | 24℃ | |
| 신내상대습도(Humidity) | Max.50% R.H | 40~50% R.H |
| 외기도입율(Outside Air Intake) | 100% | |
| 실내 취출구의 온도 | 12.5℃ | 34℃ |

그림 7-67 설계 조건

#### 2) 냉방부하 종합표

다음은 외벽열 취득, 태양열 취득, 내벽열 취득, 실내 발열 취득등의 종합 부하 계산의 예제를 보여 주고 있다.

| 냉난방부하계산 시트(D 데크 401번 2인실의 냉난방 부하 계산 시트) | | | | | | | | | | | | | | | |
|---|---|---|---|---|---|---|---|---|---|---|---|---|---|---|---|
| 데크 | D | 실 | 101 | 2MAN | 바닥 | 3.2 × 4.4=14.1 | | | (m²) | 높이 | 2.3 | (m) | 용적 | 32.4 | (m³) |
| 냉방부하(cooling load) | | | | | | | | | | | | 난방부하(heating load) | | | |
| A. 감열취득 | | | | | | | | | | | | | | | |
| 부 하 | 구조 | 치수 (m) | | | 열류율 K(kcal㎡.h.℃) | 상당외기온도차 (Δte,℃ ) | | | 열취득 (kcal/m²·h) | | | 실내 온도 | 외부 온도 | 온도 차 | 열 손실 |
| | | 길이 (L) | 폭 (W) | 면적 (m²) | | 08 : 00 | 10 : 00 | 12 : 00 | 08 : 00 | 10 : 00 | 12 : 00 | tr (℃) | ti (℃) | tr-ti (Δt) | (kcal/h) |
| 외벽의 열취득 | 햇빛받는 데크 | 3.2 | 4.4 | 14.0 | 0.43 | 14 | 25 | 32 | 84 | 151 | 181 | 20 | -20 | 40 | 242 |
| | 햇빛 받는 벽 | 4.4 | 3.5 | 15.4 | 0.44 | 28 | 18 | 10 | 189 | 121 | 67 | 20 | -20 | 40 | 271 |
| | 그늘진 벽- | 3.2 | 3.5 | 11.2 | 0.44 | 10 | 10 | 10 | 49 | 49 | 49 | 20 | -20 | 40 | 197 |
| | 창문 | 0.18 | 1 | 0.18 | 5.5 | 10 | 10 | 10 | 7 | 7 | 7 | 20 | -20 | 40 | 40 |
| | | | | | | 태양열 취득 합계 | | | 331 | 330 | 306 | - | - | - | - |
| | | | | | 수량 | 계수 | 투과량 | | 최대취득열 | | 331 | - | - | - | - |
| 태양열 취득 | 햇빛 받는 창 | 0.18 | 1 | 0.18 | 1 | 0.5 | 445 | | - | | 40 | 20 | -20 | 40 | 4 |
| | 그늘진 창 | | | | | 1.0 | 35 | | - | | | - | - | - | - |
| | | | | | K | ti | tr | Δt, ℃ | - | | - | - | - | - | - |
| 내벽의 열취득 | 벽 - | 3.2 | 3.5 | 11.2 | 0.71 | 27 | 24 | 3 | - | | 24 | 20 | 12 | 8 | 64 |
| | 벽 - | | | | | | | | - | | | | | | |
| | 천장 | | | | | | | | - | | | | | | |
| | 마루 | | | | | | | | - | | | | | | |
| 실내 발열 | 실내 인원 | 50 | (kcal/p.h) | | x | 2 | 인(person) | | - | | 100 | 열손실 합계 | | | 818 |
| | 조명등 부하 | 0.006 | (kWh) x | | 14.1 | (㎡/fl) | x | 1000 | (kcal/h.kW) | | 85 | 실내장비발열량 | | | |
| | 장비(옆ⓐ) | | (kWh) x | | 860 | (kcal/kW) | | - | | | | 장비 | 발열율 | 동시율 | 발열량 |
| | 송풍기, 덕트 | 실내 감열취득의 15% | | | | | | | | 0.15 | 85 | | | | |
| 감열 취득량 합계(kcal/h) | | | | | | | | | | | 665 | | | | |
| B. 잠열취득 | | | | | | | | | | | | | | | |
| 실내 발열 | 실내 인원 | 60 | (kcal/p.h) | | x | 2 | | | (명) | | 120 | | | | |
| | 기기 | | (kg/h) | | x | 717(kcal/kg) | | x | | (대) | | | | | |
| | 기타 | | | | | | | | | | | | | | |
| 잠열 취득량 합계(kcal/h) | | | | | | | | | | | 120 | 합계 ⓐ | | | |

그림 7-68 냉방부하 종합표

### 3) 외벽 열 취득계산의 실제 사례

| 냉난방부하계산 시트(D데크 401번 2인실의 냉난방 부하 계산 시트) | | | | | | | | | | | | | | |
|---|---|---|---|---|---|---|---|---|---|---|---|---|---|---|
| 데크 | D | 실 | 101 | 2MAN | 바닥 | 3.2 × 4.4=14.1 | | ($m^2$) | 높이 | 2.3 | (m) | 용적 | 32.4 | ($m^3$) |
| 냉방부하(cooling load) | | | | | | | | | | | 난방부하(heating load) | | | |
| A. 감열취득 | | | | | | | | | | | | | | |
| 부 하 | 구조 | 치수 (m) | | | 열류율 | 상당외기온도차 ($\Delta$te,℃ ) | | | 열취득 (kcal/$m^2$·h) | | | 실내 온도 | 외부 온도 | 온도 차 | 열 손실 |
| | | 길이 (L) | 폭 (W) | 면적 ($m^2$) | K(kcal㎡.h.℃) | 08 : 00 | 10 : 00 | 12 : 00 | 08 : 00 | 10 : 00 | 12 : 00 | tr (℃) | ti (℃) | tr-ti ($\Delta$t) | (kcal/h) |
| 외벽의 열취득 | 햇빛받는 데크 | 3.2 | 4.4 | 14.0 | 0.43 | 14 | 25 | 32 | 84 | 151 | 181 | 20 | -20 | 40 | 242 |
| | 햇빛 받는 벽 | 4.4 | 3.5 | 15.4 | 0.44 | 28 | 18 | 10 | 189 | 121 | 67 | 20 | -20 | 40 | 271 |
| | 그늘진 벽- | 3.2 | 3.5 | 11.2 | 0.44 | 10 | 10 | 10 | 49 | 49 | 49 | 20 | -20 | 40 | 197 |
| | 창문 | 0.18 | 1 | 0.18 | 5.5 | 10 | 10 | 10 | 7 | 7 | 7 | 20 | -20 | 40 | 40 |
| 태양열 취득 합계 → | | | | | | | | | 331 | 330 | 306 | - | - | - | - |

냉난방 부하 계산 식

Q(kcal/hr)=K*A*$\Delta$T

- Q : 냉방 부하(kcal/hr)
- K : 열관류율(kcal/$m^2$·h)
- A : 면적($m^2$)
- $\Delta$T : 온도차(℃ )

A) 계산예제 : 감열취득

햇빛 받는 데크 외벽 열 취득

Q = K × A × $\Delta$te = 0.43 × 14.0 × 14 = 84

B) 계산예제 : 난방부하

Q = K × A × $\Delta$te = 0.43 × 14.0 × 40 = 242

그림 7-69 외벽 열 취득계산

### 4) 내벽 열 취득 계산의 실제 사례

| 냉난방부하계산 시트(D데크 401번 2인실의 냉난방 부하 계산 시트) | | | | | | | | | | | | | | |
|---|---|---|---|---|---|---|---|---|---|---|---|---|---|---|
| 데크 | D | 실 | 101 | 2MAN | 바닥 | 3.2 × 4.4=14.1 | | ($m^2$) | 높이 | 2.3 | (m) | 용적 | 32.4 | ($m^3$) |
| 냉방부하(cooling load) | | | | | | | | | | | 난방부하(heating load) | | | |
| A. 감열취득 | | | | | | | | | | | | | | |
| 부 하 | 구조 | 치수 (m) | | | 열류율 | 상당외기온도차 ($\Delta$te,℃ ) | | | 열취득 (kcal/$m^2$·h) | | | 실내 온도 | 외부 온도 | 온도 차 | 열 손실 |
| | | 길이 (L) | 폭 (W) | 면적 ($m^2$) | K(kcal㎡.h.℃) | 08 : 00 | 10 : 00 | 12 : 00 | 08 : 00 | 10 : 00 | 12 : 00 | tr (℃) | ti (℃) | tr-ti ($\Delta$t) | (kcal/h) |

내벽 열취득 부하 계산 식

Q(kcal/hr)=K*A*$\Delta$T

- Q : 냉방 부하(kcal/hr)
- K : 열관류율(kcal/$m^2$·h)
- A : 면적($m^2$)
- $\Delta$T : 온도차(℃ )

A) 계산예제 : 감열취득

내벽 열 취득

Q = K × A × $\Delta$te = 0.71 × 11.2 × 3 = 24

B) 계산예제 : 난방부하

Q = K × A × $\Delta$te = 0.71 × 11.2 × 8 = 64

그림 7-70 내벽 열 취득 계산

### 5) 실내 발열 취득계산의 실제 사례

| 냉난방부하계산 시트(D데크 401번 2인실의 냉난방 부하 계산 시트) | | | | | | | | | | | | | | |
|---|---|---|---|---|---|---|---|---|---|---|---|---|---|---|
| 데크 | D | 실 | 101 | 2MAN | 바닥 | 3.2 × 4.4=14.1 | | $(m^2)$ | 높이 | 2.3 | (m) | 용적 | 32.4 | $(m^3)$ |
| 냉방부하(cooling load) A. 감열취득 | | | | | | | | | | | 난방부하(heating load) | | | |
| 부 하 | 구조 | 치수 (m) | | | 열류율 | 상당외기온도차 (⊿te,℃ ) | | | 열취득 $(kcal/m^2 \cdot h)$ | | | 실내 온도 | 외부 온도 | 온도 차 | 열 손실 |
| | | 길이 (L) | 폭 (W) | 면적 $(m^2)$ | K(kcal㎡.h.℃) | 08 : 00 | 10 : 00 | 12 : 00 | 08 : 00 | 10 : 00 | 12 : 00 | tr (℃) | ti (℃) | tr-ti (⊿t) | (kcal/h) |
| 실내 발열 | 실내 인원 | 50 | (kcal/p.h) | | x | 2 | 인(person) | | - | | 100 | 열손실 합계 | | | 818 |
| | 조명등 부하 | 0.006 | (kWh) x | | 14.1 | (㎡/fl) x | | 1000 | (kcal/h.kW) | | 85 | 실내장비발열량 | | | |
| | 장비(옆ⓐ) | | (kWh) x | | 860 | (kcal/kW) | | - | | | | 장비 | 발열율 | 동시율 | 발열량 |
| | 송풍기, 닥트 | 실내 감열취득의 15% | | | | | | | | 0.15 | 85 | | | | |
| 감열 취득량 합계(kcal/h) | | | | | | | | | | | 665 | | | | |

1. 인체로부터의 취득열량
   현열 : 50 kcal/p.h
   잠열 : 60 kcal/p.h

2. 조명등 부하
   백열등 부하 : kw × 860(kcal/h)
   형광등 부하 : kw × 1000(kcal/h)
   선박에서 취득열량 계산 시 바닥 면적 1 $m^2$당 0.006kw의 열량이 발생된다고 계산함

A) 계산예제 : 감열취득
내벽 열 취득
Q = 50 × 2 = 100

B) 계산예제 : 난방부하
Q = 0.006 × 14.1 × 1000 = 85

그림 7-71 실내 발열 취득계산

### 6) 실내 발열 잠열취득 계산의 실제 사례

| 냉난방부하계산 시트(D데크 401번 2인실의 냉난방 부하 계산 시트) | | | | | | | | | | | | | | |
|---|---|---|---|---|---|---|---|---|---|---|---|---|---|---|
| 데크 | D | 실 | 101 | 2MAN | 바닥 | 3.2 × 4.4=14.1 | | $(m^2)$ | 높이 | 2.3 | (m) | 용적 | 32.4 | $(m^3)$ |
| 냉방부하(cooling load) A. 감열취득 | | | | | | | | | | | 난방부하(heating load) | | | |
| 부 하 | 구조 | 치수 (m) | | | 열류율 | 상당외기온도차 (⊿te,℃ ) | | | 열취득 $(kcal/m^2 \cdot h)$ | | | 실내 온도 | 외부 온도 | 온도 차 | 열 손실 |
| | | 길이 (L) | 폭 (W) | 면적 $(m^2)$ | K(kcal㎡.h.℃) | 08 : 00 | 10 : 00 | 12 : 00 | 08 : 00 | 10 : 00 | 12 : 00 | tr (℃) | ti (℃) | tr-ti (⊿t) | (kcal/h) |
| B. 잠열취득 | | | | | | | | | | | | | | | |
| 실내 발열 | 실내 인원 | 60 | (kcal/p.h) | | x | 2 | | | (명) | | 120 | | | | |
| | 기기 | | (kg/h) | | x | 717(kcal/kg) | | x | | (대) | | | | | |
| | 기타 | | | | | | | | | | | | | | |
| 잠열 취득량 합계(kcal/h) | | | | | | | | | | | 120 | 합계 ⓐ | | | |

A) 계산예제 : 잠열 취득 열량
인체로 부터의 취득열량
Q = 60 × 2 = 120

그림 7-72 실내 발열 잠열취득 계산

## 7) 거주구 냉난방 부하 계산 종합표

| 거주구 냉난방 부하 계산 종합 | | | | | | | | | | | | | | | | | | | |
|---|---|---|---|---|---|---|---|---|---|---|---|---|---|---|---|---|---|---|---|
| 데크 | 실 | | | | 통풍계획 | | 냉방부하 | | | | | 난방부하 | | | | 결정 | | 취출구 | |
| | NO. | 실명 | 인원 | V 체적 | 환기 회수 | 공기량 | 열취득 (kcal/h) | | 공기량 | 환기 회수 | RSHR | 열손실 | 취출 온도 | 제열기 | | 환기 회수 | 공기량 | 용량 | 수량 |
| | | | 명 | $m^2$ | t/h | $m^2/h$ | 감열 | 잠열 | $m^2/h$ | t/h | | kcal/h | ℃ | W | No. | t/h | $m^2/h$ | $m^2/h$ | 개 |
| D-P | D401 | 2MAN RM | 2 | 31 | 6 | 184 | 666 | 120 | 200 | 7 | 0.85 | 803 | 20 | 2×400 | 1 | 7 | 200 | | 1 |
| | D402 | 2MAN RM | 2 | 31 | 3 | 184 | 564 | 120 | 169 | 6 | 0.82 | 542 | 20 | 2×400 | 1 | 6 | 184 | | 1 |
| | D403 | 2MAN RM | 2 | 31 | 3 | 184 | 564 | 120 | 169 | 6 | 0.82 | 542 | 20 | 2×400 | 1 | 6 | 184 | | 1 |
| | D404 | 2MAN RM | 2 | 31 | 3 | 184 | 564 | 120 | 169 | 6 | 0.82 | 542 | 20 | 2×400 | 1 | 6 | 184 | | 1 |
| | ⋮ | | | | | | | | | | | | | | | | | | |
| D-S | D426 | NON-SMK'R | 17 | 127 | 6 | 762 | 2,450 | 1,020 | 735 | 6 | 0.71 | 1,498 | 20 | | | 6 | 762 | | 4 |
| | D422 | HELI RNGE | 25 | 137 | 6 | 821 | 3,006 | 1,500 | 901 | 7 | 0.67 | 2,029 | 20 | | | 8 | 1,095 | | 5 |
| | | PORT TOTAL | | | | | 39,999 | 10,560 | 11,724 | 325 | 53 | 31,395 | | | 61 | 423 | 17,618 | | |

그림 7-73 거주구 냉난방 부하 계산 종합표

## 8) 냉방 부하를 송풍량으로 환산하는 방법

| 거주구 냉난방 부하 계산 종합 | | | | | | | | | | | | | | | | | | | |
|---|---|---|---|---|---|---|---|---|---|---|---|---|---|---|---|---|---|---|---|
| 데크 | 실 | | | | 통풍계획 | | 냉방부하 | | | | | 난방부하 | | | | 결정 | | 취출구 | |
| | NO. | 실명 | 인원 | V 체적 | 환기 회수 | 공기량 | 열취득 (kcal/h) | | 공기량 | 환기 회수 | RSHR | 열손실 | 취출 온도 | 제열기 | | 환기 회수 | 공기량 | 용량 | 수량 |
| | | | 명 | $m^2$ | t/h | $m^2/h$ | 감열 | 잠열 | $m^2/h$ | t/h | | kcal/h | ℃ | W | No. | t/h | $m^2/h$ | $m^2/h$ | 개 |
| D-P | D401 | 2MAN RM | 2 | 31 | 6 | 184 | 666 | 120 | 200 | 7 | 0.85 | 803 | 20 | 2×400 | 1 | 7 | 200 | | 1 |
| D-S | D422 | HELI RNGE | 25 | 137 | 6 | 821 | 3,006 | 1,500 | 901 | 7 | 0.67 | 2,029 | 20 | | | 8 | 1,095 | | 5 |
| | | PORT TOTAL | | | | | 39,999 | 10,560 | 11,724 | 325 | 53 | 31,395 | | | 61 | 423 | 17,618 | | |

냉방 부하를 송풍량(Volume)으로 환산하는 식

$$V = \frac{Q}{p \times Cp \times (Ti - To)} = \frac{Q}{0.29 \times (Ti - To)}$$

401호 송풍량 = $666/0.29 \times (24 - 1.25) = 200\ m^3/h$

TOTAL 송풍량 = $39,099/0.29 \times (24 - 1.25) = 11,724\ m^3/h$

- p : 공기의 밀도(1.2 kg/㎥)
- Cp : 공기의 정압 비열(0.24 kcal/kg℃)
- p × Cp = 1.2 × 0.24 = 0.29

Room 취출구 공기 온도
12.5 ℃ 설정

그림 7-74 냉방 부하를 송풍량으로 환산하는 방법

## 7.2.10 선박 거주구 덕트(Duct)의 설계

열 부하 계산에 의해 각 실의 송풍량, 환기량, 외기량 결정, 덕트 도설 방식, 공조기 취출구, 흡입구, 취출구의 개수, 위치 등이 결정되어지고 다음에 덕트 설계를 착수한다.

### (1) 선박의 덕트 설계 권고 사항

| 고속 | 20 m/sec 전화 | 고압 | 정압 200 mm Aq 전후 |
|---|---|---|---|
| 중속 | 15 m/sec 전화 | 중압 | 정압 150 mm Aq 전후 |
| 저속 | 10 m/sec 전화 | 저압 | 정압 100 mm Aq 전후 |

그림 7-75 덕트 설계 권고 사항

일반적으로 고속식은 고압식이라고도 하며 원형(Spiral) 덕트가 많이 쓰이며, 각 실에는 소음상자(Sound box)가 설치된 후 취출구가 설치된다. 저속식은 저압식이라고도 하며 통상 사각(Square) 덕트를 사용하며 취출구는 주 사각 덕트에서 나누어진 작은 사각 덕트로 취부되는 것이 일반적이다.

### (2) 선박 거주구 덕트 배치(Duct Arrangement) 시 고려 사항

거주구 덕트 배치 시 공기 운송량은 원형 덕트가 최대이고, 사각 덕트에서는 정방형이 최대이다. 사각 덕트의 Aspect 비(Duct의 긴 변, 짧은 변의 비)는 가능한 한 작게 해야 하지만 최대 10:1, 통상 5:1 이내로 한다. 선박에서는 천장 공간의 제약으로 인하여, 통상 짧은 변의 최소 길이는 150 mm 정도이다. 급한 곡이나 급한 속도 변화가 일어나지 않도록 고려한다.

저항 손실이나 마찰 손실은 동압에 비례하고, 동압은 속도의 2승에 비례한다. 송풍기에 연결되어 있는 덕트 중 최대 상당길이에 맞는 부분까지는 가능한 한 저항이 없도록 고려한다.

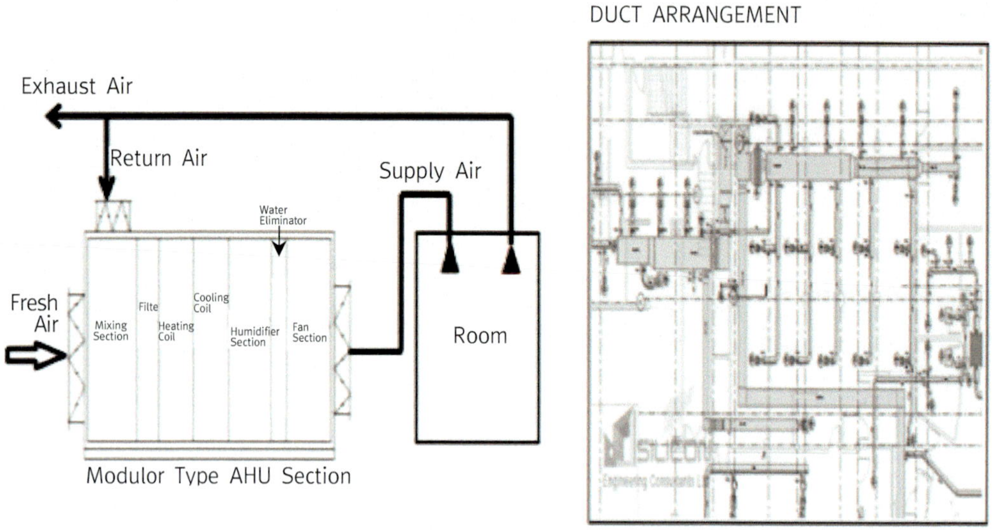


그림 7-76 덕트 배치(Duct arrangement)

## (3) 덕트의 Sizing 결정법

덕트 Sizing 결정은 주로 등마찰법 방식을 사용한다. 등마찰법에는 다음의 2가지 방법이 있다.

- 전압 기준법 : 덕트 계통의 각 취출구 직전의 전압이 소정의 전압이 되도록 덕트 계통을 설계하는 방법이고 국부 저항치는 전압 기준치를 사용한다.
- 정압 기준법 : 덕트 계통의 각 취출구 직전의 정압이 소정의 정압이 되도록 덕트 계통을 설계하는 방법이고 국부 저항치는 전압 기준치를 사용한다.

선박과 해양의 HVAC와 덕트는 거의가 전압 기준의 등 마찰법으로 설계한다. 따라서 본 덕트 Sizing 결정 예제는 전압 기준법에 의한 것을 보여 준다.

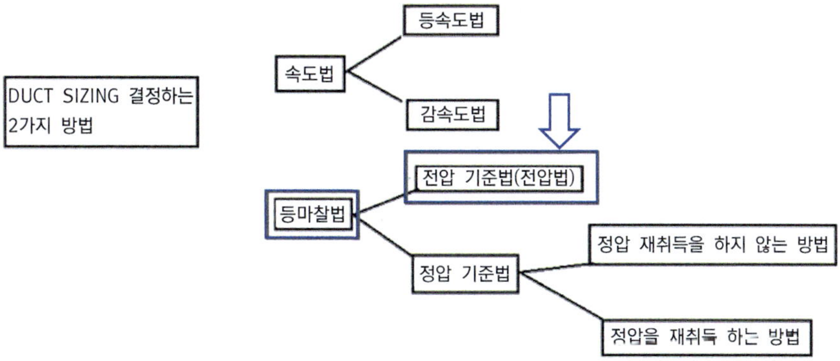


그림 7-77 덕트의 Sizing 결정법

### 1) 덕트 저항 계산을 위한 저항의 종류

덕트의 저항은 정압과 동압이 있는데 이는 베르누이의 정리에서 정의된다.

#### ① 정압과 동압

유체가 관내를 흐를 때는 다음의 베르누이법칙이 성립한다.

$$p_1 + \frac{v_1^2}{2}\rho + \rho g h_1 = p_2 + \frac{v_2^2}{2}\rho + \rho g h_2 + \Delta p_\epsilon$$

- $p$ : 정압(static pressure)(Pa)
- $v$ : 유속(m/s)
- $h$ : 기준선에서의 높이(m)
- $\rho$ : 유체의 밀도(kg/m³)
- $\Delta p_\epsilon$ : 마찰 등에 의한 압력손실(Pa)
- $g$ : 중력가속도(m/s²)

$\frac{v^2}{2}\rho$를 동압(velocity pressure)

$p+\frac{v^2}{2}\rho$를 전압(total pressure)이라 한다.

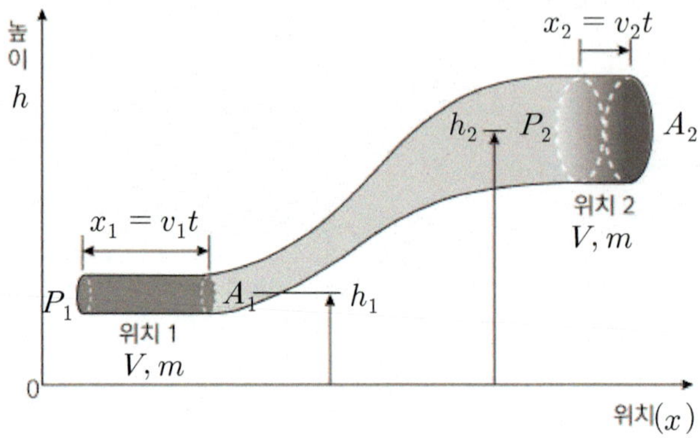


공기의 경우 위치 에너지는 $h_1$과 $h_2$가 같다고 가정하여 위치 에너지를 무시한 다음식을 사용한다.

$$p_1 + \frac{v_1^2}{2}\rho = p_2 + \frac{v_2^2}{2}\rho + \Delta p_\epsilon$$

즉, 전압=정압+동압

**② 직선 덕트의 마찰 저항**

$$\Delta p_f = \lambda \frac{l}{d}\,\frac{v^2}{2}\rho$$

- $\lambda$ : 마찰계수
- $v$ : 평균풍속(m/s)
- $l$ : 덕트의 길이(m)
- $\rho$ : 공기의 밀도(kg/㎥)
- $d$ : 덕트의 지름(m)

**③ 국부저항**

덕트의 도중에는 굽은 곳(elbow, vend 등), 분기, 확대, 축소 등이 있고 이들 부분을 공기가 흘 때 생기는 저항을 국부저항

$$\Delta p_r = \zeta \frac{v^2}{2}\rho$$

- $\zeta$ : 국부저항계수

## (4) Duct Sizing 계산 실제 예제

### 1) 계산을 위한 조건

간략하게 실제 덕트의 계산을 진행해 보자

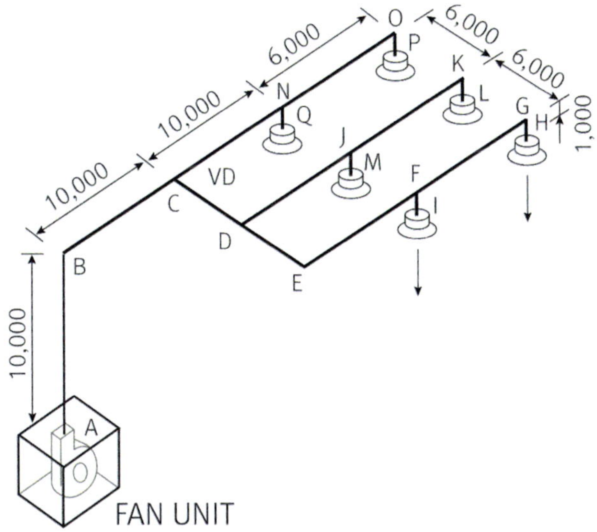


그림 7-78 계산 조건 Diagram

| DUCT SIZING 결정에 필요한 조건 |
|---|
| ① 취출구 풍량 : 300 $m^3/h$·개 |
| ② 직관 덕트저항 $R = 1Pa/m$로 하고 유량선도 및 환산표를 이용할 것 |
| ③ 팬 유닛의 저항(전압기준) : 200 $Pa$ |
| ④ 취출구 저항(전압기준) : 10 $Pa$ |
| ⑤ 송풍기 취출풍속 : 7 $m/s$ |
| ⑥ 국부저항은 직관저항의 50%로 한다 |
| ⑦ 송풍기 전압효율 $\eta_t$ : 45% |

그림 7-79 계산 조건 정리표

### 2) 주어진 각 구간의 원형 덕트 Size 구하는 방법

덕트 마찰손실 선도를 이용하여 구할 수 있다.

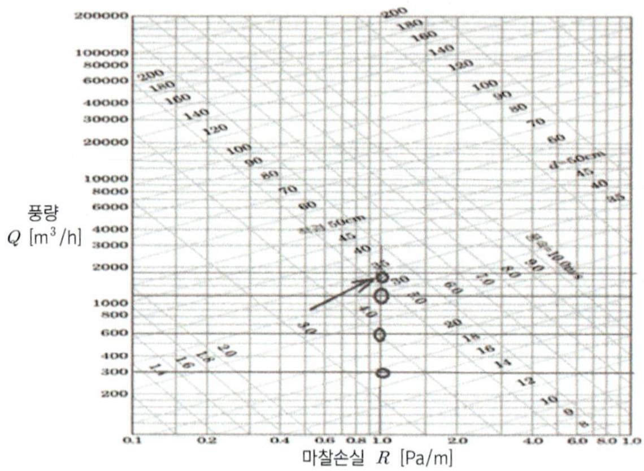


DUCT 마찰 손실 선도

**A-C 구간**
a) 마찰손실 : 1 Pa/m
b) A-C 풍량 : 1,800 m³/h
a) & b) 교차점 :
<u>원형 DUCT 지름 : 35 cm</u>

**C-D 구간**
a) 마찰손실 : 1 Pa/m
b) C-D 풍량 : 1,200 m³/h
a) & b) 교차점 :
<u>원형 DUCT 지름 : 30 cm</u>

**D-F 구간**
a) 마찰손실 : 1 Pa/m
b) D-F 풍량 : 600 m³/h
a) & b) 교차점 :
<u>원형 DUCT 지름 : 23 cm</u>

**F-H 구간**
a) 마찰손실 : 1 Pa/m
b) F-H 풍량 : 300 m³/h
a) & b) 교차점 :
<u>원형 DUCT 지름 : 17.5 cm</u>

그림 7-80 원형 덕트 Size 구하는 방법

### 3) 원형 덕트를 사각 덕트로 변환하는 덕트 Size 결정법

| 장변 \ 단변 | 10 | 15 | 20 | 25 | 30 | 35 | 40 | 45 | 50 | 55 | 60 | 65 | 70 | 75 | 80 | 85 | 90 | 95 | 100 |
|---|---|---|---|---|---|---|---|---|---|---|---|---|---|---|---|---|---|---|---|
| 10 | 10.9 | | | | | | | | | | | | | | | | | | |
| 15 | 13.3 | 16.4 | | | | | | | | | | | | | | | | | |
| 20 | 15.2 | 18.9 | 21.9 | | | | | | | | | | | | | | | | |
| 25 | 16.9 | 21.0 | 24.4 | 27.3 | | | | | | | | | | | | | | | |
| 30 | 18.3 | 22.9 | 26.6 | 29.9 | 32.8 | | | | | | | | | | | | | | |
| 35 | 19.5 | 24.5 | 28.6 | 32.2 | 35.4 | 38.3 | | | | | | | | | | | | | |
| 40 | 20.7 | 26.0 | 30.5 | 34.3 | 37.8 | 40.9 | 43.7 | | | | | | | | | | | | |
| 45 | 21.7 | 27.4 | 32.1 | 36.3 | 40.0 | 43.3 | 46.4 | 49.2 | | | | | | | | | | | |
| 50 | 22.7 | 28.7 | 33.7 | 38.1 | 42.0 | 45.6 | 48.8 | 51.8 | 54.7 | | | | | | | | | | |
| 55 | 23.6 | 29.9 | 35.1 | 39.8 | 43.9 | 47.7 | 51.1 | 54.3 | 57.3 | 60.1 | | | | | | | | | |
| 60 | 24.5 | 31.0 | 36.5 | 41.4 | 45.7 | 49.6 | 53.3 | 56.7 | 59.8 | 62.8 | 65.6 | | | | | | | | |
| 65 | 25.3 | 32.1 | 37.8 | 42.9 | 47.4 | 51.5 | 55.3 | 58.9 | 62.2 | 65.3 | 68.3 | 71.1 | | | | | | | |
| 70 | 26.1 | 33.1 | 39.1 | 44.3 | 49.0 | 53.3 | 57.3 | 61.0 | 64.4 | 76.7 | 70.8 | 73.7 | 76.5 | | | | | | |
| 75 | 26.8 | 34.1 | 40.2 | 45.7 | 50.6 | 55.0 | 59.2 | 63.0 | 66.6 | 69.7 | 73.2 | 76.3 | 79.2 | 82.0 | | | | | |
| 80 | 27.5 | 35.0 | 41.4 | 47.0 | 52.0 | 56.7 | 60.9 | 64.9 | 68.7 | 72.2 | 75.5 | 78.7 | 81.8 | 84.7 | 87.5 | | | | |
| 85 | 28.2 | 35.9 | 42.44 | 48.2 | 53.4 | 58.2 | 62.6 | 66.8 | 70.6 | 74.3 | 77.8 | 81.1 | 84.2 | 87.2 | 90.1 | 92.9 | | | |
| 90 | 28.9 | 36.7 | 3.5 | 49.4 | 54.8 | 59.7 | 64.2 | 68.6 | 72.6 | 76.3 | 79.9 | 83.3 | 86.6 | 89.7 | 92.7 | 95.6 | 98.4 | | |
| 95 | 29.5 | 37.5 | 44.5 | 50.6 | 56.1 | 61.1 | 65.9 | 70.3 | 74.4 | 78.3 | 82.0 | 85.5 | 88.9 | 92.1 | 95.2 | 98.2 | 101.1 | 103.9 | |
| 100 | 30.1 | 38.4 | 45.4 | 51.7 | 57.4 | 62.6 | 67.4 | 71.9 | 76.2 | 80.2 | 84.0 | 87.6 | 91.1 | 94.4 | 97.6 | 100.7 | 103.7 | 106.5 | 109.3 |
| 105 | 30.7 | 39.1 | 46.4 | 52.8 | 58.6 | 64.0 | 68.9 | 73.5 | 77.8 | 82.0 | 85.9 | 89.7 | 93.2 | 96.7 | 100.0 | 103.1 | 106.2 | 109.1 | 112.0 |
| 110 | 31.3 | 39.9 | 47.3 | 53.8 | 59.8 | 65.2 | 70.3 | 75.1 | 79.6 | 83.8 | 87.8 | 91.6 | 95.3 | 98.8 | 102.2 | 105.5 | 108.6 | 111.7 | 114.6 |
| 115 | 31.8 | 40.6 | 48.1 | 54.8 | 60.9 | 66.5 | 71.7 | 76.6 | 81.2 | 85.5 | 89.6 | 93.6 | 97.3 | 100.9 | 104.4 | 107.8 | 11.0 | 114.1 | 117.2 |
| 120 | 32.4 | 41.3 | 49.0 | 55.8 | 62.0 | 67.7 | 73.1 | 78.0 | 82.7 | 87.2 | 91.4 | 95.4 | 99.3 | 103.0 | 106.6 | 110.0 | 113.3 | 116.5 | 119.6 |
| 125 | 32.9 | 42.0 | 49.9 | 56.8 | 63.1 | 68.9 | 74.4 | 78.5 | 84.3 | 88.8 | 93.1 | 97.3 | 101.2 | 105.0 | 108.6 | 112.2 | 115.6 | 118.8 | 122.0 |
| 130 | 33.4 | 42.6 | 50.6 | 57.7 | 64.2 | 70.1 | 75.7 | 80.8 | 85.7 | 90.4 | 94.8 | 99.0 | 103.1 | 106.9 | 110.7 | 114.3 | 117.7 | 121.1 | 124.4 |
| 135 | 33.9 | 43.3 | 51.4 | 58.6 | 65.2 | 71.3 | 76.9 | 82.2 | 87.3 | 91.9 | 96.4 | 100.7 | 104.9 | 108.8 | 112.6 | 116.3 | 119.9 | 123.3 | 126.7 |
| 140 | 34.4 | 43.9 | 52.2 | 59.5 | 66.2 | 72.4 | 78.1 | 83.5 | 88.6 | 93.4 | 98.0 | 102.4 | 106.6 | 110.7 | 114.6 | 118.3 | 122.0 | 125.5 | 128.9 |
| 145 | 34.9 | 44.5 | 52.9 | 60.4 | 67.2 | 73.5 | 79.3 | 84.8 | 90.0 | 94.9 | 99.6 | 104.1 | 108.4 | 112.5 | 116.5 | 120.3 | 124.0 | 127.6 | 131.1 |
| 150 | 35.3 | 45.2 | 53.6 | 61.2 | 68.1 | 74.5 | 80.5 | 86.1 | 91.3 | 96.3 | 101.1 | 105.7 | 110.0 | 114.3 | 118.3 | 122.2 | 126.0 | 129.7 | 133.2 |
| 155 | 35.8 | 45.7 | 54.4 | 62.1 | 69.1 | 75.6 | 81.6 | 87.3 | 92.6 | 97.4 | 102.6 | 107.2 | 111.7 | 116.0 | 120.1 | 124.4 | 127.9 | 131.7 | 135.3 |
| 160 | 38.2 | 46.3 | 55.1 | 62.9 | 70.6 | 76.6 | 82.7 | 88.5 | 93.9 | 99.1 | 104.1 | 108.8 | 113.3 | 117.7 | 121.9 | 125.9 | 129.8 | 133.6 | 137.3 |
| 165 | 36.7 | 46.9 | 55.7 | 63.7 | 70.9 | 77.6 | 83.8 | 89.7 | 95.2 | 100.5 | 105.5 | 110.3 | 114.9 | 119.3 | 123.6 | 127.7 | 131.7 | 135.6 | 139.3 |
| 170 | 37.1 | 47.5 | 56.4 | 64.4 | 71.8 | 78.5 | 84.9 | 90.8 | 96.4 | 101.8 | 106.9 | 111.8 | 116.5 | 120.9 | 125.3 | 129.5 | 133.5 | 137.5 | 141.3 |

$d$ : 원형 DUCT 지름

⇩ (cm)

**원형 DUCT를 사각 DUCT로 변환하는 공식**

$$d_c = 1.3 \times \left\{ \frac{(ab)^b}{(a+b)^2} \right\}^{1/8}$$

여기서, $a$, $b$ : 덕트의 장변과 단변의 길이(cm)

$d_c$ : 상당지름(cm)

그림 7-81 사각 덕트로 변환하는 결정법

### 4) 덕트 Sizing 계산 결과

| 구간 | 풍량(CMH) | 길이($m$) | 덕트지름 ($cm$) | 사각덕트 $a\times b(cm)$ | 실제풍속 ($m/s$) | 압력손실 $R\times l[Pa]$ |
|---|---|---|---|---|---|---|
| A-C | 1800 | 20 | 35 | (55)×20 | | 20 |
| C-D | 1200 | 6 | 30 | (40)×20 | | 6 |
| D-F | 600 | 16 | 23 | (25)×20 | 3.33 | 16 |
| F-H | 300 | 7 | 17.5 | (20)×20 | | 7 |
| A-H | 직관합계 | | | | | 49 |

여기서

D-F 구간의 실풍속 $v = \dfrac{Q}{A} = \dfrac{Q}{a\times b} = \dfrac{600}{0.25\times0.2\times3600} = 3.33\ m/s$

압력손식 $P_{AH}$ = 덕트저항 + 팬 유닛저항 + 취출구저항

$$P_{AH} = 49\times1.5 + 200 + 10 = 283.5[Pa]$$

그림 7-82 덕트 Sizing 계산 결과 종합표

## 연습문제

1. Accommodation 구역의 인접한 Bulkhead의 Fire Grade를 결정하기 위한 SOLAS 규정 Table을 참조하여 그림에 주어진 문제의 인접한 Bulkhead의 Fire Grade를 답하시오.

FIRE INTEGRITY OF BULKHEADS SEPARATING ADJACENT SPACES

| spaces | (1) | (2) | (3) | (4) | (5) | (6) | (7) | (8) | (9) | (10) |
|---|---|---|---|---|---|---|---|---|---|---|
| Control stations (1) | A-0<br>d/ | A-0 | A-60 | A-0 | A-15 | A-60 | A-15 | A-60 | A-60 | * |
| Corridors (2) | | C | B-0 | B-0<br>A-0<br>b/ | B-0 | A-60 | A-0 | A-0 | A-0 | * |
| Accommodation spaces (3) | | | C | B-0<br>A-0<br>b/ | B-0 | A-60 | A-0 | A-0 | A-0 | * |
| Stairways (4) | | | | B-0<br>A-0<br>b/ | B-0<br>A-0<br>b/ | A-60 | A-0 | A-0 | A-0 | *<br>* |
| Service spaces (low risk) (5) | | | | | C | A-60 | A-0 | A-0 | A-0 | * |
| Machinery spaces category A (6) | | | | | | *<br>a/ | A-0<br>a/ | A-60 | A-60 | * |
| Other Machinery spaces (7) | | | | | | | A-0<br>a/ | A-0 | A-0 | * |
| Hazadous areas (8) | | | | | | | | - | A-0 | - |
| Service spaces (high risk) (9) | | | | | | | | | A-0<br>c/ | * |
| Open decks (10) | | | | | | | | | | - |

예)

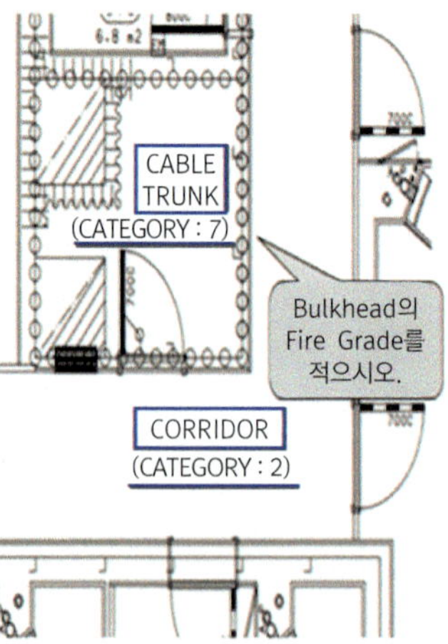

2. Accommodation 구역의 냉방부하를 구하는 공식은 다음과 같다.

$$Q = K \times A \times \triangle T$$

- $Q$ : 냉방 부하(kcal/hr)
- $K$ : 열관류율(kcal/ ㎡.h.℃)
- $A$ : 면적(㎡)
- $\triangle T$ :온도차(℃)

상기 공식에서 선박에 사용되는 K(열관류율) 값을 구하는 공식을 기술하시오.
단, K값을 구성하는 요소는 다음과 같다.

- $K$ : 열관류율(kcal/㎡. ℃ .h)
- $\alpha o$ : 외측의 표면 열전달율(kcal/㎡. ℃ .h)
- $\alpha i$ : 내측의 표면 열전달율(kcal/㎡. ℃ .h)
- $t$ : 구조 재료의 두께(m)
- λ : 재료의 열전도율(kcal/㎡.m.h.℃)
- $C$ : 공기층 계수 (kcal/㎡. ℃ .h)
- $u$ : STIFFENER 등에 의한 계수

# 8장
# 배관시스템

## 8.1 개요

배관이란 액체나 기체를 이동시키는 통로를 말하며 통상적으로 관(Pipe) 형태로 만들어 진다. 시스템(System)은 어떤 목적 기능을 수행하기 위해 상호작용하는 여러 가지 관련된 구성요소들을 조합하여 만든 집합체를 말한다.

선박 배관시스템(Piping system)은 액체 및 기체를 펌프(Pump)와 파이프(Pipe)를 통해 원활하게 이동시키고 밸브(Valve) 등으로 적절하게 제어함으로써 선박에 필요한 각종 기능을 수행하는 시스템을 말한다. 인체에서 혈관의 역할을 하는 것이 파이프이고 심장에 해당되는 것이 펌프이다. 선박에서 배관시스템이 적용되는 주요 기능은 선박의 액체 및 기체 화물 하역 및 선적, 선박 연료 및 윤활유의 공급, 발라스트 및 오수와 배수 처리 등이다.

선박 설계자가 배관시스템 설계를 진행할 때 고려해야 할 포인트는 다음과 같다.

- 선박 설계수명은 기본적으로 25~30년이며 배관시스템도 이에 준한 적절한 내구성을 가지도록 설계되어야 하고 선급 규정을 지켜야 한다.
- 배관시스템에는 사람과 환경에 유해한 유체도 흐르고 있어 안전성을 고려해서 설계한다.
- 배관시스템은 온도의 변화와 선박 운항에 따른 수축·팽창 및 구조적인 응력에 견디도록 설계되어야 한다.
- 배관시스템은 선박의 진동 혹은 외력에 의해 손상되지 않도록 적절한 지지구조물 위에 견고하게 설치한다.
- 배관시스템은 선박 사양서에 요구되는 기능을 배관 길이 최소화 등 경제성을 고려한 최적 배치가 되도록 설계한다.
- 배관시스템 구성품의 설치, 검사 및 시운전, 작동·점검 및 유지 보수가 용이하도록 적절한 공간 확보를 고려해야 한다.

배관시스템을 설계할 때는 유체의 흐름(Fluid flow) 특성을 고려하여 펌프의 용량(Pump capacity), 관경(Nominal Diameter), 파이프 피팅류(Flange, Elbow, Tee, Reducer 등), 계장(Instrument) 및 적절한 밸브 종류를 선정 포함 이를 지원하는 각종 서비스 시스템 등을 결정하며, 이를 연결하여 도면으로 작성한 것을 배관계통도(Piping diagram)라고 한다. 배관시스템의 구성요소로는 펌프, 파이프, 파이프 피팅(Pipe fittings), 밸브(Valve), 파이프 지지구조물(Pipe support structure) 등이 있다.

조선소에서 실제적으로 이루어지는 배관시스템 설계는 대부분 기존 유사 선박에서 설계되어진 것을 최대한 활용하고 있다. 유사 실적이 없거나 선주의 요청에 따라 용량변경, 기능추가 등으로 설계변경이 이루어지는 경우에 대해 다음의 순서대로 배관시스템 설계를 진행한다.

- 건조사양서 및 일반 배치도 이해
- 법규 및 규정(Rule & Regulation) 요구사항 확인
- 유체특성, 허용속도 및 적합한 밸브 종류와 위치 결정 등 배관시스템 특성 파악
- 배관계통도 작성
- 장비(펌프 등) 사양(용량 및 특성) 및 메이크(Maker) 공급 시스템 확인
- 배관사이즈 산정 및 피팅류 결정

## 8.2 배관시스템(Piping System)의 종류

### 8.2.1 선장배관

- 카고 시스템(Cargo handling system)
- 발라스트 시스템(Ballast system)
- 연료유 시스템(Fuel oil & Gas oil System)
- 탱크 통기 및 불활성 가스 시스템(Tank vent & inert gas system)
- 카고탱크 클리닝 시스템(Cargo tank cleaning system)
- 히팅코일 시스템(Heating coil system)
- 소화 시스템(Fire extinguishing system)
- 오수 및 배수 시스템(Bilge & scupper system)
- 밸브원격제어 시스템(Valve remote control system)

## 8.2.2 LNG 카고 핸들링시스템(Cargo Handling System)

- LNG용 극저온 펌프(Pump)
- LNG용 극저온 압축기(Compressor)
- LNG용 극저온 기화기(Vaporizer)
- 가스히터(Gas heater)
- LNG 발전기
- 가스소각기(Gas combustion unit)
- LNG 재액화시스템(Re-Liquefaction)

## 8.2.3 기장배관

- 메인엔진 연료유·윤활유 시스템((Main engine fuel oil & lubrication oil System)
- 선미관 윤활유시스템(Stern tube lubrication oil system)
- 증기 시스템(Steam system)
- 오수와 소화 시스템(Bilge & fire system)
- 압축공기 시스템(Compressed air system)
- 청수공급 시스템(Fresh water service system)
- 배기가스 시스템(Exhaust gas system)

# 8.3 배관시스템의 설계요소

## 8.3.1 개요

배관시스템 설계의 핵심적인 기능은 파이프사이즈, 펌프의 용량 및 설치 높이를 정하고 액체 혹은 기체가 원활히 흐르도록 배관시스템의 구성품들을 선박에 잘 배치하는 것이다. 이를 위해서는 액체 및 기체의 흐름속도, 압력 및 높이의 관계를 나타낸 연속 방정식 및 베르누이 방정식을 이해해야 한다.

또한, 펌프용량을 산정하고 배치하기 위해서는 선박 사양서에 제시된 설계 용량에 파이프, 밸브, 파이프 피팅 등의 마찰에 의해 발생된 흐름의 손실을 보정해주어야 하는데, 이를 위해서는 흐름의 난류성 정도를 나타내는 레이놀즈수와 마찰손실 산정을 위한 무디차트를 이해할 필요가 있다.

## 8.3.2 유체의 흐름(Fluid Flow)

### (1) 유체 연속 방정식(Continuity Equation)

연속방정식은 질량보존의 법칙을 유체에 적용한 것으로 유체가 파이프를 통해 흐를 때 같은 시간 동안 이동한 유체의 질량은 같다는 것을 방정식으로 나타내며 이를 통해 유체가 시간당 흐른 유량과 파이프 단면적 및 유체 흐름속도와의 관계를 알 수 있다. 그림 8-1의 1지점→2지점을 지난 시간($\Delta t$)에 흐르는 유체의 유량에 대한 연속방정식은 다음과 같이 전개할 수 있다. 1지점에서의 질량과 2지점에서의 질량이 같다는 질량보존의 법칙으로 유체의 연속방정식은 배출하면 다음과 같다.

$m_1 = m_2 \rightarrow \rho \times Q_1 = \rho \times Q_2 \rightarrow Q_1 = Q_2$ : 유체의 밀도가 동일하다고 가정

$$Q_1 = A_1 \times s_1 = A_1 \times v_1 \times \Delta t,\ Q_2 = A_2 \times s_2 = A_2 \times v_2 \times \Delta t$$

$$\because S = v \times t,\ \rightarrow A_1 \times v_1 = A_2 \times v_2 = Constant$$

$\rightarrow Q$(유량, $m^3/s$) $= A$(단면적, $m^2$) $\times v$(속도, $m/s$) $=$ 일정한 값(면적과 속력은 반비례)

- $m$ : 질량
- $\rho$ : 밀도
- $Q$ : 유량
- $A$ : 단면적
- $s$ : 이동 길이
- $v$ : 유체 흐름 속도
- $\Delta t$ : 시간

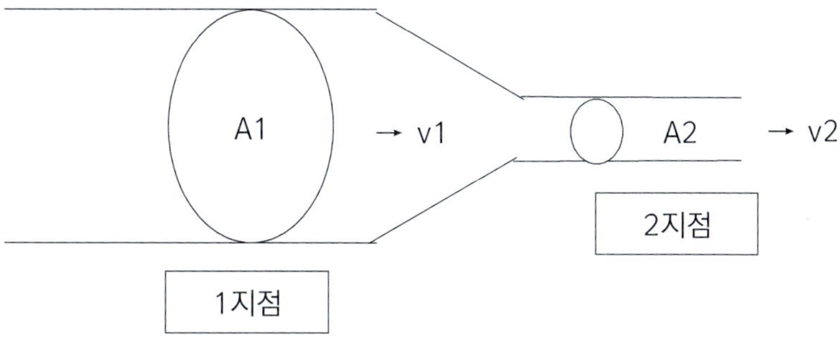


그림 8-1 연속방정식

### (2) 베르누이 정리(Bernoulli's theorem)

질량을 가진 모든 물체는 속도에 따른 운동에너지, 위치에 따른 위치에너지, 유체가 흐르지 않고 정지 상태에서 발생하는 압력에너지가 있다. 베르누이 방정식은 이러한 에너지 보존의 법칙을 유체의 흐름에 적용시킨 것으로 그림 8-2에서 두 지점 1과 2에서의 압력에너지, 운동에너지, 위치에너지의 합이 동일하다는 것을 수식으로 나타낸 것이다. 유체의 밀도는 동일하다고 가정한다.

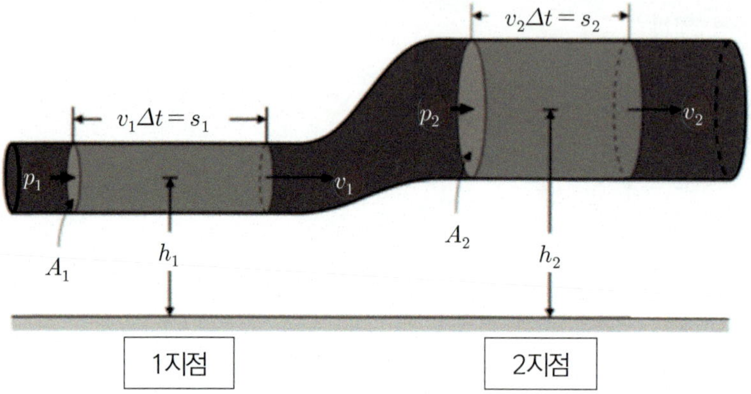


$A$ : 단면적, $h$ : 기준라인과의 높이, $\triangle t$ : 시간, $s$ : 길이

그림 8-2 베르누이 정리

1지점과 2지점에서의 에너지는 같다는 에너지보존법칙을 그림 8-1과 같은 유체흐름에 적용한 베르누이 방정식은 다음과 같다.

$$\therefore\ P_1 + \frac{1}{2}\rho_1 v_1^2 + \rho_1 g_1 h_1 = P_2 + \frac{1}{2}\rho_2 v_2^2 + \rho_2 g_2 h_2$$

- $P$ : 압력
- $\rho$ : 밀도
- $v$ : 속도
- $g$ : 중력가속도
- $h$ : 높이

$$\therefore\ P + \frac{1}{2}\rho\nu^2 + \rho g h = \text{총에너지} = \text{Constant}$$

[압력에너지 + 운동에너지 + 위치에너지 = 총에너지 = 일정값]

베르누이 방정식은 유체의 흐름에서 중력만이 외력으로 작용하고 마찰이나 그 밖의 손실은 전혀 없다고 가정하고 있다. 실제 배관설계에서는 파이프 내부 벽면의 거칠기 등에 의해서 마찰 저항이 발생함으로 베르누이 방정식에 이러한 손실에너지를 반영해야 하는데 이를 나타내면 다음과 같다.

$$\therefore P_1 + \rho g h_1 + \frac{1}{2}\rho v_1^2 = P_2 + \rho g h_2 + \frac{1}{2}\rho v_2^2 + P_f \text{ (손실에너지)}$$

배관시스템을 설계할 때에는 유체가 가지는 에너지를 압력 단위로 표현한 베르누이 방정식보다는 높이(m)의 단위, 즉 수두(Head, 유체의 높이)로 표시한 것이 사용된다. 위의 식에서 각 항을 비중량 $\gamma$(단위 부피당의 중량 = $\frac{P}{h}$)로 나누면 된다.

$$\text{수두단위}(m)\text{ 베르누이방정식 : } \frac{P_1}{\gamma} + \frac{\nu_1^2}{2g} + h_1 = \frac{P_2}{\gamma} + \frac{\nu_2^2}{2g} + h_2 + h_f$$

위 수식의 첫 항의 압력에너지에 해당되는 것이 압력수두($\frac{P}{\gamma}$, Pressure head)), 둘째 항의 운동에너지에 해당되는 것을 속도수두($\frac{\nu^2}{2g}$, Velocity head), 셋째 항의 위치에너지에 해당되는 것을 위치수두(h, Potential head), 넷째 항의 손실에너지에 해당되는 것을 손실수두($h_f$)라고 한다. 이러한 관계식을 이용하여 배관시스템의 유체의 흐름속도와 수두 등을 산정할 수 있다. 흐르는 유체의 압력은 유체의 유속과 높이와 관계로 나타낼 수 있다.

## (3) 각 수두에 대한 설명

### 1) 압력수두

압력에너지를 액체의 높이로 표시한 것으로 1기압이 갖는 압력수두는 10.2 m이다. 즉 1기압은 물을 10.2 m 올릴 수 있는 압력에너지가 있다.

### 2) 속도수두

유체의 흐름 속도에 의한 운동에너지를 액체의 높이로 표시한 것이다. 그림 8-3과 같이 물속 10.2 m까지 유리 막대가 설치되어 있고 오른 쪽에 있는 그림에서와 같이 물이 속도를 가지고 흐르는 경우 유리관에서 물이 더 올라가는 것을 볼 수 있다. 이 때 올라가는 높이가 속도수두이다.

### 3) 위치수두

수두 기준라인에서의 유체의 위치에너지를 나타낸다.

### 4) 손실수두

파이프 내부 벽면 거칠기 등에 의해서 흐르는 유체에 대한 마찰저항이 발생하며 이에 의한 손실에너지를 높이로 나타낸 것이다.

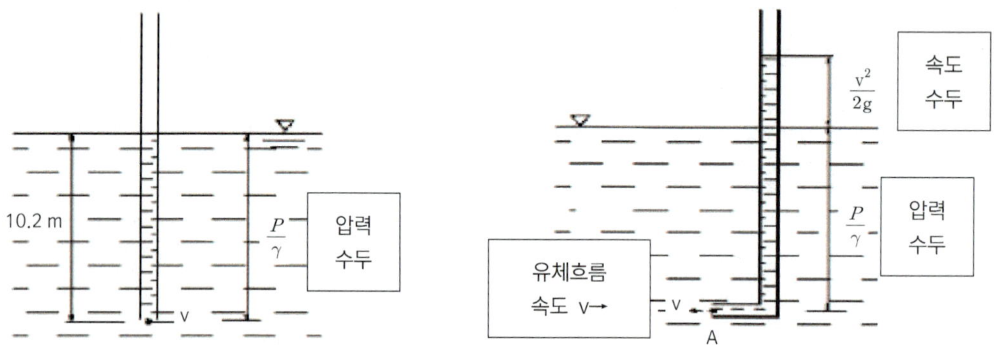


그림 8-3 압력수두 및 속도수두

배관시스템 설계에서 손실수두를 산정하는 것이 매우 중요하다. 이를 위해 먼저 유체의 흐름 특성을 나타내는 레이놀즈수의 값을 산정한 후에 무디차트를 활용해 마찰계수를 구하고 몇 가지 경험 공식의 적용을 통해 손실수두를 산정할 수 있다. 이론적인 계산 방법으로 산출하기가 어렵기 때문이다.

**[수두 산정 문제 풀이]**

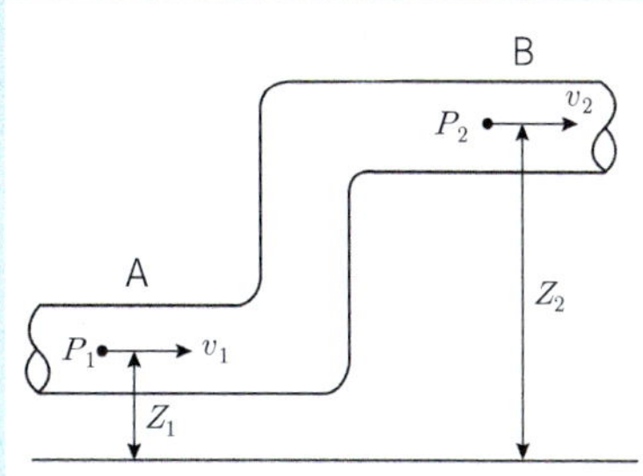


그림과 같은 파이프의 지름이 동일한 배관라인에 A→B 지점으로 물이 흘러간다.

A점 속도 va = 2 m/s,

A점 압력수두 Pa = 0.5기압,

A점 위치수두 = hha = 1 m,

B점 위치수두 = 3 m라고 할 때

배관라인 A, B점에서의 압력수두, 속도수두, 위치수두, 전체 수두를 구하라. 단, 마찰에 위한 손실수두는 고려하지 않는다.

① A지점에서의 압력수두 = hpa = $\dfrac{Pa}{\gamma}$ = (98000x0.5기압)/9800 = 5 m

② A점의 속도수두 = hva = v$\dfrac{v_1^2}{2g}$ = 4/(2x9.8) = 0.2 m

③ A점의 위치수두 = hha = 1 m

④ A점에서의 전체수두 = 5 m + 0.2 m + 1 m = 6.2 m

⑤ B점의 위치수두 = 3 m

⑥ B점의 속도수두 = hvb = v$\dfrac{v_2^2}{2g}$ = 4/(2x9.8) = 0.2 m

파이프의 지름이 동일함으로 A, B 지점에서의 속도는 동일하다.

⑦ B점의 속도수두 = B점 전체수두 - B점 압력수두 - B점 위치수두 = 3 m, 베르누이 방정식 : A점 전체수두 = B점 전체수두 = 6.2 m

## (4) 레이놀즈수(Reynolds Number)

배관시스템에서 발생하는 손실수두를 산정하기 위해서는 먼저 파이프 내부에서 흐르는 유체의 난류흐름 특성을 이해하는 것이 필요하며 이러한 정도를 수치로 나타낸 것을 레이놀즈수라고 한다. 이 수치는 유체의 관성에 의한 힘과 점성에 의한 힘의 비로서 다음의 수식을 적용하여 산정한다.

$$\text{레이놀즈수의 계산식} = Re = \frac{\text{관성력}}{\text{점성력}} = \frac{\rho \times V \times d}{\mu} = \frac{V \times d}{\upsilon}$$

- $Re$ : Reynolds Number
- $\rho$ : 밀도(kg/m$^3$)
- $V$ : 유속(m/s)
- $d$ : 원형관의 경우 직경(m),
- $\mu$ : 유체의 점성계수(N*s/m$^2$ ),
- $\upsilon$ : 유체의 동점성계수(m$^2$/s)[물의 경우 보통 1x10$^{-6}$을 사용함]

레이놀즈수의 값이 작은 경우는 유체의 밀도와 속도에 비례하는 관성력보다는 점성력이 크기 때문에 층류흐름과 같이 유체가 원활히 흐르고 값이 큰 경우는 관성력이 커 마찰로 인한 난류가 발생하며 압력손실이 발생된다. 레이놀즈수에 따른 유체흐름의 분류는 다음과 같다.

레이놀즈 수 = 2300 이하 : 층류(Laminar)흐름
2300~4000 : 천이(Transitional)흐름
4000 이상 : 난류(Turbulent)흐름

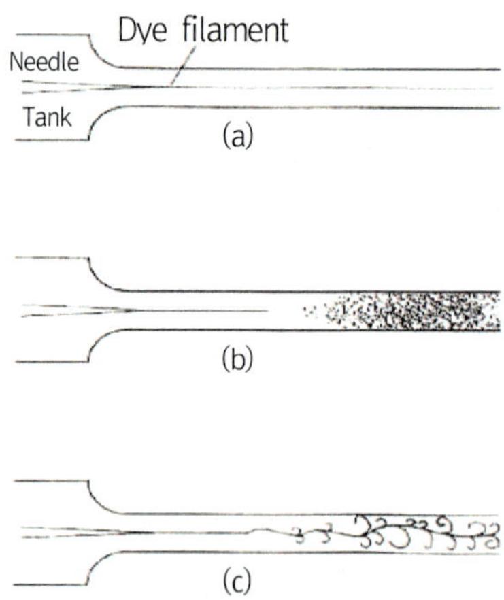


(a) 층류, (b) 천이구간, (c) 난류

그림 8-4 층류와 난류

### (5) 무디챠트(Moody Chart)

레이놀즈수가 산정되면 다음으로 파이프 내부의 거칠기를 표시하는 마찰계수를 구한다. 무디차트는 레이놀즈수와 유체가 흐르는 파이프의 상대조도를 알면 마찰계수를 구할 수 있게 실험적으로 만들어진 도표이다. 상대조도는 파이프의 절대조도(e)를 파이프 내경(d)으로 나눈 값을 말한다. 이 수치는 파이프 내부면의 거칠기를 나타내며 상대조도의 값이 작을수록 손실이 커진다. 절대조도의 값은 파이프 재질에 따라 제공된다(강관 0.5~3.0 mm).

**파이프 상대 조도** $e/d = 10^{-4}$, $Re = 10^6$ **일 때 마찰계수** $f_d = 0.014$

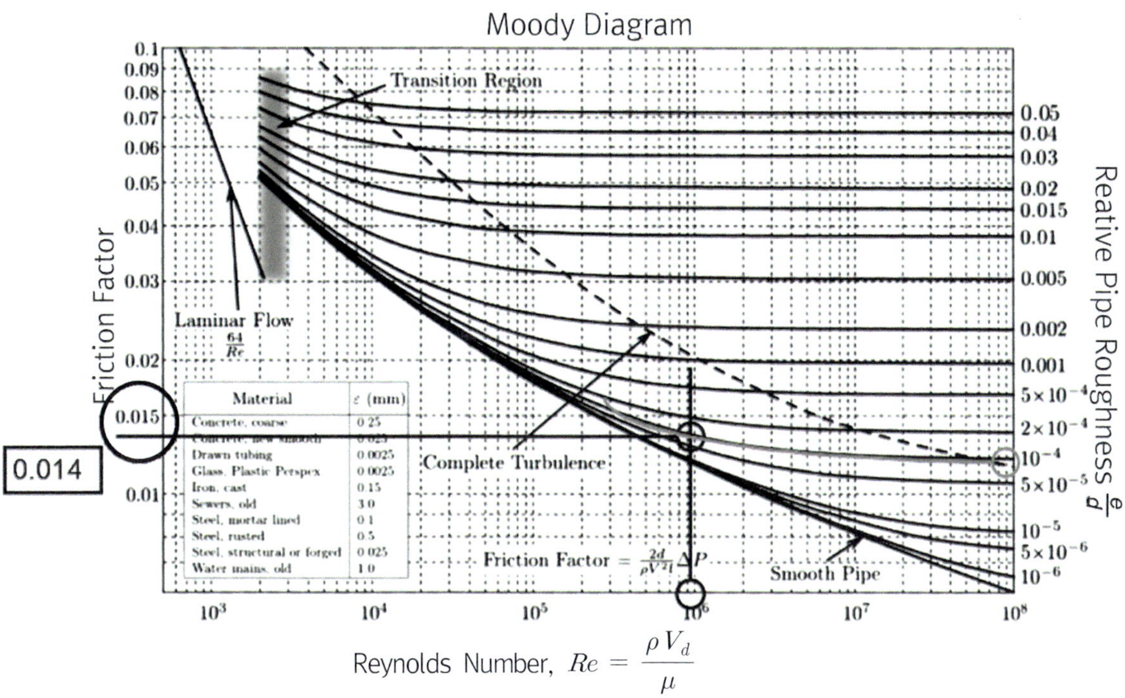


그림 8-5 Moody chart

**[마찰계수 산정 문제 풀이]**

물이 파이프를 통해 3.07 m/s 속도로 흐를 때 레이놀즈 수와 무디 챠트로부터 마찰계수를 구하라. 물의 밀도 998.2 kg/㎥, 점성계수 1.005 x $10^{-3}$ kg/ms, 파이프 내경 381 mm, 조도 0.046 mm 이다.

① Re = (998.2 kg/㎥ × 3.07 m/s × 0.381 m)/(1.005 x $10^{-3}$ kg/ms)
= 1.16 x$10^{6}$

② 파이프 상대조도 = e/d = 0.046 mm/381 = 0.00012

③ 무디차트에서의 마찰계수 = 0.0134

## (6) 배관시스템의 총 손실수두 계산

무디차트를 통해 마찰계수의 값이 나오면 다음의 다르시바이스바하(Dracy-Weisbach) 방정식(다르시 마찰계수 $f_d$)을 활용하여 손실압력과 손실수두의 값을 구할 수 있다. 배관시스템에서 파이프 길이의 마찰에 의해 발생된 손실수두를 알 수 있다.

$$\text{손실압력}=\text{압력강하}= \triangle P = \rho g h_f = \rho \times f_d \times \frac{L}{d} \times \frac{v^2}{2}$$

위의 식에 유체의 비중량 $\gamma$로 나누면 손실수두가 산정된다.

$$\text{손실 수두} = \frac{\triangle P}{\gamma} = h_f = f_d \times \frac{L}{d} \times \frac{v^2}{2g}$$

- $\triangle P$ : 압력강하(손실 압력)
- $h_f$ : 손실수두
- $f_d$ : 마찰계수
- $\rho$ : 밀도
- $L$ : 파이프 길이
- $v$ : 유속(m/s)
- $d$ : 파이프 내경

- $g$ : 중력 가속도

배관시스템에는 파이프 길이 이외에도 파이프 입구와 출구, 단면적의 확대와 축소, 파이프 피팅류 등에 의해 손실수두가 발생하는데 이를 부차적 손실수두라고 한다. 이러한 손실은 복잡한 계산 절차를 거쳐야 하는데 계산의 편리성을 위해 부차적 손실의 값을 동일한 파이프 길이로 나타낸다. 이를 수식으로 나타내면 다음과 같다. 부차적 손실이 발생하는 형상별, 피팅 종류별로 각각의 손실 계수 K값을 경험적으로 정해 두고 사용하고 있다.

**부차적 손실 수두**$= h_k = f \times \frac{L}{d} \times \frac{v^2}{2g} = K \times \frac{v^2}{2g}$ $: K =$**파이프 피팅류의 손실계수**

$$\text{배관시스템 부차적 손실수두의 합} = h_k = \Sigma(K \times \frac{v^2}{2g})$$

따라서 파이프 길이의 손실수두와 부차적 손실수두를 더하여 배관시스템 전체의 총 손실 수두를 산출한다.

$$\text{배관시스템 총 손실수두} = h_t = h_f + h_k = f_d \frac{L}{d} \times \frac{v^2}{2g} + \Sigma(K \times \frac{v^2}{2g})$$

**[배관시스템의 총 손실 수두 산정 문제 풀이]**

그림과 같이 물탱크에서 75 mm 파이프를 통해 물을 흘려보낸다,

파이프 전체 길이는 20 m, 2개의 엘보, 한 개의 글로브 밸브가 있다.

이 파이프에 흐르는 유량을 57.0 $m^3/s$이라 할 때 이러한 배관시스템 전체의 수두의 합을 구하라.

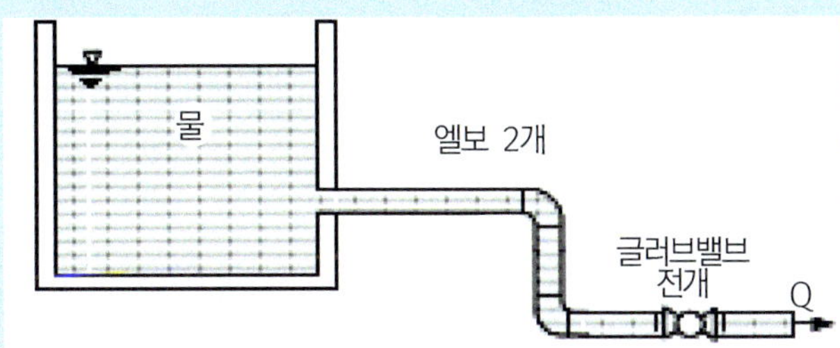

① 파이프 길이 손실수두 산정

D=75 mm, L=20 m, Q=57.0 ㎥/s, $\rho$=998.2 kg/㎥,

$\mu = 1.005 \times 10^{-3}(\mathrm{Ns/m^2})$, e=0.046 mm

유속 = 유량÷단면적 = $0.95\ \mathrm{m^3/s} \div (\pi/4)\times(0.075)^2 = 3.6\ \mathrm{m/s}$

레이놀즈수 = $\dfrac{(998.2\ \mathrm{kg/m^3})\times 3.6\ \mathrm{m/s}\times 0.075\ \mathrm{m})}{1.005\times 10^{-3}\ \mathrm{Ns/m^{2}})} = 2.68\times 10^5$

무디차트에서 마찰계수를 구하면 $f = 0.0193$

파이프길이 손실수두= $h_f = f_d \times \dfrac{L}{d} \times \dfrac{v^2}{2g}$

$= 0.0193\times(\dfrac{20\ \mathrm{m}}{0.075\ \mathrm{m}})\times(\dfrac{(3.6\ \mathrm{m/s})^2}{2\times 9.806\ \mathrm{m/s^2}}) = 3.4\ \mathrm{m}$

② 부차적 손실수두 산정

손실계수 : 입구 0.8, 엘보=0.8, 글로브 밸브=6.0

$h_k = \Sigma(K\times\dfrac{v^2}{2g}) = (0.5+2\times 0.8+6)\times(\dfrac{(3.6\ \mathrm{m/s})^2}{2\times 9.806\ \mathrm{m/s^2}}) = 5.35\ \mathrm{m}$

③ 배관시스템 전체 손실수두 = 3.4 m + 5.35 m = 8.75 m

부차적 손실이 파이프 길이 손실보다 크게 나타났는데 좁은 공간에서는 부차적 손실이 크고 배관길이가 긴 곳에서는 파이프 길이 손실이 크게 나타난다.

## 8.3.3 펌프용량 산출

### (1) 펌프용량 관련 이론

펌프는 동력을 활용하여 유체를 낮은 곳에서 높은 곳으로 이동시킬 수 있는 기계장치로 유체를 빨아올리는 흡입 측의 압력을 내려가게 만들어 유체를 이동시키는 원리로 작동된다. 펌프용량은 소요동력, 단위시간당 배출량, 펌프가 유체를 이동시키는 수직 높이 등으로 나타낼 수 있다. 펌프마다 소요 동력, 단위시간당 배출량 및 총수두와의 관계를 표시한은 고유의 성능 곡선도가 만들어져 표로 제공된다. 소요동력을 구하는 식은 다음과 같다.

$$P_w\ (kw) = 0.163 \times \gamma \times Q \times h$$

- $P_w$ : 이론동력
- $\gamma$ : 비중량
- $Q$ : 배출량
- $h$ : 총수두

펌프 소요동력을 산정하기 위해서는 먼저 펌프용량으로서 총수두의 의미를 이해하고 이를 계산할 수 있어야 한다(그림 8-6 참조).

**① 수두(Water head, 혹은 양정)**

펌프가 유체를 이동시킬 수 있는 압력을 높이(m) 단위로 표시한 것을 말한다.

$$수두 = H = \frac{P}{\gamma}$$

- $P$ : 압력(에너지, 동력)
- $\gamma$ : 비중량

**② 흡입수두(Suction head)**

흡입하려는 유체의 표면에서 펌프 중심까지의 수직 거리를 말한다.

**③ 배출수두(Discharge head)**

펌프가 최대한 올릴 수 있는 유체의 높이이며 펌프용량이 커질수록 높아진다.

**④ 실수두(Actual head) = 흡입수두 + 배출수두 :**

펌프가 유체를 올릴 수 있는 실질적인 수직 높이를 의미함.

**⑤ 총수두(Total head) = 실수두 + 손실수두(펌프관련 손실수두)**

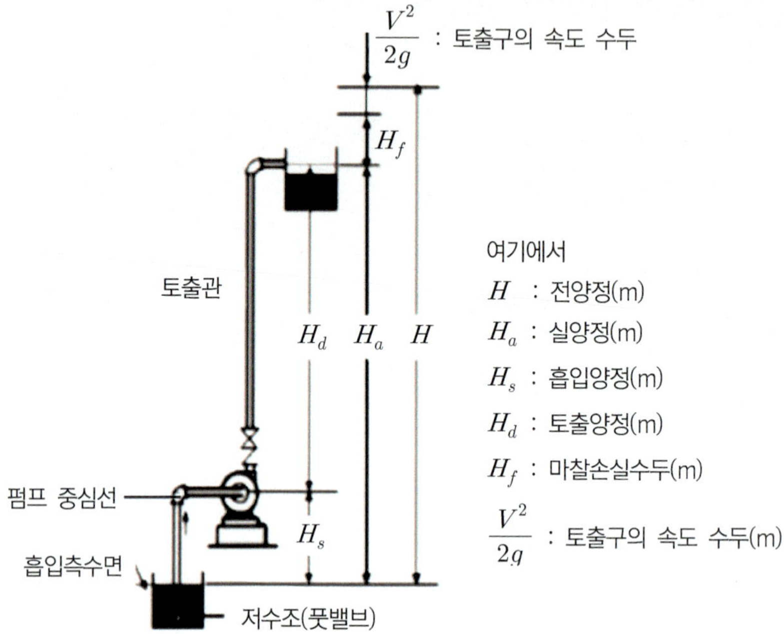


그림 8-6 펌프 용량관련 수두의 이해

유체를 수직높이로 올리는 실수두에 손실수두를 더하여 총수두를 구함으로써 수두로 산정된 펌프용량을 알게 된다. 손실수두를 너무 크게 잡으면 불필요한 고압펌프가 되고 적게 잡으면 적절한 유량을 이동시키지 못하게 된다. 펌프가 설치되는 높이, 유체가 흐르는 파이프 내경의 크기와 이에 의해 발생하는 마찰 손실수두가 펌프용량 산정에 영향을 미친다.

## (2) 펌프 안전운전을 위한 캐비테이션 방지 점검

펌프의 성능에 악영향을 미치는 것이 캐비테이션 발생이다. 액체의 압력이 낮아지면 액체에 있는 공기 등 기체가 펌프에서 회전력을 발생시키는 임펠러에 모이고 기체와 액체가 충돌하여 소음과 진동이 발생된다. 이로 인해  임펠러 손상, 펌프의 성능 약화 및 고장이 발생하는데 이러한 현상을 캐비테이션이라 한다. 이러한 캐비테이션이 발생하지 않게 펌프를 안전하게 운전할 수 있는지를 점검해야 하는데 이에 필요한 개념이 필요 흡입수두 유효흡입수두이다.

- 필요흡입수두(NPSHr, Net Positive Suction Head required) : 펌프마다 다르며 제조사가 제시하는 펌프 자체 가동에 필요한 수두를 말한다.
- 유효흡입수두(NPSHa, Net Positive Suction Head available): 펌프가 설치되는 배관시스템에 의해 결정되는 값이며 펌프의 흡입수면 높이, 손실수두, 유체의 포화증기압 값을 이용하여 산출된다.

펌프의 안전 운전 점검 기준은 다음과 같다.

$$NPSHa \geq 1.2\text{~}1.3 \times NPSHr$$

$$NPSHa = \frac{P_s}{\gamma} - \frac{P_v}{\gamma} \pm h_s - f\frac{v_s^2}{2g}$$

- $P_s$ : 흡입수면에 작용하는 압력 $[kg/m^2\,abs]$
- $P_v$ : 사용온도에서의 액체의 포화증기압 $[kg/m^2\,abs]$
- $\gamma$ : 사용온도에서의 단위부피당 중량 $[kg/m^3]$
- $h_s$ : 흡입수면에서 펌프기준면까지 높이 $[m]$
- $f\frac{v_s^2}{2g}$ : 흡입측 배관에서의 총 손실수두 $[m]$

캐비테이션을 방지하기 위해서는 펌프의 설치 높이를 가능한 낮추어야 하며 회전속도가 너무 빠르지 않는 펌프를 선정하여 유체흐름에서 와류가 발생하지 않도록 한다. 선박에서는 대부분의 펌프가 펌프룸(Pump room) 혹은 엔진룸(Engine room)에 설치됨으로 이보다 낮은 필요흡입수두를 가지는 펌프를 선택한다.

**[펌프 안전 운전 점검 문제 풀이]**

대기압이 작용하는 액체면에서 펌프까지의 높이 -2 m, 액체는 25℃의 CW(Clean Water), 배관에서의 마찰 손실수두가 0.2 m일 때 *NPSHa* 값을 구하고, 펌프의 *NPSHr* 이 8 m일 경우 펌프가 적합할까?

① $NPSHa = \frac{P_s}{\gamma} - \frac{P_v}{\gamma} \pm h_s - f\frac{v_s^2}{2g}$

$\frac{P_s}{\gamma}$ : 대기압 1 kg, 즉 +10 m

$\frac{P_v}{\gamma}$ : 액체면에서 펌프까지 높이, −2 m

$h_s$ : 25℃의 물은 0.04 kg 증기압이므로 0.4 m, $f\frac{v_s^2}{2g}$ : 마찰 손실수두 0.2 m

$NPSHa = 10-(-2)-0.4-0.2 = 11.4$ m

② $NPSHa(11.4) > NPSHr(8)$, NPSHa = 1.425 x *NPSHr* 이므로 정상적인 펌프 안전 운전이 가능함.

## 8.3.4 선급 규정에 의한 펌프용량 산정

다음으로 알아야 할 펌프용량으로 펌프의 시간당 배출량이다. 선급마다 선박의 안전 운항을 고려해 배관시스템별로 펌프용량을 구하는 별도의 경험식을 정하고 있고 경험식 이상의 값을 가지는 펌프용량을 선정하도록 요구하고 있다. 배관설계자는 선급규정에 정한 펌프용량 이상의 값인지, 캐비테이션이 발생하지 않는 안전운전이 되는지 등을 계산하여 선주와 선급에 제출하고 승인을 받아야 한다.

### (1) 발라스트 워터펌프(Ballast Water Pump)

선박은 안전운항을 위해 화물의 적재량 변동에 따라 선박의 발라스트 탱크에 해수를 넣거나 빼는 작업을 반복한다. 이러한 기능은 발라스트 펌프에 의해 이루어지며 발라스트 펌프용량(시간당 배출량)은 발라스트 탱크용량에 유체를 채우는 소요시간을 나누어 산출되며 여러 선급에서 다음과 같은 공식 이상의 값을 적용하도록 규정하고 있다.

$$Q_{ballast} = \frac{V}{T \times N \times K} \ (m^3/h)$$

- $Q_{ballast}$ : 발라스트 펌프용량 (Ballast pump capacity, $m^3/h$)
- $V$ : 발라스트 탱크용량(Ballast tank volume, $m^3$)
- $T$ : 배수 시간(Unloading time, h) ≒ 10 h(BC 및 Container선), 12 h(Tanker선 및 LNG선)
- $N$ : 발라스트 펌프수량(Number of ballast pump)
- $K$ : 0.8~0.9(Margin, 일반적으로 0.9 사용)

**[선급에 의한 발라스트 펌프 용량 산정 문제 풀이]**

탱크 용량 V=80,000 ㎥/h, 언로딩 시간 T=10 h K=0.9 N=2 일 때 펌프용량 Q의 값은?

$$Q_{ballast} = \frac{80,000}{10 \times 2 \times 0.9} = 4444.5\ (m^3/h) = 4500\ (m^3/h)$$ 로 설정

### (2) 빌지펌프(Bilge Pump)

선박이 운항하면서 발생하는 각종 오수와 해수 등을 선박 바깥으로 내보내는 펌프를 빌지펌프라 하며 선급에서는 선박에 2대 이상, 다음의 경험식 이상의 값을 갖는 펌프용량을 설치하도록 정하고 있다. 선급마다 빌지 펌프용량 산정 공식은 약간 다르나 파이프 내경의 제곱에 비례한 값으로 구해진다.

ABS·KR·NK선급 : $Q_{bilge} = \dfrac{5.66 \times ID^2}{1,000}$ : ID 내경, 유속 v=2 m/s

LR·DNV-GL선급 : $Q_{bilge} = \dfrac{5.75 \times ID^2}{1,000}$

BV선급 : $Q_{bilge} = \dfrac{5.65 \times ID^2}{1,000}$

### (3) 소화펌프(Fire Pump)

선급은 선박에 소화펌프를 2대 이상을 설치하고 빌지펌프보다 2/3 이상의 용량을 가지는 펌프를 사용하도록 규정하고 있다. 펌프용량은 다음의 식에 의해 산정하고 최대 용량 180 ㎥/h를 넘을 필요는 없다.

$$Q_{fire} \geq Q_{bilge} \times N_{bilge} \times \alpha$$

$Q_{fire}$ = 소화펌프 용량(Fire pump capacity, ㎥/h)

$Q_{bilge}$ = 빌지펌프 용량(Bilge pump capacity, ㎥/h)

$N_{bilge}$ = 빌지펌프 수량(Number of bilge pump, 2개)

$\alpha$(상수) = 2/3

($Q_{fire}$는 SOLAS Chapter 2.2.4.1 최대 180 ㎥/h이하)

### (4) 비상 소화펌프(Emergency Fire Pump)

비상 소화펌프 용량은 소화펌프의 40% 이상으로 25 ㎥/h 보다는 커야 한다고 선급에 규정하고 있다.

$Q_{emergency}$ = SOLAS의 Max. fire pump total Capacity ($Q_{fire}$=180 ㎥/h)×0.4 (소화펌프 용량의 40% 이상).

$Q_{emergency} = Q_{fire} \times 0.4 > 25$ ㎥/h

$Q_{emergency}$ 〉 호스 노즐 용량(Hose nozzle capacity) × 호스 노즐 수량(Hose nozzle qunatity)(최소 2개)

## 8.3.5 배관 사이즈 결정

### (1) 발라스트 워터라인(Ballast Water Line)

#### 1) 메인라인(Main Line)

파이프내경(Inner diameter, ID)은 유량의 연속방정식을 활용하여 구하며 유량에 비례하고 속도에 반비례하는 값을 가진다. 선박에서 파이프 내경을 정할 때에는 일반적으로 유속을 흡입관은 max. 3 m/s, 토출관은 max. 4 m/s로 한다. 유속이 3 m/s 이상을 초과할 경우 배관내의 유체흐름이 극심한 난류상태가 되어서 안정된 압력으로 유체를 균일하게 공급할 수 없기 때문이다.

$$Q = A \times v = (\frac{\pi \times ID^2}{4}) \times v \ (m^3/h),\ m/s \times 3,600 = m/h$$

$$ID = \sqrt{\frac{4 \times Q}{\pi \times v \times 3,600}}$$

속도를(m/s) 유량의($m^3$/h) 단위와 맞추기 위해 3,600을 곱함.

- $Q$ : 발라스트 펌프용량(Ballast pump capacity, $m^3$/h)
- $v$ : 유속 Velocity (m/s)
- $A$ : 단면적 (Section area, $m^2$)
- $ID$ : 내경 (Inner diameter, m)

**[파이프 내경 산정 문제 풀이]**

펌프 시간당 배출량 Q=4,500, 유속 v=3 m/s 일 때 내경 ID의 값은?

$$ID = \sqrt{\frac{4 \times 4,500}{\pi \times 3 \times 3,600}} = 0.728\,m = 750A\ (30'')$$

#### 2) 브랜치라인(Branch Line)

선박에는 발라스트 탱크가 여러 개 있으며 브랜치라인은 각각의 발라스트 탱크에 연결되는 관이다. 브랜치라인의 파이프내경을 구할 때는 발라스트 탱크 수량을 고려하여 산정한다.

$$Q = A \times v \times N = (\frac{\pi \times ID^2}{4}) \times v \times N \ \ (m^3/h)$$

$$ID = \sqrt{\frac{4 \times Q}{\pi \times v \times N \times 3{,}600}}$$

- $N$ : Number of tank (2개 Tank를 동시에 흡입, 배출하도록 고려)

### (2) 빌지라인(Bilge Line)

#### 1) 메인라인(Main Line)

메인라인 파이프내경은 다음의 식보다 더 큰 값으로 선정한다.

$$ID = 1.68 \times \sqrt{L \times (B + D)} + 25 \ mm$$

- $L$ : 선박의 길이(L.B.P, m)
- $B$ : 선박의 너비(Breath, m)
- $D$ : 선박의 깊이(Depth, m)

#### 2) 브랜치라인(Branch Line)

브랜치라인 파이프내경은 다음의 식보다 더 큰 값으로 선정한다.

$$ID = 2.15 \times \sqrt{L_s \times (B + D)} + 25 \ mm$$

- $L_s$ : 빌지 브랜치라인에 따라서 배출되는 구획의 길이(Compartment's length)

### (3) 소화라인(Fire Main Line)

소화라인 파이프내경은 다음의 식보다 더 큰 값으로 선정한다.

$$ID = \frac{L}{1.2} + 25\ mm$$

- $L$ : 선박 길이(L.B.P, m)

### (4) 소화라인 호스 노즐 용량(Fire Line Hose Nozzle Capacity)

$$Q_n = 3.9 \times ID^2 \sqrt{P_n \times N}$$

- $ID$ : Nozzle orifice size (12, 16, 19 mm)
- $P_n$ : 노즐 압력(Nozzle pressure, kg/cm$^2$)
- $N$ : 노즐 수량(Nozzle quantity)
- $Q_n$ : 노즐용량(Nozzle capacity, m$^3$/h)

## 8.3.6 파이프의 재질·종류·규격과 밸브 종류 및 파이프 피팅

### (1) 파이프 재질(Pipe Material)

선박의 배관시스템에 사용되는 파이프 재질은 가격이 저렴하고 제작도 용이한 탄소강(Carbon steel)이 일반적으로 많이 사용된다.

표 8-1 파이프 재질(Pipe material)

| 재질 | 장점 | 단점 |
|---|---|---|
| 탄소강<br>(Carbon Steel) | • 가격 저렴, 제작 용이<br>• 가장 널리 쓰이는 재질<br>• 염기성 환경에 저항성이 높음 | • 산성 및 강염기에 매우 약함.<br>• 다른 재질에 비해 잘 부러짐, 특히 저온에 취약함 |
| 스테인레스 강<br>(Stainless Steel) | • 가격 상대적 저렴, 제작 용이<br>• 광범위한 환경에 저항을 가지며 다양한 종류가 있음 | • 온도 상승시 저항력이 크게 떨어짐<br>• 염소에 저항성이 적음 |
| GRE<br>(Glassfiber Reinforced Epoxy) | • 염소에 대한 부식성이 아주 우수 | • 제작이 어렵고 설치시 파손의 위험이 크다 |
| 니켈<br>(Nickel) | • 고온의 부식성 유체에 우수한 저항력을 가짐 | • 가격이 보통과 비쌈 사이, 용접이 어렵다 |
| 구리 니켈 합금<br>(CU-NI) | • 강도, 내산화성, 내식성 증가 | • 가격이 비싸다 |

## (2) 배관용 강관 종류

선박에서 배관시스템에서는 압력 배관용 탄소강 강관을 주로 많이 사용되고 있으며 KS 규격은 SPPS이다. 설계온도 350℃이하, 압력 10~100 kg/㎠ 의 조건에서 사용된다.

표 8-2 배관용 강관의 종류(The type of pipe)

| 규격 명칭 | KS 기호<br>(JIS) | 비고 |
|---|---|---|
| 배관용 탄소강 강관<br>(S-Steel,P-Pipe, P-Piping) | SPP<br>(SGP) | 사용압력이 비교적 낮은 10 kg/㎠ 이하의 일반 배관용, 외경(Out diameter)은 6~600 A |
| 압력배관용 탄소강 강관<br>(S-Steel,P-Pipe,<br>P-Pressure, S-Service) | SPPS<br>(STPG) | 350℃이하, 사용압력 10~100 kg/㎠의 압력 배관용이며 두께는 스케줄 번호 Sch #80까지, 외경은 6~650 A |

| | | |
|---|---|---|
| 고압배관용 탄소강 강관<br>(S-Steel,P-Pipe,<br>P-Pressure, H-High) | SPPH\<br>(STS) | 350℃이하, 사용 압력 100 kg/㎠ 이상의 고압 배관, 암모니아 합성 공업등의 고압 배관, 내연기관의 연료분사관용, 스케줄 번호<br>Sch #80~#160,<br>외경은 6~650 A |
| 배관용 오오스테나이트 스테인레스 강관<br>(Steel Tube Stainless) | STS*T<br>(SUS-TP) | 내식, 내산, 고온용으로 저온용에도 사용, Sch #80까지,<br>외경은 6~300 A |

### (3) 파이프 규격

파이프는 사용압력에 따라 파이프의 두께를 나타낸 스케줄 번호(Schedule number, Sch. #NO.)를 사용하고 있다. 압력이 커질수록 스케줄 #번호가 커지고 두께가 커진다. 이러한 요소들을 종합적으로 정리하여 표시된 파이프 규격(Piping specification)을 이해할 필요가 있다.

표 8-3을 보는 방법은 다음과 같다. 예를 들어 사이즈(Size)에서 1 inch를 찾으면 바로 옆의 25A의 값을 얻고 파이프 OD(Out diameter, 외경)가 34 mm인 것을 알게 된다. 스케줄 번호에서 #40을 찾으면 파이프 두께가 3.4 mm, #80의 파이프 두께는 4.5 mm이다. Weight designation도 파이프 스케줄을 의미하는데 Standard wall은 표준 두께, 좀 더 두꺼운 것은 X-St(Extra wall thickness), 크게 두꺼운 것은 XX-St(Double extra wall thickness)이다. SGP는 재질표시로 일반 배관용 강관을 말한다.

표 8-3 파이프 규격(Piping specification)

| Size | | Outside Dia. (mm) | | Carbon Steel | | | | | | | | | | | | Stainless Steel | | | | SGP |
|---|---|---|---|---|---|---|---|---|---|---|---|---|---|---|---|---|---|---|---|---|
| | | | | Schedule No.(#) | | | | | | | | | Weight Designation | | | Schedule No. | | | | |
| inch | A | ANSI | JIS | #10 | #20 | #30 | #40 | #60 | #80 | #100 | #120 | #160 | STD. | X-St. | XX-St. | #10S | #20S | #40S | #80S | |
| ⅜ | 10 | 17.1 | 17.3 | - | - | - | 2.3 | - | 3.2 | - | - | - | 2.3 | 3.2 | - | 1.7 | 2.0 | 2.3 | 3.2 | 2.3 |
| ½ | 15 | 21.3 | 21.7 | - | - | - | 2.8 | - | 3.7 | - | - | 4.7 | 2.8 | 3.7 | 7.5 | 2.1 | 2.5 | 2.8 | 3.7 | 2.8 |
| ¾ | 20 | 26.7 | 27.2 | - | - | - | 2.9 | - | 3.9 | - | - | 5.5 | 2.9 | 3.9 | 7.8 | 2.1 | 2.5 | 2.9 | 3.9 | 2.8 |
| 1 | 25 | 34.0 | 34.0 | - | - | - | 3.4 | - | 4.5 | - | - | 6.4 | 3.4 | 4.5 | 9.1 | 2.8 | 3.0 | 3.4 | 4.6 | 3.2 |
| 1 ¼ | 32 | 42,7 | 42.7 | - | - | - | 3.6 | - | 4.9 | - | - | 6.4 | 3.6 | 4.9 | 9.7 | 2.8 | 3,0 | 3.6 | 4.9 | 3.5 |
| 1 ½ | 40 | 48.6 | 48.6 | - | - | - | 3.7 | - | 5.1 | - | - | 7.1 | 3.7 | 5.1 | 10.2 | 2.8 | 3,0 | 3.7 | 5.1 | 3.5 |
| 2 | 50 | 60.3 | 60.5 | - | - | - | 3.9 | - | 5.5 | - | - | 8.7 | 3.9 | 5.5 | 11.1 | 2.8 | 3.5 | 3.9 | 5.5 | 3.8 |
| 2 ½ | 65 | 73.0 | 76.3 | - | - | - | 5.2 | - | 7.0 | - | - | 9.5 | 5.2 | 7.0 | 14.0 | 3.0 | 3.5 | 5.2 | 7.0 | 4.2 |
| 3 | 80 | 88.9 | 89.1 | - | - | - | 5.5 | - | 7.6 | - | - | 11.1 | 5.5 | 7.6 | 15.2 | 3.0 | 4.0 | 5.5 | 7.6 | 4.2 |
| 3 ½ | 90 | 101.6 | 101.6 | - | - | - | 5.7 | - | 8.1 | - | - | - | 5.7 | 8.1 | 16.2 | 3.0 | 4.0 | 5.8 | 8.1 | 4.2 |
| 4 | 100 | 114.3 | 114.3 | - | - | - | 6.0 | - | 8.6 | - | 11.1 | 13.5 | 6.0 | 8.6 | 17.1 | 3.0 | 4.0 | 6.0 | 8.6 | 4.5 |
| 5 | 125 | 141,3 | 139.8 | - | - | - | 6.6 | - | 9.5 | - | 12.7 | 15.9 | 6.6 | 9.5 | 19.1 | 3.4 | 5.0 | 6.6 | 9.5 | 4.5 |
| 6 | 150 | 168.3 | 165.2 | - | - | - | 7.1 | - | 11.0 | - | 14.3 | 18.2 | 7.1 | 11.0 | 21.9 | 3.4 | 5.6 | 7.1 | 11.0 | 5.0 |
| 8 | 200 | 219.1 | 216.3 | - | 6.4 | 7.0 | 8.2 | 10.3 | 12.7 | 15.1 | 18.2 | 23.0 | 8.2 | 12.7 | 22.2 | 4.0 | 6.5 | 8.2 | 12.7 | 5.8 |
| 10 | 250 | 273.1 | 267.4 | - | 6.4 | 7.8 | 9.3 | 12.7 | 15.1 | 18.2 | 21.4 | 28.6 | 9.3 | 12.7 | 25.4 | 4.0 | 6.5 | 9.3 | 12.7 | 6.6 |
| 12 | 300 | 323.9 | 318.5 | - | 6.4 | 8.4 | 10.3 | 14.3 | 17.4 | 21.4 | 25.4 | 33.3 | 9.5 | 12.7 | 25.4 | 4.5 | 6.5 | 9.5 | 12.7 | 6.9 |
| 14 | 350 | 355.6 | 355.6 | 6.4 | 7.9 | 9.5 | 11.1 | 15.1 | 19.0 | 23.8 | 27.8 | 35.7 | 9.5 | 12.7 | - | - | - | - | - | 7.9 |
| 16 | 400 | 406.4 | 406.4 | 6.4 | 7.9 | 9.5 | 12.7 | 16.7 | 21.4 | 26.2 | 30.9 | 40.5 | 9.5 | 12.7 | - | - | - | - | - | 7.9 |
| 18 | 450 | 457.2 | 457.2 | 6.4 | 7.9 | 11.7 | 14.3 | 19.1 | 23.8 | 29.4 | 34.9 | 45.2 | 9.5 | 12.7 | - | - | - | - | - | |
| 20 | 500 | 508.0 | 508.0 | 6.4 | 9.5 | 12.7 | 15.1 | 20.6 | 26.2 | 32.5 | 38.1 | 50.0 | 9.5 | 12.7 | - | - | - | - | - | |
| 22 | 550 | 558.8 | 558.8 | 6.4 | 9.5 | - | 15.9 | - | 28.6 | - | - | 54.0 | 9.5 | 12.7 | - | - | - | - | - | |
| 24 | 600 | 609.6 | 609.6 | 6.4 | 9.5 | 14.3 | 17.5 | 24.6 | 31.0 | 38.9 | 46.0 | 59.5 | 9.5 | 12.7 | - | - | - | - | - | |
| 26 | 650 | 660.4 | 660.4 | 6.4 | 9.5 | - | 18.9 | - | 34.0 | - | - | 64.2 | 9.5 | 12.7 | - | - | - | - | - | |
| 30 | 750 | 762.0 | - | 7.9 | 12.7 | 15.9 | - | - | - | - | - | - | 9.5 | 12.7 | - | - | - | - | - | |

### (4) 파이프 피팅(Pipe Fittings)

선박 배관시스템에서는 파이프를 연결하거나 방향을 바꾸거나 사이즈 등을 변경할 필요가 있다. 이때 사용되는 것이 파이프 피팅류이며 엘보(Elbow), 티(Tee), 리듀서(Reducer), 플랜지(Flange), 슬리브(Sleeve) 등이 있으며 각각의 주요용도는 표 8-4와 같다.

표 8-4 파이프 피팅류 종류

| 구 분 | 주요 용도 | 종류 |
|---|---|---|
| 엘보 | 유속 방향 변경 | 30도, 45도, 90도 등 |
| 티 | 배관라인의 나눔 | |
| 리듀서 | 파이프 사이즈 변경 | 동심, 편심 등 |
| 플랜지 | 파이프 연결 | 용접, 슬립온, 나사, 랩조인트, 블라인드, 링조인트, 오리피스, 레듀싱 등 |
| 밸브 | 유량 차단 및 제어 | 게이트, 글로브, 앵글, 다이아프램, 버터플라이, 볼, 편심회전플러그 등 |

#### 1) 엘보(Elbow)

파이프의 진행방향을 상하좌우로 바꿀 때 사용하는 것으로 곡률 반지름이 비교적 작은 파이프 이음에 사용한다. 보통 30도, 45도, 90도 엘보가 사용되며 특별한 각도가 필요하다면 가공해서 사용한다.

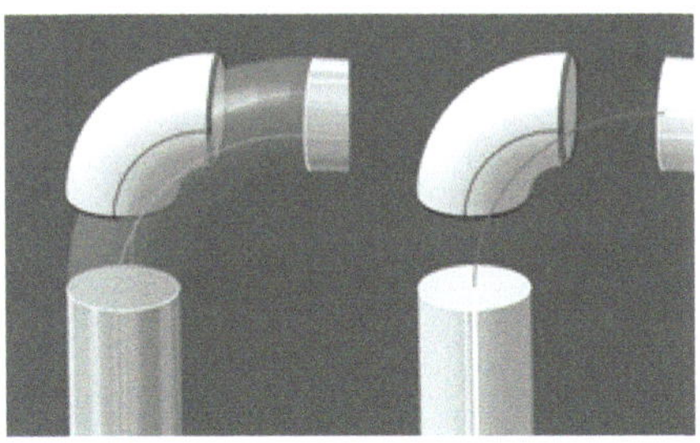

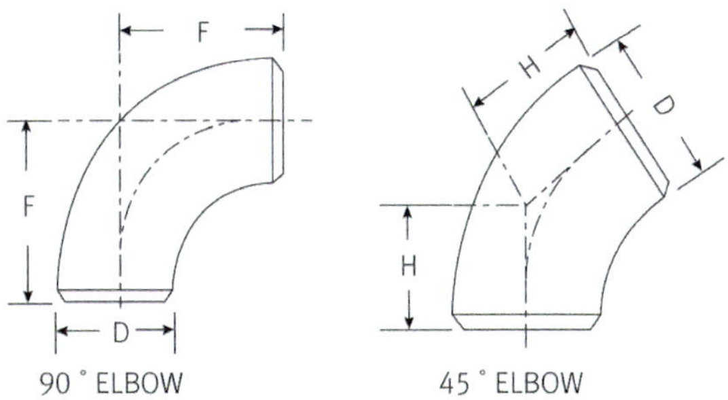


그림 8-7 엘보

### 2) 티(Tee)

배관 메인라인에서 브랜치라인 등으로 2개 방향으로 나누고자 할 때 사용된다.

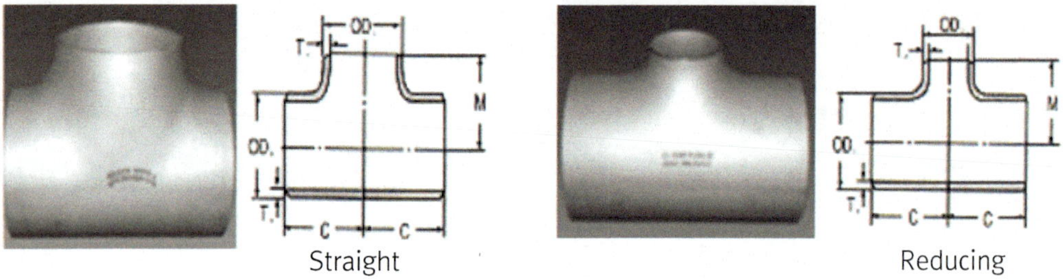


그림 8-8 티

### 3) 리듀서(Reducer)

파이프 사이즈가 변경되는 부분에 사용하는 것으로 중심선이 동일한 동심리듀서(Concentric reducer)와 중심선이 다르지만 밑면 높이가 같은 편심 리듀서(Eccentric reducer)가 있다. 보통 동심형은 펌프의 흡입라인, 편심형은 수직배관에 사용된다.

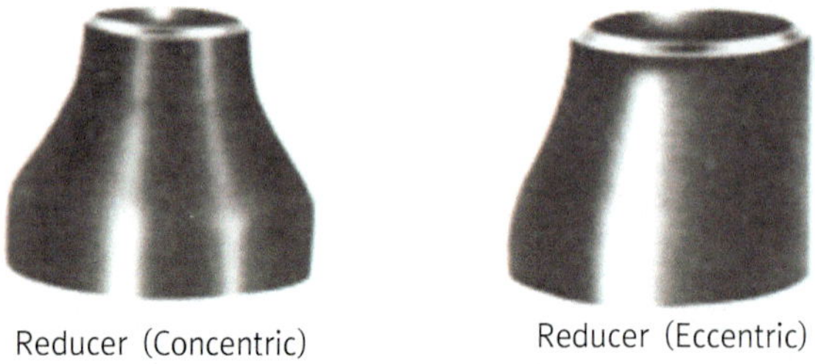


그림 8-9 리듀서

### 4) 플랜지(Flange)

파이프와 파이프를 볼트와 너트로 결합하기 위한 것이다.

#### ① 용접 플랜지(Welding neck flange)

플랜지와 파이프가 맞대기 용접(Butt-weld)으로 직접 연결되며 파이프 내경과 플랜지 내경은 같다. 그림 8-10과 같은 웰딩넥 플랜지는 열응력에 강하고 구조강도도 커 압력이 높은 곳에 많이 사용된다. 슬립온 플랜지(Slip-on flange)보다 악조건에서 잘 견디는데 가격은 더 비싸다.

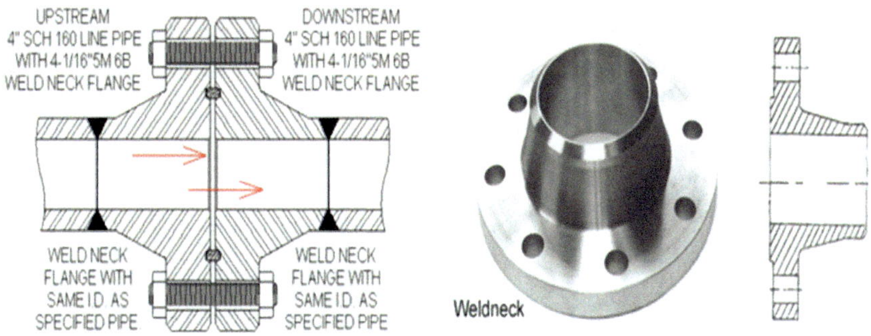


WELD NECK FLANGE(W/N)

그림 8-10 웰딩플랜지

## ② 슬립온 플랜지(Slip-on flange)

슬립온 플랜지는 용접 전에 플랜지 속으로 파이프를 밀어 넣는 것이다. 충분한 강도와 누설방지를 위해 안쪽과 바깥쪽 양쪽 모두를 용접한다. 슬립온 플랜지 내경은 상대 파이프의 외경보다 약간 크다. 저렴한 설치비용으로 용접 플랜지보다 선호되며 수명이 짧고 강도가 약해 고온 및 고압이 걸리는 곳에는 사용하지 않는다.

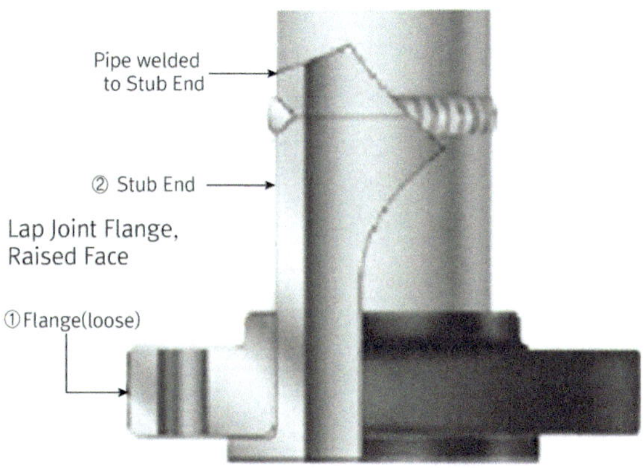


그림 8-11 슬립온 플랜지

### ③ 나사 플랜지(Thread flange)

작은 직경의 파이프 연결에 사용하며 주로 저온 및 저압이 걸리는 파이프에서 많이 사용된다.

그림 8-12 나사 플랜지

### ④ 랩조인트 플랜지(Lap joint flange)

큰 직경의 파이프 연결에 주로 사용하고 분해조립이 용이하여 청소 및 보수유지에 유리하다. 스터드엔드(Stud-end)와 플랜지로 구성되며 전해부식(Galvanic corrosion)을 고려할 필요가 있다.

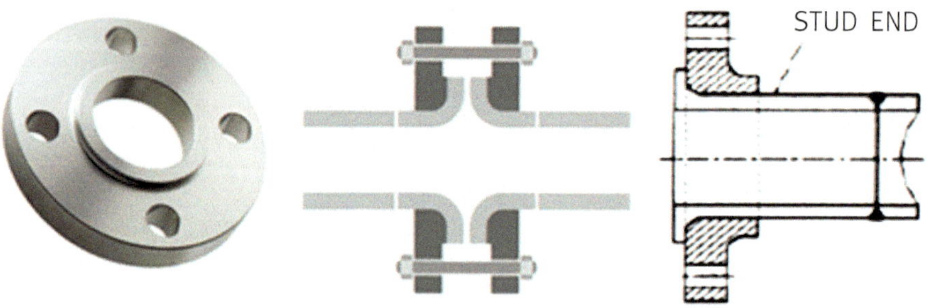


그림 8-13 랩조인트 플랜지

⑤ **블라인드 플랜지(Blind flange)**

플랜지 입구를 막는 역할을 하며 블라인드 플랜지 결합부는 떼어내고 파이프의 재사용이 가능하나 필요가 없을 때에는 캡(Cap)으로 막고 용접한다.

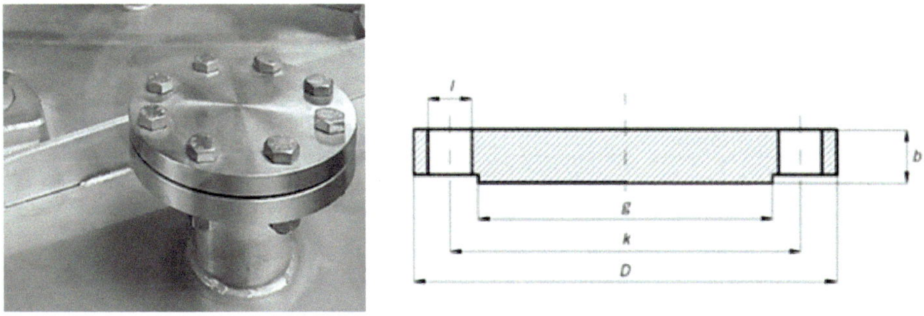


그림 8-14 블라인드 플랜지

⑥ **링조인트 플랜지(Ring joint flange)**

고온 및 고압이 걸리는 곳에 사용된다. 링 가스켓(Ring gasket)으로 밀봉(Sealing)하며 분해 및 결합을 하는 것이 어려워 배관(Pipe line)에 자주 쓰이지는 않으나, 갑판기기 유압배관라인(Deck machinery hydro line)에 주로 사용된다.

그림 8-15 링 조인트 플랜지

**⑦ 오리피스 플랜지(Orifice flange)**

유량 측정 시 사용하며 플랜지와 플랜지 사이에 삽입 후 가스켓(Gasket)으로 결합한다.

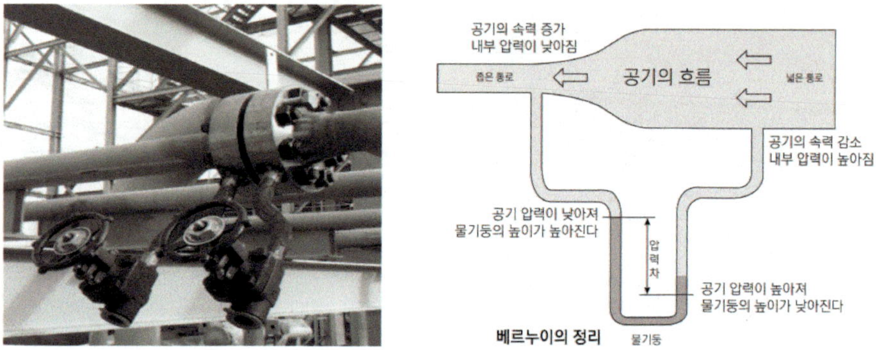


그림 8-16 오리피스 플랜지

**⑧ 리듀싱 플랜지(Reducing flange)**

작은 직경의 파이프에서 큰 파이프로 확장할 때에 주로 사용된다. 난류발생과 압력강하(Pressure drop)로 큰 파이프에서 작은 파이프로 축소할 때에는 거의 사용하지 않고 있으나 불가피 할 경우에는 사용하기도 한다.

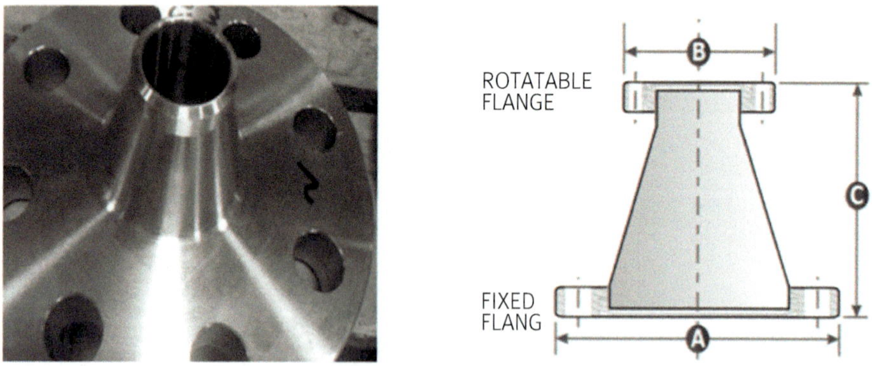


그림 8-17 리듀싱 플랜지

### 5) 슬리브(Sleeve)

파이프와 파이프를 용접으로 연결할 때 또는 Deck(or wall)을 관통할 때 사용하는 것이다.

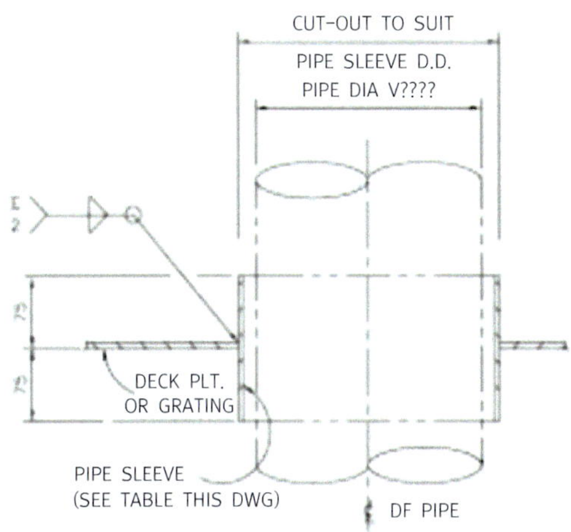


그림 8-18 슬리브

## (5) 밸브(Valve)의 종류

밸브는 선박 배관시스템에 설치되어 유체의 유량조절, 흐름속도 조절, 압력을 조절하는 용도로 사용되며 게이트밸브, 글로브밸브, 앵글밸브, 버터플라이밸브 등이 있다. 또한 안전사고를 방지하기 위해 밸브의 규격을 국가표준으로 정해두고 있다.

밸브는 직접 유체를 접촉하기 때문에 사용 목적에 따라 적합한 구조가 필요하며 밸브 축 운동방향에 따라 직선 운동형과 회전 운동형으로 구분하여 사용된다.

표 8-5 밸브 종류

| 운동 방식 | 밸브 종류 |
|---|---|
| 직선 운동형 | 게이트밸브, 글로브밸브, 앵글밸브, 다이어프램밸브 |
| 회전 운동형 | 버터플라이밸브, 볼밸브, 편심 회전 플러그밸브 |

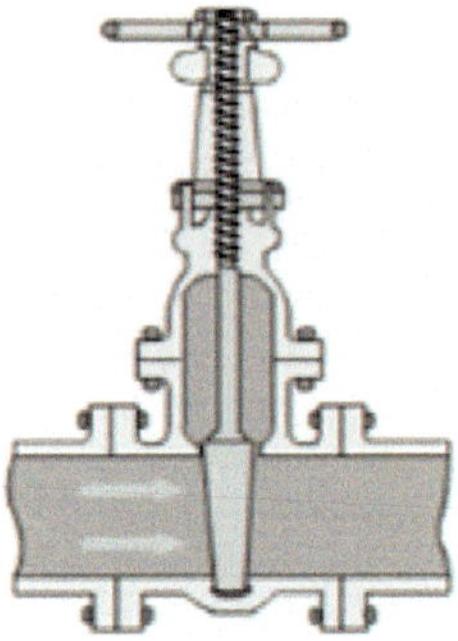

게이트 밸브

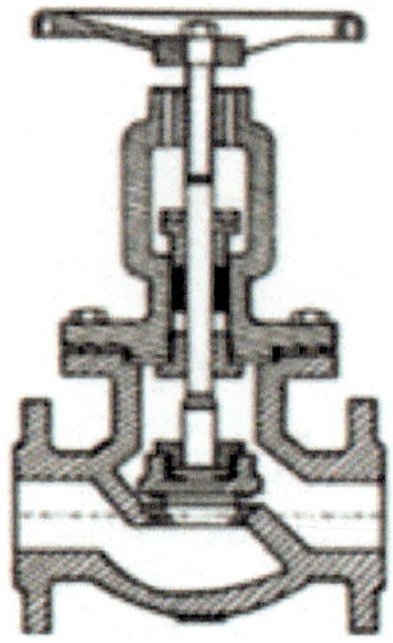

글로브 밸브

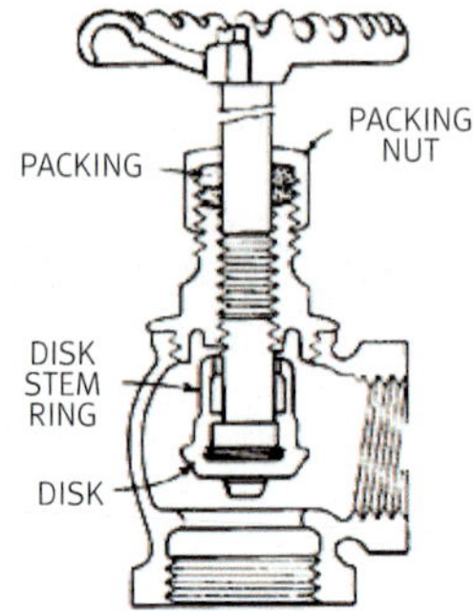


앵글 밸브

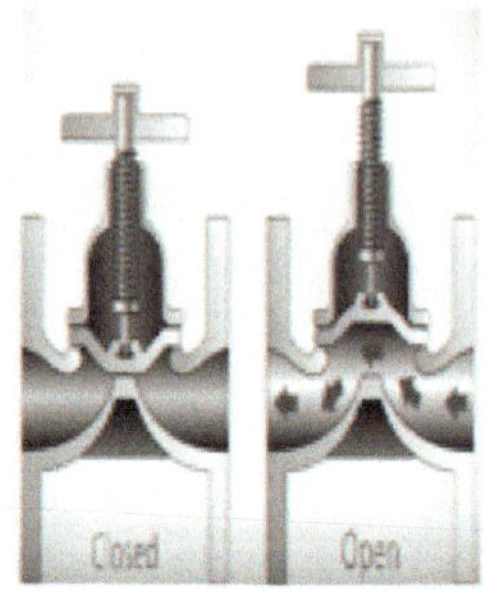


다이아프램 밸브

버터플라이 밸브

볼 밸브

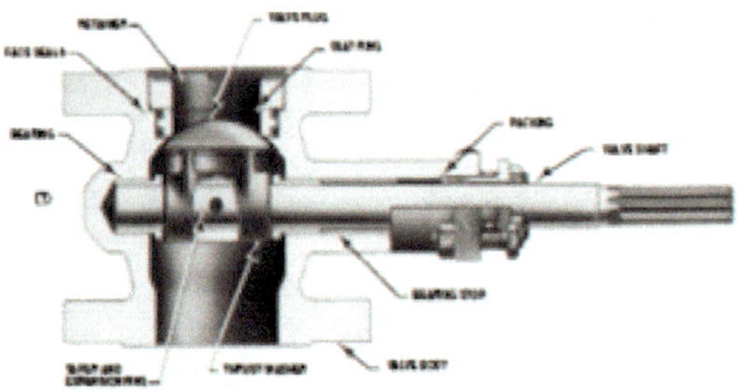

편심 회전 플러그 밸브

그림 8-19 밸브 종류

### 1) 게이트밸브(Gate Valve)

디스크(Disc)가 유체의 흐름에 수직 칸막이 형식으로 막거나 여는 개폐밸브이다. 문(Gate)과 같이 생겨 게이트밸브라 하며 밸브가 작동할 때 입구가 파이프 내경과 거의 동일하기 때문에 압력손실이 작고, 높은 차단효과를 가지고 있어 차단용 밸브로 가장 많이 사용된다.

게이트밸브를 완전히 열었을 때는 유체저항이 없어 압력손실이 거의 없으나 유속이 빠른 유체가 흐를 때 조금 열어두면 막고 있는 디스크에 진동과 소음이 일어나 손상을 입으므로 유량조절용으로는 적합하지 않다.

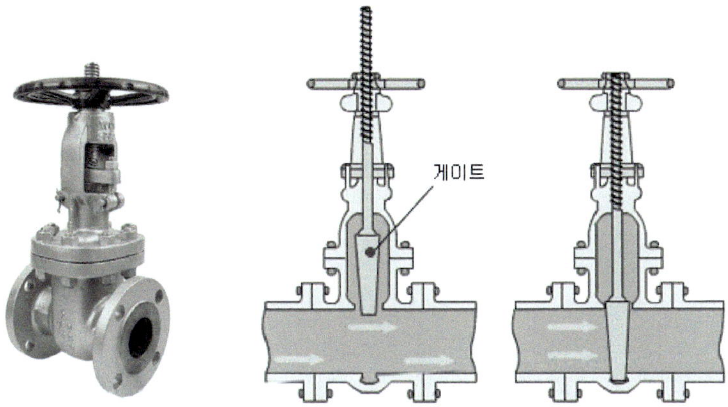


그림 8-20 게이트 밸브

## 2) 글로브밸브(Globe Valve)

유체 유량흐름을 미세하게 조절할 수 있는 대표적인 제어밸브이다. 몸체가 원통모양이고 밸브에서 유체흐름이 밑에서 위로 흐르는 S자 모양이 되어 유체의 방향을 변경시키므로 디스크의 손상을 최소화할 수 있는 장점이 있는 반면 와류현상 발생으로 압력손실이 크다는 단점도 있다. 낮은 압력을 가지는 유체에는 적당하지 않고 주로 고온 및 고압에 사용되며 게이트밸브에 비해 가격이 비싸다.

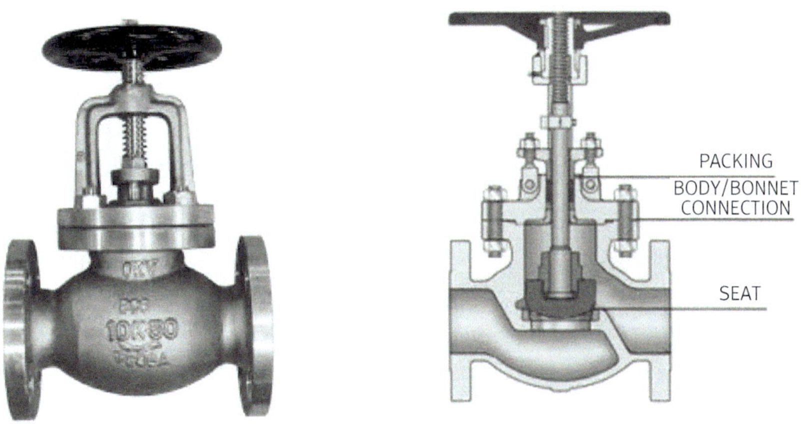


그림 8-21 글로브 밸브

### 3) 앵글 밸브(Angle Valve)

밸브 입구와 출구가 직각으로 되어 있어 유체의 흐름을 90도로 방향을 변경시킨다.

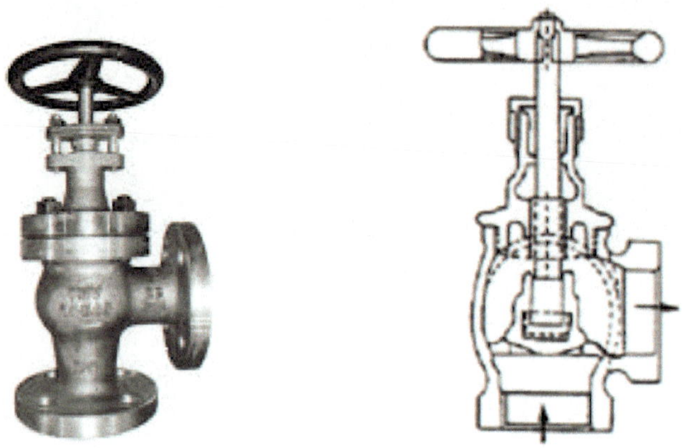

그림 8-22 앵글 밸브

### 4) 다이아프램 밸브(Diaphragm Valve)

이 밸브는 내열 고무재의 유동적인 판막(Flexible diaphragm)을 상하로 움직이게 하여 유체의 흐름을 막거나 제어한다. 밸브 내부를 청정 상태로 유지할 수 있어 고순도 관리가 필요한 곳에 사용된다.

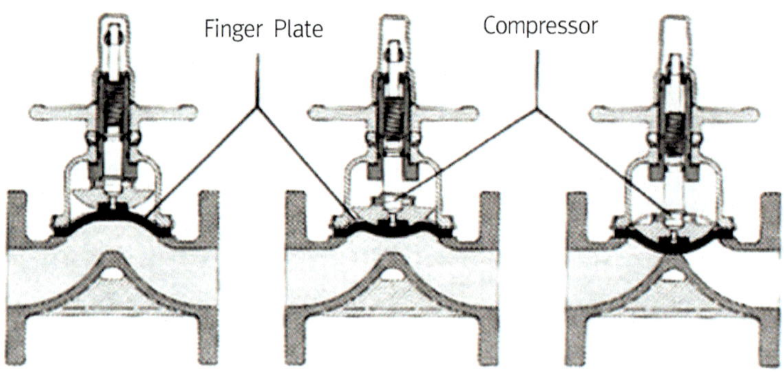


그림 8-23 다이아프램 밸브

### 5) 버터플라이 밸브(Butterfly Valve)

회전 운동식(Rotary motion) 밸브의 대표적인 형식이다. 몸체에 부착된 원판 디스크가 회전하면서 유량을 조절하고 개폐하는 밸브이다. 가볍고 크기가 작아 취급하기 좋으며 저항도 적어 큰 직경(10" 이상) 밸브의 유체 제어에 적당하지만 구조적인 특성으로 2" 이하의 적은 밸브는 제조가 곤란하다. 고온과 고압에는 적당하지 않으며 미세한 유량 제어도 어렵다.

유체압력에 의한 토크는 70도 부근에서 최대로 되고 그 위치를 지나면 급격히 감소한다. 따라서 제어밸브로서 사용할 경우에는 0도에서 60도 사이에 사용하는 것이 일반적이다.

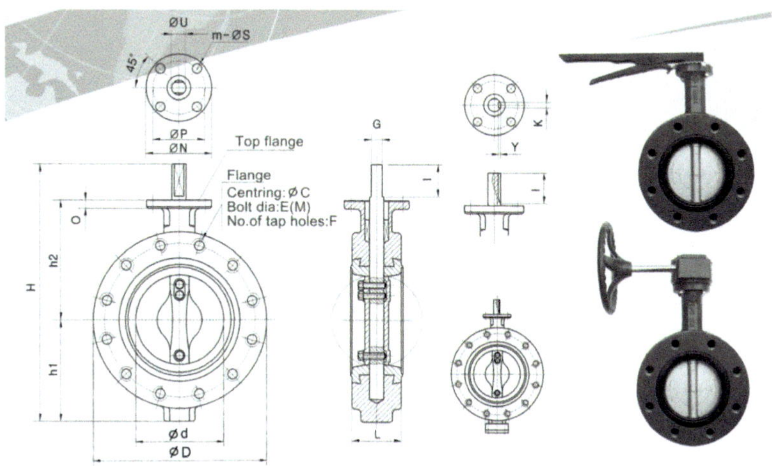


그림 8-24 버터플라이 밸브

### 6) 볼 밸브(Ball Valve)

공(Ball) 모양의 몸체가 있어 90도만 회전시켜도 밸브의 개폐가 가능하다. 글로브 밸브에 비해 중량 및 부피도 작아 좁은 공간에도 설치할 수 있으며 제어 범위가 상당히 크다. 제어밸브로 볼 밸브 사용이 증가하는 추세이다. 볼의 회전각도에 따라 유량이 심하게 변하므로 미세한 유량과 압력제어에는 적당치 않으며 압력차이가 클 경우 와류현상과 소음이 발생하기 쉽다.

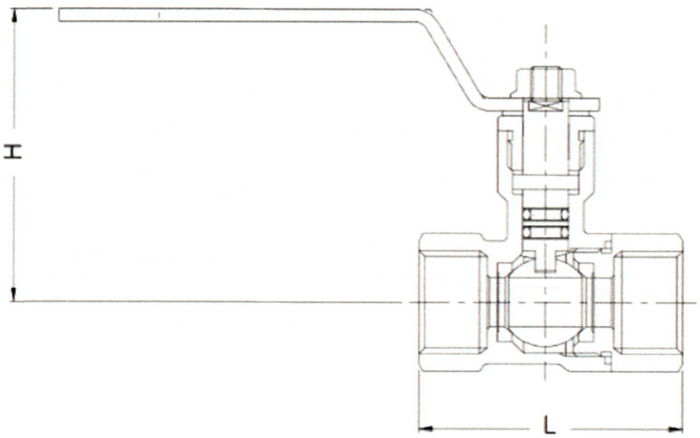


그림 8-25 볼 밸브

#### 7) 편심 회전 플러그 밸브(Eccentric Plug Valve)

플러그가 편심 축을 중심으로 회전되어 개폐하는 밸브이다. 구조적으로는 제어용 볼 밸브와 비슷하지만 편심 축으로 되어 있다는 점이 특징이다. 편심축으로 되어있기 때문에 비교적 빠른 개폐가 가능하고 시트와 플러그가 차단 시 이외에는 접촉되지 않아 토크의 감소와 차단 성능이 향상된다. 주로 압력이 낮은 곳에서 사용되며 응고되기 쉬운 유체에 사용된다.

## 8.4 선장 배관시스템(Hull Piping System)

### 8.4.1 카고 시스템(Cargo Handling System)

#### (1) 개요

카고 펌핑시스템은 선박에서 원유, 석유화학제품, LPG 및 액화 LNG 등의 액체화물을 싣고 내리는 기능을 담당하는 시스템이다. 탱커(유조선), 석유화학제품운반선, LPG선 및 LNG선 등에 설치된다.

### (2) 카고 시스템의 종류 및 구성품

엔진룸(Engine room)과 카고탱크(Cargo tank, 액체카고탱크) 사이에 별도의 펌프룸(Pump room)을 만드는 재래형 펌핑시스템(Conventional cargo pumping system)과 각 카고탱크 내부에 펌프를 설치하는 독립형 펌핑 시스템(Independent cargo pumping system)이 있다.

탱커는 대부분 재래형 펌핑시스템을 적용하며 일반적으로 성분이 다른 3가지 종류의 원유를 동시에 선적 또는 하역작업이 가능하도록 3개의 그룹으로 구분되어 있다. 약 20~24시간 이내에 작업을 끝마치도록 되어있는 표준선적율(Loading rate) 및 표순하역율(Unloading rate)을 적용하여 설계한다. 석유화학제품운반선과 LNG선은 독립형 펌핑시스템이 적용된다.

표 8-6 카고 시스템 종류, 계통도 및 구성품

| 구분 | 내용 |
|---|---|
| 종류 | 재래형 펌핑시스템, 독립형 펌핑시스템 |
| 주요 구성품 | 카고오일 펌프, 스트리핑 펌프, 자동하역시스템, 스트리핑 이덕터, 배관라인, 밸브 |
| 계통도 | 카고 로딩, 카고 언로딩 |

### (3) 카고오일 펌프(Cargo Oil Pump)

탱커에 있는 원유를 항만에 있는 육상 원유저장탱크로 이동시키는 데 사용되는 펌프이다. 대용량이 가능한 원심펌프(Centrifugal pump)가 일반적으로 사용된다. 소요 펌프용량은 다음과 같은 수식으로 나타낸다.

카고오일 펌프용량 = 시간당 하역량(Discharge)×총수두(Total Head)

총수두 = 펌프 흡입수두(Suction head[18])+배출수두(Delivery head[19])

18) 흡입수두(Suction Head) :펌프의 중심(Center Line)과 흡입하려는 액체 표면과의 수직거리
19) 배출수두(Delivery Head) : 펌프 중심에서 배출 액체표면까지의 수직거리

표 8-7 탱커의 표준 카고오일 펌프용량

| 탱커 종류 | 시간당 하역량 × 총수두 |
|---|---|
| 아프라막스 (Aframax) | 2,800 $m^3/h \times 130\ m\ TH$(총수두) |
| 수에즈막스(Suezmax) | 3,800 $m^3/h \times 130\ m\ TH$(총수두) |
| VLCC | 5,000 $m^3/h \times 130\ m\ TH$(총수두) |

그림 8-26 카고 오일펌프

## (4) 스트리핑 펌프(Stripping Pump, 잔유처리펌프)

탱커의 잔유처리(Cargo oil line stripping)와 펌프룸 빌지(Pump room bilge[20]) 처리 등을 위해 사용되는 펌프이다. 잔유와 빌지는 별도의 잔유처리 배관라인을 이용하여 육상으로 배출된다. 펌프용량은 200(아프라막스)~400(VLCC) $m^3/h \times 130\ m\ TH$(총수두) 정도이며 고압을 얻기 쉬운 왕복펌프(Reciprocation pump)가 일반적으로 사용된다.

20) 빌지(Bilge) : 배 바닥에 고인 물이나 기름의 혼합(오수 등)이다.

그림 8-27 스트리핑 펌프

### (5) 자동하역시스템(AUS : Auto Unloading System)

탱커에서 원유하역이 50% 정도 진행되면 원유에서 발생한 가스로 스트리핑 펌프의 흡입이 원활하지 않게 되는데 이러한 가스를 자동적으로 배출시켜 스트리핑 작업을 돕는 시스템이다. 일반적으로 2대 이상의 진공펌프[21]가 사용된다. 카고오일 펌프 흡입 쪽에 공기분리기(Air separator)를 설치하고 원유 수위에 따라 펌프 배출 쪽에 설치된 밸브를 열고 닫아 공기를 제거시킨다.

### (6) 카고오일 스트리핑 이덕터(Cargo Oil Stripping Eductor[22])

탱커의 카고탱크청소(Tank cleaning)를 할 때 마지막까지 남아있는 원유 및 슬러지를 슬롭탱크(Slop tank[23])로 이동시키는 배출기이다. 용량은 동시에 작동되는 탱크 청소 총용량의 1.25배 이상으로 정한다.

21) 진공펌프(Vacuum pump) : 기밀 용기 내에서 기체 분자를 제거하여 장치로 대기압 이하의 저압 기체를 흡입하고 압축해 대기 중에 방출함.
22) 이덕터(Eductor) : 좁은 관을 지날 때 유체 속도가 빨라지고 압력이 낮아지는 베르누이 정리를 활용하여 한 장치이다. 이덕터 내부에 좁은 관을 두어 압력이 낮아지게 만들어 유체를 흡입한다.
23) 슬롭 탱크(Slop Tank) : 탱크 청소에 배출되는 기름과 해수의 혼합물을 넣어 두는 탱크이다.

### (7) 카고 로딩 및 언로딩(Cargo Loading & Unloading - 액체화물 선적 및 하역)

#### 1) 카고 로딩(Cargo Loading)

탱커의 경우 항만 주변의 육상 원유저장탱크에 있는 원유를 탱커로 이동시키는 작업을 말한다. 탱커 상갑판 중앙부에 설치되어 있는 카고 매니폴더(Cargo manifold[24])에 항만에 있는 선적호스(Cargo hose)를 연결시키고 육상 펌프를 가동시켜 이러한 작업을 수행한다.

그림 8-28 카고 매니폴드

#### 2) 카고 언로딩(Cargo Unloading)

탱커에 있는 원유를 항만의 육상 원유저장탱크로 이동시키는 작업을 말한다. 펌프룸에 있는 카고오일 펌프(Cargo oil pump), 자동하역시스템(Auto unloading system), 스트리핑 펌프(Stripping pump, 잔유처리 펌프) 등의 장치를 사용한다. 하역할 때 선박 원유탱크의 잔유처리와 탱크청소(Tank cleaning)도 이루어지며 남아있는 슬러지(찌꺼기)도 육상으로 배출시킨다.

---

24) 카고 매니폴드(Cargo manifold) : 항만의 원유저장탱크과 선박의 원유탱크를 연결하여 원유의 선적 및 하역을 할 수 있도록 해주는 장치

## (8) 탱커의 카고 펌핑 배관계통도(Piping Diagram)

탱커에서 원유를 선적하거나 하역할 때 이용되는 카고 펌핑 배관계통도는 그림 8-29와 같다.

- 탱커에서 3가지 종류의 원유가 섞이는 것을 방지하기 위해 각 그룹 사이에는 이중 밸브(두개의 밸브-Double valve)를 설치한다.
- 선적할 때에는 항만의 육상 원유저장탱크와 연결되어있는 선적호스를 탱커의 상갑판 중앙에 있는 카고 매니폴너에 연결시킨다. 이후 육상 펌프를 가동시키면 카고 직통 배관라인(Direct loading pipe line)을 통해 원유가 탱커의 카고탱크로 이동된다.
- 탱커 상갑판 양쪽에 설치되는 카고 매니폴더 배관라인에는 시료채취기(Sampling cock), 고정식 압력측정기(Fixed pressure gauge), 이동식 온도측정기(Portable temperature gauge), 보스(Boss) 등이 설치되어 있어 선적 및 하역이 안전하게 이루어지는지 모니터링 할 수 있다. 카고 매니폴더 및 리듀서(Reducer)는 OCIMF[25] 요구 사항에 따라 설치한다.
- 카고오일 스트리핑 이덕터(Cargo oil stripping eductor)는 카고탱크청소(Tank cleaning)에 사용된다. 잔류흡입(Stripping)된 기름이 혼합된 해수는 오른쪽에 있는 슬롭 탱크로 배출된다.
- 스트리핑 펌프는 잔류흡입(Cargo oil line stripping) 및 펌프실 빌지흡입(Pump room bilge suction)에 사용된다.
- 카고오일 펌프 흡입 쪽에 공기분리기(Air seperator)가 설치되며, 카고탱크를 3개의 그룹으로 나누어 흡입배관이 각각 설치된다. (3개의 배관에는 카고탱크용 흡입과 잔유 흡입배관이 각각 그룹에 맞게 연결되어있다.)
- 카고 하역배관(Discharge pipe line)은 카고탱크에서 상갑판의 매니폴더까지 연결되는 배관라인이다.
- 자동하역장치(AUS)의 진공펌프는 일반적으로 탱커에는 2대, 석유제품운반선에는 3대가 설치된다.
- 카고오일 펌프가 펌프실 해수흡입구(Sea chest)에 연결되어 있어 해수를 흡입할 수 있으며 해수로 청소를 할 경우에 사용된다.
- 카고오일 탱크에서 가스가 발생하여 폭발할 위험이 있음으로 이를 불활성기체로 바꿀 목적으로 불활성가스배관(Inert gas piping)과 카고오일배관을 연결시킨다.

25) OCIMF : 국제 정유사 해운포럼(Oil Companies International Marine Forum)

- 탱크를 청소할 때에 액체화물 일부를 사용하기 위해 탱크청소 배관라인(Tank cleaning main pipe line)과 하역 배관라인을 연결한다. 탱크청소가열기(Tank cleaning heater)의 경우 온수세척(Hot water washing) 할 때에 사용된다.

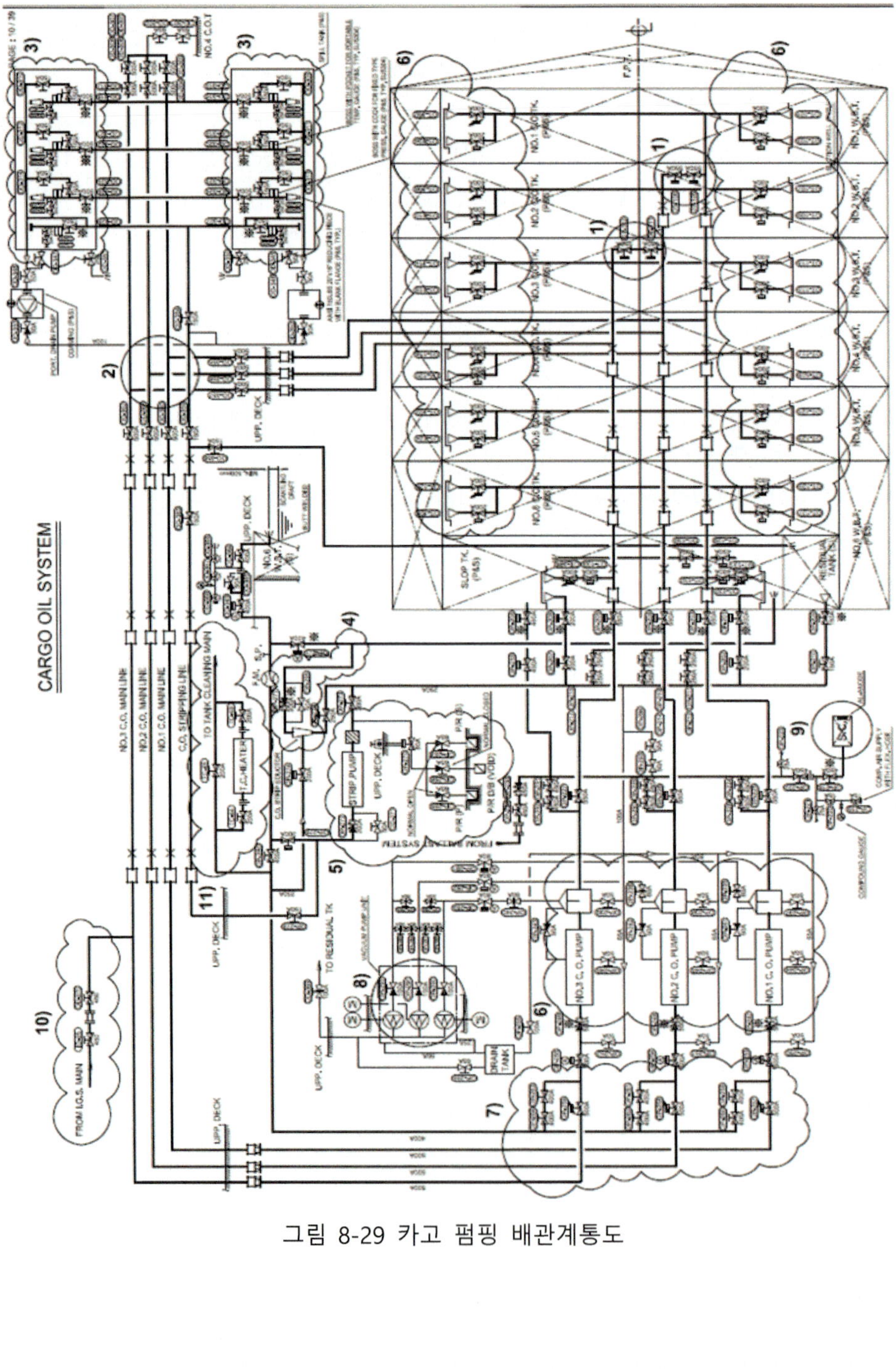


그림 8-29 카고 펌핑 배관계통도

그림 8-30 Cargo Pump Room 배치도

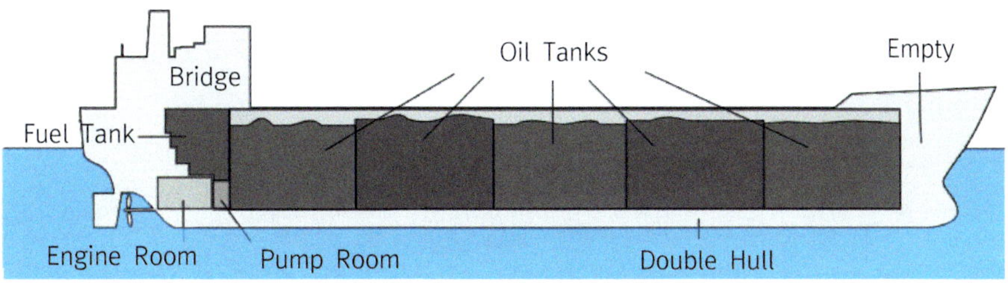


그림 8-31 Cargo Oil Tank

## 8.4.2 발라스트 시스템(Ballast System)

### (1) 개요

선박의 발라스트 탱크에 필요에 따라 해수를 주입하거나 배출하는 시스템을 말하며 발라스트 시스템의 용도는 다음과 같다.

- 선박 운항 속도, 복원력, 트림(Trim, 종경사)26) 등 선박 안전 및 최적 운항에 필요한 최적 흘수(Draught)27)를 맞추는 역할을 한다.
- 화물의 선적 및 하역 작업에 따라 선박의 흘수가 변경되는데, 화물의 안전한 처리를 위한 최적 흘수가 유지되도록 한다.
- 선박에 발생되는 굽힘모멘트, 전단력 및 선체진동을 감소시킨다.

## (2) 발라스트 시스템의 종류 및 구성품

화물이 적게 실린 채 선박을 운항하면 프로펠러와 러더(Rudder)에 요구되는 적절한 수심(깊이)을 확보하지 못하여 효율이 저하되고 선체진동 및 슬래밍(Slamming)28) 등이 발생한다. 발라스트 시스템을 가동시켜 운항 최적 흘수를 맞춘 후에 운항한다. 발라스트 시스템의 종류, 계통도 및 구성품은 표 8-8과 같다.

표 8-8 발라스트 시스템 종류, 계통도 및 구성품

| 구분 | 내용 |
|---|---|
| 종류 | 싱글 배관시스템, 더블 배관시스템, 링 배관시스템 |
| 주요 구성품 | 워터 펌프, 스트리핑 이덕터, 배관라인,밸브 등 |
| 계통도 | 발라스트 주입시스템, 발라스트 배출시스템<br>발라스트 스트리핑시스템, 발라스트 처리시스템 (BWTS) |

## (3) 싱글 배관시스템(Single Main System)

선박에 있는 여러 개의 발라스트 탱크를 배관라인 1개로 연결시켜 발라스트 해수를 이동시키는 시스템이다. 각각의 발라스트 탱크에는 브랜치 파이프(Branch pipe, 지관)를 설치하여 해수를 주입 또는 배출시킨다.

---

26) 트림(Trim) : 선박이 길이 방향으로 일정 각도로 기울어진 것을 트림이라 한다. 트림은 선수와 선미간의 흘수 차이로 표시한다.

27) 흘수(Draught) : 선박이 물에 떠있을 때 선박 정중앙부의 수면이 닿은 위치에서 선박의 가장 밑바닥 부분까지의 수직거리를 나타내는 것이다.

28) 슬래밍 : 선체가 수면에 노출되었다가 수면으로 들어오는 과정에서 발생하는 충격 현상을 말한다.

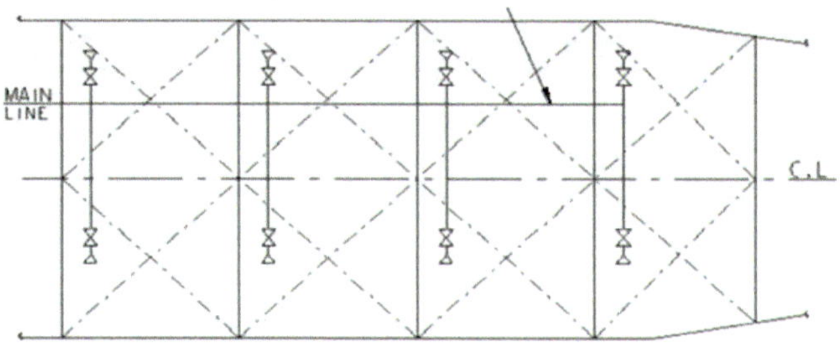


그림 8-32 싱글 배관 시스템

### (4) 더블 배관시스템(Double Main System)

선박의 발라스트 탱크를 양쪽으로 구분하여 배관라인 2개로 연결하는 시스템을 말하며 각각은 연결되어 있지 않다.

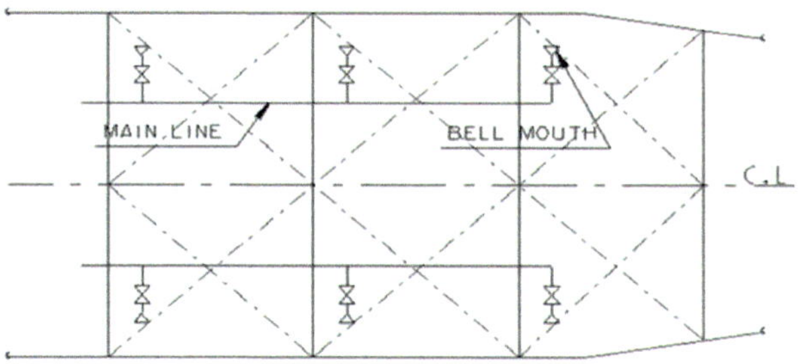


그림 8-33 더블 배관 시스템

### (5) 링 배관시스템(Ring Main System)

더블배관시스템에서 끊어져 있는 2개의 배관라인을 연결시킨 시스템을 말한다. 선주 및 각 조선소의 표준에 따라 적용한다.

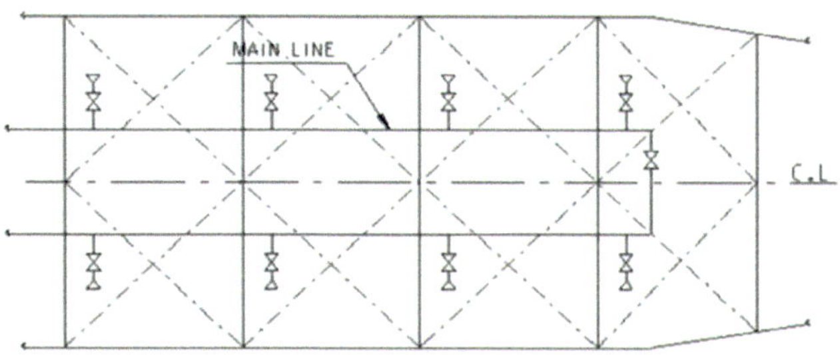


그림 8-34 링 배관시스템

## (6) 발라스트 워터 펌프(Ballast Water Pump, 평형수 펌프)

발라스트 워터 펌프는 대용량의 유체를 이동시킬 수 있는 원심펌프(Centrifugal pump)와 버터플라이 밸브(Butterfly valve)가 사용된다. 펌프용량은 발라스트 해수 주입 및 배출 시간에 따라 결정되며 일반적으로 탱커선의 경우 10~16시간(대부분 12시간)을 기준으로 설계된다.

표 8-9 탱커의 표준 발라스트워터 펌프용량

| 탱커 종류 | 수량 | 펌프 종류 | 펌프 용량 |
|---|---|---|---|
| 105 K COT | 2 | 단일 속도 모터 원심펌프 | 1,500 $m^3/h \times 25\ m\ TH$ |
| 158 K COT | 2 | 단일 속도 모터 원심펌프 | 2,000 $m^3/h \times 30\ m\ TH$ |
| VLCC | 2 | 단일 속도 모터 원심펌프 | 3,000 $m^3/h \times 35\ m\ TH$ |

## (7) 발라스트 스트리핑 이덕터(Ballast Water Stripping Eductor)

발라스트 스트리핑 이덕터는 발라스트워터 펌프가 발생시키는 진공현상으로 탱크에 있는 해수를 모두 배출시키지 못해 조금 남게 되는데 이러한 해수를 배출시키는 장치를 말한다. 탱커선의 경우 펌프에서 배출되는 해수로 구동하는 저압 이덕터를 사용한다.

## (8) 발라스트 주입 시스템(Ballast Operation System)

발라스트 탱크에 선박 바깥의 해수를 넣는 시스템이다. 그림 8-35와 같이 No.6 발라스트 탱크 흡입밸브, 격리밸브(Main isolation valve), 해수 흡입밸브 및 해수 흡입구 밸브(Sea chest valve)를 열어 놓고 발라스트 펌프를 가동시켜 해수를 발라스트 탱크에 주입한다. 다음 탱크에 해수를 넣기 위해 No.6 해수탱크의 흡입 밸브를 닫고, 다음 발라스트 탱크의 흡입밸브를 연다. 이렇게 하여 모든 발라스트 탱크를 채우고 나면 펌프를 멈추고 모든 밸브를 닫는다.

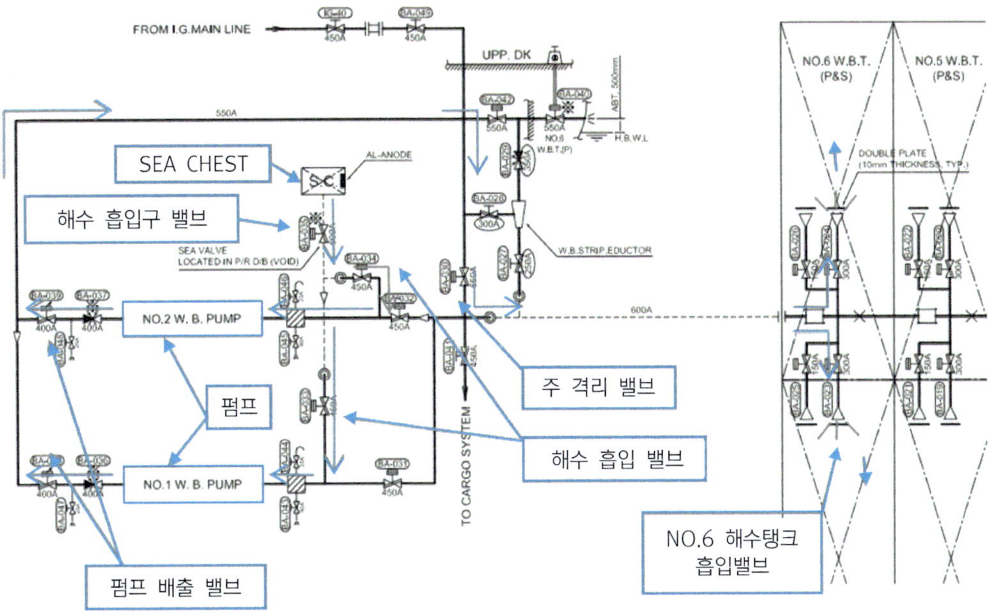


그림 8-35 발라스트 주입 계통도

### (9) 발라스트 배출시스템(De-Ballasting Operation System)

선박의 발라스트탱크에 있는 해수를 선박 바깥으로 배출하는 시스템이다. 그림 8-36와 같이 No.6 발라스트 탱크 흡입밸브, 펌프 흡입밸브, 펌프 배출 밸브, 선박 외부 배출밸브 및 수동 선박 외부 배출밸브를 열어 놓는다. 그 후 펌프를 가동시켜 발라스트 탱크의 해수를 배출한다. No.6 탱크의 배출이 끝나면  흡입밸브를 닫고 다음 발라스트 탱크의 흡입밸브를 연다. 이렇게 하여 모든 발라스트 탱크를 비우면 펌프를 멈추고 밸브를 닫는다.

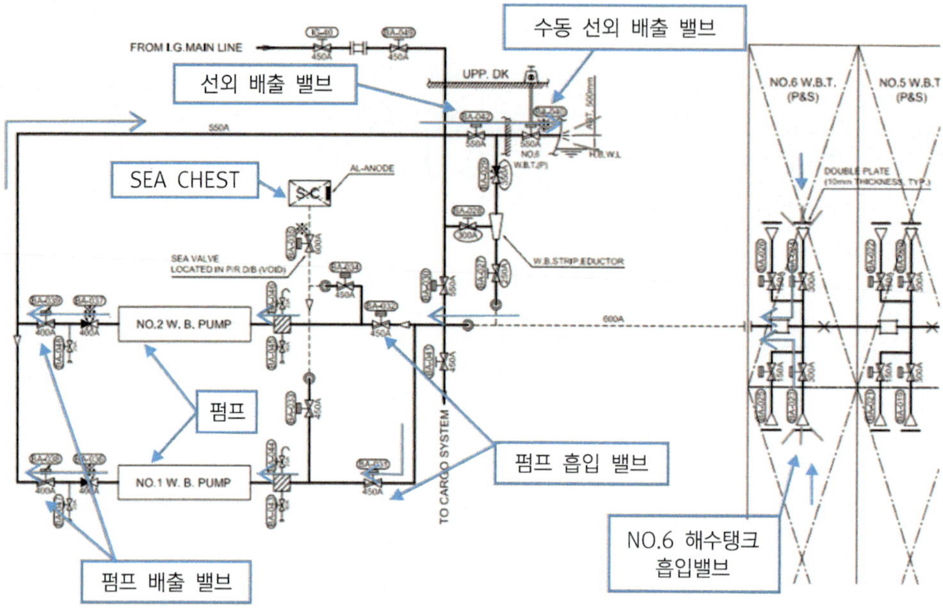


그림 8-36 발라스트 배출시스템

### (10) 발라스트 스트리핑 시스템(Ballast Stripping Operation System)

발라스트 탱크에 남아있는 잔수를 모두 배출하는 시스템이다. 그림 8-37과 같이 No.6 발라스트 탱크 흡입밸브, 해수 흡입밸브 및 해수흡입구밸브(Sea chest valve)를 열어 놓는다. 이덕터 흡입밸브(Ballast eductor suction valve), 이덕터 운전밸브(Eductor driving valve) 및 선박 외부 수동 배출밸브(Manual high overboard valve)를 열어 놓는다. 펌프를 가동시켜 발라스트 탱크에 남아있는 해수를 배출한다. No.6의 배출이 끝나면 흡입밸브를 닫고 다음 발라스트 탱크의 흡입 밸브를 연다. 이렇게 하여 모든 해수탱크에 대한 잔류처리를 끝내면 펌프를 멈추고 모든 밸브를 닫는다.

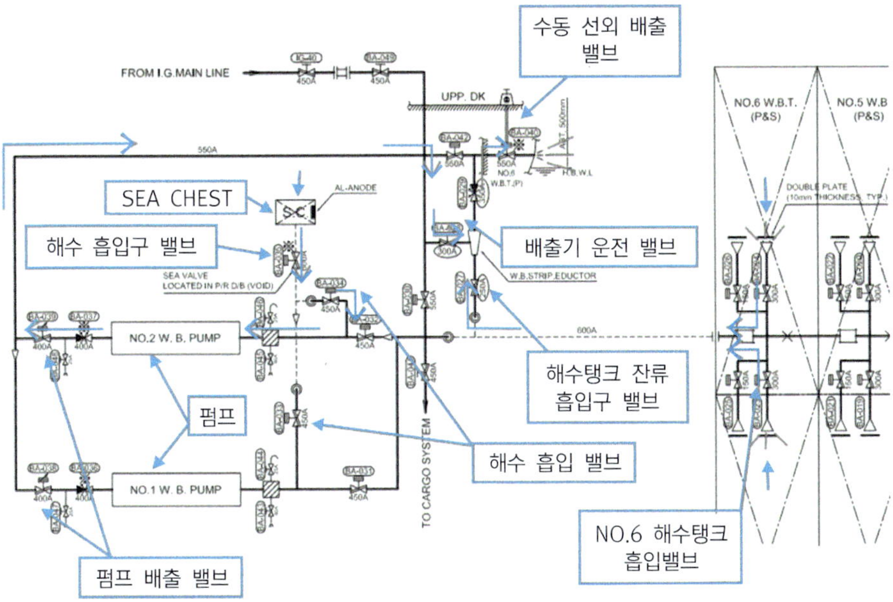


그림 8-37 발라스트 스트리핑 계통도

## (11) 발라스트 처리 시스템(BWTS, Ballast Water Treatment System, 선박 평형수 처리 시스템))

BWTS는 선박의 발라스트 해수(Ballast water)에 들어있는 환경오염물질을 IMO 규정에 맞게 처리하여 선박 바깥에 배출하는 시스템이다. 발라스트 해수에는 박테리아, 미생물 등 여러 가지 유기물(Organism) 및 환경오염물질들이 포함되어 있어 배출되면서 세계적인 환경 문제를 발생시켰다.

IMO에서는 발라스트 해수를 배출할 때에는 이러한 환경오염물질을 없애도록 '선박 평형수 관리협약(Ballast water convention) 2004'를 만들었다. 이러한 규정은 2016년 9월 8일 발효되었고 2017년 9월 8일 Keel laying 되고 해외로 운항되는 모든 선박은 BWTS를 설치해야 하며, 현재 해외로 운항되는 선박들도 2024년 9월 8일까지 의무적으로 설치하도록 규정하였다.

선박 평형수 처리기준은 오염물질의 크기와 독성균에 따라 상당히 까다로운 기준을 적용하고 있으며 표 8-10과 같다.

표 8-10 선박 평형수 처리기준(IMO Regulation)

| 대상 구분 | 처리 기준 |
|---|---|
| 최소크기 10 ㎛ ≤ 50 ㎛ | 생존 미생물 1 ㎖당 10개 미만 |
| 최소크기 ≥ 50 ㎛ | 생존 미생물 1 ㎥당 10개 미만 |
| 독성비브리오콜레라균 | 1개/100 ㎖ 미만(군체형성단위, cfu)<br>또는 동물성플랑크톤 시료<br>1 g(습중량) 당 1cfu 미만 |
| 대장균(Escherichia Coil) | 100 ㎖당 250 cfu 미만 |
| 분변성대장균(Intestinal Enterococci) | 100 ㎖당 100 cfu/미만 |

※ cfu : Colony Forming Unit (군체형성 단위)

선박 발라스트수 처리는 전기분해, 자외선(UV, Ultraviolet rays) 투사 및 오존 분사방식 등에 의해 이루어지며 살균력이 우수한 전기분해 방식과 비용이 저렴한 UV 방식이 많이 사용되고 있다.

표 8-11 선박 평형수 처리방식 비교

| 구 분 | 처리방식 및 장단점 |
|---|---|
| 전기분해 | 발라스트수를 전기분해하여 만든 염소로 살균한 후에 염소중화제를 넣어 염소 농도를 규정이하로 낮추어 배출시킴.<br>살균력은 우수하나 비용이 비싼 단점이 있음. |
| 자외선 투사 | 자외선을 이용한 살균방법으로 비용이 저렴하고 장치가 간단하고 작은 공간이 필요한 장점은 있으나 해수가 탁할수록 살균력이 떨어지고 전력사용량이 다소 많은 단점이 있음. |
| 오존 분사 | 발라스트수에 오존을 분사시켜 살균하고 오존을 중화시켜 배출시킴. 살균력은 매우 우수하나 오존 발생기 설치로 가장 비싸고 넓은 공간이 필요로 하는 단점이 있음. |

국내 및 해외기업들은 이러한 처리기준에 적합한 다양한 방식을 적용한 BWTS 제품을 출시하여 판매 중이다.

표 8-12 선박 평형수 처리 방식별 제품 현황

| 처리 방식 | 제품 구성 | 제품 출시 기업 |
|---|---|---|
| 전기분해 | 필터+전기분해 | 현대중공업, 테크로스, 에스엔시스,<br>한라IMS, SunRui(중국) |
| UV 투사 | 필터+UV | 현대중공업, 파나시아, Alfa Laval(스웨덴) |
| 오존 분사 | 오존 | 엔케이(NK), 선보공업 |

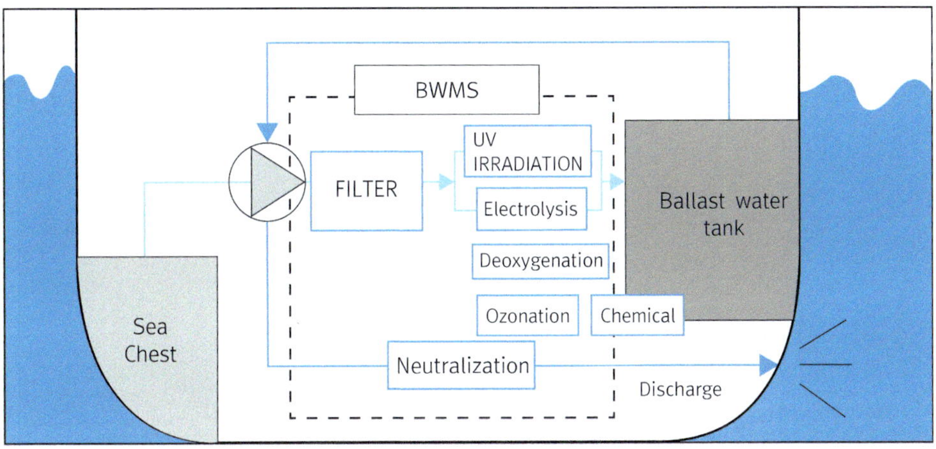


그림 8-38 선박 BWTS 설치 개념도

## 8.4.3 연료유 공급 시스템(Fuel Oil Bunkering System)

선박의 연료는 중유(HFO : Heavy Fuel Oil, 벙커C유)와 경유(MGO : Marin Gas Oil, MDO : Marine Diesel Oil)가 일반적으로 사용되며 두 연료의 특성이 달라 별도로 보관하여 사용된다. 통상 가격이 저렴한 HFO를 사용하며 선박이 입항할 때 연료유 시스템 내부의 HFO 고착을 방지하기 위해 MDO를 사용한다.

표 8-13 선박 연료 종류

| 구 분 | HFO | MGO | MDO |
|---|---|---|---|
| 내용 | 선박용 중유<br>(황 1~4% 함유) | 선박용 경유<br>(황 1% 함유) | 경유, 중유 혼합 |
| 혼합비율 | - | - | HFO : MGO<br>30 : 70 |

선박의 연료는 항만 또는 연료 공급선에서 공급받아 선박의 연료저장탱크 (Storage tank)에 저장된다. HFO와 MGO 연료는 물성이 서로 다르기 때문에 벙커링(Bunkering, 연료유 공급) 연결 및 배관라인을 별도로 분리해서 설치해야 한다. 연료유 저장탱크 용량은 하루 연료소비량과 항해일수를 곱하여 산정한다. 용량이 크기 때문에 선박의 복원성을 고려하여 가능한 선박의 하부(Bottom)에 배치한다. 또한, 연료유 안전 확보를 위해 600톤 이상의 연료류가 필요한 선박은 한 탱크가 2,500 ㎥을 넘지 않도록 IMO에서 규정하고 있다.

**연료유탱크용량**(MT, Metric-ton) = **일연료소비량**(MT/day) x **필요일수**(day),

**필요일수 = 운항일수 + 예비일수**

미국, 캐나다, 북해 및 발틱해 등 선박 배출가스 배출통제해역인 ECA(Emission Control Area)를 운항하는 선박은 황산화물(SOx)의 배출 규제로 황 함유량이 0.1% 미만인 저유황(Low Sulphur Fuel Oil) 연료를 사용해야 한다.

2020년 1월 1일 부터 세계 모든 해역에서 황 함유량이 0.5% 미만의 연료유를 사용하도록 IMO에서 규정하고 있어 황 함유량 0.5% 미만의 저유황 연료를 사용하거나 선박 배출가스에 들어있는 황 성분을 0.5% 미만으로 만드는 탈황장치인 스크러버(Scrubber)를 사용해야 한다.

## 8.4.4 탱크 불활성가스 및 통기시스템(Tank Inert Gas System & Vent System)

탱커 및 석유화학제품운반선 등에서 운송되는 원유 및 석유화학제품 등은 폭발위험성이 많은 가스를 항상 발생시킨다. 카고탱크에는 이러한 액체화물을 선적, 운송, 하역 및 청소할 때에 가스가 발생된다. 또한 발라스트 탱크에도 상기 가스가 스며들어 모이면 폭발할 위험성이 있다. 이러한 폭발위험 액체화물을 운송하는 선박에는 카고탱크 및 발라스트 탱크에서 이러한 폭발이 발생하지 않도록 불활성가스를 만들어 공급하는 IGS 시스템과 폭발위험 가스를 탱크에서 내보내는 벤트시스템이 설치된다.

표 8-14 탱크 IGS 및 벤트시스템

| 구분 | 종류 | 구성품 |
|---|---|---|
| 카고탱크 | IGS | 스크러버, 송풍기, 혼합가스 역류방지장치, 불활성가스 발생장치 |
| | 벤트시스템 | 혼합가스 배출제어시스템, 혼합가스 수집배관, 혼합가스 매니폴더, 벤트라이저, 감압밸브, 진공방지밸브 |
| | 레벨알람 | |
| 발라스트 탱크 | 불활성가스주입, 통기, 가스탐지, | |

### (1) IGS(Inert Gas System)

IGS는 카고탱크에 불활성가스를 만들어 주입시켜 카고탱크 내부의 산소농도를 8% 이하로 유지시킴으로써 폭발을 방지하는 시스템이다. 원유는 발화온도가 60℃ 이하이므로 공기와 만나면 폭발할 위험성이 있다. 이를 방지하기 위해 탱커에서 원유를 선적하여 운송하고 하역할 때 카고탱크에 불활성가스를 채워 넣어 산소농도를 낮추는 것이다.

불활성가스는 질소, 이산화탄소, 산소로 이루어지며 보일러 배출가스(Flue gas)를 걸러서 만들며 산소가 5%(SOLAS 8%) 이하가 되도록 한다. 배출가스정화기, 송풍기, 혼합가스 역류방지장치, 불활성가스 발생장치 등으로 구성되어 있다.

그림 8-39 IGS

### 1) 스크러버(Scrubber, 배출가스정화기)

보일러 등 약 400℃의 배출가스를 해수를 활용하여 탈황, 탈진, 냉각시키는 장치이며 해수는 정화기 펌프로 공급된다. 해수를 일정 수위로 유지시켜야 배출가스의 역류를 방지할 수 있으며 배출가스 중에 포함된 수분은 수분제거장치(Demister)를 이용하여 제거시킨다.

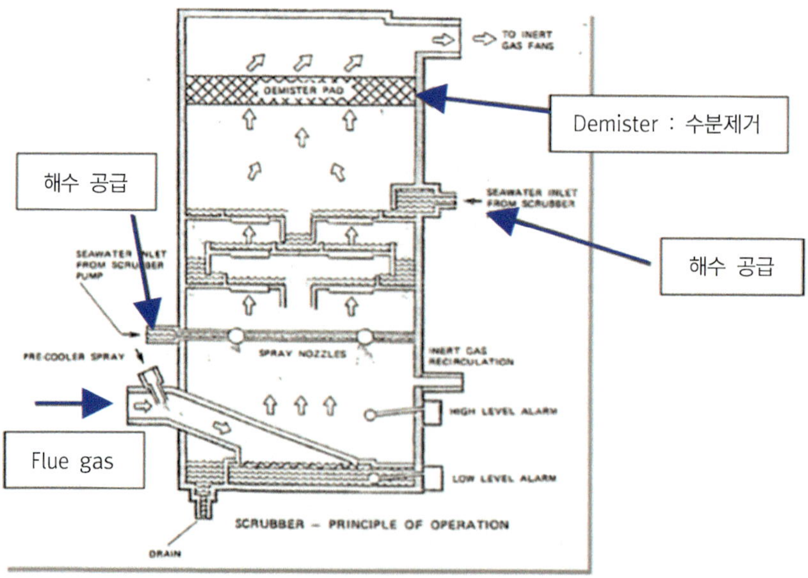


그림 8-40 스크러버

### 2) 송풍기(Blower)

불활성가스를 각 카고탱크에 공급하기 위한 팬(Fan)이며 규정에 따라 2대 이상 설치된다. 용량은 카고 펌프 총용량의 125% 이상, 송풍기의 용량은 압력이 100 mmAq[29] 이상 되도록 한다. 다음의 경우 송풍기는 자동으로 멈춰져야 한다.

- 해수압력 또는 해수공급률이 낮을 경우

  Low water pressure or low water flow rate to scrubber
- 송풍기 배출부위의 가스온도가 높을 경우

  High gas temperature at discharge side of blower
- 배출가스 정화기 해수 수위가 높을 경우

  High water level in scrubber

### 3) 혼합가스 역류방지장치(Deck Water Seal)

불활성가스 공급시스템이 정지되었을 때에 카고탱크의 가스가 역류하여 엔진룸 등으로 들어가게 되는데 이를 방지하기 위한 장치이며 해수가 이용된다.

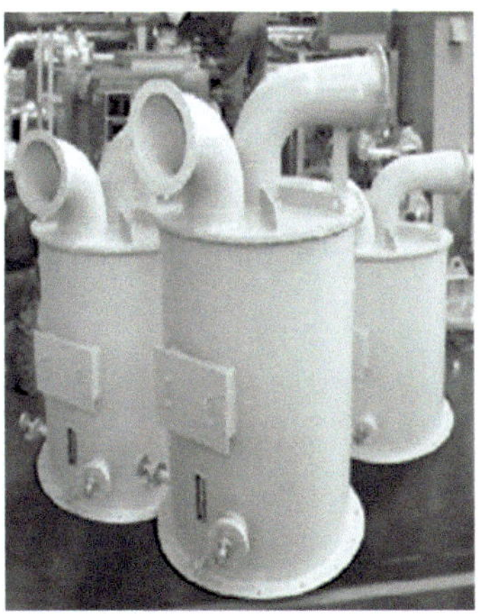

그림 8-41 혼합가스 역류 방지 장치

29) 수심 10 m 위치의 수압은 1 kg/㎠ (10 mAq = 1 kg/㎠)

## (2) 탱크벤트시스템

벤트시스템은 탱크에 걸리는 압력을 대기압과 비슷한 수준으로 유지시키면서 선적할 때 탱크에 들어있는 원유가스와 불활성가스 등의 혼합가스를 상갑판으로 안전하게 배출시키는 시스템을 말한다.

### 1) 혼합가스 배출제어시스템(VECS, Vapor Emission Control System)

액체화물을 선적할 때 탱크에 있는 원유가스와 불활성가스 등의 혼합가스로 인한 대기오염방지를 위해 대기로 배출시키지 않고 별도의 육상설비로 회수되도록 제어하는 시스템이다. USCG(United State Coast Guard, 미국해안경비대)에서는 혼합가스가 미국 항만에서 배출되는 것을 금지하고 있다. 탱크 내부에 과한 압력(Over-pressure)이 걸리지 않도록 하고, 정상적 압력 상태를 넘어서는 경우 경고 알람도 울리는 시스템이다.

### 2) 혼합가스 수집배관(Vapor Collection Pipe)

IGS가 설치되는 30,000 DWT 이상의 탱커선(석유화학제품운반선 20,000 DWT 이상) 경우 일반적으로 배관라인을 별도로 설치하지 않고, 각 탱크에 연결된 불활성가스 주입배관라인을 가스수집배관으로 대체 사용한다. 선적된 카고오일의 성분이 다르고 2개 이상의 탱크로부터 동시에 발생하는 혼합가스를 처리하고자 할 경우에는 별도의 수집배관을 각 탱크에 설치하여야 한다.

### 3) 혼합가스 매니폴더(Vapor Manifold)

불활성가스 및 가스수집배관(Inert gas & Vapor collection main pipe line)을 연결시킨 전용 가스매니폴더(Vapor manifold)가 설치된다. 국제정유사해운포럼(OCIMF, Oil Companies International Marine Forum) 및 대기오염지수(API-Air pollution index)에 준하여 다음과 같이 설치한다.

- 벙커링매니폴더(Bunker manifold) 앞뒤에 설치함을 원칙으로 한다.
- 매니폴더 중심(Manifold center)간의 간격은 ≒ 1.5~2 m.

혼합가스 매니폴더(Vapor manifold)의 표시 방법은 그림 8-42와 같다. 화물 및 연료유 공급 매니폴더와 구별하기 위하여 황색과 적색 페인트를 다음 규격대로 칠한다.

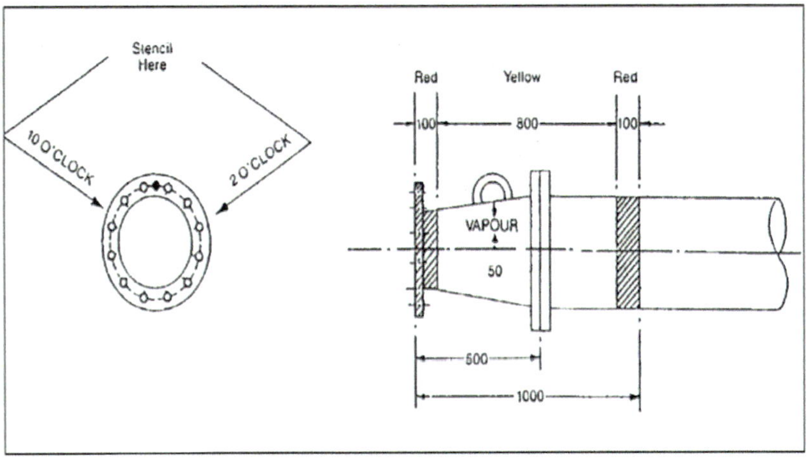


그림 8-42 가스매니폴드 표시 방법

### 4) 벤트라이저(Vent Riser, 배출배관)

액체화물을 선적할 때 배출되는 액체화물 가스와 불활성가스 등의 혼합가스를 상갑판으로 배출시키는 장치를 벤트라이저라 한다. 폭발위험과 사람에게 해로운 영향을 끼치므로 안전한 배출을 위해 상갑판에서 최소 6 m 이상 높이로 설치된다.

배출방식(Ventilation system)은 통합배출(Common vent)방식과 각 탱크별 독립배출(Independent vent)방식으로 구분할 수 있으며 대부분 통합배출방식이 표준으로 채택되어 있다.

그림 8-43 벤트라이저

### 5) 압력배출밸브(Pressure Relief Valve)

최대 화물 선적율(Maximum cargo loading rate)의 125%에 해당하는 가스를 처리할 수 있는 용량의 압력배출밸브가 설치되어야 한다. 화물창 내부 압력이 0.07 Bar 이하인 경우에는 열리지 않아야 하고, SOLAS Chapter Ⅱ-2 5.6.3.2에 따라 압력배출 밸브는 상갑판에서 2 m 이상 높이로 설치한다.

### 6) 진공배출밸브(Vacuum Relief Valve)

카고탱크내 최대설계진공(Cargo tank maximum design vacuum)을 초과하는 진공이 생기지 않도록 조절하는 밸브를 설치한다. 카고탱크 내부의 진공이 0.03 Bar 이상인 경우에는 열리지 않아야 한다.

Primary Venting System

Mast Riser

Secondary Venting System

High Velocity Pressure Vacuum valve

그림 8-44 마스터라이저(Mast Riser) 및 진공배출밸브

### (3) 레벨알람(Level Alarm, 수위경고)

카고탱크 내 화물선적 시 발생할 수 있는 과다주입에 의한 넘침 및 화물의 열팽창등에 의한 화물탱크의 변형 방지를 위해, 원유탱크에는 내구성 있고 안전한 형식의 고수위경고 장치와 과다주입경고 장치를 설치한다. 이러한 두 장치는 서로 독립적이어야 하고 과다주입경고 장치는 원유탱크수위 측정기(Cargo tank level gauge)로부터도 독립적으로 설치된다.

경고 설정값(Alarm setting point)는 다음과 같다.

- 고수위경고 : 화물창 수위 용량의 95% 이상.
- 최대수위경고 : 최대 이동률(Maximum transfer rate) 기준, 화물창 용량(Cargo tank volume)의 98% 이상.

### (4) 발라스트탱크 IGS 및 벤트시스템

#### 1) 발라스트탱크 불활성가스주입(Inerting of Ballast Water Tank)

이중 선체구조 탱커에서 발라스트 탱크에 폭발성 있는 액체화물 가스가 모여 있을 가능성이 있어 폭발 방지를 위해 발라스트 탱크에도 불활성가스를 주입하는 것을 말한다. 발라스트 탱크에 불활성가스주입, 통기, 가스탐지 등을 위한 장치를 연결시켜 설치된다.

불활성가스배관은 발라스트 탱크 윗부분과 블라인드플랜지(Penetration pipe with blind flange)로 연결되며 플렉시블 호스를 해당 탱크에 연결하여 불활성가스를 주입한다.

#### 2) 발라스트 탱크의 통기(Ventilation of Ballast Water Tank)

불활성가스시스템 팬(Inert gas system fan)을 돌려 신선한 공기를 발라스트 탱크에 공급하는 것을 말한다. 탱크 바닥에 있는 발라스트 배관을 통하여 공급된 공기는 맨홀(Manhole) 또는 공기 배출관(Air vent pipe)을 통하여 대기로 배출시킨다.

#### 3) 발라스트 탱크의 가스탐지(Gas Detection for Ballast Water Tank)

발라스트 탱크에 들어오는 폭발위험가스를 탐지하는 장치를 말하며 SOLAS에서는 카고탱크에 인접한 이중 선체공간(Double hull space)에 가스샘플배관을 설치하도록 규정되어 있고 각 지점에서의 가스샘플을 채집하도록 되어 있다.

## 8.4.5 카고 탱크 클리닝시스템(Cargo Tank Cleaning System)

탱커에서 원유를 하역하고 난 뒤에 카고탱크를 청소하는 시스템을 말한다. 하역 후 탱크에는 파라핀, 아스팔트, 모래 등의 침전물(Sludge) 및 불순물이 바닥과 벽면에 쌓여 있다. 마지막까지 남아있는 원유와 이러한 침전물 및 불순물을 제거하기 위해 탱크청소를 한다. 이러한 청소에는 원유 혹은 해수가 사용되며 전용 탱크청소기기(Tank cleaning machine)가 사용된다.

### (1) 탱크청소기기(Tank Cleaning Machine)

원유 및 해수를 고온 고압으로 분사하여 카고탱크를 청소하는 장치이다. 상갑판 하부에 부착되는 갑판고정식(Deck mounted type)과 잠수식(Submerged type)이 있으며, 일반적으로는 갑판고정식이 사용되며 잠수식은 선체형상 때문에 청소가 어려운 탱크에 설치된다.

이동식 탱크청소기기는 검사 및 보수를 위해 카고탱크에 들어갈 때 고정식으로 청소가 안 되는 구역을 청소할 때 사용한다.

그림 8-45 갑판고정식 탱크청소기계

### (2) 원유청소시스템(Crude Oil Washing System)

하역 중에 일부 원유를 이용하여 탱크 침전물들을 다시 용해시켜서 남아있는 잔유와 함께 육상으로 배출하는 시스템이다. 4항차마다 원유로 청소하도록 요구된다. 탱크에서 청소되지 않은 구역의 면적은 바닥은 10%, 벽면은 15%를 넘지 않도록 IMO에서 규정하고 있다. 선주에 따라 5% 이내를 요구하기도 하는데 이럴 경우 탱크 청소기기를 추가로 설치한다.

### (3) 해수청소시스템(Sea Water Washing System)

해수로 탱크를 청소하는 것이다. 보수유지 등의 이유로 탱크에 사람이 들어가기 위해 유해한 혼합가스가 없는 상태로 만들어야 할 경우(Gas free)와 다른 종류의 액체화물 선적을 위해 탱크에 남아있는 잔유를 완전히 제거할 필요가 있을 경우 실시된다. 카고펌프를 이용하여 해수흡입구(Sea chest)로부터 해수를 유입하며 이를 탱크청소기기로 보내어 청소한다.

해수청소로 인해서 발생된 기름 섞인 물(Oily water)은 카고오일 스트리핑 이덕트(Cargo oil stripping eductor)에 의해 1차 슬롭탱크[30]로 보내고 그 곳에서 해수를 분리해서 2차 슬롭탱크[31]로 보낸다. 온수세척(Hot water washing)을 할 경우 2차 슬롭탱크에 있는 해수를 이용하며 가열기(Heating coil) 혹은 가열청소기(Tank cleaning heater)로 20~70℃로 높여 사용된다. 70℃ 이상일 경우 탱크부식이 발생하므로 주의할 필요가 있다.

## 8.4.6 히팅 코일 시스템(Heating Coil System)

선박의 운송 원유와 연료유 각 탱크에 히팅 코일을 설치하고 코일 내부에 뜨거운 증기를 넣어 각 탱크의 온도를 높여 원유나 연료유의 점성을 낮춤으로 펌핑을 원활하게 만드는 시스템이다.

30) 1차 슬롭탱크(Primary slop tank) : Starboard에 설치되고 Oil과 Sea water가 혼합되어 있음.
31) 2차 슬롭탱크Secondary slop tank) : Port에 설치되고 Sea water만 있음.

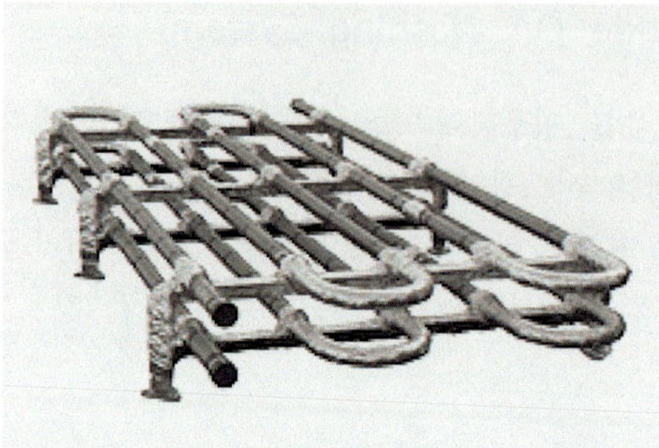

그림 8-46 히팅코일

## (1) 요구 사항(Requirement)

### 1) 환경 조건(Environment Conditions)

- 공기 온도(Air temperature) : +2℃
- 해수 온도(Sea water temperature) : +5℃
- 인접 빈 탱크 온도(Temperature in adjacent empty tank) : +2℃

### 2) 가열 조건(Heating Conditions)

- 항만 정박 : 4일 동안 44℃ → 66℃ 유지, 화물유 98% 주입
- 일반 속도로 운항 중 : 4일간 44℃ → 66℃ 유지, 화물유를 98% 주입
- 운항 중 24시간 동안 : 20℃ → 70℃ 유지, 슬롭탱크에 60% 주입

## (2) 열선(Heating Coil) 재질 선정

열선은 주로 강, 합금강, 동 또는 동합금 재질의 파이프가 사용되는데 부식이나 강도 및 가격 등을 고려하여 결정하여야 하며 또한 선주의 의향도 충분히 반영된 재질을 선택해야 한다. 일반적으로 탱커는 내식성이 좋은 알루미늄계통의 AL-BS 재질, 석유화학 제품운반선에는 SUS315 재질을 많이 사용한다.

표 8-15 Heating Coil 재질 표

| Heating coil pipe | 장 점 | 단 점 |
|---|---|---|
| SUS315(Sch.20) | 강도, 내식성 및 작업성이 좋음<br>주로 석유화학제품 운반선에 사용 | 가격이 비쌈 |
| AL-BS | 내식성이 좋아 탱커에 많이 사용 | 강도가 약하며 작업성이 좋지 못함 |
| Steel(STPG370 Sch.80) | 강도, 작업성이 좋으며 가격이 쌈 | 내식성이 약함 |

## 8.4.7 소화 배관 시스템(Fire Extinguishing Piping System)

### (1) 소화 데크청소시스템(Fire and Wash Deck System)

해수를 분사하여 화재를 진압하는 시스템이며 상갑판 청소도 같이 한다. 기관실, 선수미 부분과 거주구까지 화재진압이 가능하도록 설계되어야 하며 선박 화재진압을 위한 중요한 시스템이다. 이 시스템은 소화펌프(Main fire pump), 비상소화펌프(Emergency fire pump), 소화배관, 소화호스, 소화전으로 이루어져 있다.

#### 1) 소화펌프 및 비상소화펌프

소화펌프는 해수를 일정한 유량과 압력(배출수두)으로 공급하여 기관실 및 기관실 외부에서 발생한 화재를 진압하기 위해 기관실에 설치된다. 각 소화펌프는 12 m 이상의 2개의 물줄기를 분사시킬 수 있어야 하고 소화전에서의 적합한 배출수두를 가지고 있어야 한다.

비상소화펌프는 기관실에 설치되어 있는 소화펌프를 화재발생으로 사용하지 못할 경우를 대비해서 설치된다. 따라서 독립적으로 작동되어야 하고 기관실외부에 설치된다.

### 2) 소화배관

소화용 해수가 공급되는 소화배관의 일부분이 화재, 폭발 등으로 손상되더라도 나머지 부분은 정상적으로 기능할 수 있도록 하기 위해 중간에 차단밸브(Isolating valve)를 설치한다. 탱커의 경우 상갑판의 소화배관 40 m 이하의 간격으로 차단밸브가 설치된다. 그림 8-47과 같이 소화펌프 배관과 비상소화펌프 배관이 만나는 지점 이전에 차단밸브가 설치된다.

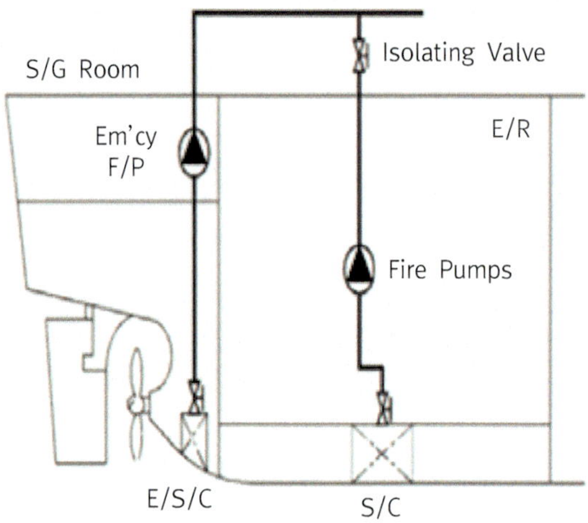


그림 8-47 소화펌프, 비상소화펌프 및 차단밸브

### 3) 소화전(Fire Hydrant)

소화전은 열에 의해 손상되는 재료를 사용해서는 안 되고 동결을 방지해야 한다. 소화전의 설치 수량과 위치를 정할 때에는 동일한 소화전에서 방출되지 않으면서, 두 줄기의 물 분사(이중 하나는 호스 1개의 길이, Single length hose)가 선박의 화물탱크 등 선박의 화재발생 가능지역까지 도달할 수 있도록 설치해야 한다. 또한 여객이나 선원이 항상 쉽게 접근할 수 있고 화물 선적 및 하역 등에 손상위험을 피할 수 있도록 배치되고 보호구역의 통로근처에 배치되어야 한다.

그림 8-49는 선박에서 가장 높은 곳에 위치한 소화전 A와 선수에 위치한 소화전 B를 설치한 사례를 나타낸다.

그림 8-48 소화전

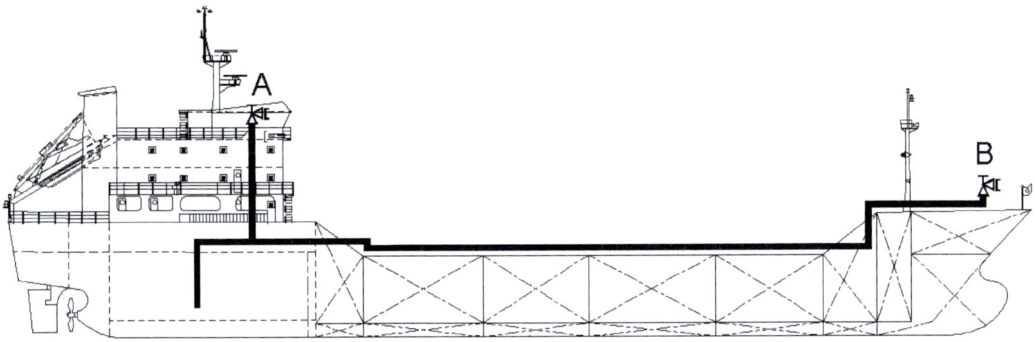


그림 8-49 소화배관 및 소화전

#### 4) 소화호스

소화호스 길이는 최소 10 m에서 최대 25 m 범위이며 일반상선의 호스 설치 수량은 선박 30 m 당 1개와 예비용인 1개를 비치해야 하고 적어도 5개 이상이 되어야 한다. 여기에서 기관실 및 펌프룸 등의 호스는 포함하지 않는다. 각 호스는 노즐(Nozzle)과 커플링(Coupling)이 함께 비치되어야 한다.

### (2) 데크 폼시스템(Deck Foam System, 저팽창 폼시스템)

탱커 및 석유화학제품운반선과 같이 화재 위험이 높은 화물을 운반하는 경우에 가연성 물질에 의한 화재를 진압할 때 사용되는 소화시스템이다. 화재가 발생하였을 때 단백질 성분의 폼 원액에 해수를 섞어 폼 용액을 만들고 이를 분사하여 불꽃을 덮어 씌워 진압한다. 상갑판에 설치되기 때문에 갑판 폼시스템이라 하고 폼 용액이 공기와 만나면 6~12배 수준으로 적게 팽창되어 저팽창 폼시스템(Low expansion foam system) 이라고도 한다. 해수에 의한 냉각효과와 폼으로 불꽃을 대기와 차단시켜 화재를 진압시키는 효과적인 소화방식이다.

### 1) 폼 원액의 종류

원유와 석유화학제품 등의 가연성 물질에 의한 화재 진압에 적합한 거품 막을 가지고 내화성이 우수하고 유동성이 좋고 분해가 잘되는 단백질 성분의 배합 물질이다.

### 2) 폼프로포셔너(Foam Proportioner, 폼혼합기)

해수와 폼 원액을 일정한 비율로 혼합하는 장치를 말한다. 탱커에서는 해수와 폼의 비율이 97:3, 석유화학제품운반선에서는 95:5이다. 상갑판의 카고탱크에서 화재가 발생하면 폼 탱크에 있는 폼 원액이 배출되어 폼프로포셔너에 들어가면서 해수와 섞인 폼 용액이 만들어진다.

### 3) 폼모니터

폼 용액을 화재발생지역의 상하 및 좌우로 분사시킬 수 있는 장치이다. 폼모니터에 폼 노즐을 설치하고 폼 용액을 노즐 안으로 통과시켜 팽창시킨다. 카고탱크 갑판의 전 구역 및 화재가 발생된 카고탱크 내부에 폼을 방출 할 수 있는 능력을 가지고 있어야 한다. 폼모니터가 미치지 못하는 사각지대에는 수동으로 폼을 분사시키는 폼어플리케이터(Foam applicator, 수동형 폼분사기)가 사용된다. 1대의 모니터와 1대의 폼어플리케이터가 연결되는 소화전 밸브가 좌현과 우현에 각각 비치되어 있어야 한다. 각 모니터에 쉽게 접근이 가능한 곳에 소화용 폼 배관이 파손될 경우를 대비하여 차단밸브를 설치해야 한다.

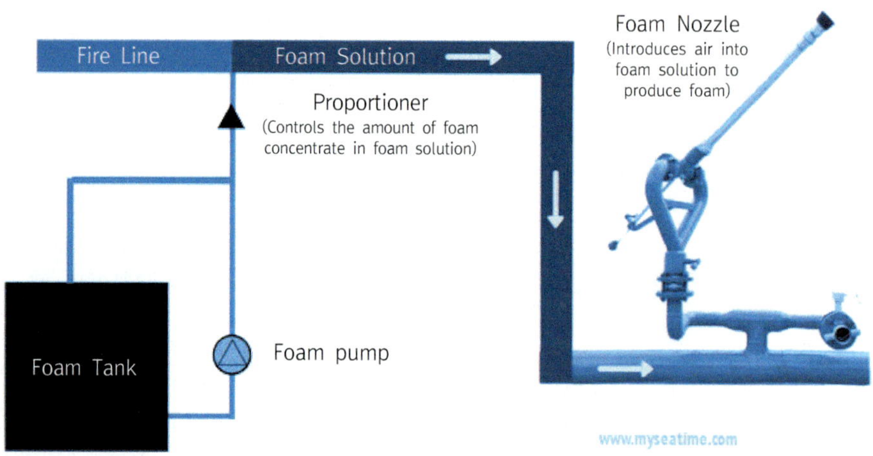


그림 8-50 갑판 폼시스템 개념도

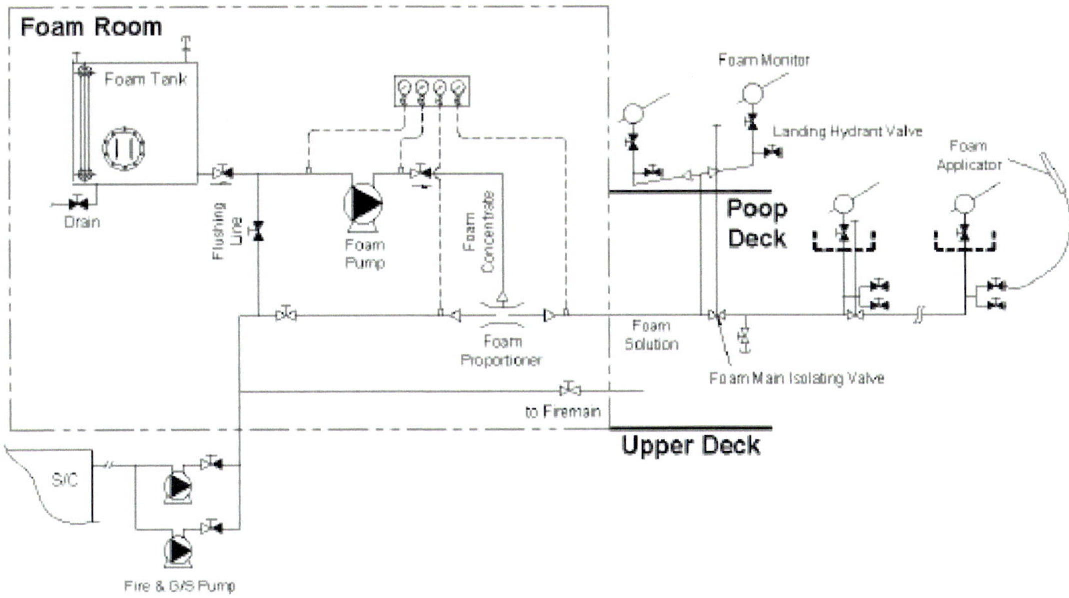


그림 8-51 갑판 폼시스템 도면

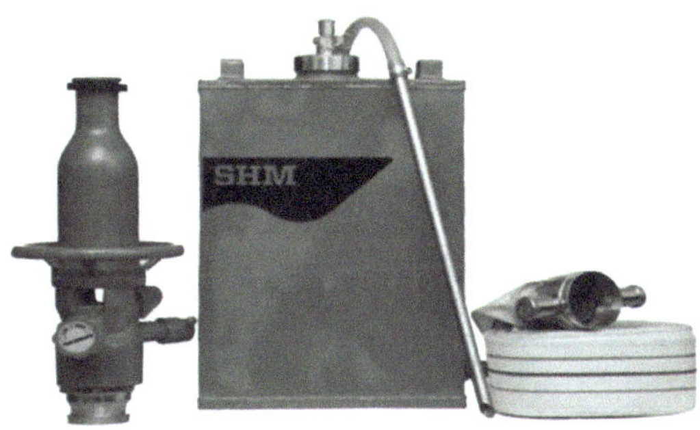


그림 8-52 폼어플리케이터

폼모니터는 전체 폼 공급량의 50%에 상당하는 폼을 방출할 수 있어야 한다. 폼어플리케이터도 4개 이상이 설치되어야 하며 4,000톤급 이상의 탱커선의 경우 400 liter/minute의 폼 방출속도를 가져야 하며 바람이 없는 상태에서 방출거리는 15 m이상이어야 한다.

### (3) 자동 스프링클러 소화시스템(Automatic Sprinkler System)

화재가 감지되었을 때 자동적으로 물을 분사시킴으로 화재를 진압하는 시스템이다. 화재가 발생한 구역에 물로 온도를 떨어뜨리고 계속적으로 불꽃에 물을 덮어 씌워 산소가 가연성 물질과 접촉하는 것을 방지함으로 소화시킨다.

36인을 넘는 여객을 운송하는 여객선에는 여객선의 통로 및 계단을 포함하여 모든 제어장소, 거주구역 및 업무구역에는 자동스프링클러시스템이 설치되어야 한다. 자동스프링클러장치는 단위 면적(㎡) 당 5 l/min의 분사율을 유지할 수 있도록 스프링클러 헤드(Sprinkler head)를 배치하고 펌프는 적절한 용량의 펌프를 구비하여야 한다. 자동스프링클러 장치의 펌프는 전용의 독립동력 펌프이어야 하며 최소 280 ㎡의 면적에서 유지하는데 충분한 용량이어야 한다.

#### 1) 스프링클러헤드

- 물이 디플렉트에 부딪혀 속도가 순간적으로 감소한 후 자중으로 자연낙하하여 대상물에 분사된다.
- 물방울의 크기가 커서 불꽃 중심으로 침투하여 냉각소화를 수행한다.
- 작은 물방울은 증발하여 질식소화를 보조로 수행한다.
- 유효범위는 통상 헤드 1개당 약 5 m 정도 이다.

## 8.4.8 오수와 배수 시스템(Bilge and Scupper System)

### (1) 개요

선박에 고이는 오수를 배출하는 시스템이다. 상갑판과 선박의 측면을 파이프로 관통해 놓은 것을 배수관(Scupper)이라 하는데, 특별한 장비 없이 상갑판 상부의 오수를 중력으로 선외로 배출 한다. 배출기(Eductor)는 펌프와 같은 기계적 방식이 아닌 흐르는 물(Driving water)을 이용해 압력 낮추어 흡입을 발생시키는 물리적 현상을 이용한 장비이다. 고체입자(Solid particle)를 펌프로 흡입할 경우 펌프내 날개(Impeller)에 손상을 일으킬 수 있기 때문에 이를 방지하기 위해 배출기를 사용하기도 한다.

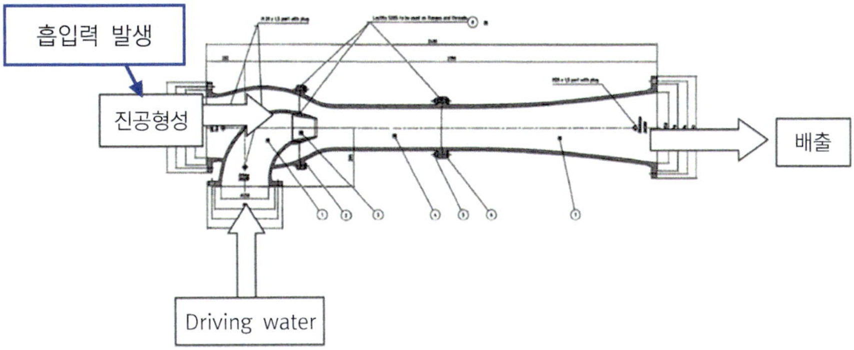


그림 8-53 배출기(Eductor)

오수를 특정 탱크로 이송하거나 빌지웰(Bilge well)에 고인 오수를 선외로 배출하기 위해서는 펌프 또는 배출기를 사용한다. 탱커선 선수 부분의 체인 저장소(Chain locker) 아래쪽에 있는 오수는 배출기를 사용하여 오수를 배출하는데, 배출기는 소화 배관(Fire pipe)을 연결하여 사용한다. 오수를 흡입하는 끝단에는 여과기(Rose box)가 부착되는데 여과기는 이물질로 인하여 배관이 막히는 것을 방지하는 역할을 한다.

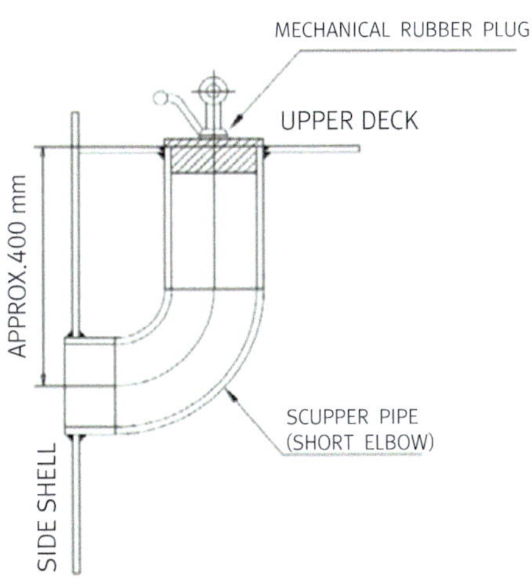


SCUPPER

ROSE BOX

그림 8-54 Scupper and Rose Box

## 8.4.9 밸브 원격 제어 시스템(Valve Remote Control System-VRCS)

### (1) 개요

화물유의 선적, 하역이나 해수 주입, 해수 배출 시스템(Ballasting, De-ballasting system) 등과 관련되는 밸브를 원격으로 조작하여 열림, 닫힘을 제어해주는 시스템을 말한다. 화물, 해수 제어실에서 밸브를 조작하는데 부수적으로 펌프의 작동이나 각종 측정기의 표시, 경고 기능도 포함한다. 종류로는 유압시스템, 공기압 시스템, 전기-유압 시스템, 전기 시스템이 있다.

### (2) 종류

원격 제어하는 시스템에 따라 다음과 같이 분류된다.

#### 1) 유압 시스템(Hydraulic System)

기름의 압력을 이용하여 밸브를 조작하는 시스템으로 대부분의 선종에서 가장 많이 이용되는 시스템이다.

#### 2) 공기압 시스템(Pneumatic System)

공기의 압력을 이용하여 밸브를 조작하는 방식이다. 유압 시스템에 비해 비용이 저렴하고, 별도의 작동유가 필요하지 않는 등의 장점이 있어, 2011년부터 컨테이너선에 표준으로 적용하고 있다. 하지만 550A 이상 대형 밸브에 적용이 불가능하여 타 선종 적용에는 제약이 있다.

#### 3) 전기-유압 시스템(Electro-Hydraulic System)

유압 발생 장치(Hydraulic power unit)가 엔진룸이나 유압 발생실에 설치되고 밸브까지 유압 배관으로 연결되는 일반적인 유압시스템과는 달리 전기유압 시스템은 소형 유압 발생 장치가 각 밸브에 내장되어 별도의 유압 발생 장치가 없고 밸브위치까지 동력 및 제어용 전선이 직접 연결되는 형식이다.

#### 4) 전기 시스템(Electric System)

전동기(Electric motor)를 이용하여 밸브를 작동하는 시스템으로, 일반 상선에서는 거의 사용되지 않는다.

### (3) 밸브 원격 제어 시스템(System) 구성

#### 1) 유압 발생 장치(Hydraulic Power Unit)

유압 발생 장치는 밸브 조작을 위한 동력을 만들어 내는 장치이다. 통상 유압 펌프 2대를 장치하여 1대는 상용(Normal), 1대는 예비(Stand-by)로 한다. 유압 시스템은 유압을 균일하게 해주고, 펌프 고장 시 임시로 유압을 공급해주는 역할을 하는 유압 축압기(Accumulator)를 갖고 있다. 축압기는 용기(Bottle)내에 질소($N_2$) 가스가 충전되어 있어서 작동유가 가해지면 내부의 질소 가스가 압축하여 작동유가 병 내에 들어가지만 작동유의 압력이 떨어지면 질소 가스가 팽창하여 작동유를 밀어내는 방식으로 작동한다.

유압 장치에 쓰이는 작동유는 온도에 따라 점도가 급격히 변화하여 저온에는 점도가 높아진다. 점도가 높아지면 관내 유체의 마찰 손실(Friction loss)이 증가하여 작동력이 부족해지고 소음 발생의 원인이 되기도 한다. 또 한 점도가 떨어지면 기기 내부 계통의 누수 증가로 효율저하 및 압력 유지가 곤란해지거나 외부 온도 변화에 너무 민감하게 작동유가 변하므로 정확한 밸브 작동 시간을 기대할 수 없게 된다. 따라서 작동유 선정은 매우 중요하므로 유압 시스템 공급자의 권고에 따라야 한다.

그림 8-55 Hydraulic Power Unit

### 2) 유압 배관과 유압 제어 밸브(Hydraulic Pipe Line & Solenoid Valve)

유압 발생 장치에서 만들어진 유압은 유압 송출 배관/반환 배관을 통해서 각 작동기에 전달된다. 이때 유압 송출 배관과 유압 반환 배관이 작동기에 연결되는 방향에 따라서 밸브의 열림/닫힘이 이루어지는데, 이 방향을 전환해주는 역할을 하는 것이 유압 제어 밸브이다. 유압 제어 밸브(Solenoid valve)는 다양한 종류가 있으나 밸브 원격 제어 시스템에 주로 쓰이는 것은 4/3 Way(밸브의 포트〈연결구멍〉가 4개 있고 3개의 위치를 제어한다.) 혹은 4/2 Way(밸브의 포트가 4개 있고 2개의 위치를 제어한다.) 방식이다.

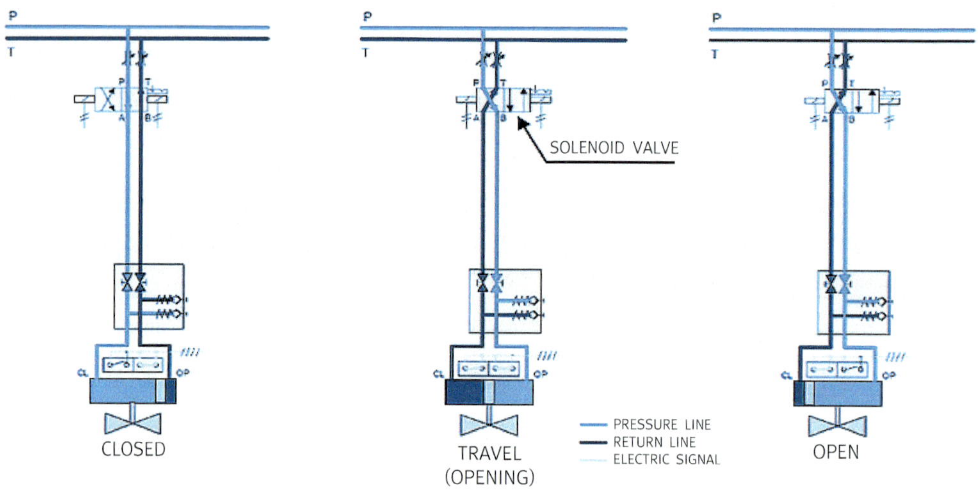


그림 8-56 Solenoid Valve

### 3) 작동기(Actuator)

작동기는 밸브의 축과 연결하여 설치되며, 유압을 기계적 운동으로 변환시켜 밸브를 개폐하는 역할을 한다. 종류는 다음과 같다.

#### ① 이중 작동 형식(Double acting type)

일반적으로 많이 쓰이는 형식으로 작동기 양측에 유압유가 채워져 있어, 어느 한쪽에 압력을 가하면 피스톤이 반대 측으로 움직여 밸브를 개폐하는 원리이다.

#### ② 단독 작동 형식(Single acting type)

피스톤 한쪽에 용수철이나 질소용기 등이 설치되어 있어, 유압을 받을 때는 밸브가 열리게 되지만 유압이 떨어지게 되면 용수철의 힘이나 질소의 압력으로 밸브가 자동으로 닫히는 형식이다. 선박의 안전이나 환경오염 방지를 위해 동력이 끊겨 밸브가 자동으로 닫히도록 할 필요가 있는 경우에 쓰인다.

### 4) 제어 장치(Control Console)

밸브 원격 제어, 화물 펌프나 해수 교환 펌프의 작동 및 각종 측정값이 표시 되는 장비로서, 원유 운반선의 경우 화물 취급 시 중요한 제어 본부가 된다. 보통 콘솔 형식이 적용되며, 선주의 요구 및 IT 기술의 발전에 따라 컴퓨터 제어 형식(PC control type)의 적용이 확대되고 있다. 제어 장치(Control console)의 주요 기능은 다음과 같다.

- 밸브(Valve)의 열림/닫힘 제어 및 상태 표시
- 화물 양수기와 발라스트 펌프의 시작/정지 및 상태 표시
- 카고탱크와 해수창의 수위 표시/선박의 흘수(Draft) 표시
- 선박 각종 시스템의 압력/온도 표시

그림 8-57 Cargo Control Console

## 8.4.10 LNG 운반선의 카고 핸들링 시스템

### (1) 개요

#### 1) LNG선의 카고 핸들링 시스템(Cargo Handling System) 특성

LNG를 선박으로 운송을 할 때는 부피를 줄이기 위해 약 -163℃ 내외의 초저온 액체 상태로 만든다. LNG 운반선에서 LNG 액체를 저장하는 화물창에다 화물을 선적하고 하역하는 과정에 관여하는 시스템을 카고 핸들링 시스템(Cargo Handling System)이라고 하며, 이러한 시스템은 초저온에 견딜 수 있는 재료를 사용하여야 하고, 온도차에 의한 신축과 열응력에 견디는 구조로 설계되어져야 한다.

#### 2) 운항 사이클(Operation Cycle)

LNG선의 대표적 운항 사이클은 다음과 같다.

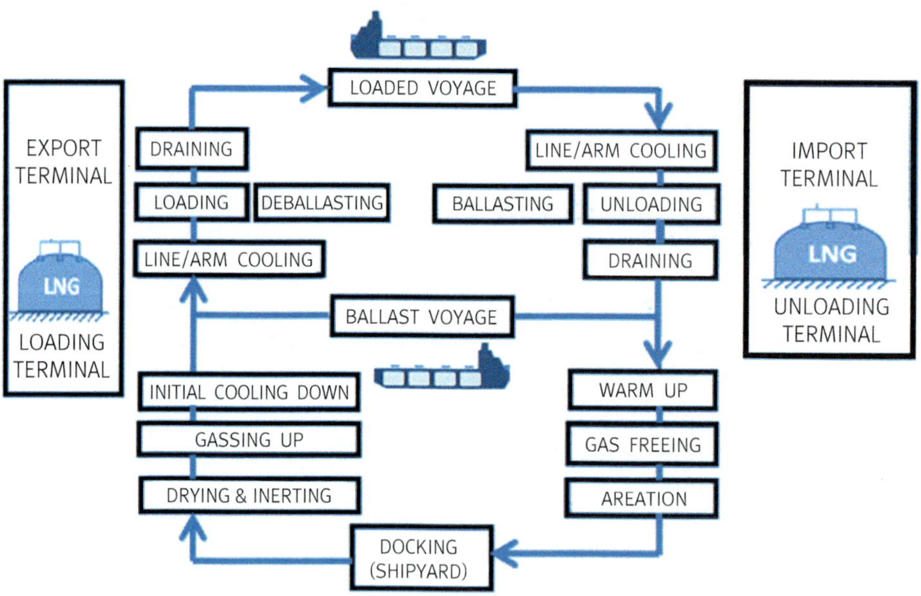


그림 8-59 LNG 운반선의 운항 사이클

## (2) 카고 핸들링 시스템의 프로세스

카고 핸들링 시스템의 프로세스는 다음과 같다.

- 화물창의 제습(Drying)
- 화물창의 불활성(Inerting)
- 화물창의 화물가스 치환(Gassing up)
- 화물창의 쿨 다운(Cool down)
- 로딩(Loading) : 화물을 받는 과정
- 언로딩(Unloading) : 화물을 내리는 과정
- 스트리핑(Stripping) : 화물잔량의 펌핑 처리과정
- 발라스트(Ballast) 항해
- 화물창의 웜 업(Warm up) : 잔량의 액체화물의 가스화 과정
- 화물창의 가스 프리(Gas free) : 화물가스의 처리과정
- 화물창의 대기화(Aeration)

### 1) 화물창의 수분제거(Drying)

탱크나 배관에 있는 다량의 수분을 제거하기 위한 공정이다. 수분이 존재하는 상태에서 바로 불활성 공정(Inerting)을 실시하면 완료 후에도 수분이 잔존할 가능성이 높다. 이로 인하여, 쿨다운(Cool-down)시에 빙결이 발생 될 경우 펌프 운전 시에 손상의 원인이 될 수 있다.

이러한 이유로 LNG선의 건조 직후나 정기 검사완료 후 불활성가스 발생기(Inert gas generator)를 드라이 에어 모드(Dry air mode)로 하여 드라이 에어(Dry air)를 화물창 및 배관 내에 주입하여 수분을 제거한다.

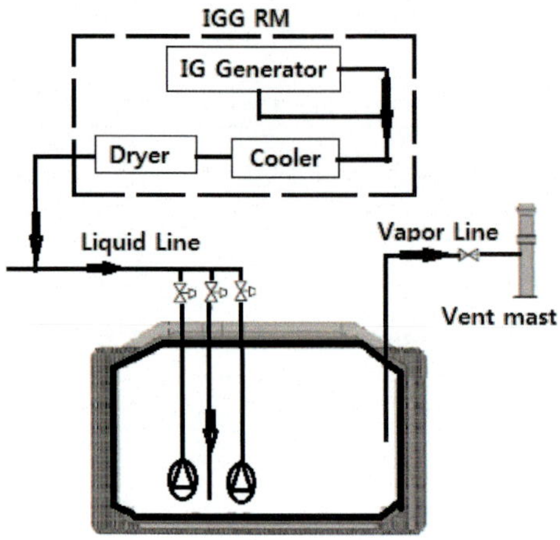


그림 8-60 화물창의 제습 공정

- 제습 조건(Drying criteria) : 화물창 내의 Dew point가 약 -20℃
- 사용 장비 : 불활성 가스 발생기(Inert gas generator)
- 일반적인 소요시간 : 약 20시간
- 계측기기 : 휴대용 Dew point meter
- 주요 검사 항목 : 가스 돔(Gas dome) 상부 및 화물창 내 배관에서 샘플링(Sampling) 및 CTS(Custody Transfer System-화물계측 시스템)의 온도 감지 장치로부터 검사함.

### 2) 화물창의 불활성 가스 주입(Inerting) 공정

화물창 및 배관내의 에어(Air)가 화물 가스로 치환할 경우 폭발의 위험이 있으므로 이를 방지하기 위하여, 불활성 기체로 바꾸어 위험을 방지하는 것이

불활성(Inerting)의 목적이다. 불활성(Inert) 가스를 이용하여 드라이 에어(Dry air)를 배출 시키고 불활성 가스로 치환하는 과정을 불활성(Inerting)이라고 하며 화물창의 산소 농도가 2% 이하로 될 때 까지 실시한다.

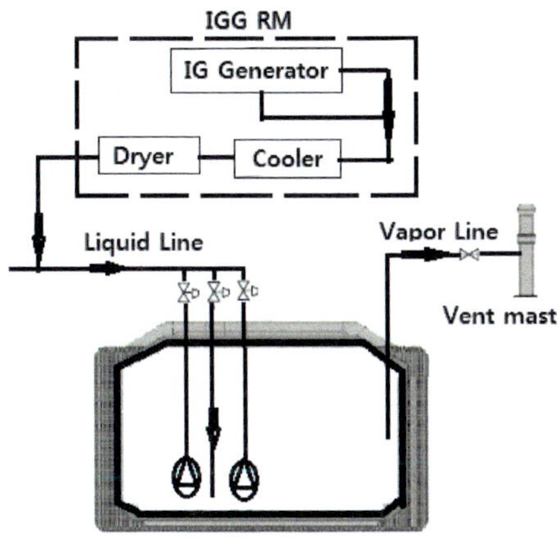


그림 8-61 화물창의 불활성 공정

- 불활성 조건(Inerting criteria) : 화물창 내의 Dew Point가 약 -40℃ 이하, 화물창내의 $O_2$ 농도가 2%이하
- 사용 장비 : 불활성 가스 발생기(Inert gas generator)
- 일반적인 소요시간 : 약 20시간
- 계측기기 : 휴대용 Dew point meter, 휴대용 Oxygen meter
- 주요 검사 항목 : 가스 돔(Gas dome) 상부 및 화물창 내 배관에서 샘플링(Sampling) 검사한다.

### 3) 화물창의 가스 치환(Gassing Up)

폭발 위험을 없애기 위한 불활성 기체를 화물 가스(Cargo vapor)로 치환하는 과정이다. 화물창 내의 초저온 LNG로 바로 스프레이(Spray)시키면 불활성 가스(Inert gas)의 $CO_2$는 약 -86℃에서 응결이 일어나므로 펌프 및 각종 기기의 손상의 원인이 될 수 있다. 따라서 초저온의 LNG를 선적하기 전 따뜻한 화물 가스(Cargo vapor)로 먼저 치환 작업을 해야 한다.

LNG를 육상에서 받아 선박에 설치된 기화기(Vaporizer)를 이용하여 가스를 발생시킨 후 가스 라인(Vapor line)을 통해서 화물창의 상부로 주입하면 불활성 가스(Inert gas)는 액상라인(Liquid line)을 통해 하이듀티 압축기(High duty compressor)[32]를 이용하여 육상으로 보낸다.

32) 하이듀티 압축기; LNG 운반선의 화물을 위한 대용량의 압축기를 의미한다. 압축기의 상세 역할은 "(4) 카고핸들링 시스템 주요 장비의 종류" 중 4)압축기(Compressor) 내용 참조

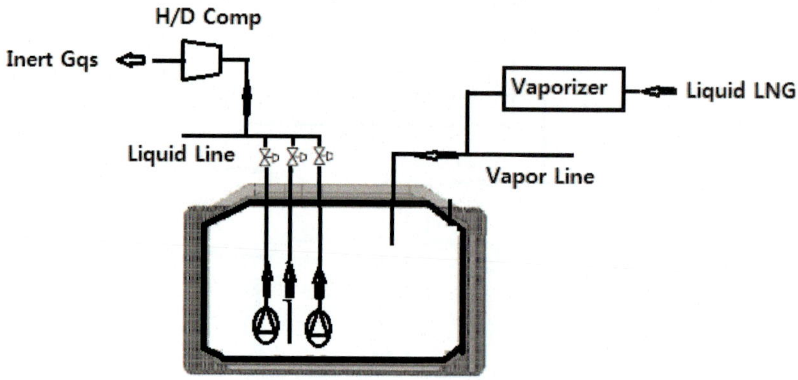


그림 8-62 화물창의 개싱 엎 과정

- 개싱 엎 조건(Gassing up criteria) :

  화물창 내의 $CO_2$가 화물창 볼륨(Volume)의 1%이하, CH 농도가 99% 이상이 되어야 한다.
- 사용 장비 : LNG 기화기(Vaporizer)
- 일반적인 소요시간 : 약 20시간
- 계측기기 : 휴대용 CH Meter, 휴대용 $CO_2$ meter
- 주요 검사 항목 : CH 와 $CO_2$ 농도를 화물창 내 및 벤트 마스트(Vent master)에서 샘플링(Sampling) 검사한다.

### 4) 화물창의 냉각(Cool Down)

화물창의 급격한 온도차로 인한 서멀 스트레스(Thermal stress)를 최소화하고 화물창 내의 화물 가스(Cargo gas)의 급격한 증발로 인한 압력증가를 피하기 위하여 본격적인 하역(Loading)을 하기 전에 화물창의 온도를 예냉 시키는 작업이다. 이러한 예냉에는 두 가지의 경우가 있다. 신조 후 혹은 정기점검 후 육상에서 LNG를 공급받아 스프레이 노즐(Spray nozzle)을 통하여 예비 냉각하는 경우와 발라스트(Ballast) 항해시 화물창 내에 설치되어 있는 스프레이 펌프(Spray pump)를 이용하여 예냉하는 경우이다.

① **초기 냉각(Initial cool down)**

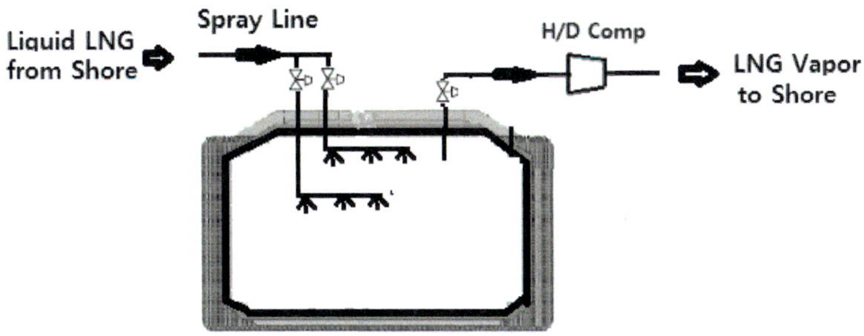


그림 8-63 이니셜 쿨다운 과정

- 초기 냉각 조건

  화물창 내의 온도

  · 멤브레인(Membrane)화물창 : -130℃,

  · 모스(Moss) 화물창 : -110℃

- 사용 장비 : H/D 압축기(Compressor)
- 일반적인 소요시간 : 약 10시간
- 주요 검사 항목 : 화물창 압력, 단열 공간(Insulation space) 압력

② **발라스트(Ballast) 항해 시 냉각**

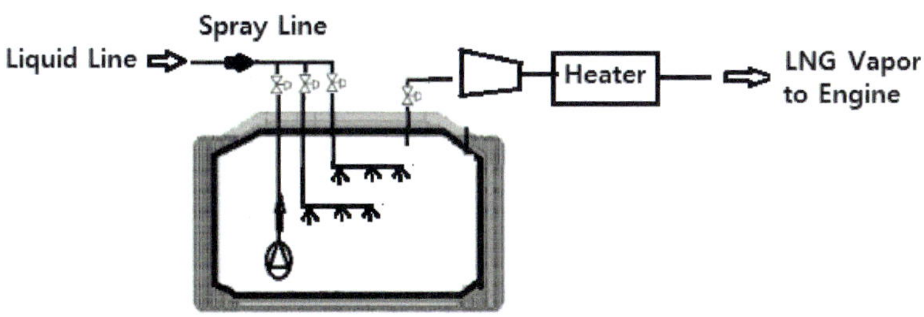


그림 8-64 발라스트 항해 시 쿨다운 과정

- 발라스트 냉각 조건(Ballast cool down criteria) :
  화물창 내의 온도
  · 멤브레인 화물창 : -130℃
  · 모스 화물창 : -110℃
- 사용장비 : 스프레이 펌프(Spray pump), L/D 압축기(Compressor), 미스트 세퍼레이터(Mist seperator)
- 주요 검사 항목 : 화물창 압력, 단열 공간(Insulation space) 압력

### 5) 선적(Loading : 화물을 받는 과정)

육상에서 LNG를 받아서 액상 라인(Liquid lne)을 통하여 화물창으로 보내는 과정이다. 이때 다량으로 발생하는 가스(Vapor)는 선박의 하이 듀티 압축기(High duty compressor)를 이용하여 육상으로 보낸다.

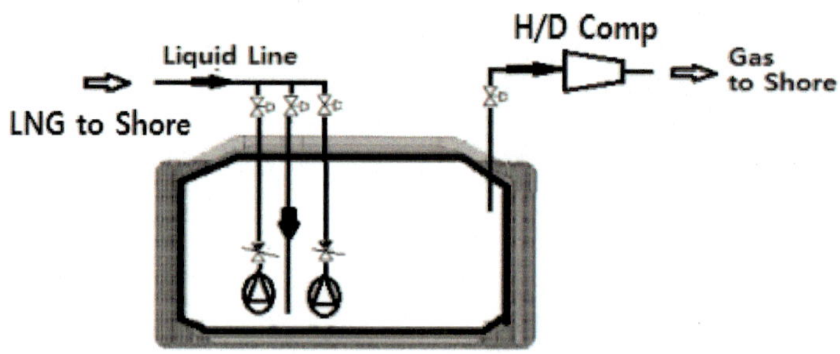


그림 8-65 화물의 선적 과정

- 로딩 조건(Loading criteria) : 화물창의 98%
- 사용 장비 : 하이 듀티 압축기(High duty compressor)
- 일반적인 소요시간 : 12시간(터미널 사정에 따라서 변경 가능)
- 주요 점검 항목 : CTS(Custody Transfer System), 화물창 압력, 단열재 공간(Insulation space) 압력

### 6) 하역(Unloading : 화물을 내리는 과정)

LNG 하역(Unloading)은 선적(Loading)의 반대 과정으로 화물창에 선적된 LNG를 육상으로 보내고 육상 터미널로부터는 가스(Vapor)를 받아 화물창의 압력을 일정하게 유지하는 작업이며 화물창에 설치되어 있는 화물 펌프(Cargo pump)를 사용하여 LNG를 육상으로 보낸다.

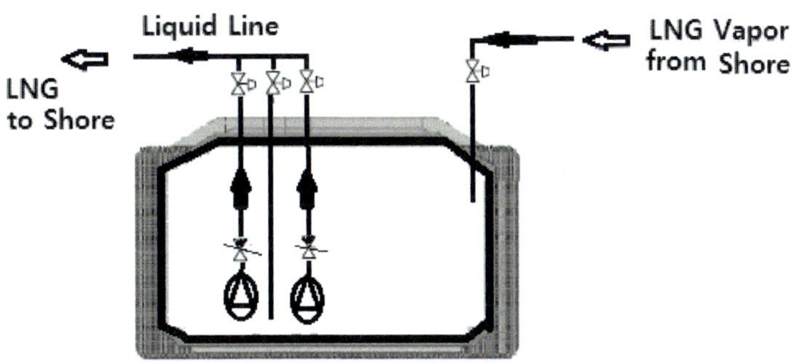


그림 8-66 화물의 하역 과정

- 로딩 조건(Loading criteria) : 화물창의 98%
- 사용 장비 : 화물 펌프(Cargo pump)
- 일반적인 소요시간 : 12시간(터미널 사정에 따라서 변경 가능)
- 주요 점검 항목 : CTS(Custody Transfer System), 화물창 압력, 단열재 공간(Insulation space) 압력

### 7) 스트리핑(Stripping : 잔량의 액체화물을 펌핑하는 과정)

스트리핑(Stripping) 작업은 LNG를 하역하는 과정의 마지막 단계로서 화물창에서 주 화물 펌프(Pump)로 하역이 불가능한 화물을 스트리핑 펌프(Stripping pump)를 이용하여 남아있는 화물을 하역하는 작업을 의미한다. 일반적으로 발라스트(Ballast) 항해 시는 화물창 쿨다운(Cool down)을 하기 위해 일정량의 LNG를 남겨야 하므로 스트리핑(Stripping) 작업을 하지 않으나 하역 후 장기 대기 혹은 드라이 도크(Dry dock)가 예정되어 있을 때에는 실시한다.

- 스트리핑 조건(Stripping criteria) :
  잔량의 최대한 스트리핑 (Stripping) 처리
- 장비 : 스트리핑 펌프(Stripping pump)

### 8) 발라스트(Ballast) 항해

발라스트(Ballast) 항해 중에 발생되는 LNG 가스(Vapor)는 주기관의 연료로 사용하거나 혹은 재액화 장비를 이용하여 화물창으로 되돌려 화물창의 압력을 조정한다. 화물의 선적(Loading) 시간을 단축하기 위해 항해 중 화물창을 쿨다운(Cool down)한다.

### 9) 웜 업(Warm Up, 잔류액화물의 가스화 과정)

드라이 도크(Dry dock) 시 불활성(Inerting) 상태를 만들기 위한 앞 단계의 작업이다. 1단계로 화물창 내에 남아 있는 잔량의 LNG를 하이 듀티 압축기(High duty compressor)와 히터(Heater)를 이용하여 기화 시킨다.

2단계로 히팅(Heating)된 가스(Vapor)를 이용하여 화물창 내를 웜 업(Warm up)시킨다.

웜 업(Warm up)의 최종 목표는 화물차의 잔류 LNG의 기화 및 화물창 및 배관 내의 모든 차가운 가스(Vapor)를 따뜻한 가스(Warm vapor)로 치환하는 것이다.

① 1단계 : LNG 잔량의 기화

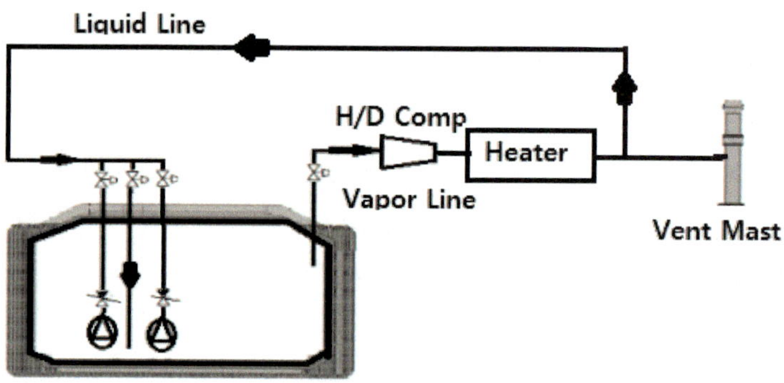


그림 8-67 화물의 잔량 기화 과정

- 장비 : 하이 듀티 압축기(High duty compressor), 히터(Heater)
- 주요 점검사항 : 화물창 온도, 화물창 압력, 단열재 공간(Insulation space) 압력

**② 2단계 : 차가운 가스(Vapor)를 따뜻한 가스(Warm vapor)로 치환**

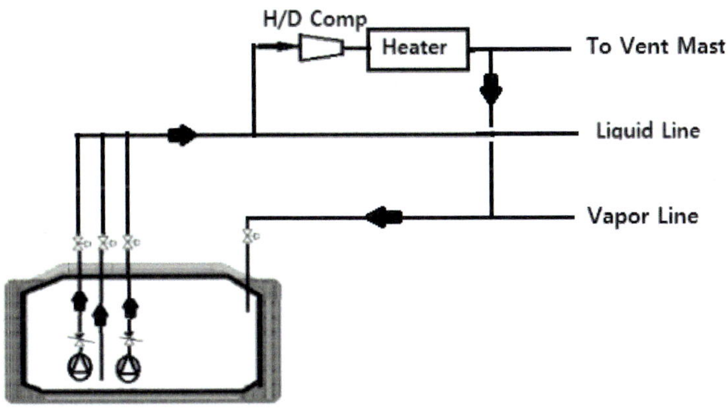


그림 8-68 화물창의 따뜻한 가스로 치환 과정

- 웜 업 조건(Warm up criteria) : 2차 방벽의 온도가 +5℃이상
- 사용 장비 : 하이 듀티 압축기(High duty compressor), 히터(Heater)
- 일반적인 소요시간 : 42시간(1단계 + 2단계)
- 압력주요 점검 항목 : CTS(Custody Transfer System), 화물창 압력, 단열재 공간(Insulation space)

### 10) 잔류가스 제거(Gas Free)

화물창 내의 잔류 가스를 모두 불활성 가스(Inert gas)로 치환하는 것을 의미한다. 이는 다음 단계의 에어레이션(Aeration) 작업 시 잔류 화물 가스가 있을 시 폭발 위험을 제거하기 위한 작업이다.

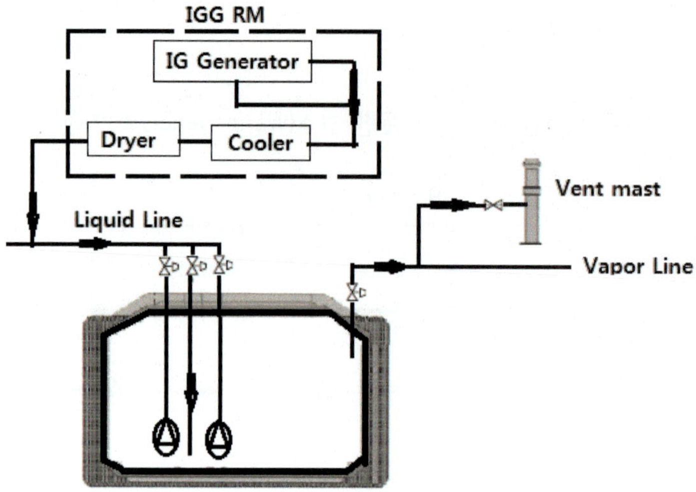


그림 8-69 화물창의 가스 프리 과정

- 잔류가스 제거조건(Gas free criteria) : 화물창 내의 CH 농도 2% 이하
- 사용 장비 : 불활성 가스 발생기(Inert gas generator)
- 일반적인 소요시간 : 20시간(터미널 사정에 따라서 변경 가능)
- 주요 점검 항목 :CTS(Custody Transfer System), 화물창 압력, 단열재 공간(Insulation space) 압력

### 11) 에어레이션(Aeration)

화물창내의 정기 점검을 위해 사람이 진입해야 한다. 불활성(Inerting)된 화물창 내부에 공기를 공급하여 일반 대기상태와 같은 산소 농도가 20% 이상의 조건을 만드는 과정을 의미한다. 불활성 가스(Inert gas)는 공기보다 비중이 높기 때문에 상층에서 공기를 불어넣어 불활성 가스(Inert gas)를 배출시키는 방식을 사용한다.

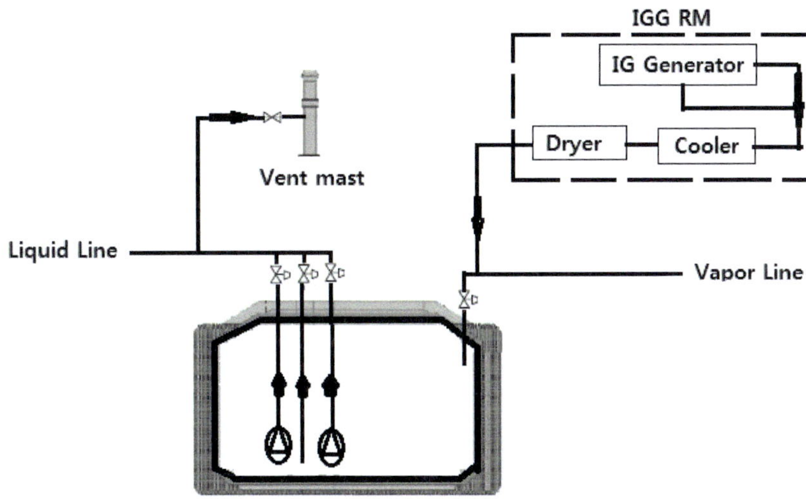


그림 8-70 화물창의 대기화 과정

- 에어레이션 조건(Aeration criteria) : 화물창 내의 산소 농도가 20% 이상, CH 농도 0.2%이하, $CO_2$ 농도 0.5%이하, CO 농도 50 ppm 이하
- 사용 장비 : 불활성 가스 발생기(Inert gas generator)
- 일반적인 소요시간 : 20시간
- 계측기기 : 휴대용 CH analyser·$CO_2$ meter·$O_2$ meter
- 주요 점검 : 가스 돔(Gas dome)과 화물창내 배관에서 샘플링(Sampling)하여 검사한다.

### (3) 카고 핸들링 시스템의 다이아그램(Diagram)의 예시

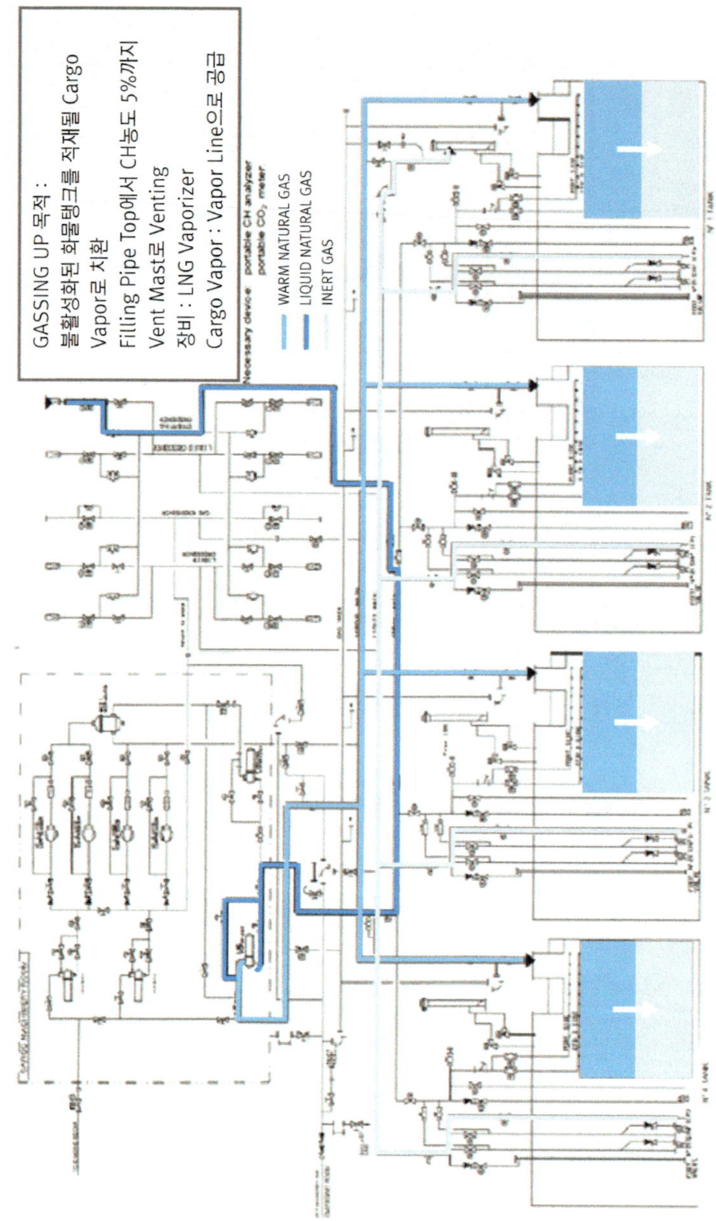


그림 8-71 LNG 운반선의 카고 핸들링 시스템 전체 다이아그램

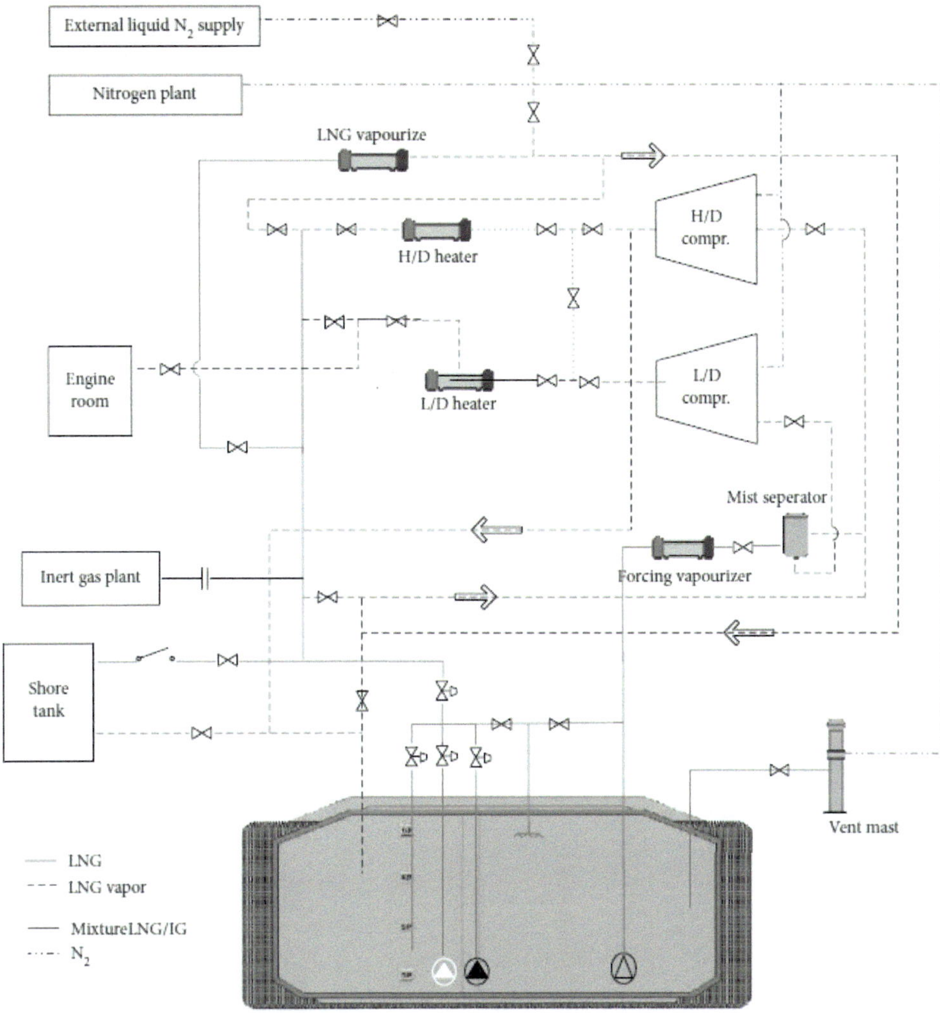


그림 8-72 카고 핸들링 시스템 주요 장비 다이아그램

### (4) 카고 핸들링 시스템 주요 장비의 종류

LNG 운반선의 대표적인 화물 처리 장비에 대하여 기술한다. 화물장치의 종류는 다음과 같다.

- 화물펌프, 스프레이 및 비상 화물펌프
- 하이 듀티 압축기(High duty compressor) 및 로 듀티 압축기(Low duty compressor)
- 보일오프/웜 업 히터(Boil-off/Warm-up heater)
- LNG 기화기(Vaporizer) 및 LNG 강제 기화기(Forcing vaporizer)
- 불활성 가스 발생기(Inert gas generator) 등이다.

#### 1) 화물 펌프(Cargo Pump)

LNG 운반선에 사용되는 펌프는 서브머지드(Submerged) 펌프가 사용된다. 서브머지드(Submerged) 펌프는 펌프와 모터가 일체화 되어 있는 구조로서 액체 화물에 잠겨있는 펌프이며 모터와 베어링은 LNG로 냉각 윤활 된다.

그림 8-73 화물 펌프

### 2) 스프레이(Spray) 펌프

스프레이 펌프도 화물 펌프와 같이 서브머지드(Submerged) 형 펌프이며 화물창의 냉각 및 배관라인 냉각, LNG를 연료로 사용할 경우에 기화기(Vaporizer)로 LNG를 보낼 때, 드라이 독킹(Dry docking) 시 화물창의 스트리핑(Stripping) 시 등에 사용된다.

### 3) 비상(Emergency) 화물펌프

멤브레인 방식의 경우 척당 1개의 비상용 펌프를 준비하고 있어서 화물펌프의 고장 시 준비 되어 있는 비상용 웰(Emergency well)에 설치하여 사용된다. 모스 방식은 화물펌프 고장 시 압력을 이용하여 하역하므로 본 설비는 불필요 하다.

### 4) 압축기(Compressor)

LNG 운반선의 압축기(Compressor)는 대용량인 하이 듀티 압축기(High duty compressor)와 비교적 저용량의 로 듀티 압축기(Low duty compressor)가 있다. 하이 듀티 압축기(High duty compressor)는 선적작업 시 및 화물창 냉각 작업 시 화물창 내에서 발생한 증발 가스를 육상으로 반송시키는 데 이용되며 또한 드라이 독킹(Dry docking)을 위해 저온 상태의 화물창에 히팅(Heating)된 가스를 이송 시키는 장비이다. 로 듀티 압축기(Low duty compressor)는 항해 중 화물창 내에 자연 발생하는 가스와 강재 기화시킨 가스를 가압하여 보일러나 연료로 공급하고 화물창의 압력을 유지하는 데 사용된다.

High Duty Compressor　　Low Duty Compressor

그림 8-75 압축기 종류

### 5) LNG 기화기(Vaporizer) & 강제 기화기(Forcing Vaporizer)

LNG 기화기(Vaporizer)는 열교환기의 일종이며 LNG를 기화시키는 장치이고 열교환 매체는 본선의 스팀을 사용한다. LNG 기화기(Vaporizer)는 육상 터미널의 가스 회수(Vapor return) 설비 고장 등의 상태에서 본선 화물을 하역하는 경우 혹은 LNG 선적 작업 전에 실시하는 개싱 엎(Gassing-up) 작업을 육상으로부터 LNG를 받아서 -130℃ 정도의 가스로 기화시켜 화물창으로 보낼 때 사용된다.

강제 기화기(Forcing vaporizer)도 열교환기의 일종이며 기관실의 연료로 자연 증발 가스가 부족 할 때 화물창의 LNG를 강제 기화시켜 기관실에 연료를 공급하기 위하여 사용되는 설비이다.

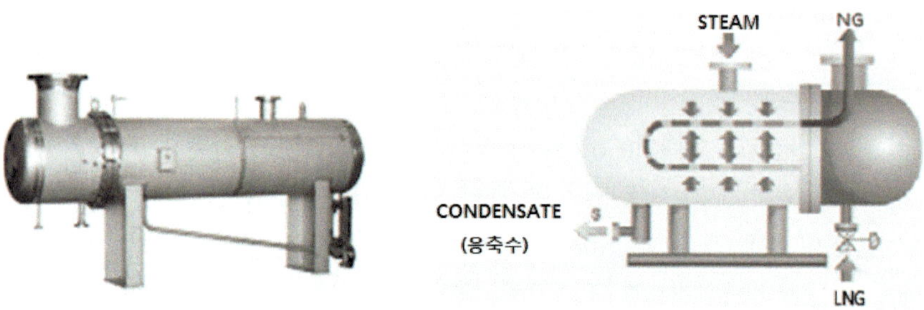


그림 8-76 화물의 기화기

### 6) 히터(Heater)

LNG선에서는 High duty heater와 Low duty heater가 있다. 화물창의 Warm-up 작업 시에는 High duty heater를 사용하며 자연 증발된 가스를 본선의 연료로 사용할 경우 가스를 Heating 시킬 경우는 Low duty heater를 사용한다.

그림 8-77 화물 가스의 히터그림 8-77 화물 가스의 히터

### 7) 불활성 가스 발생기(Inert Gas Generator)

불활성 가스(Inert gas)는 화물창내의 산소농도를 폭발한계 이내로 억제하는 데 사용되는 장비이며, Dry air와 불활성 가스를 생산하여 가스 주입 전 화물창을 제습(Drying)하고 불활성(Inerting) 작업을 할 때 사용하며 화물창의 Drying 작업 시 더운 공기를 공급한다.

그림 8-78 불활성 가스 발생기

# 8.5 기장 배관 시스템(Machinery Piping System)

## 8.5.1 엔진 연료유·윤활유 시스템(Main Engine Fuel Oil & Lubrication Oil System)

선박의 연료유 공급 시스템은 선박의 기관실 내에 설치되는 메인 엔진, 보조 엔진 등과 같이 선박의 추진과 발전 및 연료유를 사용하는 기기들에 대한 연료유 공급에 필요한 시스템이다. 일반적으로, 선박의 엔진 등에 사용되는 연료유는 저점도의 디젤연료유, 고점도의 디젤연료유, 중유가 주류를 이룬다.

윤활유 시스템의 기능은 선박 기관실내의 윤활 및 냉각을 필요로 하는 기기에 윤활유 공급을 위한 배관 및 제반장치로, 기기의 활동부 사이에 유막을 형성하여 고체 마찰을 유체 마찰로 만들어 마모 및 마찰 저항을 감소시키는 윤활 작용을 주목적으로 하며, 부가적으로 소제, 냉각 및 밀봉 작용도 함께 하고 있다.

## 8.5.2 선미관 윤활유시스템(Stern Tube Lubrication Oil System)

선미관은 프로펠러 축에 해수가 기관실로 침입 또는 유입되는 것을 방지하는 장치이다. 윤활 방식으로는 해수 윤활식, 기름 윤활식, 공기압 윤활식이 있다. 기름 윤활식은 베어링 윤활제로 기름을 사용하고 오늘날 주로 사용되고 있는 방식이다. 선미 측과 선수 측에 부시(Bush)를 끼우고 부시 내면에 씰(Seal)을 장착한다. 선미관 내부에 윤활유가 채워짐으로 윤활유가 추진축과 베어링을 냉각한다. 장점으로는 마찰이 작아 마모가 적고, 금속제 베어링의 지지 하중이 크다. 단점은 씰이 손상 시 윤활유가 해양을 오염 시킨다.

## 8.5.3 증기 공급 & 응축시스템(Steam Exhaust And Condensate System)

증기공급 및 응축 시스템은 증기 발생기를 통하여 증기를 공급하고, 공급된 증기는 증기 차단기를 통해 회수하며 발생한 증기를 각 사용처에 효율적으로 공급하는 증기 제어 시스템과 회수된 응축수를 다시 증기 발생기에 공급해 주는 급수 시스템으로 구성된다. 여기에는 상세한 배관 설계뿐만 아니라 제어 밸브, 조인트, 분리기, 펌프, 자동 방출 제어 시스템과 같은 장비가 포함된다.

## 8.5.4 오수와 소화 시스템(Bilge & Fire System)

기관실 및 카고탱크, 거주구, 스티어링 기어룸, 탈출구 등 각종 구획에서 발생하여 빌지 웰로 모인 빌지를 처리하거나 빌지 시스템과 기관실 화재 시 소화펌프를 작동하여 소화하는 소화 시스템이 있다.

## 8.5.5 압축 공기 시스템(Compressed Air System)

선박에서 필요로 하는 압축공기를 생성하는 공기압축기, 생성된 압축공기를 저장하는 공기탱크, 공기의 수분을 제거하는 공기 정화기 및 유수분리기로 구성되며, 용도별로는 메인엔진, 보조기관 시동용으로 사용하는 시동공기 시스템, 각종 기계류의 시동용으로 사용하는 잡용공기 시스템, 밸브를 작동시키기 위한 공기동력 시스템, 기계류에 제어 공기를 제공하는 제어공기 시스템으로 구분 된다.

## 8.5.6 청수 공급 시스템(Fresh Water Service System)

선박의 조수기에서 만들어진 청수를 끌어 올려 필요한 곳으로 옮겨서 사용하며 청수를 생산하기 위해서는 조수기를 통하여 해수를 청수로 바꾸는 과정이 필요하다. 이렇게 얻은 청수는 청수펌프를 이용하여 선내에 청수가 필요한 식당, 갑판, 욕실, 세탁실 등으로 이송하여 사용한다.

## 8.5.7 배기가스 시스템(Exhaust Gas System)

선박의 엔진 가동 후 나오는 것이 배기가스이며, 대부분의 배기가스는 스크러버(Scrubber)에서 배기가스를 정화하여 굴뚝(Funnel)을 통해 공해상으로 배출하며, 일부 보일러에서 나오는 배기가스는 정화하여 카고탱크로 보내어 산소농도를 낮춰(약 8% 이하) 불연성 범위로 만들어 화재 및 폭발을 방지한다.

## 연습문제

1. Cargo Oil System에 대해서 설명하시오.

2. Cargo Oil System의 AUS(Auto Unloading System)에 대해서 기술하시오.

3. Cargo Oil System의 Cargo Oil Tank Inert Gas System에 대해서 기술하시오.

4. Cargo Oil System의 VECS(Vapor Emission Control System)에 대해서 기술하시오.

5. Cargo Oil Tank Cleaning System에 대해서 설명하시오.

6. COW(Crude Oil Washing) Cargo Oil Tank Cleaning System에 대해서 기술하시오.

7. Sea Water Washing Cargo Oil Tank Cleaning System에 대해서 기술하시오.

8. 기관실에서 고정식 국부소화장치를 설치해야 하는 장소를 나열하시오.

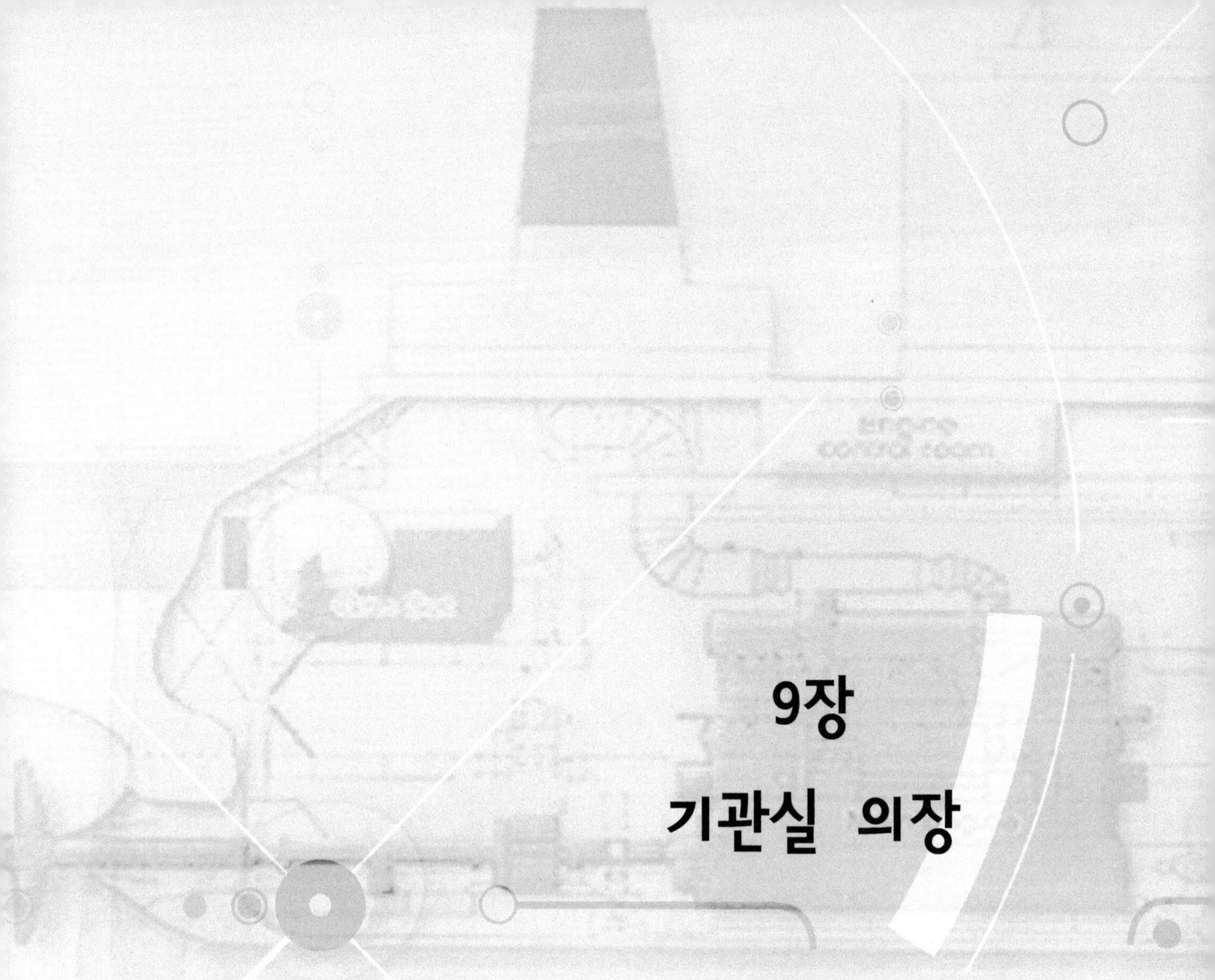

# 9장 기관실 의장

## 9.1 개요

기관실 의장은 기관실에 설치되는 기계 및 장치를 설계하여 설치하는 것을 말한다. 선박 운항에 필요한 동력과 관련된 주요 기계장치들을 기관실에 집중적으로 배치하고 전담 기관장 및 기관사를 두어 엔진의 가동, 기계장치들의 운영, 정비 및 유지보수, 연료 및 윤활유의 공급 등 기관실이 잘 가동되도록 하고 있다.

기관실 의장에는 특별한 전문성이 요구되므로 조선소에서는 설계부문에 기장설계부, 생산부문에 기장생산부가 별도로 조직화되어 설계와 기계 및 장치 설치 업무를 수행하고 있다. 선박 시운전에서도 가장 중요한 요소이다.

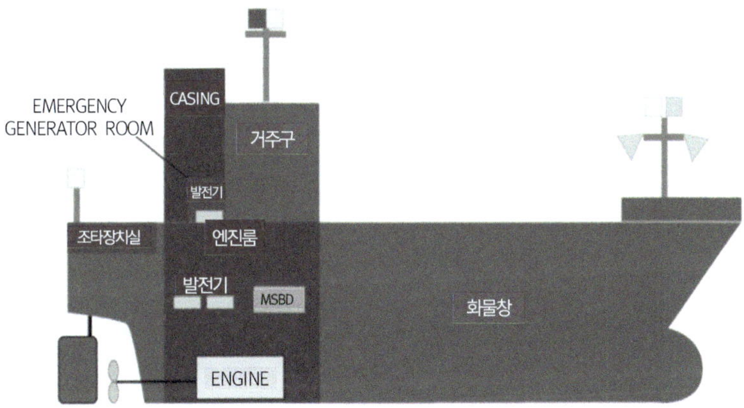


그림 9-1 선박의 기관실

그림 9-2 기관 제어실(ECR-Engine Control Room)

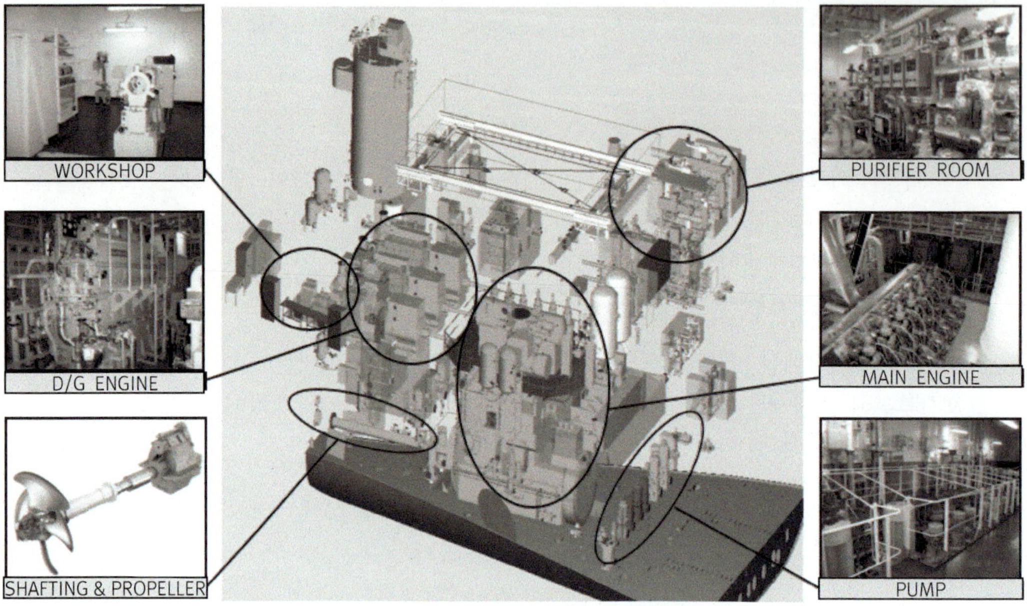


그림 9-3 기관실 주요 장비 배치

## 9.2 기관실 의장의 종류

기관실 의장은 선박의 항해에 필요한 추진동력 및 전력을 생산하는 메인엔진과 발전기 등의 기계 장치와 엔진의 동력을 추진력으로 변환시키는 축계시스템, 연료, 윤활유, 냉각수 및 엔진의 시동을 위한 압축공기를 공급하는 기관 배관시스템, 보일러 급수 및 증기 시스템, 빌지 및 소화시스템, 음용수 및 온수 시스템, 하수 처리시스템 등으로 구성되어 있다.

- 주 기관 및 주요 기계장치
  - 메인엔진(Main engine)
  - 발전기 엔진(Generator engine)
  - 비상발전기(Emergency generator)
  - 보조보일러(Auxiliary boiler)
  - 이코노마이저(Economizer)
  - 공기압축기(Air compressor)
  - 기타 기기

- 축계(Shaft system)
  - 샤프트(Shaft)
  - 스턴튜브 시스템(Stern tube system

- 기관 배관시스템
  - 연료 시스템
  - 윤활유 시스템
  - 냉각수 시스템
  - 기타 배관시스템

- 기관실 배치
  - 기관실의 구획 배치
  - 기관실의 길이 및 높이
  - 축계의 높이

## 9.3 주요 적용 규칙 및 규정(Rule & Regulation)

열악한 해상 환경에서 항해를 해야 하는 선박은 불의의 해난 사고의 위험에 노출되어 있으므로 최악의 사고 발생 시 손상을 최소로 하기 위한 기준을 법규로 정할 필요가 있다. 항해 중 선박에 불의의 해난 사고를 당할지라도 안전하게 항해해야만 하는데, 일단 해상 사고가 발생하더라도 피해를 최소화하기 선박에 적용하기 위한 엄격한 기준이 필요하다. 특히, 주·보기는 각국 정부의 해운항만청, 선급(Classification society), 기타 Authority 등 에서 제정한 법규나 규칙에 따라 설계된다. 선박의 설계에서 고려해야 할 법규에는 다음과 같은 것이 있다.

### (1) SOLAS(International convention for Safety Of Life At Sea)

- 해상인명안전협약(SOLAS 1974) ; 선박의 구조·설비 및 화물의 운송에 관한 기준

### (2) MARPOL(International convention for the prevention of pollution from ships)

- 해양오염방지협약 부속서 Ⅰ/Ⅱ(기름/산적유해액체)(MARPOL 73/78 Annex Ⅰ/Ⅱ)
  : 선박으로부터의 기름 및 유해액체물질에 의한 해양오염의 규제
- 해양오염방지협약 부속서 Ⅲ (포장유해)(MARPOL 73/78 Annex Ⅲ)
  : 선박으로부터의 포장형태의 유해액체물질에 의한 해양오염의 규제
- 해양오염방지협약 부속서 Ⅳ (하수)(MARPOL 73/78 Annex Ⅳ)
  : 선박으로부터의 하수에 의한 해양오염의 규제
- 해양오염방지협약 부속서 Ⅴ (폐기물)(MARPOL 73/78 Annex Ⅴ)
  : 선박으로부터의 폐기물에 의한 해양오염의 규제
- 해양오염방지협약 1997 의정서 부속서 Ⅵ(대기오염) (MARPOL Protocol 1997 Annex Ⅵ)
  : 선박으로부터의 대기오염의 규제

### (3) IMO A.486(XII):1981

Code on Noise Levels on Board Ships, Ch.4 "Maximum acceptable sound pressure levels".

## 9.4 메인엔진 및 주요 기계장치

### 9.4.1 메인엔진(Main Engine)

#### (1) 개요

엔진은 디젤, 휘발유 및 LNG 등의 가연성 연료를 폭발시켜 추진동력을 만드는 기계장치이다. 디젤엔진의 작동원리는 먼저 연소실에 유입된 공기가 피스톤 상승에 의해 고압 고온(약 600° )의 상태로 압축되며 이때 고압의 연료유가 연소실에 분사되고 점화되면서 엄청난 폭발력이 발생한다. 이러한 폭발력이 피스톤을 하강시키는 힘으로 피스톤 왕복운동이 일어나고 크랭크 샤프트를 통해 회전운동이 발생된다.

이러한 엔진에서 발생한 회전력은 선박 샤프트를 통해 프로펠러를 회전시켜 선박이 앞으로 나가는 추진력이 된다. 선박의 경우 연료비가 많이 들기 때문에 저렴한 중유를 사용하는 디젤 엔진이 사용된다. 중유는 폭발력이 떨이지기 때문에 휘발유 엔진보다 연료와 공기의 압축비율을 높여야 한다.

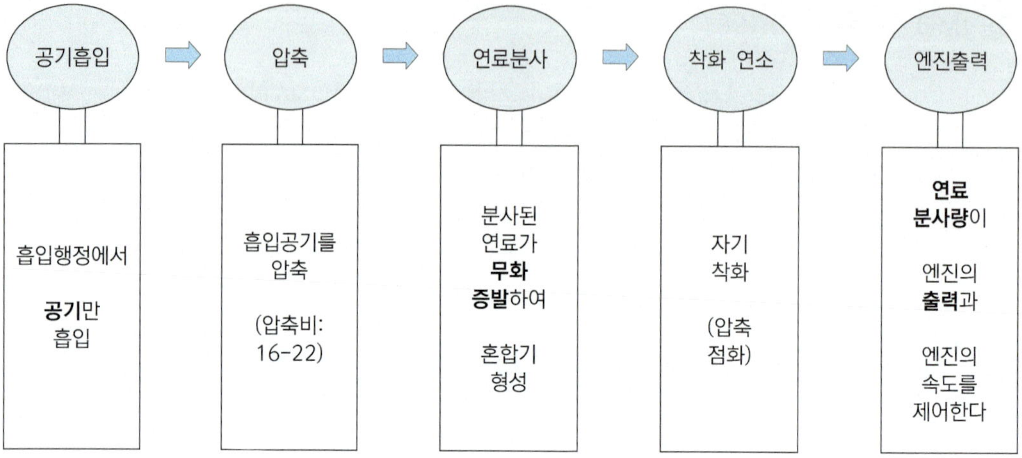


그림 9-4 디젤엔진의 연소 과정

## (2) 선박엔진의 종류

선박엔진은 분당 회전수(rpm)에 따라 고속, 중속, 저속엔진으로 나눈다. 고속엔진은 1,200 rpm 이상, 중속엔진은 400~1,000 rpm, 저속엔진은 120 rpm 이하이다. 저속엔진의 경우 경제성이 중·고속엔진보다 우수하여 총톤수 10,000톤 이상인 컨테이너선이나 탱커 등에 이용된다. 중속 및 고속엔진은 카페리나 어선 등에 더 일반적으로 사용된다.

표 9-1 회전수에 따른 엔진의 분류

| | 저속엔진 | 중속엔진 | 고속엔진 |
|---|---|---|---|
| RPM | 120 이하 | 400-1,000 | 1,200 이상 |
| 적용 선박 | 일반 대형상선 | 여객선, 카페리, 어선 등 | 쾌속선, 군함 등 특수선 |
| 특성 | 엔진과 프로펠러의 rpm이 동일하여 효율이 높다 | 중속엔진으로 전기를 생산 전기모터를 구동 선박을 추진, 진동·소음 감소 | 디젤 및 가스 엔진으로 조합, 순항 시에는 디젤엔진을, 고속 때는 가스터빈을 구동 |

선박에 사용되는 디젤 엔진은 작동원리에 따라 크게 2행정 엔진과 4행정 엔진으로 구분된다. 2행정 엔진은 피스톤이 올라가면서 흡입·압축이 되고 피스톤이 아래로 내려가면서 폭발·배기가 이루어지는 등 피스톤이 상하 1번 움직일 때 한 번의 사이클이 이루어지는 엔진을 말한다. 4행정 엔진은 흡입·압축·폭발·배기 행정 동안 피스톤이 상하로 2번 움직이고 한 번의 사이클이 이루어지는 엔진을 말한다.

그 각각의 장단점은 표 9-2와 같으며 대형 선박에서 2행정 엔진이 사용되는 이유는 연료 효율 측면과 배기가스의 오염물질 측면에서 4행정보다 불리하나 저속에서 출력 당 연료소비율이 낮아 연료비가 적게 들고 가격이 저렴하며 대형 출력 엔진 제작 및 유지 보수가 용이하기 때문이다.

| 흡입행정 | 압축행정 | 팽창행정 | 배기행정 |
|---|---|---|---|
| 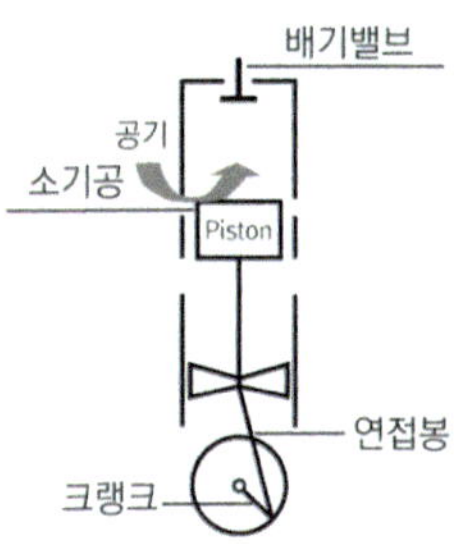 | 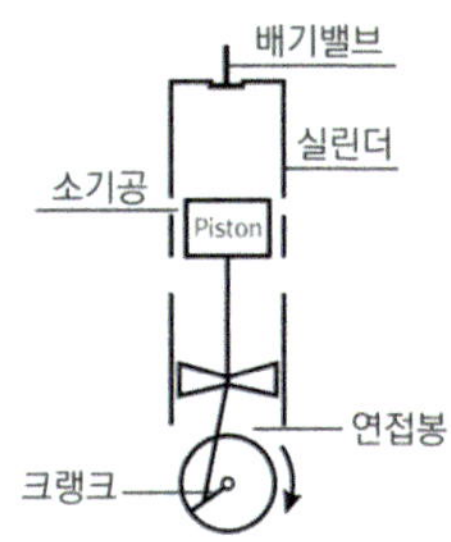 | 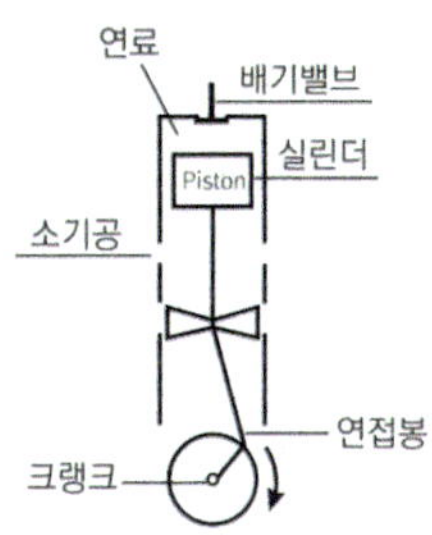 | 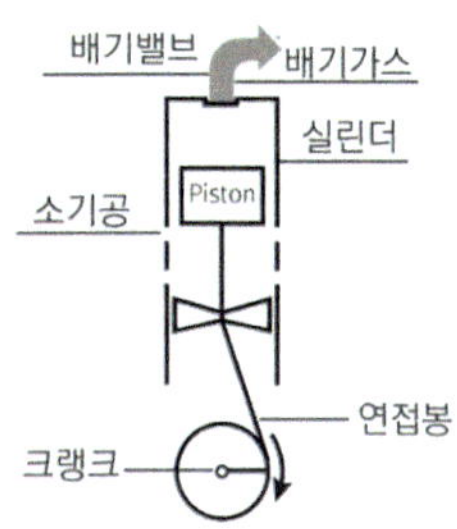 |
| Piston이 소기공을 지날 때 실린더 내의 압력이 소기압(외부공기압)보다 낮게 되므로, 공기가 개방된 소기공을 통해서 실리너더 내부로 들어옴 | 피스톤이 상승함에 따라 소기공이 막히고, 실린더 내의 흡입된 공기는 점차 압축되어 온도와 압력이 상승한다.<br>온도 : 500~600℃<br>압력 : 25~130 bar | 피스톤이 상사점에 달하면 연료가 실린더내로 분사된다. 분사된 연료는 고온의 압축공기에 의해 착화되너 피스톤을 강하게 누루고, Connecting Rod을 거쳐서 Crank shaft를 회전 시킨다. | 외부공기 압력보다 상당히 높은 배기가스는 열린 배기밸브를 통해 실린더 밖으로 배출되고, 소기공이 열리면 대기압보다 높은 압력의 소기가 실린더 내로 들어와 남아 있는 연소가스를 밀어내고 실린더에 새로운 공기를 채운다. |

그림 9-5 2행정 엔진의 연소 과정

표 9-2 2행정 및 4행정 엔진의 장단점

| | 2행정 엔진 | 4행정 엔진 |
|---|---|---|
| 작동 원리 | 엔진의 흡입/압축/폭발/배기가 크랭크샤프트 1회전에 발생 | 엔진의 흡입/압축/폭발/배기가 크랭크샤프트 2회전에 발생 |
| 적용 | 대형 선박 : 컨테이너선, 탱커, 벌크선 등 대형 저속엔진 | 크루즈, 페리, 군함, 소형 선박 등 중·고속엔진 |
| 장점 | • 가격이 저렴하다.<br>• 출력 당 연료소비율이 낮음<br>• 구조가 단순하여 유지보수비용이 저렴하다.<br>• 대형 출력 엔진 제작이 용이하다. | • 불완전 연소가 없어 연료 효율이 높다.<br>• 엔진중량 당 출력이 높다. |
| 단점 | • 엔진 중량과 부피가 크다.<br>• 소음과 진동이 많다.<br>• Sox, Nox 등 유해물질 발생이 많다.<br>• 초기 시동이 용이하지 않다. | • 가격이 비싸다.<br>• 출력 당 연료소비가 많다.<br>• 구조가 복잡하여 유지보수가 용이하지 않다. |

## (3) 엔진 주요 구성품

### 1) 크랭크 샤프트(Crank Shaft)

크랭크 샤프트는 메인 베어링 셀(Main bearing shell)과 함께 베드 플레이트(Bed plate)에 조립되어 피스톤(Piston)의 상하운동을 커넥팅 로드(Connecting rod)와 연결하여 회전운동으로 바꾸어 주는 역할을 하며 일반적으로 엔진가격의 10%이상을 차지하는 엔진 부품 중 가장 고가의 제품이다.

### 2) 과급기(Turbocharger)

과급기(Turbocharger)는 소기관(Scavenge air receiver) 상부에 조립되며, 엔진의 부품 중 크랭크샤프트에 이어 두 번째 고가의 제품이며, 외부의 공기를 흡입하여 소기관으로 보내는 역할을 한다. 배기관을 통과한 배기가스는 과급기의 터빈 블레이드(Turbine blade)를 회전시켜 같은 축에 조립되어 있는 컴프레서 휠(Compressor wheel)을 돌려준다. 컴프레서는 에어 필터를 통해서 외부의 공기를 흡입한다. 이 공기는 과급기 출구에 있는 공기 파이프를 통하여 공기냉각기(Air cooler)로 보내진다.

그림 9-6 크랭크 샤프트(Crank Shaft)

그림 9-7 과급기(Turbocharger)

### 3) 공기냉각기(Air Cooler)

공기냉각기는 소기관 하단부에 설치되며, 용접일체물의 하우징(Housing)과 그 내부에 Cooler elements로 구성되어진다. 냉각기는 과급기의 컴프레서로부터의 압축된 공기를 흡입하여 냉각시키며, 이 과정에서 발생되는 응축수를 분리하여 배출토록 하고, 건냉한 압축공기를 소기관으로 보내는 역할을 한다.

그림 9-8 공기냉각기(Air Cooler)

### 4) 소기관(Scavenge Air Receiver)

소기관은 배기측의 실린더 프레임(Cylinder frame)상에 설치되어 공기냉각기(Air cooler)를 통과한 소기를 모아서 실린더 내부로 공급하는 역할을 한다. 소기관의 구조는 크게 몸체와 밸브 하우징(Valve housing)으로 이루어져 있으며, 밸브 하우징에는 과급기의 압력으로 열리는 여러 개의 Non-return 밸브(Flap valve)가 설치되어 있다.

소기관의 양쪽 끝부분에는 보조 블로워(Auxiliary blowers)가 조립되는데, 이는 엔진을 시동할 때 또는 엔진의 회전수가 너무 낮아서 과급기가 엔진의 운전에 필요한 공기를 충분하게 공급하지 못할 경우에 자동으로 작동되어 공기를 공급한다.

그림 9-9 소기관(Scavenge Air Receiver)

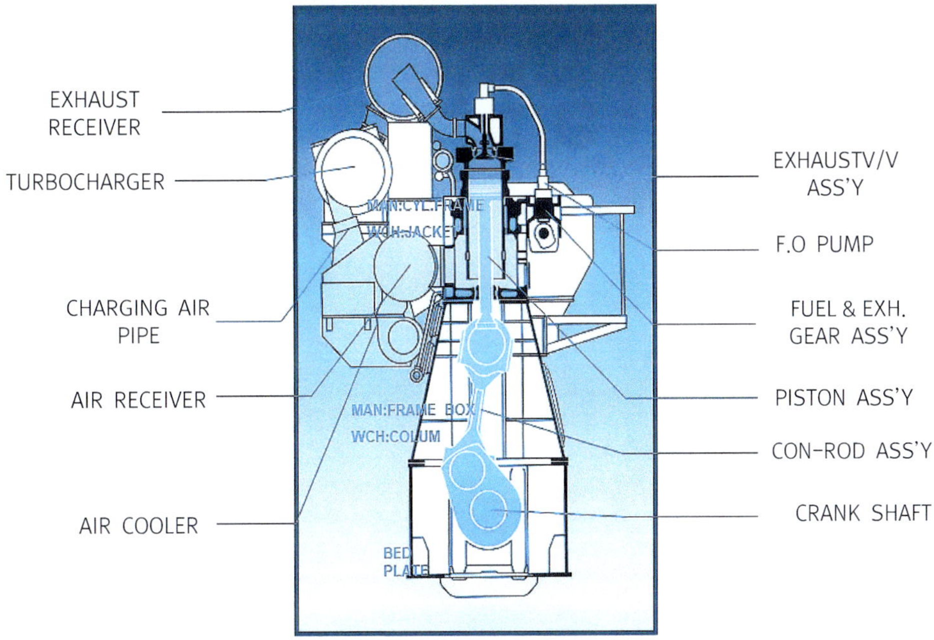


그림 9-10 디젤엔진 구성

## (4) 엔진의 선택 및 결정 방법

### 1) 엔진의 출력

- 연속 최대 출력(MCR : Maximum Continuous Rating) : 기관이 안전하게 연속해서 낼 수 있는 최대출력이며, 통상 기관의 세기라하면 이것을 의미한다. 즉, 몇 마력의 메인엔진이라 하면 연속 최대 출력에서의 마력이다.
- 상용 출력(NCR : Normal Continuous Rating, 또는 MER : Most Economical Rating) : 선박이 항해 속력을 얻기 위한 출력이며, 기관의 효율과 부품의 마멸 등 보존의 견지에서 가장 경제적인 출력이다. 상용 출력의 연속 최대 출력에 대한 비율은 일반적으로 디젤 기관의 경우에는 85~90%로 취한다.
- 과부하 출력(Overload rating) : 24시간 연속 운전 중에서 2시간 동안 연속적으로 운전 가능한 과부하 출력을 기준으로 한다. 연속 최대 출력에 대하여 110%가 과부하 출력값의 기준값이다.

$$BHP = P_{me} \cdot L \cdot A \cdot n \cdot Z$$

**여기서,** BHP: Brake Horse Power(kW)

$P_{me}$ : Mean Effective Presure
평균 유효 압력 $(kN/m^2)$
$L$ : 피스톤 행정 (Stroke)(m)
A : 실린더 단면적 $(m^2)$
$n$ : 매초회전수 $(1/s)$
$Z$ : 실린더수

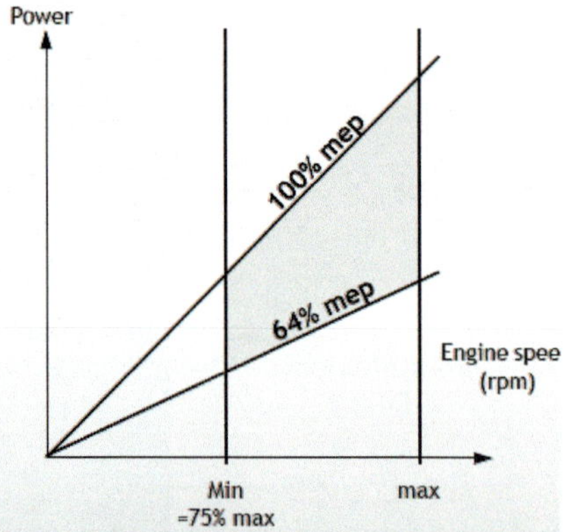


**A와 Z가 일정하다고 하면**

$$BHP = C_{DE} \cdot P_{me} \cdot n$$

**이므로 디젤엔진의 출력은 디젤엔진의 회전수와 평균 유효 압력에 비례함**

그림 9-11 BHP

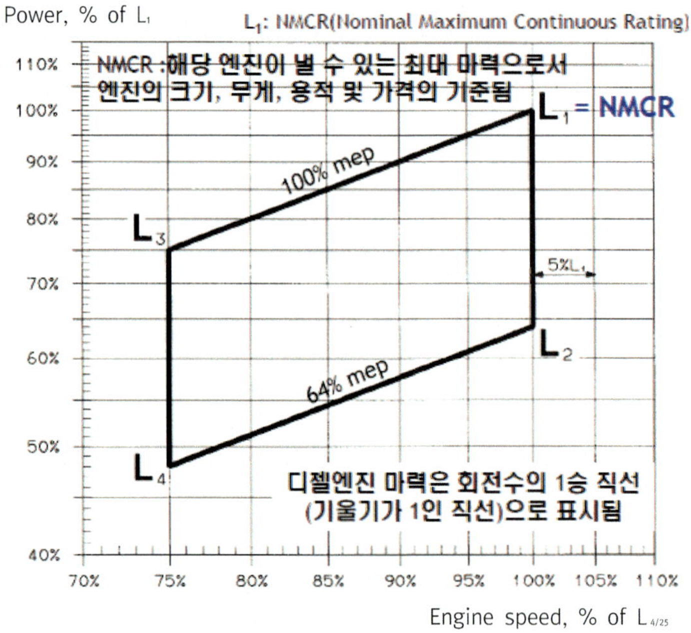


그림 9-12 엔진 Power 및 Speed

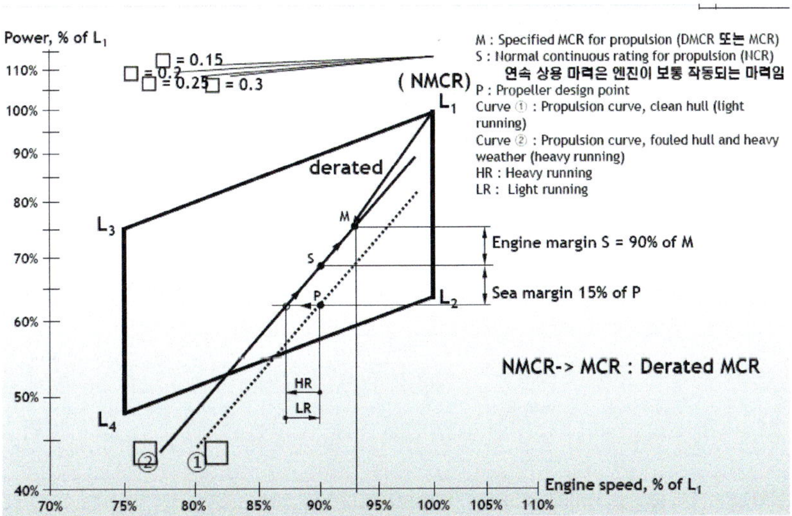


그림 9-13 엔진 Margin

## 2) 공급업체

기술사로는 MAN Energy Solution과 WinGD(Winterthur Gas & Diesel)가 있고 상기 기술사에 로열티를 지불하고 엔진을 생산하는 국내업체는 현대, HSD(옛 두산 엔진) 및 STX가 있고 국내조선소에 엔진을 공급하고 있다.

그림 9-14 2행정 Main Engine

## (5) LNG연료 추진 엔진

LNG연료 추진선이란 선박연료로서 Oil이 아닌 액화천연가스(LNG) 혹은 Oil과 LNG 모두 사용(Dual-fuelled)하는 선박을 의미한다.

(국제해사기구 해양환경규제강화에 따라 LNG연료 추진선박 발주 증가)

### 1) 환경규제

#### ① NOx(질소 산화물) ; IMO MEPC 66차 회의(2014.03)

2016년 1월 이후 건조되고, NOx ECA(Emission Control Area)에서 운항되는 선박에 대해 NOx TierⅢ(2행정 저속엔진 기준-130 rpm 이하 ; 3.4 g/kWh) 규제 결정

#### ② SOx(황 산화물) ; IMO MEPC 70차 회의(2016.10)

2020년 1월 1일부터 전 세계에서 황 함유량 0.5% 연료유 사용 규제 결정

#### ③ $CO_2$ (이산화탄소)

IMO[2011년에 선박온실가스 규제라고 할 수 있는 에너지효율 규정이 해양오염 방지협약 부속서 6의 제4장(에너지 효율관리)으로 개정 · 채택됨]

2013년 이후 건조되는 신조선부터 EEDI(Energy Efficiency Design Index) 적용이 의무화 되었으며, 2025년 이후 건조되는 신조선은 기준선 대비 30% 이상의 에너지 효율 향상이 요구된다.

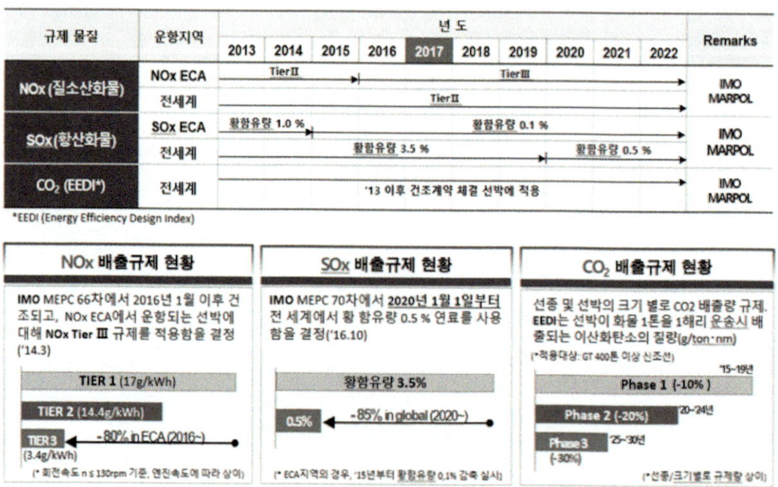


그림 9-15 IMO Regulation

## 2) 환경규제 대응방안

### ① NOx 저감 대응방안

- LNG fuel 사용

  엔진 타입에 따라 Otto cycle gas engine : Tier 3 만족

  Diesel cycle gas engine : Tier 3 불만족
- EGR(Exhaust Gas Recirculation) system 적용
- SCR(Selective Catalytic Reduction) system 적용

### ② SOx 저감 대응방안

- LNG fuel 사용
- 기존 HFO + Scrubber system 적용
- 저유황유 사용

### ③ $CO_2$ 저감 대응방안

- 선형개선 등을 통한 연료소비량 저감
- LNG fuel 사용
- 수소 전기추진선 적용

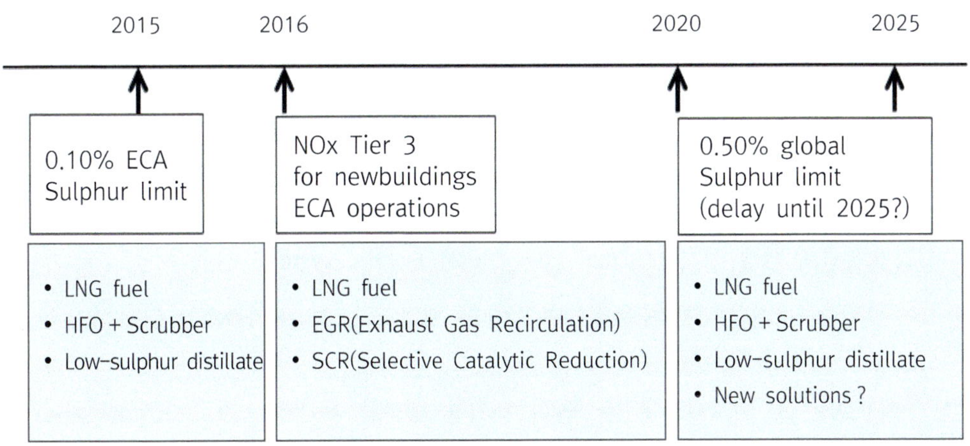


그림 9-16 환경규제 대응방안

### 3) LNG운반선의 추진장치 변천사

#### ① 증기터빈(Steam Turbine)

LNG선이 처음 등장한 1960년대 선박 기술자들은 BOG(Boil Off Gas)에 대한 고민을 해결할 수 있는 가장 손쉬운 방법으로 스팀터빈 엔진을 채택했다.

외연기관인 스팀터빈엔진은 열효율이 30%이다. 그럼에도 불구하고 스팀터빈엔진은 BOG 문제를 손쉽게 해결할 수 있다는 이유로 처음 LNG선에 장착된 1964년부터 2000년대 중반까지 40여년간 LNG선의 메인엔진으로 적용해 왔다.

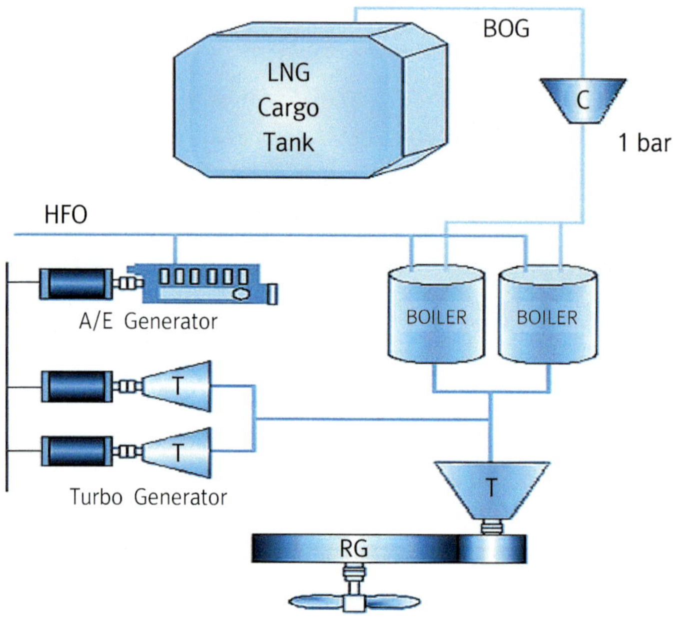


그림 9-17 Steam Turbine 추진방식

#### ② 이중연료 디젤 전기장치(Dual Fuel Diesel Electric system)

DF(Dual Fuel) 엔진은 열효율이 우수한 내연기관으로 천연가스와 디젤 오일을 모두 연료로 사용할 수 있다.

DFDE는 BOG로 DF엔진을 돌려 전기를 생산한 뒤 이 전기로 프로펠러와 연결된 모터를 돌려 선박을 구동하는 방식으로 DF엔진은 발전용 엔진인 셈이다. DFDE의 열효율은 약 41~43% 수준으로 스팀터빈엔진에 비해 엔진 효율이 10% 이상 높다.

2000년대 중반부터 스팀 터빈엔진을 몰아내고 LNG선의 새로운 시스템으로 채택되었다.

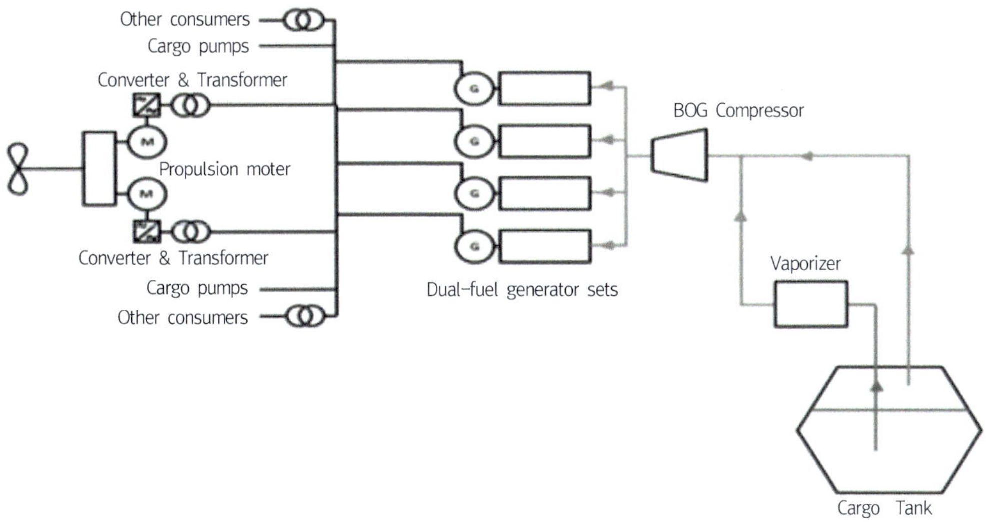


그림 9-18 이중연료 디젤 전기장치

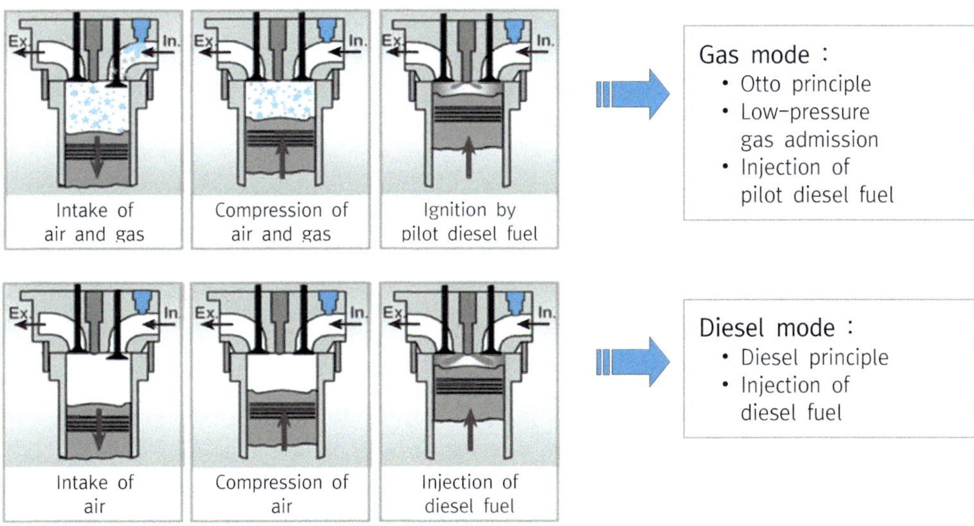


그림 9-19 이중연료 디젤엔진

**③ 일반저속 디젤엔진 및 재액화 장비**

대부분의 상선은 중유를 연료로 하는 선박용 디젤엔진이 장착된다. 디젤엔진으로 프로펠러를 직접 구동하는 것이 DF엔진으로 전기를 생산해 모터를 돌리는 것보다 추진 효율이 더 좋다.

BOG는 재액화 장비를 이용해 자연 증발한 가스를 다시 액화시켜 화물창에 되돌려 넣는 방식으로 해결한다.

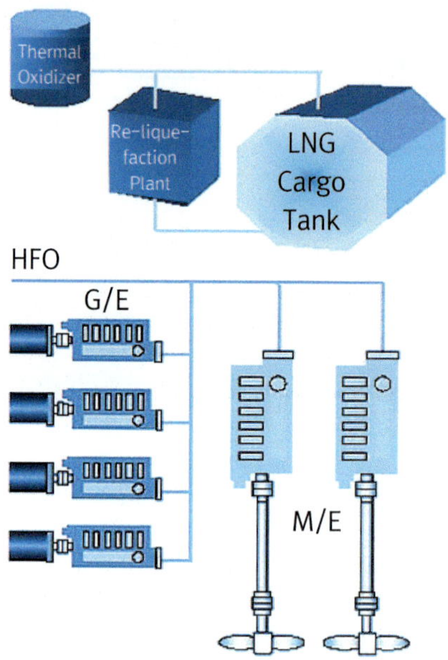


그림 9-20 일반저속 디젤엔진 및 재액화 장비

**④ Gas Injection 저속 디젤엔진**

최근 천연가스를 연료로 사용하면서 프로펠러를 직접 구동하는 새로운 엔진이 개발됐다. 엔진 기술사인 MAN Energy Solution이 개발한 ME-GI(Main engine Electronic control Gas Injection) 엔진과 WinGD의 X-DF(eXtra long stroke Dual Fuel) 엔진이다.

벙커C유와 천연가스 모두를 연료로 사용할 수 있는 이중연료 엔진이다. 프로펠러를 직접 구동하기 때문에 엔진 효율이 높다는 장점이 있으며 DFDE 시스템보다 연비가 약 10% 가량 우수하다.

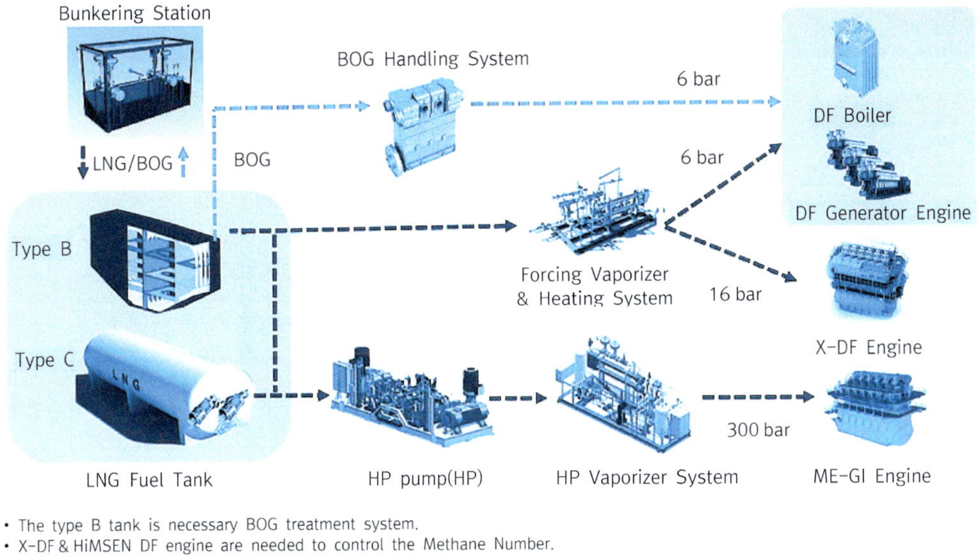


그림 9-21 Gas Injection 디젤엔진

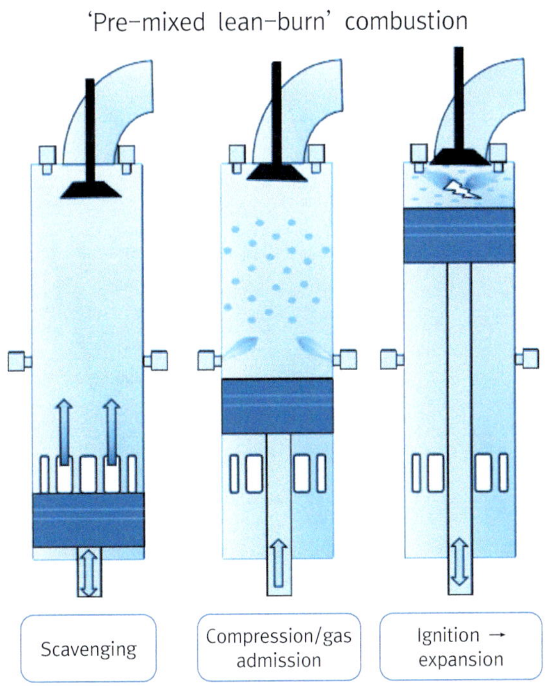


그림 9-22 Gas Injection 저속 X-DF 엔진

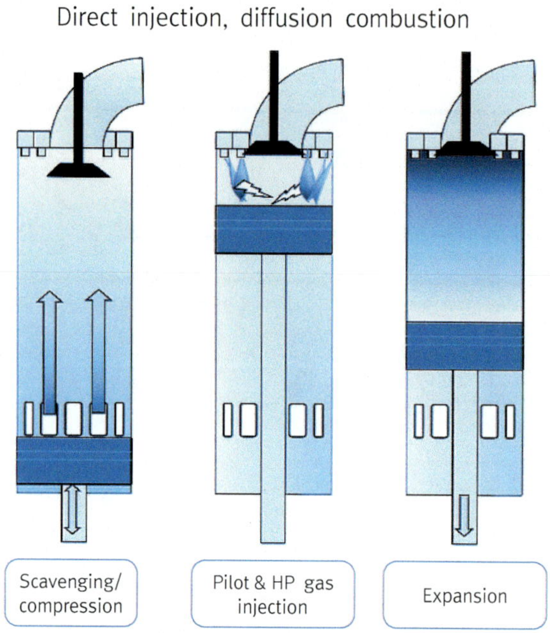


그림 9-23 Gas Injection 저속 ME-GI 엔진

#### ⑤ 추진시스템 효율 비교

| 추진 시스템 | | Steam turbine | DFDE | 저속엔진 & 재액화 | ME-GI 엔진 |
|---|---|---|---|---|---|
| 개념도 | | 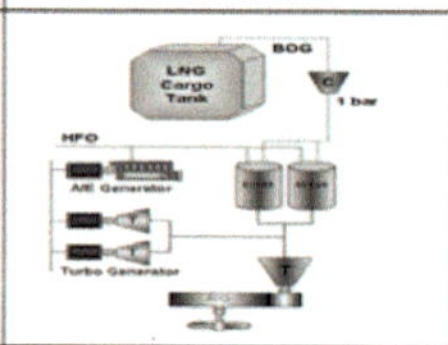 | 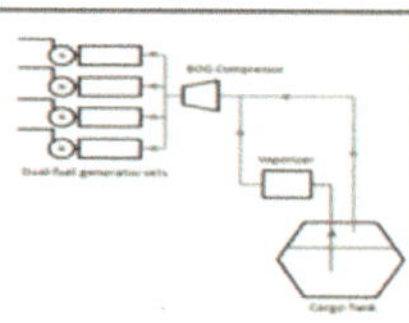 | 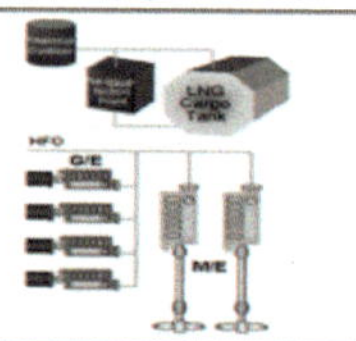 | 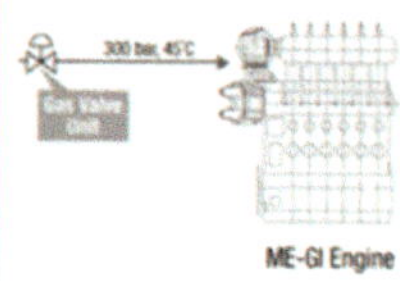 |
| 장점 | | 60년대 이후 적용<br>신뢰성 높음 | 연료효율이 좋음 | 연료효율이 좋음<br>Cargo/Engine part 분리가능 | 연료효율이 좋음 |
| 단점 | | 연소효율이 나쁨 | BOG 만의 연료사용 불가능 | 재액화장치 구동 전력요구됨 | LNG 고압펌프/증발기 요구 |
| 경제성 | 초기투자 | 100 | 105 | 105 | 106 |
| | 연료소모 | 100<br>(BOG + HFO) | 67<br>(BOG + HFO) | 65<br>(HFO) | 45<br>(LNG + HFO) |
| 배기가스 | CO2 | 100(87) | 66 | 77 | 61 |
| | NOx | 4(3) | 100 | 99 | 20(with EGR) |
| | SOx | 67(0) | 43 | 100 | 0 |

그림 9-24 추진시스템 효율 비교

## 9.4.2 발전기 엔진(Generator Engine)

### (1) 개요

선박에 소요되는 전기를 생산하기 위한 기계장치가 발전기이다. 발전기는 자석 N극과 S극 사이 자기장이 있는 곳에 코일을 넣고 회전시키면 자기장의 변화로 전기가 만들어 진다. 이때 필요한 회전력을 얻기 위해 일반적으로 4행정 디젤기관을 설치한다.

과거 LNG선은 메인엔진으로 증기터빈을 설치했기 때문에 발전기엔진으로 증기터빈을 사용하기도 했다. 선박에 설치된 장비들 중 전기를 필요로 하는 장비는 전력이 공급되어야 운전이 가능하므로 발전기가 고장 나서 사용하지 못하게 될 경우에 대비하여 여러 대의 발전기 및 비상발전기를 설치하고 있다. 일반적으로 3대씩 설치가 되나 컨테이너선의 경우 냉동컨테이너 및 스러스터 (Thruster)등이 설치되어 전력소모량이 많아 5대까지 설치되기도 한다.

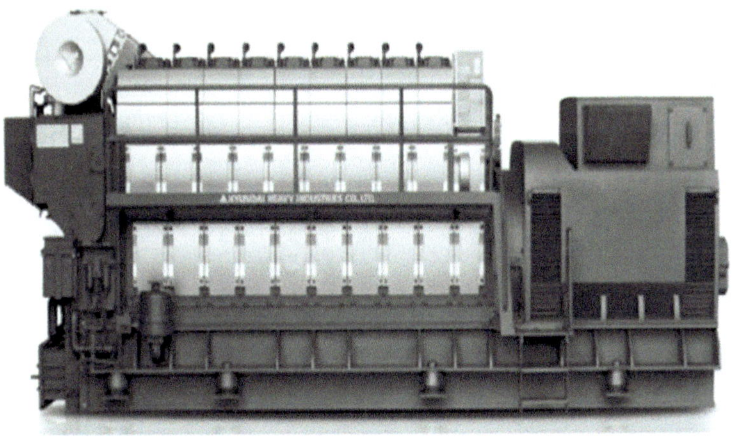

그림 9-25 Generator Engine

### (2) 비상발전기(Emergency Generator) 용도 및 가동 조건

선박에서 발전기들이 전력공급을 하지 못할 경우 자동(45초 이내)으로 선내에 비상 전원이 공급되어야 하며 반드시 전원이 공급되어야 하는 장소는 다음과 같다.

- 비상등
- 항해통신 장비 전원
- Emergency air compressor 시동
- 선급 및 SOLAS에서 비상 전원을 요구하는 장비

## (3) 발전기 용량 산정 기준 및 결정

발전기의 용량을 산정하기 위해서는 선박에 있는 각종 기계장치에서 필요로 하는 전력량을 운항 상태별로 정리한 ELB(Electric Load Balance = electric load analysis table)를 먼저 작성한다.

선박의 종류별로 발전기의 용량 선정 기준은 다음과 같다.

- Container
  - Sea-going condition : 60%이상 85%이하
  - Maneuvering condition : 60%이상 85%이하
- Tanker
  - Sea-going condition : 60%이상 85%이하
  - Maneuvering condition : 60%이상 85%이하
- FPSO(Essential generator)
  - Essential operating condition : 70%이상 85%이하로 유지

운항 상태는 항해(Normal seagoing), 입·출항(Maneuvering), 하역(Cargo handling) 및 정박상태(In harbour)로 구분한다. 보기의 실수요 전력은 각 보기별 Load factor를 정하여 결정한다. Bow thruster가 없는 일반 상선일 경우 용량은 메인엔진의 출력에 따라 변화하는 경우가 많으므로 선박의 각 운항 상태에 따른 메인엔진 출력을 다음과 같은 기준으로 정한다.

### 1) 실수요 전력

실수요 전력은 선박의 각 운항 상태에서 보기의 실수요 전력을 일컫는 것으로 다음 식에 의해 계산된다.

$$P = \frac{P_o}{a \times \eta m} \times f = \frac{P_o}{\eta m} \times fd = Pe \times fd$$

- $P$ : 보기용 Motor의 실수요 전력
- $P_o$ : 보기용 Motor의 정격 출력
- $Pe$ : (= $P_o$ / $\eta m$) 보기용 Motor의 정격 입력
- $\eta m$ : 보기용 Motor의 정격시의 효율
- $f$ : Load factor (부하율)
- $fd$ : 개략 부히율
- $a$ : 보기용 Motor의 margin
- Water pump : 110 ~ 120%, Oil pump : 120 ~ 130%, Vent. fan, compressor : 110 ~ 115%

### 2) 발전기 용량 결정

$$Pe = Pg / 0.735 \times \eta$$

- $Pe$ : Generator engine output (ps)
- $Pg$ : Alternator output (kw)
- $\eta$ : Generator efficiency (0.92~0.94)

발전기용 Diesel engine은 업체에 따라 표준형이 있으므로 일반적으로 업체 표준형에 따른다. 이 경우 Engine output을 업체의 호칭 출력을 그대로 적용하는 경우와 실제 Alternator 용량에 따른 Engine output, 즉 계산치로 나온 출력을 그대로 적용하는 경우도 있다.

## (4) 공급업체

과거에는 국내 중속엔진 업체가 없어 MAN B&W, Wartsila, Daihatsu, Yanmar로부터 로열티를 지불하고 국내에서 엔진을 생산하거나 혹은 외국에서 수입하여 선박에 설치를 해왔다. 2001년 국내 최초로 현대중공업에서 자체 기술로 힘센(HiMSEN) 엔진(Model H21/32)을 개발·생산을 시작했고 현재는 전 세계에 공급을 하고 있다.

## 9.4.3 보조보일러(Auxiliary Boiler)

선박에 필요한 난방, 온수, 취사 등에 소요되는 증기를 만들어 내는 장치이다.

원유운반선(Crude oil tanker)의 경우 이송 중 원유가 굳어지는 것을 예방하고 하역 시 원활한 펌핑(Pumping)을 위해 각 화물탱크 내부에 히팅코일(Heating coil)을 설치하고 증기를 이용하여 가열한다. 이때 증기를 생산하는 보일러의 용량이 크고 원유 하역 시에는 화물탱크를 가열할 필요가 없기 때문에 이 잉여 증기를 이용 Cargo oil pump나 Ballast pump를 운전한다.

연료유(H.F.O)는 2~30도의 온도에서는 타지도 않을 뿐더러 펌프로 이송조차 되지 않는 점도를 가지기에 점도를 낮추기 위해 H.F.O를 가열하는데 보일러에서 생산된 스팀을 사용한다.

보일러 용수는 청수(Fresh water)로 사용된 스팀을 다시 응축시켜 응축수탱크(Cascade tank)에 모은 뒤 다시 보일러 급수로 재사용하는 순환시스템도 구축되어 있다.

그림 9-26 Auxiliary Boiler

## 9.4.4 이코노마이저(Economizer)

메인엔진 또는 발전기엔진 연소가스의 폐열을 이용하여 물을 가열하여 증기를 발생시키는 장치이다. 항해 중에는 메인엔진의 배기가스만으로도 충분한 스팀이 공급된다. 일반적으로 이코노 마이저는 자체적으로 물과 증기를 분리할 수 없어 가열된 물을 보조 보일러로 보내 보일러 내부의 증기공간을 이용해서 물과 증기를 분리한다. 자체적으로 물과 증기를 분리할 수 있을 경우에는 폐기가스 보일러(Exhaust gas boiler)라 한다.

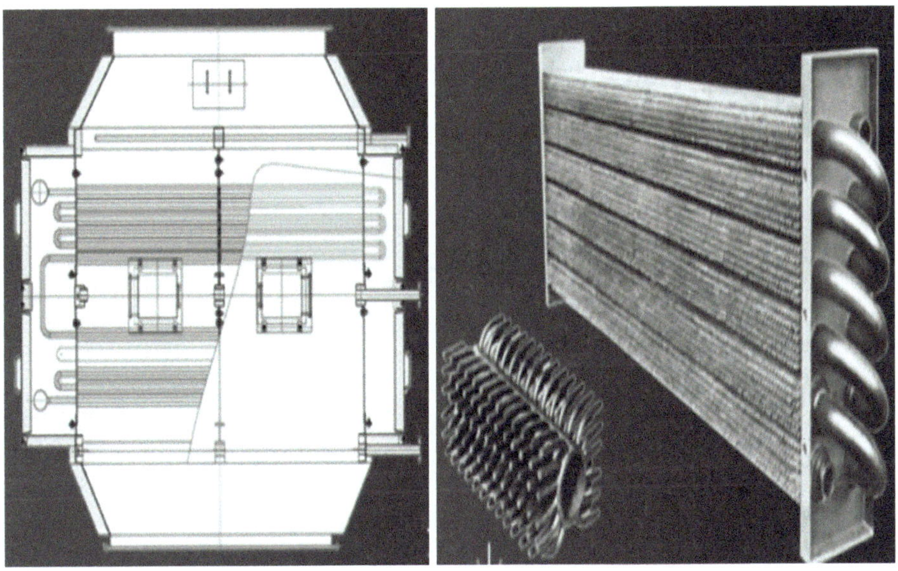

그림 9-27 Economizer

## 9.4.5 공기압축기(Air Compressor)

선박에서 필요한 압축공기를 생산하기 위한 장비이다. 선박 내 공기압 구동을 하는 계기 및 밸브에 사용되는 압축 공기를 만드는데 이용되고 있다. 압축공기는 사용 용도에 따라 엔진 구동용 압축 공기(Main starting air), 컨트롤 및 서비스 압축 공기(Control & Service air)와 작업용 압축 공기(Working air)로 나누어진다.

우선 엔진 구동용 압축공기는 선박 엔진의 구동 시 사용되는 고압 압축 공기이며, 컨트롤 및 서비스 압축공기는 선박의 추진 장비인 메인엔진의 리모트 컨트롤 시스템에 사용되며 메인엔진의 컨트롤(각종 계기류 및 밸브류 제어)을 위해 사용된다.

아울러, 작업용 압축공기는 선박 내에서 사용되는 작업용 공구(Tool), 건화물 핸들링(Dry bulk handling) 배기구(Air Fan) 및 선박 평행수 등 기타 장치에 사용되는 압축 공기이다.

- 주기엔진 및 발전기 엔진의 시동
- 각종 장비의 Control air 공급
- 각 구역 Service air 공급

그림 9-28 Air Compressor

## 9.4.6 압축공기 저장용기(Air Reservoir)

압축공기를 저장하기 위한 용기이며 통상 주 압축공기용기 2대, 작업용 압축공기용기 1대, 보조 압축공기용기 1대를 설치한다.

그림 9-29 Air Reservoir

## 9.4.7 제어공기 제습기(Control Air Dryer)

압축 공기 속에 포함된 수분을 제거하여 최적의 Control air를 만들기 위한 장비이다.

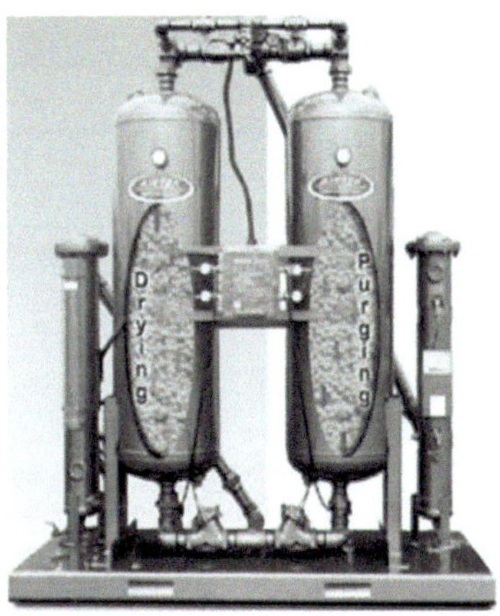


그림 9-30 Control Air Dryer

## 9.4.8 유청정기(Oil Purifier)

기름 속에 포함된 물이나 슬러지의 비중이 기름의 비중과 다르기 때문에 발생하는 침강현상을 이용하는 청정방법이다. 고속 회전하는 회전통에서의 원심력을 이용하여 윤활유 및 연료유에 포함된 불순물(수분, 고형분)을  제거하여 양질의 윤활유와 연료를 만들기 위한 장비이다.

그림 9-31 Oil Purifier

## 9.4.9 쿨러(Cooler)

주기 및 보기를 가동하고 나온 뜨거운 윤활유와 청수를 냉각시키는 장비로 냉각된 유체는 다시 장비로 공급 됨, 주요 Cooler는 다음과 같다.

- Main L.O. cooler
- Central F.W. cooler
- H.T. F.W. cooler
- Dump/Drain cooler

그림 9-32 Cooler(plate type)

## 9.4.10 히터(Heater)

연료유, 윤활유 및 청수를 그 장비의 사용 목적에 맞게 적절히 가열시키기 위한 장비, 주요 Heater는 다음과 같다

- H.F.O purifier heater
- L.O purifier heater
- Aux. boiler F.O. heater
- M/E & A/E J.W preheater

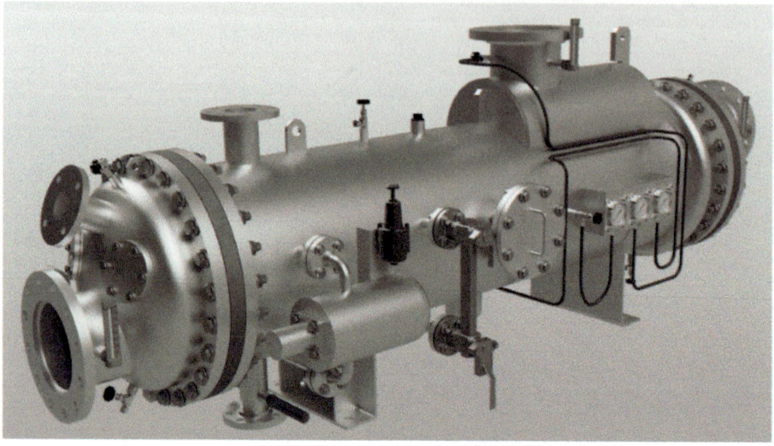

그림 9-33 Heater(shell and tube type)

## 9.4.11 펌프(Pump)

각종 액체를 수송하기 위한 기계를 펌프라고 한다. 압력작용에 의해 유체는 관을 따라 이동하게 되므로 이를 통한 수송 작업을 하며, 보통 저압의 계(낮은 곳)에 있는 유체를 고압의 계(높은 곳)로 압송하는 데 사용한다.

펌프의 분류는 구조의 차이에 따라 왕복펌프, 회전펌프, 용적펌프, 원심펌프 등이 있다. 왕복펌프는 흡입밸브와 송출밸브가 교대로 개폐하며 실린더 안을 왕복 운동하는 피스톤에 의해 유체를 끌어 올리며 수압기나 보일러 등에 사용되고 있으며, 원심펌프는 회전하는 임펠러(Impeller, 날개차)의 바깥쪽에 통로를 만들어 중심부로 들어간 유체가 임펠러의 회전에 의한 원심력으로 바깥쪽으로 유출되는 것을 이용한 펌프로 배수용, 상하수도용, 화학공업용 등으로 산업체에서 가장 많이 사용되고 있다.

그림 9-34 Pump(centrifugal type)

## 9.4.12 조수기(Fresh Water Generator)

일반적으로 선박에서는 청수(Fresh water)가 생활용수뿐만 아니라 보일러수 및 각종 기기의 냉각수로 반드시 필요하므로 별도의 청수탱크를 두어 상기 청수를 저장해 두고 있으며, 이때의 청수는 육상으로부터 급수하거나 혹은, 조수기(Fresh water generator)를 이용하여 해수(Sea water)로부터 염분을 제거하여 얻게 된다.

조수기는 메인엔진으로부터 배출되는 냉각수(Jacket water)를 열원으로 하여 해수를 증발시키고, 이때의 증발된 수증기를 응축시켜 담수화함으로써 청수를 얻도록 구성된다.

그림 9-35 Fresh Water Generator

## 9.4.13 무기물투여기(Mineralizer)

조수기로부터 생성된 물은 PH 값이나, 경도, 미네랄 함유 미달 이유로 식수로 바로 이용할 수 없다. Mineralizer 이용함으로써, 경도, PH값, 미네랄을 공급 식수로 음수 가능하게 한다. 돌로마이트와 Re-hardening 물질은 3개월마다 정기적으로 교체해야 하며 PH 값이 6.5 이하로 떨어지면 교환한다.

## 9.4.14 청수살균장치(Fresh Water Sterilizer)

음용수나 위생수 속에 들어있는 바이러스나 박테리아 등의 미생물을 살균하기 위한 장비이다.

## 9.4.15 온수기(Calorifier)

선내에 필요한 온수를 공급하기 위해 청수를 가열하는 장비이다.

## 9.4.16 유수분리기(Oily Water Separator)

빌지, 발라스트수 또는 탱크 클리닝시의 폐수 등 오손된 물을 선외로 배출할 때, 기름성분이 함께 배출되지 않도록 물 속에 포함되어 있는 기름성분을 물로부터 분리해 주는 장치이다. 배출 중의 기름농도 허용값은 15 ppm(육지로부터 12해리보다 먼 바다에서는 100 ppm)미만이다.

그림 9-36 Oily Water Separator

## 9.4.17 소각기(Incinerator)

선박에서 발생한 폐유나 폐고형물(쓰레기)를 소각하여 공해와 해양오염을 방지한다. 폐유를 히팅하여 최상의 연소조건 상태로 만들어 연소 주변온도 상승을 막고 열변형을 막기 위하여 로와 외벽사이 외부공기를 유입, 안전 고려한다. 자동으로 운전되며 배기가스 온도에 따라 버너가 자동 차단된다.

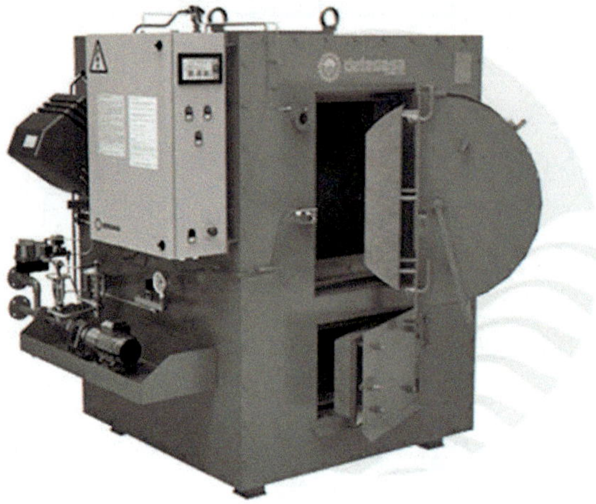

그림 9-37 Incinerator

## 9.4.18 오수 처리기(Sewage Treatment Plant)

거주구(선실)에서 발생되는 오수, 주방에서 발생하는 설거지물 등을 소독 처리하여 선외로 배출하기 위한 장비이다. 총톤수 200톤 이상의 선박 또는 최대 승선인원 10명을 초과하는 선박은 모든 생활 오수를 연안 4해리 이내에서는 배출 금지, 4해리부터 12해리까지는 생물화화적 산소 요구량(BOD) 50 ppm 이하, 부유 고형물(Suspended solids) 50 ppm 이하, 대장균수 200/100 mL 이하로 처리되어 있지 않으면 배출할 수 없으며, 12해리 이상에서 선박이 4노트 이상의 속도로 항행 중일 때에는 특별한 제한은 없다.

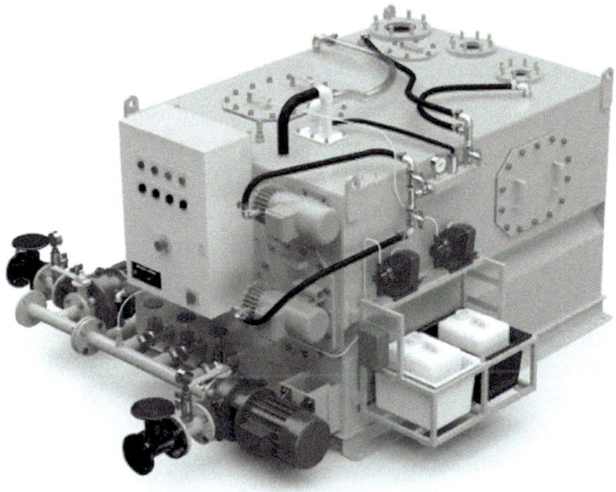

그림 9-38 Sewage Treatment Plant

## 9.4.19 기관실 공기 공급 및 배출 팬(Engine Room Air Supply & Exhaust Fan)

기관실에 필요한 공기를 불어 넣어 주고 배출 시켜주는 장비이다. 선박의 기관실에는 엔진구동(연소) 및 냉각에 필요한 외부 공기를 공급하기 위해 팬이 설치된다.

그림 9-39 Engine Room Air Supply & Exhaust Fan

## 9.4.20 기관실 크레인(Engine Room Crane)

기관실 천정에 설치되어 무거운 물건을 운반할 때 사용하는 장비이다. 일반적으로 중대형 선박에서는 메인엔진, 보조기관 등의 정비와 수리를 위해 기관실 천정에 크레인을 설치한다.

그림 9-40 Engine Room Crane

## 9.4.21 유압공급장비(Hydraulic Power Pack Unit)

기관실이나 갑판에 필요로 하는 유압을 발생·공급시켜 주는 장비이다. 윤활성과 점도를 갖는 작동유체를 써서 유압펌프로 압력에너지를 그 작동유에 공급하고, 이것을 배관, 각종 제어밸브 및 그 부속장치를 거쳐 유압모터, 유압실린더 등으로 공급하는 장비이다.

그림 9-41 Hydraulic Power Pack Unit

## 9.4.22 불활성 가스 생산장비(Inert Gas Generator)

화물창에 실려 있는 기름 상부에 불활성 가스를 주입시켜 화재를 예방하고 폭발을 방지하기 위한 장비이다. 원유 저장용 저장탱크를 갖는 원유운반선이나 LNG/LPG 저장용 저장탱크를 갖는 LNG/LPG 운반선 등의 선박에서는 저장탱크에 저장된 원유 등으로부터 증발가스가 발생하며, 발생된 증발가스는 저장탱크내의 공기층에 잔류하게 되어 외부의 공기가 유입되면 폭발성을 가지는 위험한 상태가 된다.

이러한 위험한 상태를 방지하기 위해 원유 또는 LNG/LPG 운반용 선박에서는 저장탱크에 외부공기가 유입되는 것을 방지하고 원유 등의 증발가스로 인한 폭발의 위험을 제거하는 수단으로서 선박용 디젤유를 연소하여 불활성가스를 생성하여 저장탱크 내에 공급한다.

그림 9-42 Inert Gas Generator

## 9.5 축계(Shaft system)

### 9.5.1 개요

메인엔진에서 발생한 동력을 추진기(Propeller)로 전달하는 장치로 역할에 따라 프로펠러축과 중간축으로 나뉜다.

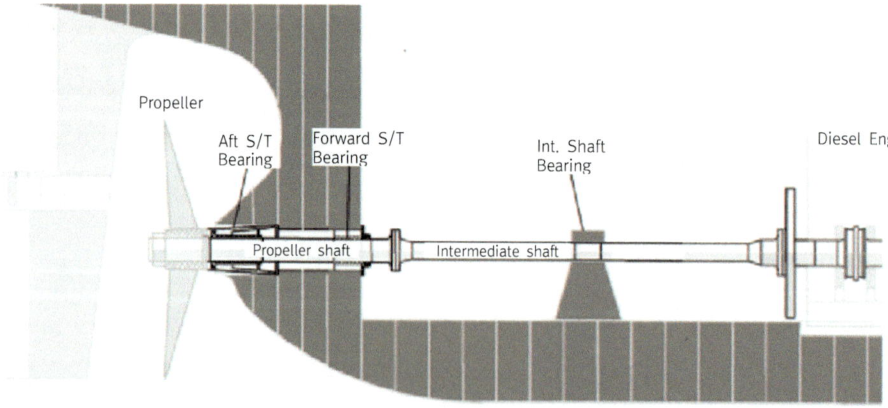


그림 9-43 축(Shaft)

## 9.5.2 추진축(Propeller Shaft)

추진기인 프로펠라에 연결된 축으로 반대편엔 기관실 내부의 중간축과 연결되어 있다. 프로펠러 샤프트는 선미관(Stern tube)에 의해 선박의 선체내측에 설치된다. 선미관의 내측은 프로펠러 샤프트 및 프로펠러의 중량을 지탱하기 위한 베어링 역할을 할 수 있는 구조로 되어있다. 선미관은 선미 프레임(Stern frame)에 의해 선체에 체결된다. 프로펠러에 가장 근접하는 단부에는, 해수가 선박의 선체 내에 유입하는 것을 방지하고 또한 베어링 윤활 오일이 해수로 누출되는 것을 방지하기 위한 실링 장치가 설치된다.

## 9.5.3 중간축(Intermediate Shaft)

메인엔진과 에서 발생한 동력을 프로펠러 샤프트로 전달하는 장치로 크랭크샤프트와 조립되어 크랭크샤프트의 회전운동을 프로펠러 샤프트에 전달해 프로펠러를 회전시킨다.

## 9.5.4 축계정렬(Shaft Alignment)

추진 축계베어링의 오프셋을 조절하여 하중의 적절한 분배를 실현하는 것이다.

축의 자유곡선에 따른 베어링 설치 수량과 위치를 결정하여 유연한 축계를 만든다(추진 축계를 지지하는 베어링의 높낮이 및 하중의 적절한 분배를 위하여 각 베어링의 오프셋 조절).

부가장치(감속기어, 축봉장치등)의 건전성을 확보할 수 있으며, 프로펠러 등에 의한 과도한 하중이 최후부 베어링에만 작용하고 인접한 베어링에는 무부하 상태를 유지하는 것을 방지한다.

일반적으로 베어링 수는 적게 하고 간격을 크게 함으로써, 축계 배치는 변화에 둔감하게 되어 안정하게 되지만 진동문제를 고려하여 허용지지 하중 이내가 되도록 결정된다.

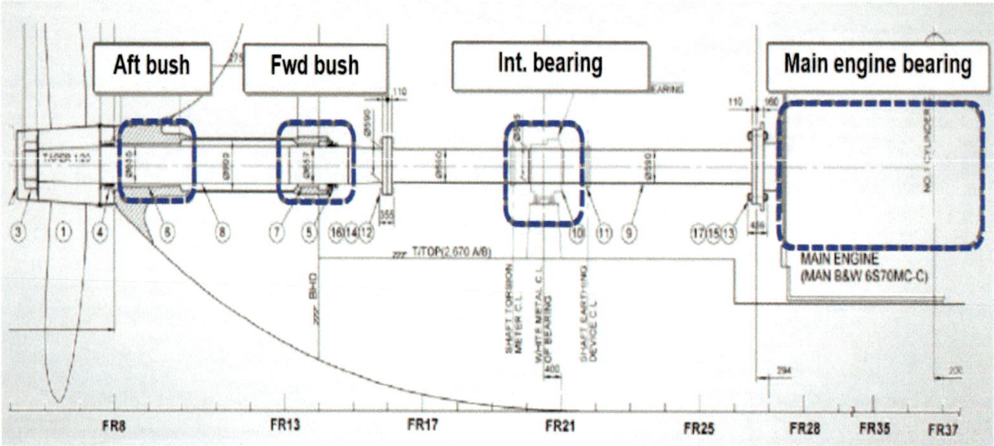


그림 9-44 축계 베어링(Bearing)의 위치

## 9.5.5 선미관(Stern Tube)

선미축계 내부로 해수가 선내로 침투하는 것을 막고 윤활유가 밖으로 유출되는 것을 막아주는 장치. Shaft가 회전운동을 할 수 있도록 Bearing 또한 포함된다.

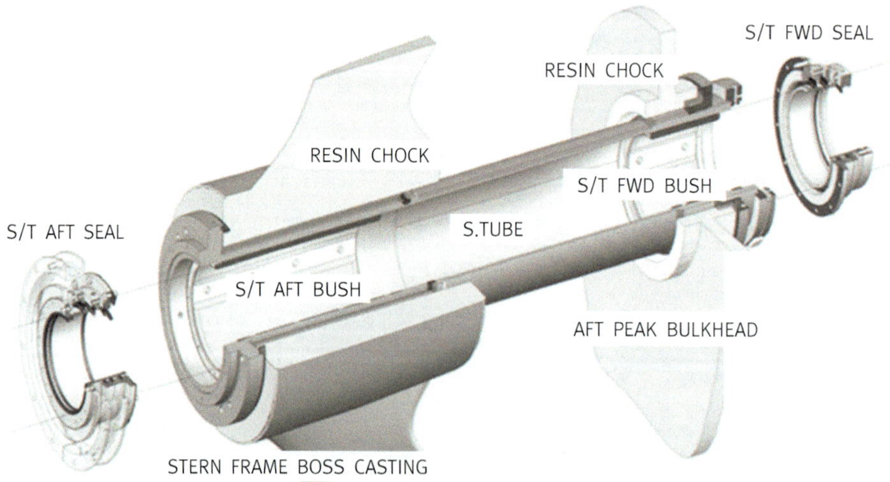


그림 9-45 Stern Tube

# 9.6 기관실 배관시스템

## 9.6.1 개요

기관실 배관시스템(Engine room piping system)은 기관실에 설치된 주기(Main engine)를 비롯한 보조기기에 공급하는 연료, 윤활유, 냉각수 및 엔진의 시동을 위한 압축공기를 공급하는 기관 배관시스템, 보일러 급수 및 증기 시스템, 빌지 및 소화시스템, 음용수 및 온수 시스템, 하수 처리시스템 등으로 구성되어 있다.

선박의 운항에 요구되는 Piping system diagram은 Service 용도별로 Pipe line의 재질, 압력, 온도, Size, Joint Fitting, Test & Inspection, Treatment, Rule & Reg. 등을 검토·반영하여 작성하며, 또한 Valve 및 Fitting류 등을 Sys.의 기능에 맞게 선정한다. 참고로 Diesel engine을 장비한 선박은 다음과 같은 System들로 구성된다.

- 연료유 시스템(Fuel oil system)
- 윤활유 시스템(Lub. oil system)
- 냉각수 공급 시스템(Cooling water system)

## 9.6.2 연료유 시스템(Fuel Oil System)

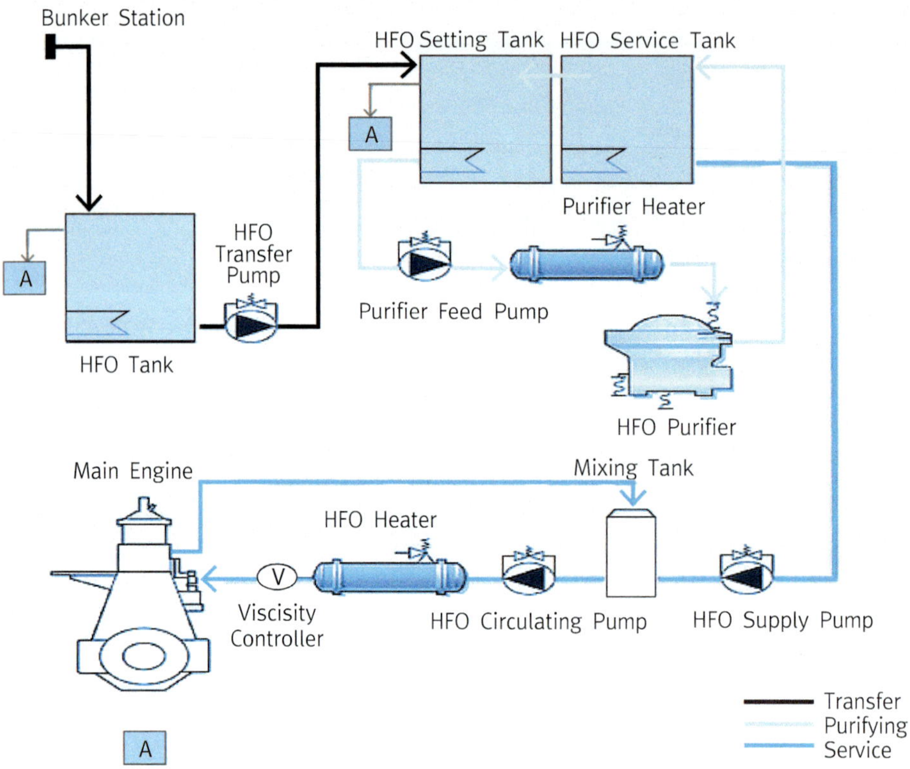


그림 9-46 Fuel Oil System

### (1) 이송계통 (FO Transfer System)

연료공급선에서 Bunker station의 연결구로 호스로 연결된다.

HFO(Heavy Fuel Oil) tank에 받은 후(Bunkering), FO transfer pump 를 사용하여 필요한 만큼 HFO settling tank로 이송된다.

통상 HFO settling tank에 Level switch를 부착하여 Settling tank 내의 기름양이 정해진 높이까지 줄어들면 Transfer pump를 자동으로 구동시키고 충분한 높이에 이르면 자동으로 멈추도록 구성한다.

### (2) 청정계통 (FO Purification System)

침전탱크(Settling tank)에서 비중이 큰 물은 아래로 모이므로 간헐적으로 배출(Drain) 시켜 어느 정도 수분을 제거한다.

중유(Heavy fuel oil)는 많은 불순물이 포함된 저질유이므로 청정기(Purifier)를 사용하여 엔진에 사용할 수 있을 정도로 불순물 및 수분을 완전히 제거한다.

청정기는 일종의 원심분리기로 빠른 속도로 회전하는 통에 가열된 기름을 주입하여 비중이 큰 물과 불순물 분리한다.

### (3) 서비스계통 (FO Service System)

Service tank의 기름은 Supply pump로 펌핑하고 Circulating pump(혹은 Booster pump)로 승압된다.

점도조절기(Viscosity controller)를 통해 엔진의 노즐에서 분사되기 적합한 점도로 맞추어져 엔진으로 공급된다.

엔진에서 필요한 연료양보다 충분히 많게 공급하고 잔여분은 Mixing tank로 되돌아와 Service tank 쪽에서 온 기름과 섞여 다시 엔진 쪽으로 가는 순환이 이루어진다.

## 9.6.3 윤활유 시스템(Lubrication Oil System)

### (1) 개요

선박 기관실 내의 윤활 및 냉각을 필요로 하는 기기에 윤활유 공급을 위한 배관 및 제반 장치이다. 기기의 활동부 사이에 유막을 형성하여 고체마찰을 유체마찰로 만들어 마모 및 마찰저항을 감소시킨다. 윤활작용을 목적으로 하며, 부가적으로 냉각, 소제, 및 밀봉 작용을 한다.

## (2) 선박기관 윤활유의 역할

### 1) 마찰 감소 기능

금속 표면에 유막을 형성함으로써 고체 마찰을 액체 마찰로 변환시켜 마찰을 감소시키는 것으로 윤활유에 있어 가장 일반적이고 중요한 기능이다.

### 2) 냉각 기능

마찰이 일어나는 부위에서는 반드시 마찰열이 발생하며, 이에 해당 열을 흡수하거나 외부로 방출하는 것이 필요하며, 그렇지 않을 경우 시스템의 파손 및 변형을 가져오게 되는데 이것에 대한 저항 역할을 윤활유가 담당한다.

### 3) 하중의 분산 기능

기어나 베어링의 경우 접촉면이 점이나 선 정도로 제한됨에 따라 순간적으로 높은 하중이 걸린다, 윤활유를 도포할 경우 윤활유 유막이 해당 하중을 유막 내에 분산시키는 기능을 수행함으로써 높은 하중으로부터 시스템을 보호하게 된다.

### 4) 세정 기능

장비의 부식이나 노후화에 따른 이물질이 발생할 가능성, 특히 내연연소 기관의 경우 그을음 등이 다량으로 발생하며, 이러한 부식물들이 시스템에 영향을 미쳐 수명을 단축시킨다. 윤활유는 이러한 이물질들을 자체 성능으로 비누처럼 씻어내는 기능을 수행하고 있다.

### 5) 밀봉 기능

시스템 내의 미세한 틈 사이를 막는 역할을 뜻한다. 특히 내연기관이나 공기 압축기와 같은 피스톤링과 실린더 사이를 밀봉시켜 연소가스의 누출, 외부 이물질의 내부 유입을 차단하여 당초 설계대로 내부 압력 등을 유지, 시스템을 보호하는 기능이다.

### 6) 방청 기능

금속은 물과 산소에 장기간 노출 시 필연적으로 녹이 발생하게 되는데, 윤활막으로 금속 표면을 보호할 시 녹 발생은 억제되고 이에 따라 시스템의 작동 수명이 연장되는 효과가 있다.

### (3) 실린더 및 시스템 오일(Cylinder & System Oi)

크로스헤드 타입 엔진은 실린더 부분과 크랭크 케이스가 칸막이로 구분된 엔진으로, 피스톤을 누르는 압력이 피스톤 로드와 컨넥팅 로드를 통해 크랭크 축에 전달된다. 각 부분의 윤활은 실린더 내부벽면인 실린더 라이너와 크랭크 케이스 내를 구분하여 별도로 급유해야 한다. 실린더 라이너에 공급하는 오일을 "실린더오일" 크랭크케이스 각부에 공급하는 오일을 "시스템오일" 이라 한다.

## 9.6.4 냉각수 시스템(Cooling Water System)

기관실 내 메인엔진, 보기 등의 내연기관의 냉각, Exhaust steam의 응축 및 냉각을 위해 구성하는 시스템이다.

### (1) 해수 냉각시스템(Conventional Cooling System)

메인엔진 및 보기의 Cylinder jacket을 청수(Fresh water)로 냉각하고 그 외의 장비는 해수(Sea water)로 냉각시키는 시스템이다.

독립적인 해수 냉각 시스템을 형성함으로써 펌프 구동비 절감 및 시스템 작동에 장점이 있으나 대부분 관이 해수로 이루어져 관 부식에 대한 결점이 있다.

### (2) 중앙집중 청수 냉각 시스템(Central Cooling System)

메인엔진 및 보기의 Cylinder jacket을 냉각시키기 위한 고온 청수냉각 순환 방식(High temperature cooling system)과 그 외의 냉각기 및 장비들의 냉각을 위한 저온 청수냉각순환 방식(Low temperature cooling system)이 있다.

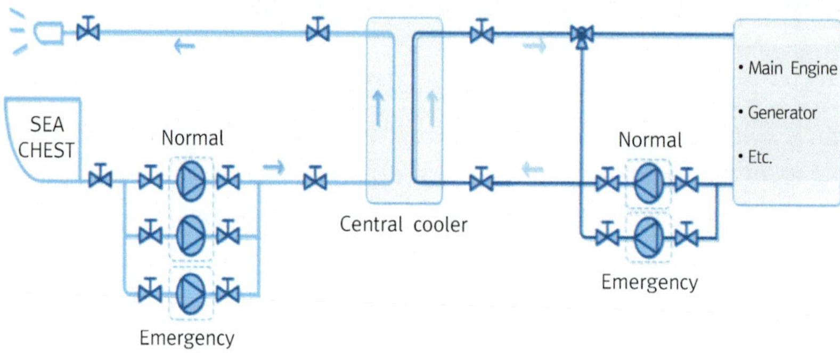


그림 9-47 Central Cooling System

## (3) High/Low Temperature Cooling System

메인엔진이나 발전기엔진(Generator engine) 경우 실린더재킷(Cylinder jacket)의 냉각수(Cooling water) 온도가 낮으면 저온부식이 발생하기 때문에 고온 냉각수를 공급하고 그 외 부분에 대해서는 저온 냉각수를 공급한다.

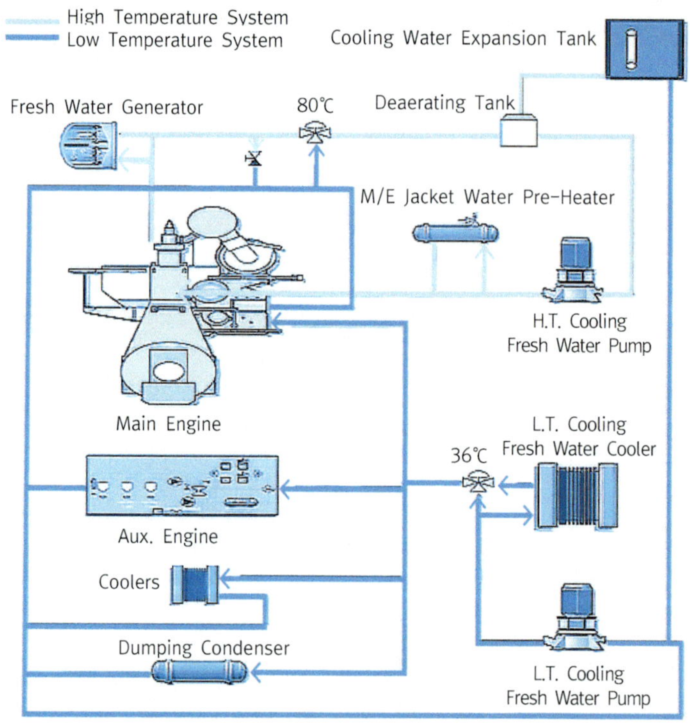


그림 9-48 High/Low Temperature Cooling System

### 1) 고온 냉각청수 시스템(High Temperature Cooling Fresh Water System, HT CFW Sys) - 하늘색 라인

메인엔진과 발전기엔진에는 소기(Scavenge air) 냉각을 위한 에어쿨러(Air cooler) 및 윤활유냉각기(L.O cooler)에는 저온 냉각수가 들어가지만 실린더자켓(Cylinder jacket)에는 고온 냉각수가 필요하다. 이를 위해 별도의 HT cooling system이 필요해지는데 위의 그림은 고온냉각수를 식히기 위한 별도의 열교환기 없이 저온냉각수의 일부가 고온냉각수와 섞이는 방식을 사용한 시스템의 예이며, 발전기엔진의 경우 엔진 자체에 이와 같은 HT system을 포함하고 있는 경우이다.

### 2) 저온 냉각청수 시스템(Low Temperature Cooling Fresh Water System, LT CFW Sys) - 파란색라인

각종 기기류에서 발생한 열을 빼앗아 LT cooler(혹은 Central cooler)에서 냉각해수 쪽으로 전달하는 역할을 한다. 냉각수의 온도는 36℃로 유지되는데 이는 청수를 식혀주어야 하는 해수의 온도가 지역마다 큰 편차가 있으나 일반적으로 최대 해수 온도를 32℃로 정의하여 설계하기 때문이다.

# 9.7 기관실 배치도(Machinery Arrangement in Engine Room)

## 9.7.1 기관실의 구획 배치

기관실은 플로어(Floor), 3rd deck, 2nd deck, 케이싱(Casing) 및 연돌(Funnel)로 위치에 따라 구분하며 Oil과 Water의 저장 및 공급을 위한 Tank와 작업 공간, 소모품 보관을 위한 Room으로 구역을 설정. 또한 각종 장비들을 기능에 맞게 위치를 선정하고 작동에 필요한 의장품의 최적 배치를 확정하여 작성한다.

여러 기관실 설계 도면의 기준이 되는 도면으로 기관실 내 각종 Tank/compartment와 장비배치 도면으로 M/A(Machinery Arrangement)를 작성할 때 그 주안점으로 기능만족, 설치성, 운전성, 유지 보수성, 경제성 등을 염두에 두고 차후 공정에서 수행되는 배관, 사다리, 통로, 환기덕트(Ventilation duct), 작업공구 및 공간, 축계 배치 등을 충분히 고려하여 최적 설계가 될 수 있도록 작성 되어야 한다.

- 각종 장비류 : 최적의 배관배치를 고려하여 동일 시스템(System) 별 장비의 그룹핑(Grouping) 및 장비의 운전, 보수와 유지가 용이하도록 장비를 배치한다.
- Hull tank : Rule, 선주 요구 및 장비업체(Maker)의 추천 사항이 만족 되도록 배치한다.
- Room : 용도에 적합한 Size 및 접근성을 고려하여 배치한다.

### (1) ECR(Engine Control Room)

ECR은 메인엔진, 발전기엔진, 보일러 등의 주요기기를 감시하는데 편리하고 용이하게 접근할 수 있는 위치에 배치한다.

통상 메인엔진보다 높게 설치되는데 메인엔진 앞쪽 또는 좌현쪽에 위치하며 폭은 5~6 m, 길이는 12~14 m 정도로 한다.

Heavy fuel oil service/settling tank는 ECR과 인접해서는 안 되고, 가능한 Heavy fuel oil storage tank 도 인접하지 않도록 한다.

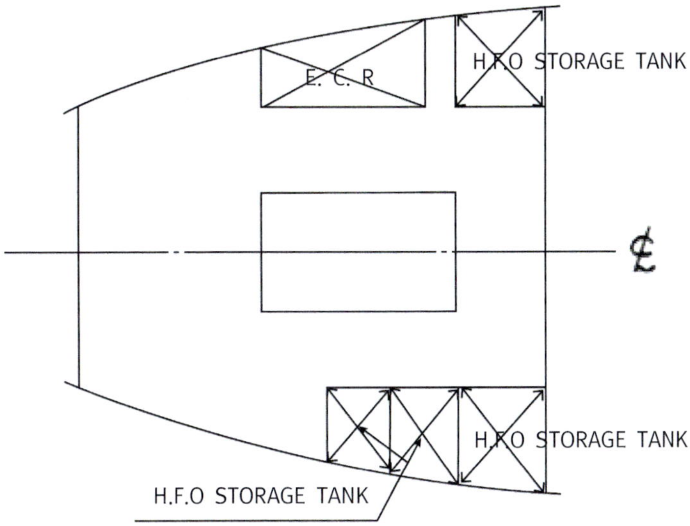


그림 9-49 ECR(Engine Control Room) 배치

## (2) 비상탈출구(Emergency Escape Trunk)

기관실에는 화재 및 비상사태를 대비하여 하부갑판 위치로부터 노천갑판으로 유도되는 1개 이상의 비상탈출구를 설비해야 한다.

Trunk는 가능한 연속적이면서 Emergency fire pump room이나 Steering gear room 등을 이용하여 최단거리의 형태가 되도록 한다.

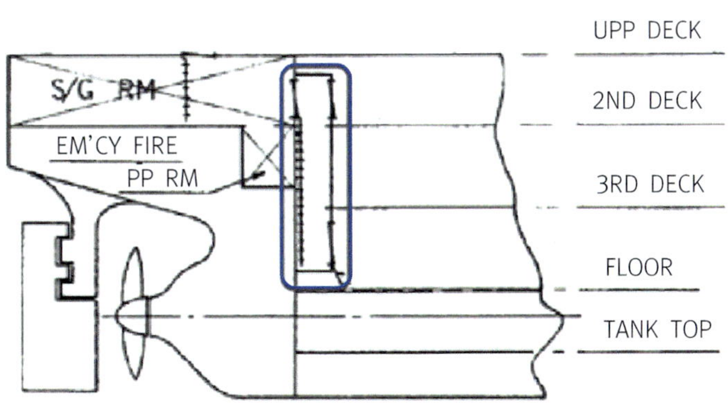


그림 9-50 비상탈출구(Emergency Escape Trunk)

### (3) Engine Room Workshop

메인엔진, 발전기엔진, 보일러 및 제반 장치의 예비품/부품 등을 간단히 가공 또는 제작하는 공작기기 및 부품류들이 배치된다.

### (4) Engine Room Store

기관실 장비들의 예비품, 공구 및 부속품 등을 보관하는 장소

### (5) Purifier Room

선박의 운항에 필요한 Fuel oil 및 Lubrication oil을 청정하는 데 필요한 기기들이 설치되는 Room이다.

Purifier room에는 Purifier, Purifier용 Heater, Feed pump 및 Operating water tank가 설치된다.

### (6) Cofferdam

기관실 내 Cofferdam의 설치 위치는 다음과 같다.

- Lubricating oil tank와 Fuel oil tank 사이
- Water tank와 Oil tank 사이
- 가열되는 Tank와 곡물 저장고 사이
- Fuel oil tank가 Deck에서 끝나고 Deck 하부가 다른 기기 공간 또는 Engine room인 경우
- Engine room과 Emergency generator room 사이
- Main engine lubricating oil sump tank 주위
- 기타 격리가 필요한 부분

## (7) 기관실내 Room 및 Tank가 위/아래로 연결될 경우 배치

가능한 수직방향으로 일치시키는 것이 좋다. 그렇지 않을 경우 위에 있는 Tank가 배의 중심쪽으로 더 들어가는 것이 바람직하다.

Tank 상부갑판(Tank top)에 설치되는 기기의 배관이 Tank 내부로 설치되기 때문에 밑에 있는 Tank가 중심쪽 으로 더 들어가는 것은 좋지않다.

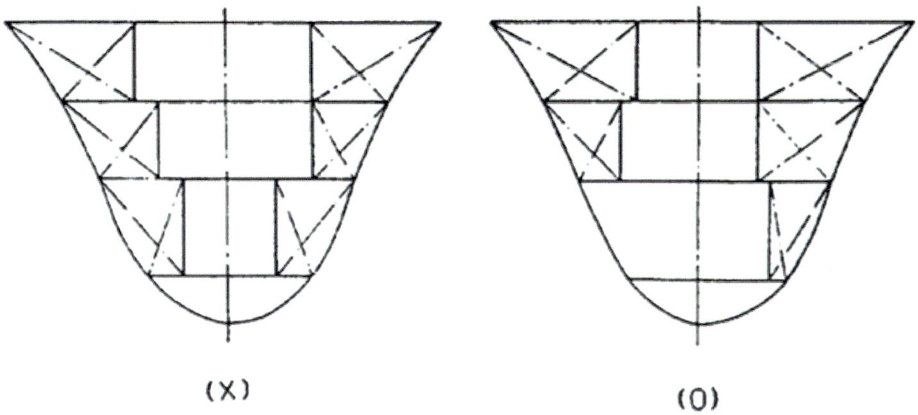


그림 9-51 기관실내 Room 및 Tank 배치

## (8) 기관실내 F.O(Fuel Oil) 및 L.O(Lubricating Oil) Tank 배치

### 1) F.O(Fuel Oil) Tank

기본적으로 모든 F.O tank는 Hull tank로 하고, 배치 불가능할 시에는 적절한 Drip tray를 설치한 Portable tank로 만들기도 한다.

F.O tank는 그 밑면이 Side shell 또는 Double bottom top에 접하여야 한다. 그렇지 않을 때, 즉 Deck에 접할 때는 Deck 상부 또는 하부에 Cofferdam을 설치해야 한다.

F.O tank는 전체를 묶어서 하나의 Boundary로 구성하는 것이 바람직하며 기관실 앞쪽 격벽에 접하여 배치한다.

### 2) L.O(Lubricating Oil) Tank

L.O tank는 가능한 Side shell과 접하지 않도록 배치한다.

### (9) 기관실 내 Double Bottom Tank 배치

기관실 내 이중저(Double bottom)에 배치되는 Tank는 기기 및 System에서 유출된 액체가 중력에 의해 하부로 이동되기 때문에 계통상 기관실 최하단부에 배치되어야 할 Tank들로 구성된다

- Bilge holding tank
- Main engine lubricating oil sump tank
- Fuel oil overflow tank
- Oily bilge tank for waste oil tank
- Bilge well
- 그 외 각종 Drain tank 및 Fuel oil storage tank

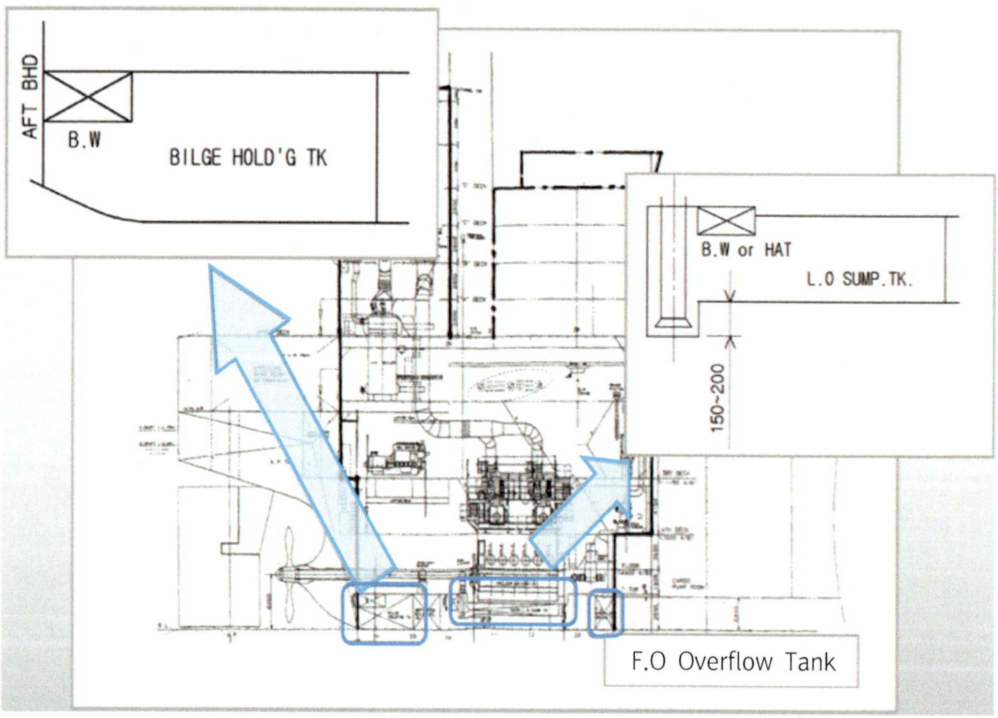


그림 9-52 기관실내 Double Bottom Tank

## 9.7.2 기관실의 길이 및 높이

### (1) 기관실의 길이

선박의 주된 목적은 화물 적재구획 최대화로 기관실 및 선실구획 등 비화물 적재구획은 최소화해야 하나, 기관실에는 선박의 추진을 위한 메인엔진을 비롯한 운항에 필요한 많은 기계장비들 및 이 장비들의 원활한 운전을 위한 보조 장치들이 설치 되어있기 때문에 기관실의 구획을 결정할 때 주의가 필요하다.

선박의 길이 Ls(max) = 1 + 2 + 3

선박의 길이 Le(min) = A + B + C + D

- 1 : 기관실 케이싱(Engine room casing) 길이
- 2 : 기관실 케이싱과 거주구 사이 공간
- 3 : 거주구 길이
- P : 프로펠러 축 길이
- A : 기관실 선미격벽 사이에서 추진축 끝단까지의 길이, 축 Flange 연결작업 및 Stern tube forward seal 설치를 위해 800~1,000 mm는 확보 되어야 한다.
- B : 중간축 길이, 추진축을 기관실내부로 빼낼 경우에 추진축의 길이, 메인엔진의 위치 등을 고려한다. 단, 추진축을 선박의 선미방향으로 빼낼 경우에는 추진축과 무관하게 결정되므로 짧게 할 수 있다.
- A+B : 프로펠러 축을 빼내는데 필요한 길이, 추진축 Stern tube의 보수, 유지, 관리 및 검사를 위한 공간.
- C : 메인엔진(Main engine) 길이
- D : 메인엔진과 기관실 앞쪽 격벽 사이의 길이, 메인엔진 앞쪽의 배관 및 Pump 배치 공간으로서 선종에 따라 다르지만 일반적으로 최소 3 m 는 되어야 한다.
- E : Pump room recess space, 벌크선 및 컨테이너선에는 이 구간이 존재하지 않는다.
- F : 발전기엔진 설치를 위한 길이

- 기타 고려사항
  - 구조의 연속성 확보를 통한 진동 예방
  - 비상 탈출구용 Trunk
  - Fuel oil storage tank 설치
  - 축 발전기 설치여부
  - 진동 감쇄기 설치여부

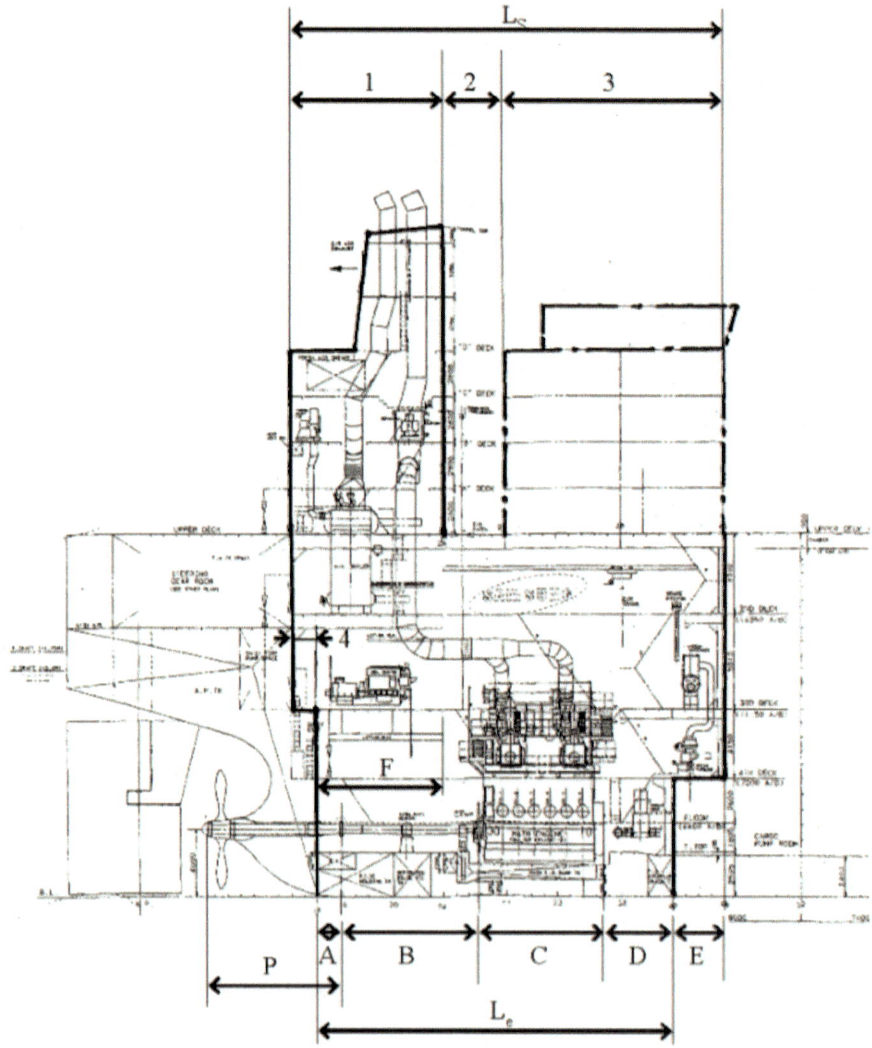


그림 9-53 기관실의 길이

## (2) 기관실의 높이

기관실 높이를 결정할 때 고려해야할 요소.

- 메인엔진 피스톤 개방 높이(M/E piston overhaul height)
- 기관실 중간 갑판(일반적으로 대형선 3개, 중형선 2개)의 높이 확보
- 일반적으로 대형선인 경우 기관실의 높이는 별로 문제가 되지 않는다.

기관실 높이 H 〉 F+G+W+K+X

- H : 기관실의 최상부 갑판과 메인엔진 Crank shaft center 간의 높이
- F : 메인엔진 Crank shaft center와 기관실 Crane hook 간의 높이
- G : 기관실 Crane 및 I-beam 설치를 위한 높이
- W : 기관실의 최상부 갑판 보강재 깊이
- K : 기관실 Crane 상부 배관 배치를 위한 높이(통상 250 mm)
- X : Clearance margin(통상 150~200 mm)

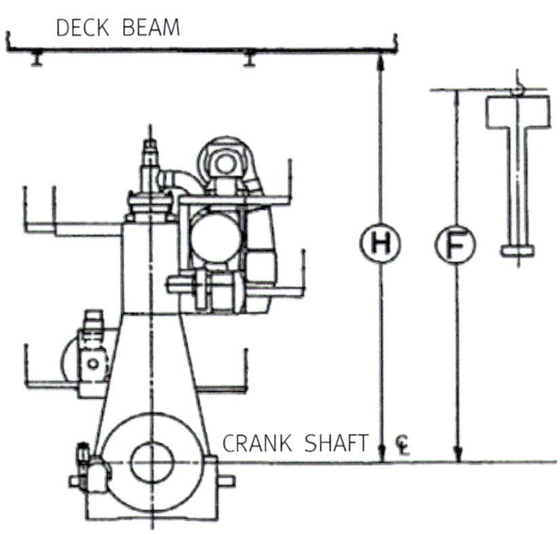


그림 9-54 기관실의 높이

## 9.7.3 메인엔진 주위 공간

메인엔진 배치 시 통로, Side stopper 및 배관 설치 등을 위한 충분한 공간을 고려해야 한다.

- A : Side stopper 및 Pipe 설치를 위한 공간
- B : Turning gear 측면의 통로(Passage way), 최소한 600 mm 의 통로가 확보되어야 한다. 이것이 불가할 경우 Turning gear를 상부로 설치할 경우도 있다.
- C : Air cooler 하부의 통로
- D : 메인엔진 주위의 통로
- H : 축 중심 높이(Shaft center height)

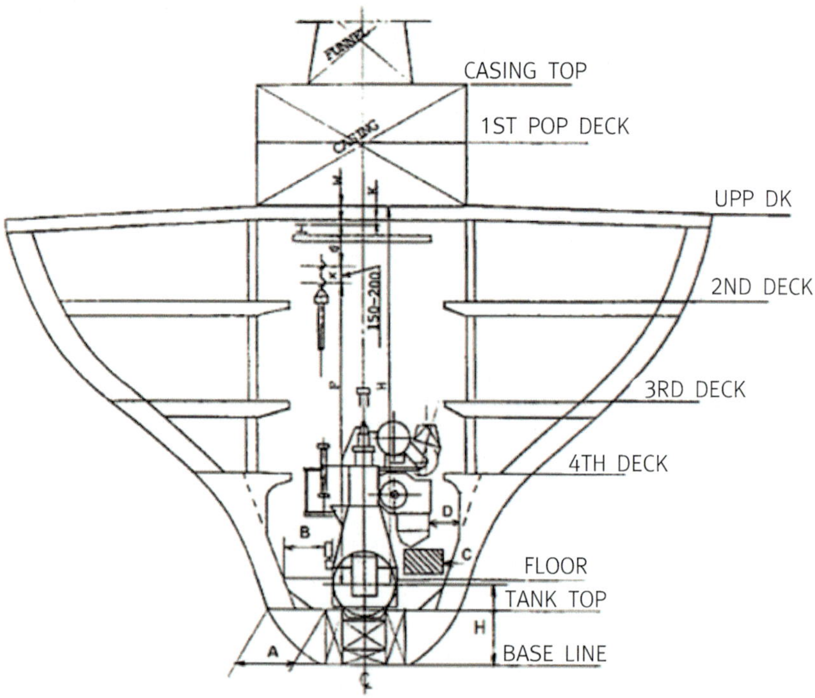


그림 9-55 메인엔진 주위 공간

## 9.7.4 축 중심높이

축 중심 높이는 프로펠러 직경과 메인엔진 Type이 결정된 후 Propeller 잠김율(Immersion), 메인엔진 윤활유섬프탱크(Lubricating oil sump tank) 및 Sump tank 하부의 코퍼댐(Cofferdam) 최소높이 600 mm를 고려하여 결정하여야 한다.

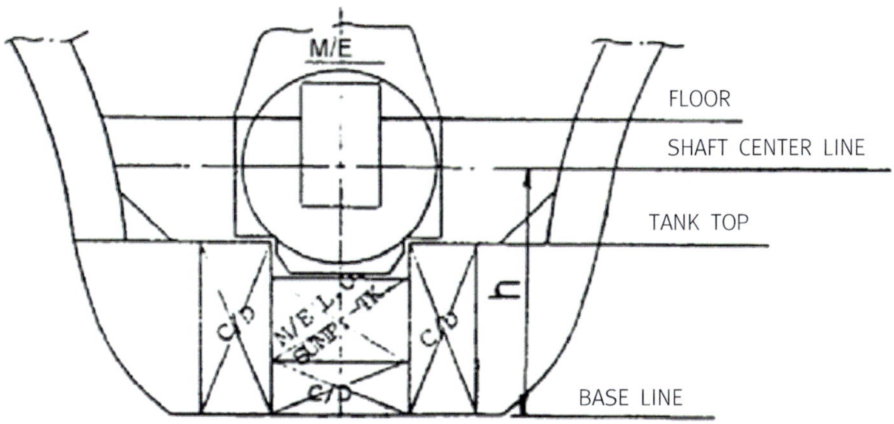


그림 9-56 축 중심 높이

## 연습문제

1. 엔진의 "평균유효압력(Pm, Mean effective pressure)"에 대해 기술하시오.

2. 메인엔진(Main engine)의 주요 구성품을 나열하고 각 기능에 대해 설명하시오

3. 하기 Fuel oil tanks의 기능에 대해 설명하시오
   - F.O Storage tank
   - F.O Settling tank
   - F.O Service tank

4. 2행정 Main engine 윤활 시스템인 하기 System에 대해 기술하시오
   - Cylinder Oil System
   - System Oil System

5. IMO 협약 및 ECA(Emission Control Area) 규제에 따라 해당지역을 운항하는 선박과 운항을 계획하는 선박은 규제치 이하로 배출을 줄여야 한다. 현재 ECA 지역의 NOx & SOx 규제치에 대해 기술하시오.

6. LNG운반선의 추진동력장치 변천사에 대해 기술하시오

7. 선박 동력 전달장치의 대표적인 구성요소인 Shaft의 기능에 대해 기술하시오.

8. Thrust Block의 역할에 대해 기술하시오.

9. 축계 정렬(Shaft Alignment)에 대하여 기술하시오.

10. 축계(Shaft System)에서 발생하는 진동의 종류을 나열하고 각 진동에 대해 설명하시오.

# 찾아보기

## 2



## 4



## A



## B

F



G



H

I



J



L



M



N

## O



## P



## R



## S

### ㄴ

## ㄷ



## ㄹ



## ㅁ



## ㅂ

ㅅ

## ㅇ

ㅈ



大

### ㅎ

# 참고문헌


1. ISO, BS
2. Innovative Ship Design(서울대 강의 교재)
3. marinediesels.co.uk
4. OCIMF, Mooring Equipment Guidelines(MEG4)
5. Donald C. Rennels, Pipe Flow A Practical and Comprehensive Guide
6. SOLAS, IMO
7. SOLAS, IMO MSC Resolutions, Circulars, Guidelines
8. www.wilhelmsen.com/technicalsolutiions
9. 각 선급(KR, ABS, LRS, DNVGL 등) 및 IACS UR Rule
10. 이종배, 공기조화 · 냉동(HVAC.R), GS인터비젼
11. 구명장비설계, NCS
12. 박병우 · 이래복, 배관설비공학실무자/공학도를 위한 지침서, 일진사
13. 노창주 외 7인, 선박 배관도 해설집, 다솜출판사
14. 대한조선학회, 선박의장, 동명사
15. 대한조선학회편, 선박해양공학개론, GS인터비전
16. 김옥삼 · 이윤환, 신판 선박의장, 원창출판사
17. 대한조선학회편, 조선기술, 지성사
18. 대한조선학회편, 조선해양공학 용어집 통합본
19. 조향장비설계,선박계선시스템설계,선박계류시스템설계, 국가직무능력표준(NCS)
20. 한국선급규칙
21. 대한조선학회편, 함정 텍스트북스

# 선박의장

2020년 1월 10일 초판 인쇄
2024년 8월 28일 3쇄 발행

| | |
|---|---|
| 저　　자 | 정광효·김병수·김태욱·우한영<br>이충성·장학수·최민종·하병진 |
| 발 행 인 | 송기수 |
| 발 행 처 | 도서출판 GS인터비전 |
| 편 집 처 | 도서출판 GS인터비전 |
| 편 집 인 | 김명신, 공예서, 최연주 |
| 표지디자인 | 디자인붐 |
| 인 쇄 처 | 트윈벨미디어 |
| 등록번호 | 제 25100-2016-000050호 |
| I S B N | 979-11-5576-316-2(93530) |

| | |
|---|---|
| 주　소 | 서울 은평구 증산로 15길 69 2층 |
| 전　화 | 02-976-7898, 02-3272-7898. |
| 팩　스 | 02-6468-7898 |
| 홈페이지 | gsintervision.kr |
| E-Mail | gsinter7@gmail.com |

정 가　40,000원

이 책의 무단전재, 복제, 복사는 저작권법 제 97조에 의거 5년 이하의 징역 또는 5천만원 이하의 벌금에 처하게 됩니다.